"十四五"普通高等教育本科系列教材

结构力学

（第二版）

主　编　郭秀华

副主编　张永胜

参　编　李雁英　王　蕊　聂云靖

主　审　李　珠

中国电力出版社

CHINA ELECTRIC POWER PRESS

内 容 提 要

本书为"十四五"普通高等教育本科系列教材，本次修订力求做到概念清晰、内容准确、重点突出，既注重基础理论知识的严谨性、逻辑性，又注重理论与实际相联系，对第一版中一些内容、插图、例题与习题进行调整，使得内容叙述更加深入浅出、有层次感，例题、习题典型且具代表性。

全书共分十二章，主要内容包括概述、平面杆系结构的几何构造分析、静定结构的受力分析、静定结构的位移计算、力法、位移法、力矩分配法、影响线、矩阵位移法、结构的动力计算、结构的极限荷载、结构的稳定计算，部分章后附有习题。

本书配套有数字化教学资源，数字化资源与纸质教材优势互补，营造良好的学习环境，可以满足学生自主学习需求，可通过扫码获取。

本书可作为高等学校土木工程、桥梁工程、水利水电工程等专业的结构力学教材，也可供相关专业技术人员参考。

图书在版编目（CIP）数据

结构力学/郭秀华主编. —2 版. —北京：中国电力出版社，2024.4

"十四五"普通高等教育本科系列教材

ISBN 978 - 7 - 5198 - 7735 - 4

Ⅰ.①结… Ⅱ.①郭… Ⅲ.①结构力学－高等学校－教材 Ⅳ.①O342

中国国家版本馆 CIP 数据核字（2023）第 064252 号

出版发行：中国电力出版社

地　　址：北京市东城区北京站西街 19 号（邮政编码 100005）

网　　址：http://www.cepp.sgcc.com.cn

责任编辑：孙　静（010 - 63412543）

责任校对：黄　蓓　王海南

装帧设计：赵姗姗

责任印制：吴　迪

印　　刷：固安县铭成印刷有限公司

版　　次：2013 年 1 月第一版　2024 年 4 月第二版

印　　次：2024 年 4 月北京第一次印刷

开　　本：787 毫米×1092 毫米　16 开本

印　　张：16.5

字　　数：406 千字

定　　价：49.00 元

前　言

结构力学是土木工程、桥梁工程、水利水电工程等专业的一门主要专业基础课，在专业课程中占有重要地位。结构力学课程的目的是帮助学生在建立起结构力学概念的基础之上，掌握杆系结构的强度、刚度和稳定性的计算原理和方法，即：结构静力计算、结构动力计算以及应用计算机进行结构计算的原理和方法。

从学生学习的角度出发确定此次修订编写工作的总体思路：本书第二版是第一版的传承与发展，编写过程中，继续贯彻"少而精"、理论联系实际、由浅入深的编写原则，注重培养学生独立思维能力，提高学生分析问题和解决问题的能力。

修订编写力求做到概念清晰、内容准确、重点突出，既注重基础理论知识的严谨性、逻辑性，又注重理论与实际相联系。本书对第一版中一些内容、插图、例题与习题进行调整，使得内容叙述更加深入浅出、有层次感，例题、习题更加典型且具有代表性。本书配套有数字化教学资源，数字化资源与纸质教材优势互补，营造良好的学习环境，可以满足学生自主学习需求。

全书共分十二章，主要内容包括概述、平面杆系结构的几何构造分析、静定结构的受力分析、静定结构的位移计算、力法、位移法、力矩分配法、影响线、矩阵位移法、结构的动力计算、结构的极限荷载、结构的稳定计算，部分章后附有习题。

为学习贯彻落实党的二十大精神，本书根据《党的二十大报告学习辅导百问》《二十大党章修正案学习问答》，在数字资源中设置了"二十大报告及党章修正案学习辅导"栏目，以方便师生学习，微信扫码即可获取。

本书由郭秀华、张永胜主编，第一～三章由张永胜编写，第四、五、六章由郭秀华编写，第七、八章由王蕊编写，第九、十章由聂云靖编写，第十一、十二章由李雁英编写。太原理工大学李珠教授对本书进行了认真细致的审阅，并提出了许多宝贵意见，在此表示衷心感谢！

由于编者水平有限，书中可能存在疏漏和不妥之处，敬请读者批评指正。

编者于太原理工大学
2024 年 1 月

主 要 符 号

A　面积、振动幅值

C　弯矩传递系数

c　阻尼系数、支座移动

d　节间距离

E　弹性模量

f　矢高、工程频率

F_P　集中荷载

F_x、F_y　水平（x）、垂直（y）方向的分力

F_N　轴力

F_Q　剪力

F_Q^L、F_Q^R　截面左、右的剪力

F_Q^F　固端剪力

F_{Pcr}　临界荷载

F_{Pu}　极限荷载

F_e　弹性力

F_I　惯性力

F_c　阻尼力

F_R　广义反力

G　切变模量

h　截面高度

i　线刚度

I　惯性矩

k　刚度系数、切应力分布不均匀系数

$\boldsymbol{K}$　刚度矩阵

l　跨度

m　质量

M　弯矩

$\boldsymbol{M}$　质量矩阵

M^F　固端弯矩

M_y　弹性极限弯矩

M_u　极限弯矩

q　均布荷载集度

r　半径、反力影响系数

S　转动刚度

t　时间、温度

T　周期

$\boldsymbol{T}$　坐标转换矩阵

u　水平位移

v　竖向位移

W　功、计算自由度数

X　广义未知力

y　位移

$\dot{y}$　速度

$\ddot{y}$　加速度

Z　广义位移基本未知量

α　线膨胀系数、截面形状系数、角度

Δ　广义未知位移

δ　柔度系数、位移影响系数

$\boldsymbol{\delta}$　柔度矩阵

ε　线应变

μ　力矩分配系数

μ_D　动力系数

θ　截面的转角、干扰力频率

φ　初相角

ξ　阻尼比

σ_y　屈服应力

ω　圆频率

目　　录

第一章 概　　述

第一节　结构力学的研究对象和任务

在建筑物或构筑物中承受荷载、起骨架作用的部分，称为工程结构，简称结构。图1-1（a）中的简支梁是一种结构，图1-1（b）中的悬臂梁也是一种结构。

一、结构的分类

从几何角度来看，结构可分为杆系结构、板壳结构、实体结构三类。

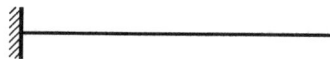

（a）

（b）

图1-1

1. 杆系结构

由一个方向的尺寸（长度）远大于其他两个方向的尺寸（宽、高）的杆件组成的结构，称为杆系结构。如图1-2所示，梁和柱构件均属于杆系结构。

2. 板壳结构

一个方向的尺寸（厚度）远小于其他两个方向的尺寸（长、宽）的结构，称为板壳结构。图1-3（a）中的壳体和图1-3（b）中的板均属于板壳结构。

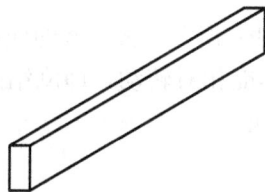

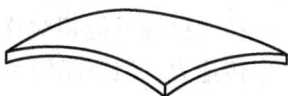

（a）

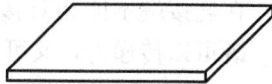

（b）

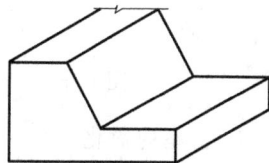

图1-2　　　　　　　　　图1-3　　　　　　　　　图1-4

3. 实体结构

三个方向的尺寸约为同量级尺寸的结构，称为实体结构。如图1-4所示，水坝、挡土墙均属于实体结构。

二、结构力学的研究对象和任务

结构力学的研究对象是平面杆系结构，主要研究平面杆系结构的几何组成规律，研究杆系结构强度、刚度、稳定性的计算原理与计算方法。

结构力学是一门专业基础课，在土木工程等相关专业中占有重要地位。它一方面与理论力学、材料力学等前修课程有密切联系，另一方面又为后续课程的学习奠定了必要的基础。结构力学是实践性很强的学科，学习时既要注意掌握结构力学的概念、思路和相互联系，又要注意理论联系实践，逐步提高分析能力和计算能力。

第二节 结构的计算简图

在结构计算时，结构的实际情况很复杂，要完全考虑结构的受力特性来建立计算理论和方法是不可能的。因此，必须忽略次要因素，抓住主要因素。用简化模型代替实际结构，这种用以计算的简化模型称为结构的计算简图。

结构计算简图是力学计算的基础，选择计算简图的原则是：

(1) 尽可能地反映实际结构的受力特性。

(2) 计算简图要便于计算。

工程中常见的建筑物已有了成熟的计算简图，可以直接应用。但是对于一些新型结构，则需要设计人员自己确定计算简图。下面说明杆系结构计算简图的简化要点。

1. 结构体系的简化

实际的结构一般都是空间结构，但多数情况下通过忽略次要的空间因素后，可以简化为平面结构。

2. 杆件的简化

实际的杆件有长、宽、高三个方向的尺寸，忽略宽、高的影响后，杆件可以用轴线简化代替。

3. 结点的简化

两根或两根以上的杆件相互连接的地方称为结点。

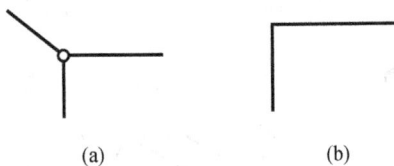

(a)   (b)

图 1-5

(1) 铰结点。如图 1-5 (a) 所示，被连接的杆件在连接端不能相对移动，但可相对转动，即铰结点可传递力，但不能传递力矩。

(2) 刚结点。如图 1-5 (b) 所示，被连接的杆件在连接端不能相对移动，也不能相对转动，即刚结点既可以传递力，又可以传递力矩。

4. 支座的简化

把结构与基础或其他支承物联系起来的装置称为支座。在计算简图中，支座一般可简化为以下几种类型：

(1) 铰支座。如图 1-6 (a) 所示，杆端 A 可以沿水平方向移动，但不能沿竖直方向移动，杆件可以绕 A 点转动。因此该支座能提供的约束力（也称反力）只有沿竖直方向的约束力（也称竖向反力）。

(2) 固定铰支座。如图 1-6 (b) 所示，杆端 A 不能沿水平方向移动，也不能沿竖直方向移动，杆件可以绕 A 点转动。因此该支座能提供的反力有水平反力和竖向反力。

(3) 固定端支座。如图 1-6 (c) 所示，杆端 A 不能水平移动，也不能竖向移动，杆件也不能绕 A 点转动。因此该支座能提供的反力有水平反力、竖向反力以及约束力偶。

(4) 定向滑动支座。如图 1-6 (d) 所示，杆端 A 可以沿水平方向移动，不能竖向移动，杆件不能绕 A 点转动。因此该支座能提供的反力有竖向反力以及约束力偶。

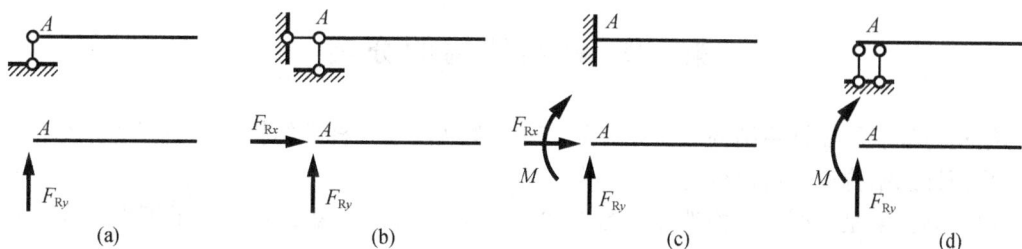

图 1-6

5. 荷载的简化

因为杆件结构简化时杆件用轴线代替，所以荷载的简化首先要把荷载简化为作用于杆轴线上的力。如荷载集度变化较小时，可以简化为均布荷载［见图 1-7（a）］；如荷载作用的范围与结构的尺寸相比较小时，可以简化为集中荷载［见图 1-7（b）］。

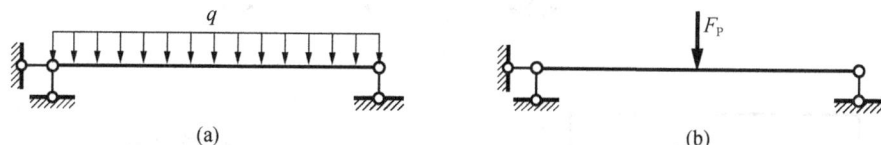

图 1-7

【例 1-1】 如图 1-8（a）所示为工业厂房中采用的一种吊车梁，横梁 AB 和竖杆 CD 均为钢筋混凝土构件，但是竖杆 CD 的截面面积比梁 AB 的截面面积小很多。斜杆 AD、BD 均为钢构件。吊车梁的两端由厂房柱的牛腿支承。试选取此吊车梁结构的计算简图。

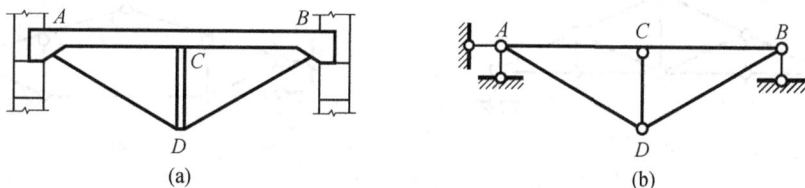

图 1-8

解：（1）杆件的简化：用各杆的轴线代替杆件。

（2）支座的简化：吊车梁的两端与牛腿上的预埋钢板通过焊接相连，且焊缝较短，这种连接方式对吊车梁两端的转动约束作用较小，因此吊车梁可简化为简支梁，即梁一端为固定铰支座，另梁一端为可动铰支座。

（3）结点的简化：因钢筋混凝土梁 AB 截面积较大，而杆件 CD、AD、BD 截面积较小且主要承受轴力，故 A、D、B 结点可简化为铰结点，杆件 CD 与梁 AB 之间的连接也简化为铰连接。

简化后可得结构的计算简图见图 1-8（b）。实践证明，这个简图能够反映实际结构的主要受力和变形特点，且易于计算。

第三节 杆系结构的分类

结构力学以平面杆系结构为研究对象，其分类实际上是杆系结构计算简图的分类。

平面杆系结构通常可以分为以下几类：

（1）梁：梁是一种受弯构件［见图 1-9（a）］，其轴线通常为直线，梁可以分为单跨梁与多跨梁。

（2）刚架：刚架［见图 1-9（b）］由直杆组成，其结点通常为刚结点。

（3）拱：在竖向荷载作用下产生水平推力的曲线结构称为拱［见图 1-9（c）］。

（4）桁架：由轴力杆件在两端用理想铰接而组成的结构称为桁架［见图 1-9（d）］。

（5）组合结构：由梁式杆件和轴力杆件组成的结构称为组合结构［见图 1-9（e）］。

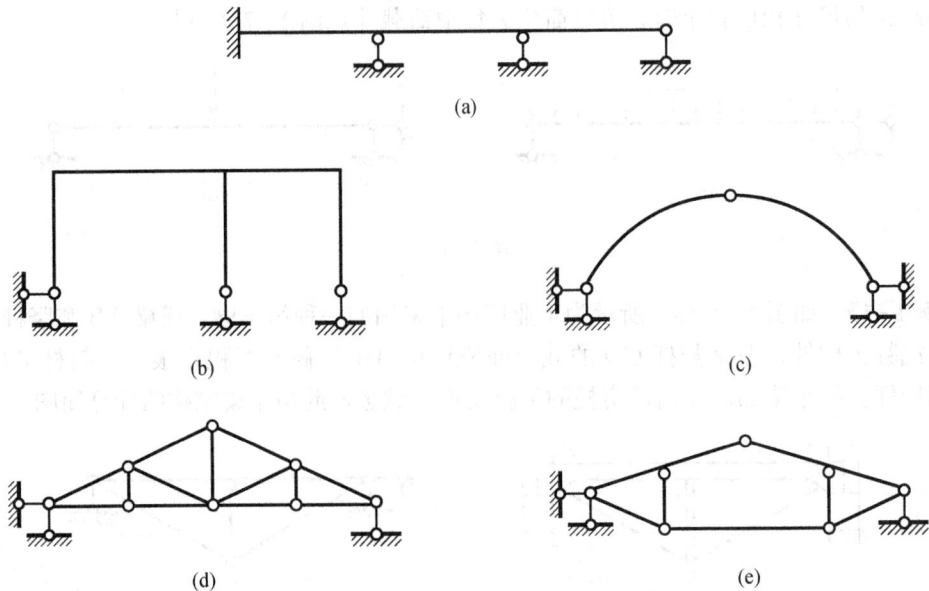

(a)

(b)　　　　　　　　　　　　　(c)

(d)　　　　　　　　　　　　　(e)

图 1-9

杆系结构除以上分类外，按结构的计算特性来分，结构又可分为静定结构和超静定结构。如果结构的支座反力和内力可由平衡条件唯一确定，此结构称为静定结构。如果结构的支座反力和内力不能由平衡条件唯一确定，而必须同时考虑变形条件才能唯一确定，则此结构称为超静定结构。

第四节 荷载的分类

荷载是主动作用于结构的外力，对结构进行计算之前，须先确定结构所受的荷载。荷载有不同的分类方法。

（1）按作用时间的久暂分类，荷载可分为永久荷载、可变荷载和偶然荷载。

永久荷载是指长期作用在结构上的荷载，其大小和位置不随时间发生变化。例如自重或土压力。

可变荷载是指建筑物在施工或使用期间可能存在的可变荷载，其值随时间变化。例如屋面与楼面活荷载、风荷载、雪荷载和吊车荷载等。

偶然荷载，在建筑物使用期间，这种荷载可能出现也可能不出现，若一旦出现，则荷载数值很大，且持续时间较短。例如爆炸力、雪崩、地震、台风等。

（2）按结构的反应分类，荷载可分为静力荷载和动力荷载。

静力荷载是指荷载的大小、方向和位置不随时间变化，或变化很缓慢而不致于使结构产生明显的振动，计算时不考虑惯性力影响的荷载。

动力荷载是指荷载的大小、方向和位置随时间变化，使结构产生显著的振动，计算时不能忽略惯性力影响的荷载。

应该指出：在超静定结构的分析中，除了荷载在结构中引起内力外，温度变化、支座移动、材料收缩等因素也可在结构中引起内力，这种内力有时会很大，在结构设计时不可忽略。

第二章　平面杆系结构的几何构造分析

几何构造分析，也称几何组成分析。在建筑工程中，结构要承受各种荷载的作用，首先它的几何形状和空间的位置必须是稳定的。如果结构的几何形状不稳定，那么它就不能承受任何荷载。因此，从几何构造的角度看，一个平面杆系结构应该是一个几何不变的体系，这种结构称为几何不变体系。反之，称为几何可变体系。

第一节　几何构造分析的概念

一、几何不变体系和几何可变体系

结构承受荷载作用时，截面上产生应力，材料产生应变，结构发生变形。这种变形一般是微小的。在几何构造分析中，在不考虑这种由于材料应变而产生变形的条件下。杆系结构可分为几何不变体系和几何可变体系两类。

几何不变体系是在不考虑材料应变的条件下，体系的形状和各个杆件的相对位置不发生变化的体系。如图 2-1（a）所示的结构就是一个几何不变体系。

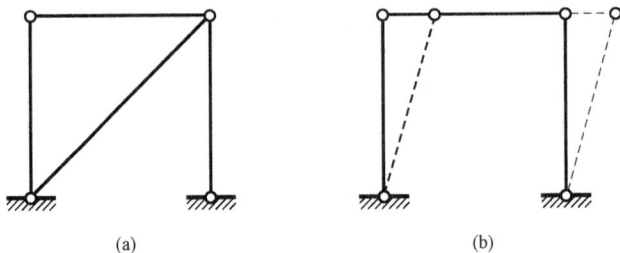

(a)   (b)

图 2-1

几何可变体系是在不考虑材料应变的条件下，体系的形状或各个杆件的相对位置发生变化的体系。如图 2-1（b）所示的体系就是一个几何可变体系，因为如果体系承受水平方向的荷载作用时，体系是几何不稳定的，将会变成一个平行四边形，如图 2-1（b）中虚线所示。

几何构造分析的一个主要目的是判别体系是否为几何不变体系，从而决定该体系是否能作为结构而承担荷载。

二、几个概念

1. 自由度

自由度是确定体系位置所需的独立的几何参数的数目。如图 2-2（a）平面上的一个点 A 可以用两个独立坐标来确定其位置，因此，平面上的一个点有两个自由度。如图 2-2（b）平面上的一个杆件 AB 可以用三个独立坐标来确定其位置，因此，平面上的一个杆件有三个自由度。

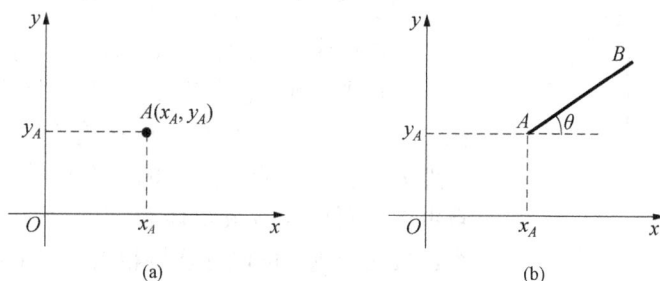

图 2-2

2. 刚片

在几何构造分析中，可能遇到几何形状不同的各种平面物体，只要物体本身是几何不变的，就可把它看作为刚片。刚片是几何不变的平面物体。它可以是一个杆件，也可以是由杆件组成的几何不变的部分。

平面上的一个杆件，可以看作为刚片，其具有三个自由度。体系中的基础，也可以看作为刚片，而且基础是一个不动刚片，其具有零个自由度。

3. 约束

约束是减少体系自由度的装置，约束也称为联系。它是体系中杆件之间或体系与基础之间的联系装置。如果它能减少一个自由度就称为一个约束，如果它能减少两个自由度就称为两个约束。常见的约束有链杆、铰连接、刚性连接。

（1）链杆约束。在图 2-3（a）中，两个孤立的杆件 AB 和 CD 在平面坐标系内共有 6 个自由度，即用 x_A、y_A、α、x_C、y_C、γ 这 6 个坐标参数可以确定体系的几何位置。在杆件 AB 和 CD 之间用链杆 EF 相连接以后，体系的几何位置可以由 x_A、y_A、α、β、γ 这 5 个独立的坐标参数确定［见图 2-3（b）］，可见，该体系加链杆 EF 后，自由度数目由 6 减为 5。因此，一个连接两个刚片的链杆使体系自由度数目减少一个，所以一个链杆相当于一个约束。

（2）铰约束。在图 2-4 中，如两个孤立的杆件 AB 和 CD 之间用铰 B 相连接以后，体系的几何位置可以由 x_A、y_A、α、γ 这 4 个独立的坐标参数确定，可见，该体系加铰 B 后，自由度数目由 6 减为 4。因此，一个连接两个刚片的单铰使体系自由度数目减少两个，所以一个单铰相当于两个约束。

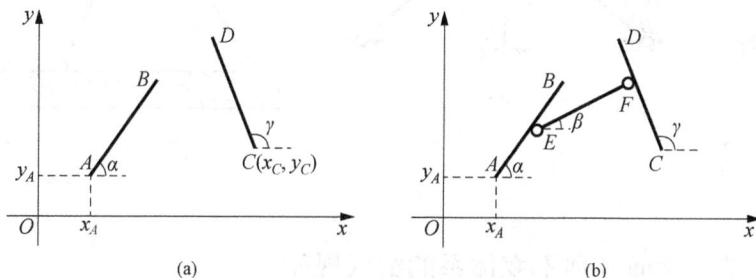

图 2-3

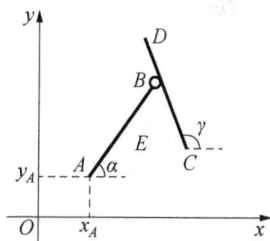

图 2-4

铰约束分为单铰约束和复铰约束。连接两个刚片的铰称为单铰约束，如图 2-4 和图 2-5（a）中的铰均为单铰。连接三个刚片或三个以上刚片的铰称为复铰约束，如图 2-5

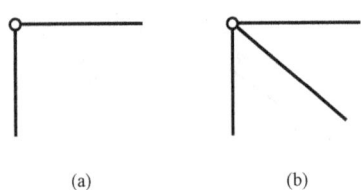

图 2-5

（b）所示。一般来说，一个连接 n 个刚片的复铰相当于 $n-1$ 个单铰作用，即相当于 $2(n-1)$ 个约束。

（3）刚性连接。如图 2-6 所示为两个杆件 AB 和 BC 在 B 点连接成一个整体，即在连接处 B 采用刚性连接。结点 B 称为刚结点。原来的两个杆件在平面内共有六个自由度，刚性连接成整体后，只有三个自由度，所以一个连接两个刚片的刚性连接相当于三个约束。

4. 多余约束

在体系中增加或减少一个约束不改变体系的自由度，这种约束称为多余约束。

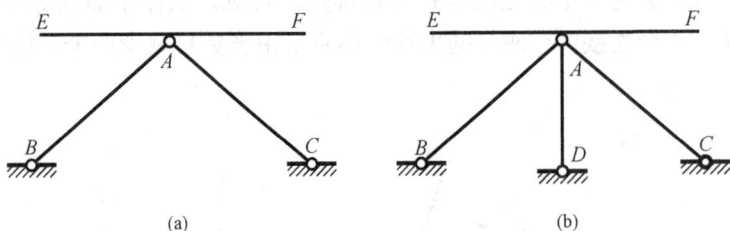

图 2-6

在图 2-7（a）中，梁 EF 单独在平面内时，有三个自由度，如果把梁 EF 与基础用链杆 AB 和 AC 相连，则梁 EF 只有一个自由度（绕 A 点转动），如果去掉链杆 AB 和 AC 中的任何一个杆件，梁的自由度都会发生变化，所以，链杆 AB 和 AC 都是必要约束，而不是多余约束。如在图 2-7（a）中增加一个链杆 AD，体系变为图 2-7（b），梁仍然有一个自由度（绕 A 点转动），也就是说，链杆 AD 的增加不影响体系自由度的改变，因此，链杆 AD 是一个多余约束。

值得说明的是多余约束对体系的自由度没有影响，且多余约束具有不唯一性。在图 2-7（b）中，三根链杆（AB、AC 和 AD）中的任何一根链杆都可以看成一个多余约束，因此，多余约束不唯一。

5. 瞬铰

如图 2-8 所示，刚片 Ⅰ 与刚片 Ⅱ 由两根不平行链杆 AB 和 CD 连接，假如刚片 Ⅱ 位置不动，由于链杆的作用，B 点发生垂直 AB 杆的微小位移，D 点发生垂直 CD 杆的微小位移，AB 与 CD 的延长线交于 O 点，O 点称为瞬时转动中心，则刚片 Ⅰ 可以绕 O 点发生微小的转动。因此两根链杆 AB 和 CD 所起的约束作用相当于两根链杆在延长线交点处（O 点）的一个铰的约束作用，这个铰称为瞬铰。

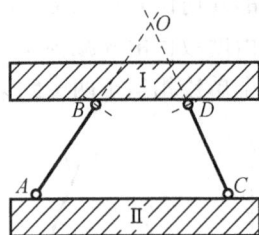

图 2-7　　　　　　　　　　　　　　图 2-8

第二节　平面几何不变体系的组成规律

本节讨论几何构造分析中的主要依据规则，即无多余约束的几何不变体系的组成规律。平面杆件体系最基本的组成规律是三角形规律，三角形具有几何不变性，如图 2-9 为一个三角形铰接体系，它是最简单的几何不变体系。

一、无多余约束的几何不变体系的组成规则

无多余约束的几何不变体系的组成规则，主要从以下三种连接方式进行表述，三种连接方式分别为：一个点与一个刚片之间的连接，两个刚片之间的连接，三个刚片之间的连接。

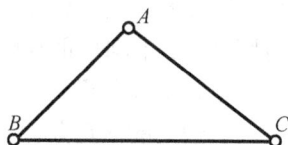

图 2-9

1. 一个点与一个刚片之间的连接

规则一：一个点和一个刚片之间通过两根相交于此点的链杆相连接，两根链杆不在一条直线上，则一起组成一个无多余约束的几何不变体系。

规则一也可用二元体的构造进行叙述。如图 2-10 所示，一点 A 和一刚片 I 之间用两根相交的链杆 AB 和 AC 相连接，链杆 AB 和 AC 不在一条直线上，则相交的链杆 AB 和 AC 称为此刚片的二元体。

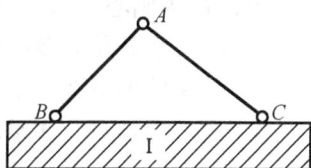

图 2-10

在一个体系上增加一个二元体并不改变原有体系的自由度，如果原有体系是一个刚片，则它们一起组成一个无多余约束的几何不变体系，若原有体系是几何可变体系，则增加二元体后，它们一起组成的仍是一个几何可变体系。同理，在一个体系上拆去一个二元体也不改变原有体系的自由度。由此可见，在一个体系上增加或去掉有限个二元体，都不会改变原有体系的自由度。

2. 两个刚片之间的连接

规则二：两个刚片之间用一个铰和一根不通过此铰的链杆相连接，则一起组成一个无多余约束的几何不变体系。或者，两个刚片通过三根不全平行也不全交于一点的链杆相连接，则一起组成一个无多余约束的几何不变体系。

如图 2-11 (a) 所示，刚片 I 和刚片 II 之间通过铰 A 和链杆 BC 相连接，且链杆所在直线不通过铰 A，所以它们一起组成一个无多余约束的几何不变体系。如图 2-11 (b) 所示，刚片 I 和刚片 II 之间通过三根链杆 a、b、c 相连接，且此三根链杆不全平行也不全交于一点，所以它们一起组成一个无多余约束的几何不变体系。

3. 三个刚片之间的连接

规则三：三个刚片之间通过三个铰彼此两两相连接，且三个铰不在一条直线上，则一起组成一个无多余约束的几何不变体系。

如图 2-12 所示，刚片 I 和 II 通过铰 A 相连，刚片 II 和 III 通过铰 B 相连，刚片 I 和 III 通过铰 C 相连，此三铰不在一条直线上，所以它们一起组成一个无多余约束的几何不变体系。

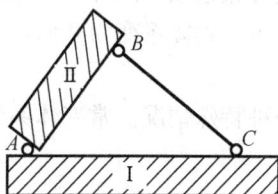

(a)

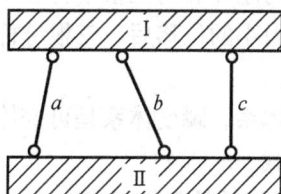

(b)

图 2-11

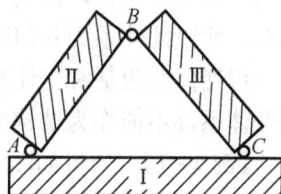

图 2-12

上述三个规则具有相通性，图 2-12 是三个刚片根据规则三连接，组成的无多余约束的几何不变体系，若将图 2-12 中刚片Ⅲ看作链杆 BC，则体系可以依据规则二进行组成分析；若将图 2-12 中刚片Ⅲ看作链杆 BC，且将图 2-12 中刚片Ⅰ看作链杆 AB，则体系可以依据规则一进行组成分析。

二、规则的限定条件

规则一的限定条件是"两根链杆不在一条直线上"，规则二第一条的限定条件是"链杆所在直线不通过铰"，规则三的限定条件是"三铰不在一条直线上"，这三个限定条件也具有相通性，即"三铰不在一条直线上"。如果体系不满足此限定条件，其几何组成是怎样的？

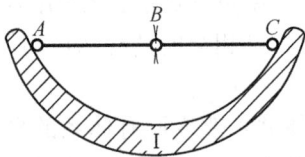

图 2-13

如图 2-13 所示，刚片Ⅰ、刚片 AB、刚片 BC 通过三个铰 A、B、C 两两相连接，三个铰 A、B、C 在一条直线上。此时可以看出，AB 杆的 B 点可以以 A 为圆心，AB 杆长为半径做微小的切线运动，同理，BC 杆的 B 点也以 C 为圆心，BC 杆长为半径做微小的切线运动，所以，B 点可以上下发生微小位移。在 B 点发生微小位移后，A、B、C 三个铰即不在一条直线上，则体系变为几何不变体系。这种一开始是几何可变体系，当发生微小位移后，体系由几何可变体系变为几何不变体系，这样的体系称为几何瞬变体系。

规则二第二条的限定条件是"三根链杆不全平行且不全交于一点"。如果体系不满足此限定条件，其几何组成是怎样的？如图 2-14（a）所示，刚片Ⅰ与刚片Ⅱ由三根交于一点的链杆相连接，显然，刚片Ⅰ可以绕该铰任意转动，则体系为几何可变体系。如图 2-14（b）所示，刚片Ⅰ与刚片Ⅱ由三根平行且等长链杆相连接，刚片Ⅰ可以发生微小的水平位移，在刚片Ⅰ发生微小的位移后，三根链杆仍然平行，则刚片Ⅰ继续在水平方向上产生位移，则体系为几何可变体系。当体系的位置或形状可以发生连续的改变或连续位移时，这种体系称为常变体系。

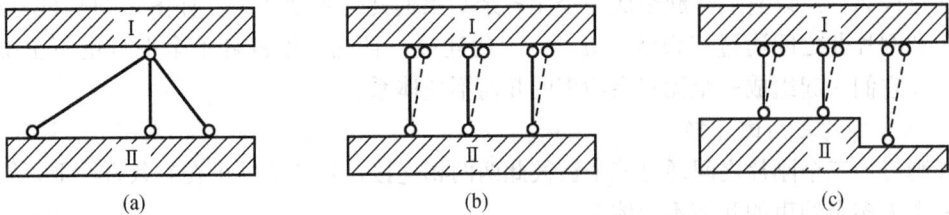

图 2-14

如图 2-14（c）所示，刚片Ⅰ与刚片Ⅱ由三根平行且不等长链杆相连接，刚片Ⅰ可以发生微小的水平位移，在刚片Ⅰ发生微小的位移后，三根链杆不再平行，则体系变为几何不变体系，所以此体系为几何瞬变体系。

可变体系包括常变体系和瞬变体系。瞬变体系是可变体系的一种特殊情况。常变体系和瞬变体系都不能作为结构而承受荷载。

【例 2-1】 分析如图 2-15 所示体系的几何组成。

解： 上部体系指整个体系中，不包括基础以及与基础之间的连接的部分。先分析上部体系，图 2-15（b）中，杆 1、2 是杆 AC 上的二元体，根据规则一，它们组成了刚片Ⅰ，同理，右面对称部分为刚片Ⅱ。刚片Ⅰ和刚片Ⅱ之间通过铰 C 和杆 5 相连接，根据规则二，

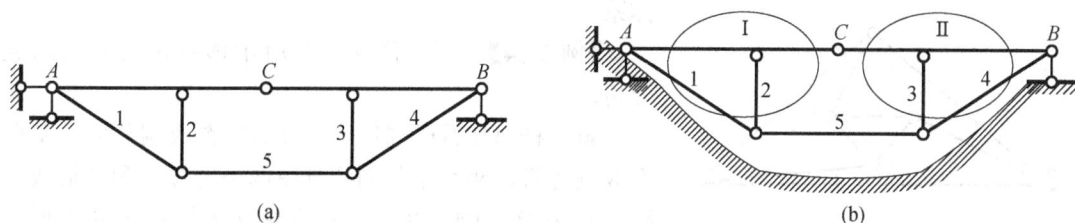

图 2 - 15

上部体系为无多余约束的几何不变体系。

上部体系与基础通过固定铰支座的铰 A 与可动支座 B 处的链杆相连接，根据规则二，整个体系为一个无多余约束的几何不变体系。

注：如果体系属于此种情况，即，上部体系和基础之间通过三根链杆（或一铰一链杆）按照规则二相连接，这样的体系，可以只分析上部体系，上部体系的几何组成决定整个体系的几何组成。

【例 2 - 2】 分析如图2 - 16所示体系的几何组成。

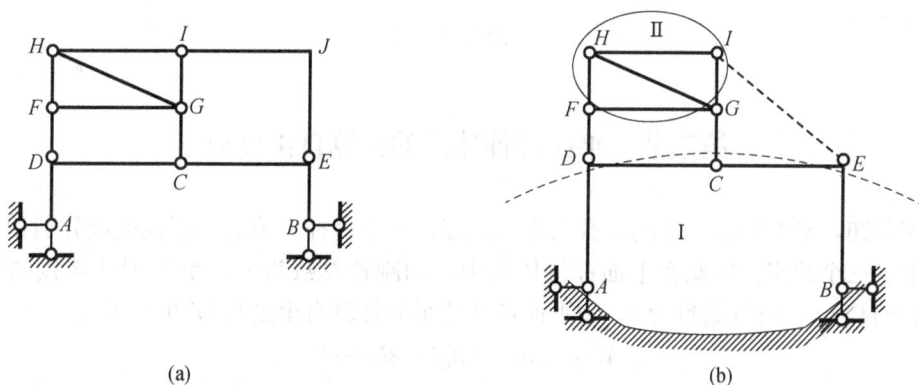

图 2 - 16

解： 首先注意，凡是只以两个铰与外界相连的刚片，不论其形状如何，从几何组成分析的角度看，都可看作是通过铰心的链杆。图2 - 16（a）中的杆件 IJE，可看作图2 - 16（b）中的直杆 IE。

图2 - 16（b）中，基础视为一个刚片，杆件 ADC 和 BEC 也分别视为刚片，此三个刚片通过三个铰 A、C、B 两两相连，三铰不在一条直线上，根据规则三，它们一起组成了刚片Ⅰ。图2 - 16（b）中刚片Ⅱ是以三角形 HFG 为基础，在其上增加了二元体 HI、IG。刚片Ⅰ与刚片Ⅱ通过三根链杆 FD、GC、IE 相连接，根据规则二，整个体系为一个无多余约束的几何不变体系。

注意：当上部体系与基础之间连接的支座链杆多于三根时，必须把基础也视为一刚片，将它与上部体系联合起来，共同进行几何组成分析。

【例 2 - 3】 对如图2 - 17所示体系进行几何组成分析。

解： 将三角形 ABC 看成刚片Ⅰ，三角形 DEF 看成刚片Ⅱ，刚片Ⅰ与刚片Ⅱ由三根不交于一点的链杆 AD、BE、CF 相连，根据规则二，整个体系为一个无多余约束的几何不变

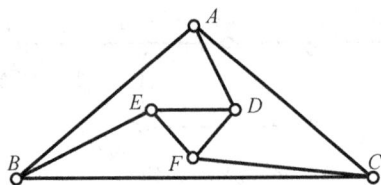

图 2-17

【**例 2-4**】 对如图 2-18 所示体系进行几何组成分析。

解：杆 AB 看成刚片 Ⅰ，杆 AC 看成刚片 Ⅱ，基础看成刚片 Ⅲ，刚片 Ⅰ 与刚片 Ⅲ 由两根链杆 1 和 2 形成的瞬铰 O_1 相连，刚片 Ⅱ 与刚片 Ⅲ 由两根链杆 3 和 4 形成的瞬铰 O_2 相连，刚片 Ⅰ 与刚片 Ⅱ 由铰 A 相连。三个铰 O_1、O_2、A 不在一条直线上，根据规则三，整个体系为一个无多余约束的几何不变体系。

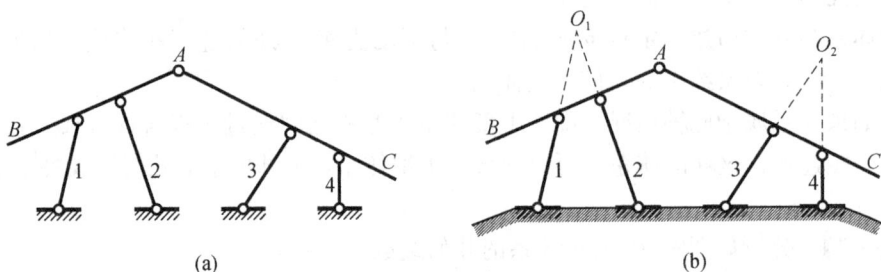

图 2-18

第三节　平面杆件体系的计算自由度数

由前可知，平面内的一个刚片有三个自由度，一个链杆、单铰、刚性连接分别相当于一个、两个、三个约束。因此在平面杆件体系中，如刚片总数为 m，单个刚性连接的数目为 g，单铰数目为 h，链杆数目为 s，则平面杆件体系的计算自由度数 W 可表示为

$$W = 3m - (3g + 2h + s) \qquad (2-1)$$

基础是特殊刚片，其自由度数为 0，可不计入刚片数 m 中，但基础与上部体系的连接要相应地计入各项约束数目中。

【**例 2-5**】 计算如图 2-19 所示体系的自由度数。

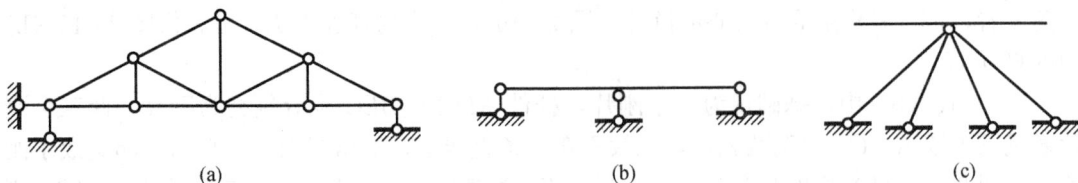

图 2-19

解：（1）图 2-19（a）中，刚片数 $m=13$，刚性连接数 $g=0$，单铰数 $h=18$，链杆数 $s=3$，根据公式（2-1），体系的计算自由度数为

$$W = 3 \times 13 - (3 \times 0 + 2 \times 18 + 3) = 0$$

另外，根据三个规则，对该体系进行分析，得出该体系为一个无多余约束的几何不变体系。

（2）图 2-19（b）中，刚片数 $m=1$，刚性连接数 $g=0$，单铰数 $h=0$，链杆数 $s=3$，根据公式（2-1），体系的计算自由度数为

$$W = 3 \times 1 - (3 \times 0 + 2 \times 0 + 3) = 0$$

根据规则对该体系进行分析，得出该体系为一个几何可变体系。

（3）图 2-19（c）中，刚片数 $m=5$，刚性连接数 $g=0$，单铰数 $h=4$，链杆数 $s=8$（一个固定铰支座按两根链杆计算），根据公式（2-1），体系的计算自由度数为

$$W = 3 \times 5 - (3 \times 0 + 2 \times 4 + 8) = -1$$

根据规则对该体系进行分析，得出该体系为一个几何可变体系。

通过上述体系的自由度数计算与几何组成分析，可以得出：

（1）若体系的计算自由度数 $W>0$，则表明体系缺少必要的约束，体系一定是几何可变体系。所以计算自由度数 $W>0$，是体系是几何可变体系的充分条件。

（2）若体系的计算自由度数 $W=0$，则表明体系具有保证几何不变所需要的最少的约束数；若体系的计算自由度数 $W<0$，则表明体系的约束数大于自由度数。若体系的计算自由度数 $W \leqslant 0$，推不出体系是几何不变体系；若体系是几何不变体系，则能推出体系的计算自由度数 $W \leqslant 0$。所以计算自由度数 $W \leqslant 0$，是体系是几何不变体系的必要非充分条件。

（3）整个体系如包含基础，上述第（1）条、第（2）条的计算自由度数 W 是与"0"进行比较的；整个体系如不包含基础，只有上部体系，则上述第（1）条、第（2）条的计算自由度数 W 是与"3"进行比较的，如［例 2-3］中的体系。

如果体系的几何组成复杂，可以先计算体系的自由度数，得到体系的可能的几何组成类型，然后再应用规则进行分析。

在力学课程中，将一个无多余约束的几何不变体系称为静定结构，将一个有多余约束的几何不变体系称为超静定结构。从静力角度来看，静定结构可以用平衡方程求出全部的支座反力和内力，超静定结构用平衡方程不能求出全部的支座反力和内力，而必须同时考虑变形条件才能确定。

习　题

2-1～2-17　试对题 2-1～2-17 所示的体系进行几何构造分析。

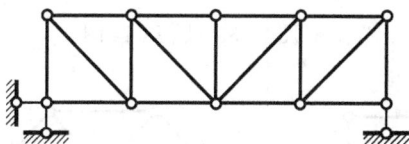

图 2-20　题 2-1 图

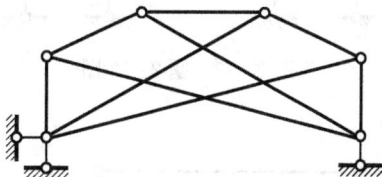

图 2-21　题 2-2 图

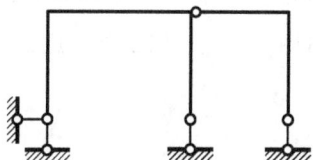

图 2-22　题 2-3 图

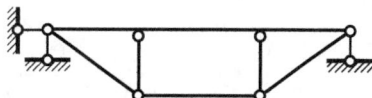

图 2-23　题 2-4 图

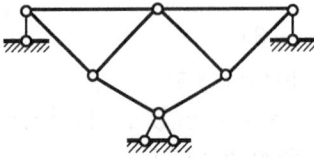

图 2-24　题 2-5 图

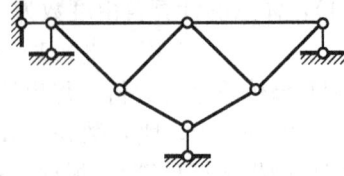

图 2-25　题 2-6 图

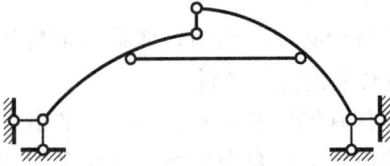

图 2-26　题 2-7 图

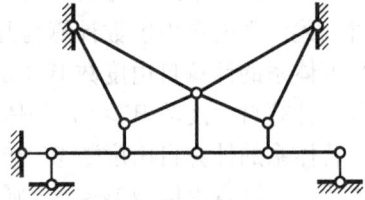

图 2-27　题 2-8 图

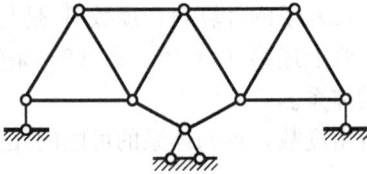

图 2-28　题 2-9 图

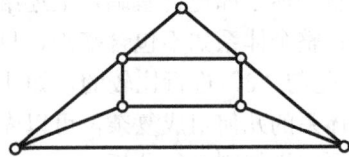

图 2-29　题 2-10 图

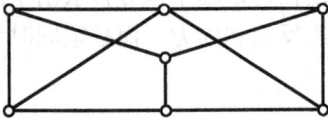

图 2-30　题 2-11 图

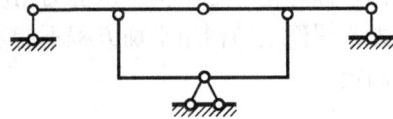

图 2-31　题 2-12 图

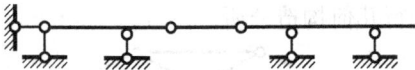

图 2-32　题 2-13 图

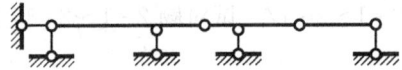

图 2-33　题 2-14 图

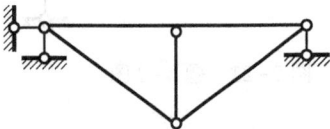

图 2-34　题 2-15 图

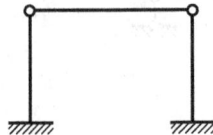

图 2-35　题 2-16 图

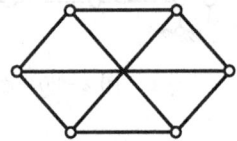

图 2-36　题 2-17 图

第三章　静定结构的受力分析

下面两章讨论静定结构，第三章讨论静定结构的受力分析，第四章讨论静定结构的位移计算。从几何方面来看，静定结构是无多余约束的几何不变体系；从静力方面来看，静定结构是用平衡方程式可以求出全部的支座反力和内力的结构，也就是说，静定结构的独立平衡方程式的数目必等于未知约束力的数目；静定结构的反力和内力的解是唯一的。这是静定结构的基本特征。

本部分讲解是在材料力学课程的基础上结合常用的典型结构形式来讨论静定结构的受力分析问题，涉及梁、桁架、刚架、组合结构、拱等静定结构。本部分内容包括静定结构支座反力和内力的计算、结构内力图的绘制与结构受力性能的分析。

第一节　静定结构的基本概念

一、结构内力的符号规定

一般来说，平面结构杆件的任一横截面上有三个内力，弯矩、剪力和轴力，如图 3-1（a）所示。

弯矩是截面上的应力对截面形心的合力矩，见图 3-1（b）。材料力学规定，在水平杆件中，使杆件下边纤维受拉的弯矩为正弯矩，反之为负。但在结构力学中，不仅有水平杆件，而且也有竖向杆件，因此在绘制弯矩图时，规定弯矩图上不标正负号，弯矩图画在杆件纤维受拉的一侧。

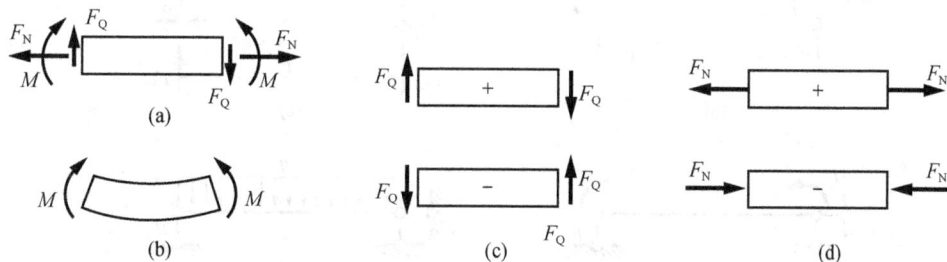

图 3-1

剪力是截面上的应力沿杆轴法线方向的合力，剪力以使隔离体顺时针方向转动为正，以使隔离体逆时针方向转动为负，如图 3-1（c）所示。

轴力是截面上的应力沿杆轴切线方向的合力，轴力以拉力为正，以压力为负，如图 3-1（d）所示。

二、分段叠加法作弯矩图

用分段叠加法作结构的弯矩图可以使结构的绘制工作得到简化，它也是结构力学中最基本的内容之一，贯穿于结构力学始终。下面介绍叠加法作弯矩图的基本原理和方法，主要讨论结构中任意直杆段的弯矩图绘制。以图 3-2（a）中，杆段 AB 的弯矩图绘制为例，其隔离体如图 3-2（b）所示，隔离体上的作用力除荷载 q 外，在杆端还有弯矩 M_A、M_B，轴力 F_{NA}、F_{NB} 和剪力 F_{QA}、F_{QB}。现将该隔离体 AB 的受力情况与图 3-2（c）中简支梁的受力情况进行比较。设简支梁跨度与杆段 AB 的长度相同，且承受相同的荷载 q 和相同的杆端力偶 M_A、M_B，此时，简支梁支座反力为 F_{RA}^0、F_{RB}^0。在图 3-2（b）、（c）中分别应用平衡条件求解剪力 F_{QA}、F_{QB} 和支反力 F_{RA}^0、F_{RB}^0，可知，$F_{QA}=F_{RA}^0$，$F_{QB}=F_{RB}^0$，因此，图 3-2（b）中隔离体 AB 的受力情况与图 3-2（c）中简支梁的受力情况相同，相应地，二者的内力图也彼此相同。这样，作任意直杆段弯矩图的问题［见图 3-2（b）］就归结为作相应简支梁弯矩图的问题［见图 3-2（c）］了。

现在讨论简支梁［见图 3-2（c）］弯矩图的绘制，荷载包括两部分：跨间荷载 q 和端部力偶 M_A、M_B。当端部力偶单独作用时［见图 3-2（d）］，其弯矩图 M_1 图如图 3-2（f）所示，为直线图形；当跨间荷载单独作用时［见图 3-2（e）］，其弯矩图 M_2 图如图 3-2（g）所示。根据叠加原理，简支梁［见图 3-2（c）］的弯矩图等于 M_1 图［见图 3-2（f）］与 M_2 图［见图 3-2（g）］两个弯矩图的叠加，即以 M_1 图的直线图形作为基线，在此基线上叠加 M_2 图，叠加后弯矩图如图 3-2（h）所示。值得注意的是，弯矩图的叠加是弯矩图纵坐标值的叠加，而不是弯矩图图形的简单拼合。

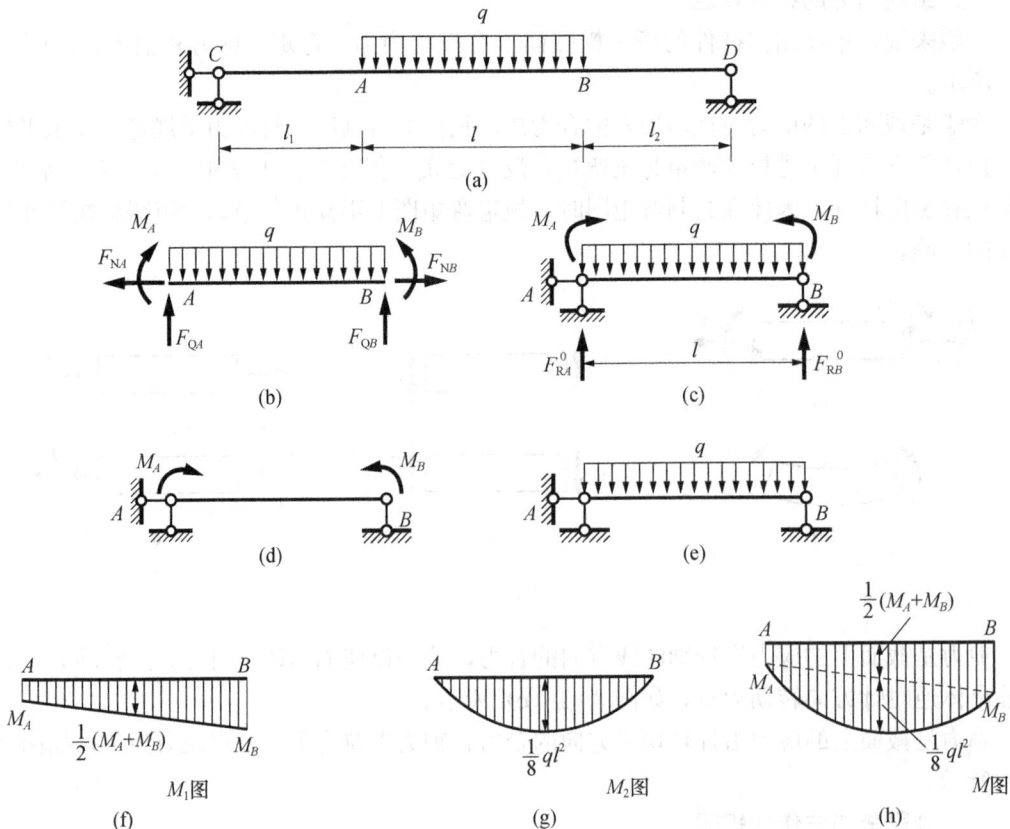

图 3-2

分段叠加法作弯矩图的步骤为：

（1）首先找出控制截面，将杆件分段，如此例中的杆段 AB。一般来说，集中力作用处、集中力偶作用处、支座处、均布荷载的起点和终点、刚结点处均可以看成控制截面。

（2）根据杆段 AB 两端截面的弯矩 M_A、M_B，连直线作出弯矩图（M_1 图）。

（3）以 M_1 图的直线为基线，作出相应简支梁 AB 在跨间荷载作用下的弯矩图（M_2 图），将同一截面的 M_1 图纵坐标与 M_2 图纵坐标进行叠加，得到最后弯矩图（M 图）。

三、用叠加法作剪力图

在材料力学中，已经讲过绘制剪力图的方法，这里不再讲述，且可以继续使用该方法进行剪力图的绘制。此外，也可采用叠加法绘制剪力图，原理与弯矩图的分段叠加法相同，同样是相应简支梁图 3-2（d）和图 3-2（e）各自剪力图的叠加，具体如图 3-3 所示。如图 3-3（a）所示的 F_{Q1} 图为图 3-2（d）对应的剪力图，如图 3-3（b）所示的 F_{Q2} 图为图 3-2（e）对应的剪力图，两者叠加后的剪力图如图 3-3（c）所示，此剪力图即为图 3-2（a）中杆段 AB 的剪力图。

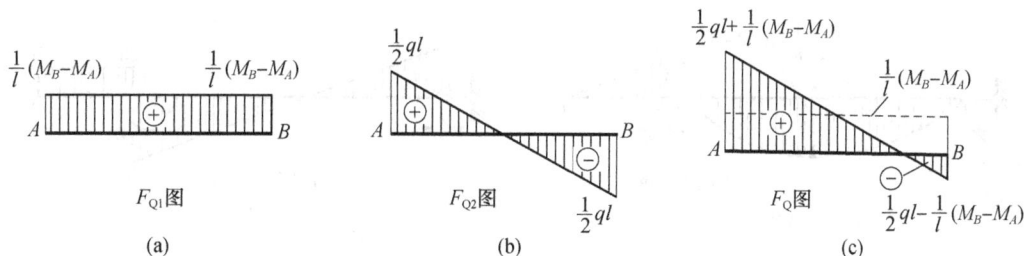

图 3-3

【例 3-1】 绘制如图 3-4（a）所示结构的弯矩图和剪力图。

解： 在图 3-4（a）中，确定结构的控制截面为 A、B、C。

（1）计算支座反力。图 3-4（b）中，由 $\sum F_x = 0$ 得

$$F_{RAx} = 0$$

由 $\sum M_A = 0$ 得

$$F_{RBy} \times 8 - \frac{1}{2} \times 10 \times 8^2 - 20 \times 8 = 0$$

$$F_{RBy} = 65\text{kN}$$

由 $\sum F_y = 0$ 得

$$F_{RAy} + F_{RBy} - 10 \times 8 - 20 = 0$$

$$F_{RAy} = 35\text{kN}$$

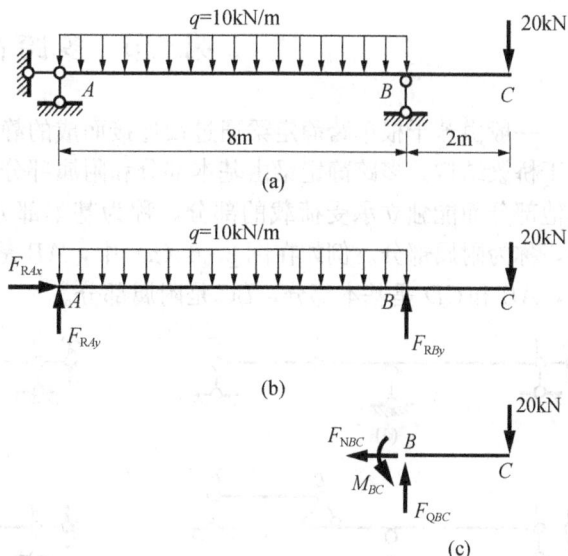

图 3-4

式中：F_{RAx}、F_{RAy} 分别表示支座 A 在 x 方向、y 方向的支反力。

（2）计算控制截面的弯矩值。由题知，$M_A=0$，$M_C=0$，取 BC 为隔离体，如图 3-4 (c) 所示，由 $\sum M_B=0$ 得

$$M_{BC}-20\times2=0$$
$$M_{BC}=40\text{kN}\cdot\text{m}$$

式中：M_{BC} 表示杆段 BC 在 B 端的弯矩值。

（3）绘制结构的弯矩图和剪力图：

控制截面一般为杆件两端点、集中荷载作用点、分布荷载的起点和终点。求出控制截面的弯矩值后，在 BC 段无荷载作用，连 BC 直线，为此段的弯矩图。在 AB 段有均布荷载作用，采用分段叠加法绘制弯矩图。A、B 两端截面的弯矩值分别为 0 和上边沿受拉的 40kN·m，在两个弯矩值间连接一条虚线，以此为基线，叠加以 AB 为跨度的简支梁在均布荷载作用下的弯矩图，作出 AB 段的弯矩图。最后弯矩图如图 3-5（a）所示。

剪力图的绘制，将支反力全部画在结构上，与荷载一起处于平衡，采用材料力学讲述的方法，从左向右，根据平衡方程（或按剪力图绘制规律）绘制出结构的剪力图，如图 3-5（b）所示。

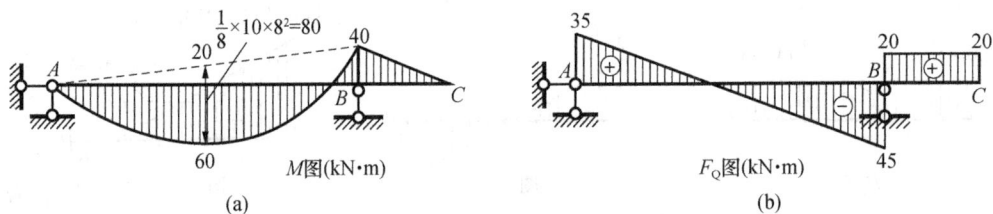

图 3-5

第二节　多跨静定梁

一般由若干根单跨静定梁通过铰连接而成的静定结构，称为多跨静定梁，多跨静定梁多用于桥梁结构。多跨静定梁由基本部分和附属部分组成。多跨静定梁各杆件中，不需要依靠其他部分而能独立承受荷载的部分，称为基本部分；需要依靠其他部分才能承受荷载的部分，称为附属部分。例如在图 3-6（a）中，AB 是基本部分，BC 是附属部分；图 3-7（a）中，AB 和 CD 是基本部分，BC 是附属部分。

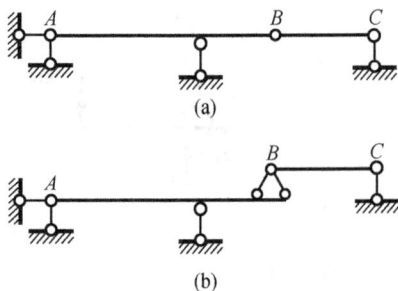

图 3-6

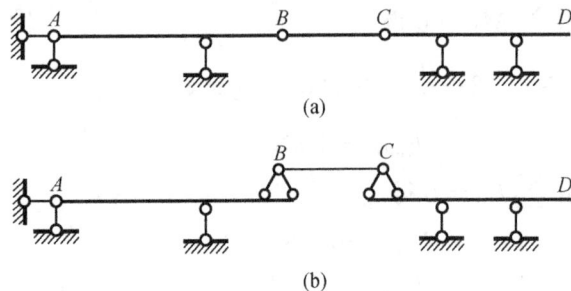

图 3-7

计算多跨静定梁的反力和内力时，首先分清楚哪些部分是基本部分，哪些部分是附属部分。应先计算附属部分，后计算基本部分。为清晰可见，可分别用对应的图 3-6（b）和图 3-7（b）来表示基本部分和附属部分的关系，这种表示力的传递路径的图形称为层次图。由此可见，当荷载作用于基本部分时，只是基本部分受力，而附属部分不会产生内力；当荷载作用于附属部分时，基本部分和附属部分都会产生内力。

【例 3-2】　绘制如图 3-8（a）所示结构的弯矩图和剪力图。

解：（1）画层次图。层次图如图 3-8（b）所示，CD 杆为附属部分，ABC 杆为基本部分。

（2）受力分析图。取 CD 附属部分为隔离体［见图 3-8（c）］。由 $\sum F_x = 0$ 得

$$F_{Cx} = 0\text{kN}$$

由 $\sum M_C = 0$ 得

$$F_{RD} \times 4 - \frac{1}{2} \times 20 \times 4^2 = 0$$

$$F_{RD} = 40\text{kN}$$

由 $\sum F_y = 0$ 得

$$F_{Cy} + F_{Dy} - 20 \times 4 = 0$$

$$F_{Cy} = 40\text{kN}$$

取 ABC 基本部分为隔离体［见图 3-8（c）］，得

$$F_{RB} = 65\text{kN}$$
$$F_{RAy} = 15\text{kN}$$
$$F_{RAx} = 0\text{kN}$$

（3）绘制弯矩图。对于弯矩图，要各自画。分别绘出附属部分和基本部分的弯矩图，然后拼合在一起，即为原多跨静定梁的弯矩图。各部分画弯矩图时，仍然是静定梁的弯矩图绘制，方法同前。绘出的弯矩图如图 3-8（d）所示。

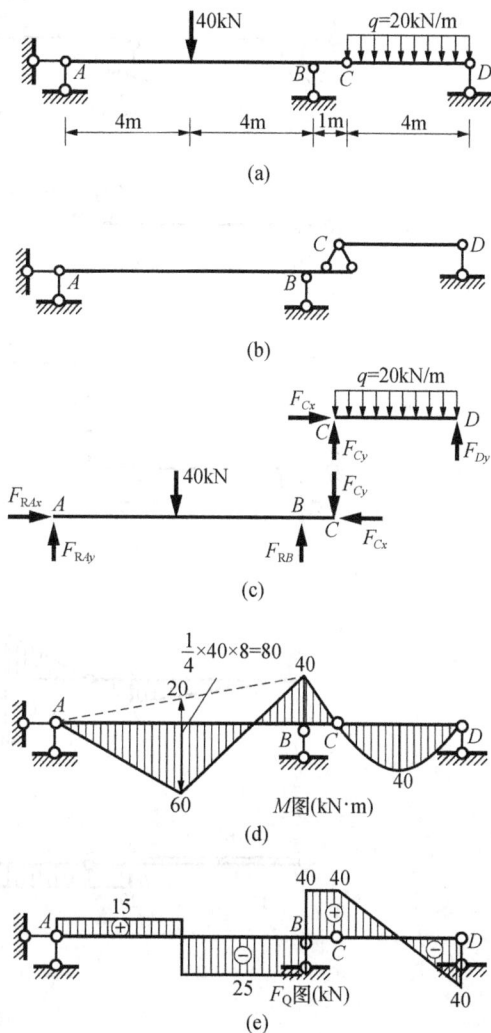

图 3-8

（4）绘制剪力图。对于剪力图，要整体画。将支反力全部画在结构上，与荷载一起处于平衡，从左向右绘制出多跨静定梁的剪力图，如图 3-8（e）所示。

【例 3-3】　绘制如图 3-9（a）所示结构的弯矩图和剪力图。

解：（1）画层次图。如图 3-9（b）所示，CD 杆为附属部分，AC 与 DG 部分均为基本部分。

（2）受力分析。如图 3-9（c）所示，先计算 CD 附属部分，将 C、D 铰传递的力分别作用于 AC 与 DG 两个基本部分，再对基本部分进行受力分析，得到的各支座支反力如图

3 - 9（c）所示。

（3）对于弯矩图，要各自画。分别绘出附属部分和基本部分的弯矩图，然后拼合在一起，绘出的弯矩图如图 3 - 9（d）所示。

（4）对于剪力图，要整体画。绘制出的剪力图如图 3 - 9（e）所示。

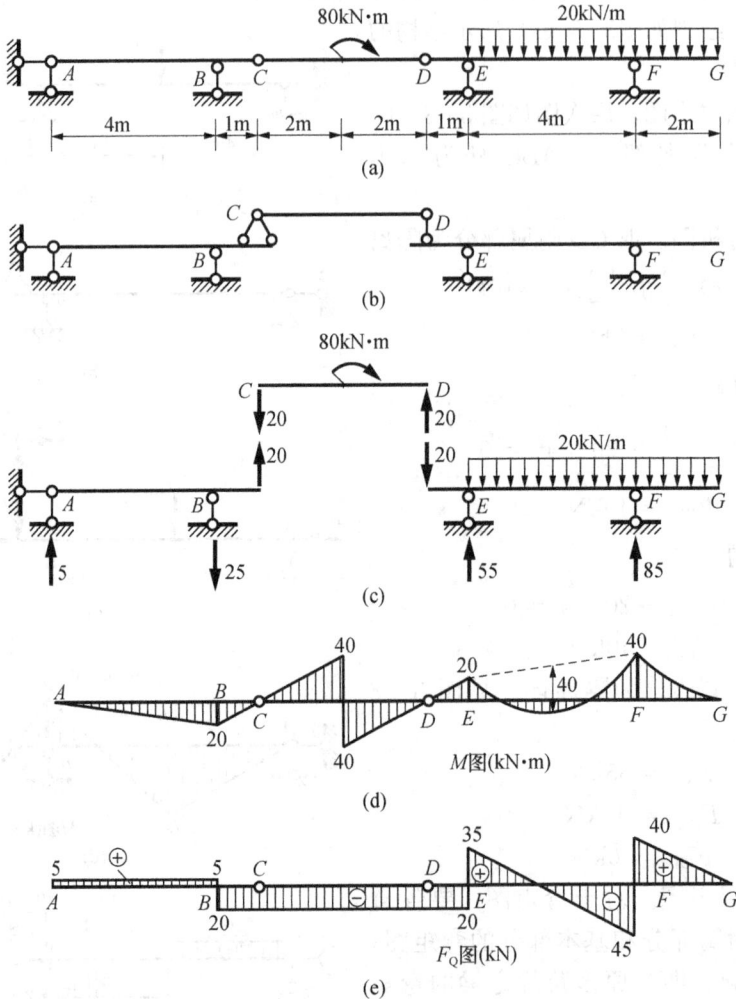

图 3 - 9

第三节　静　定　刚　架

一、静定刚架的类型

由直杆组成，且大部分结点是通过刚连点连接成的结构，称为刚架，也称框架。静定刚架主要有悬臂刚架［见图 3 - 10（a）］、简支刚架［见图 3 - 10（b）］、三铰刚架［见图 3 - 10（c）］、组合刚架［见图 3 - 10（d）］四种类型。

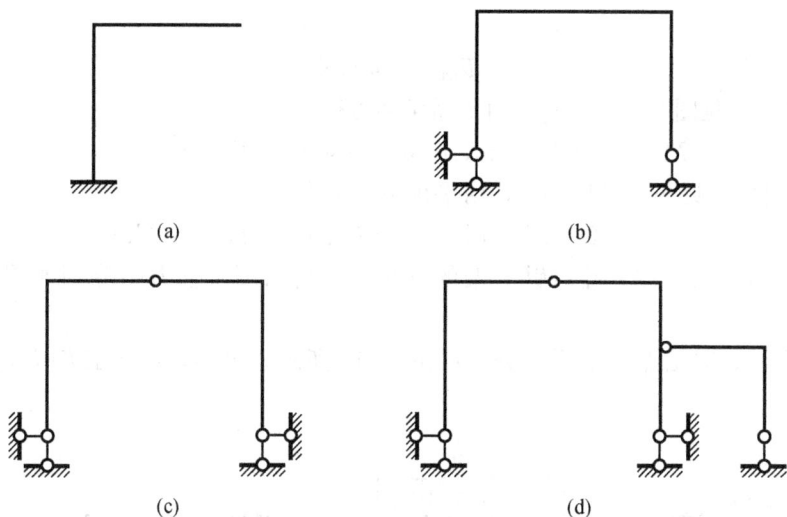

图 3 - 10

二、静定刚架的内力分析

1. 悬臂刚架

悬臂刚架是刚架中最简单的一种刚架，它与基础用固定端相连接。

【例 3 - 4】　绘制如图3 - 11（a）所示悬臂刚架的内力图。

解：如图 3 - 11（a）所示的结构为悬臂刚架，不需要求支座反力，可以直接绘制内力图。

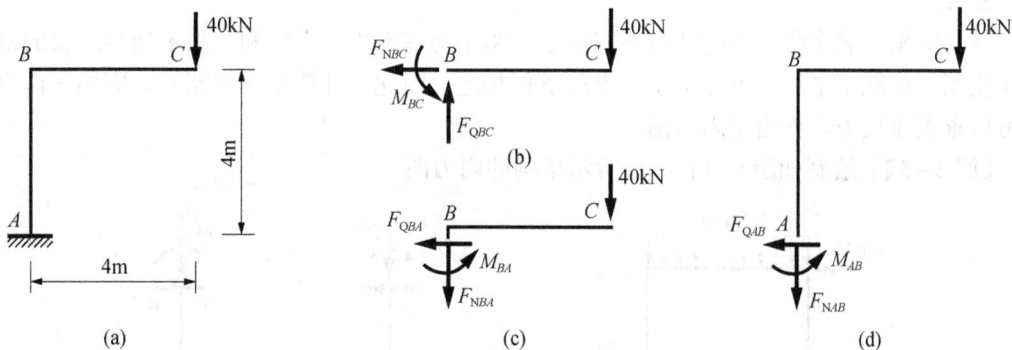

图 3 - 11

（1）计算控制截面 A、B、C 的内力值。

取 BC 为隔离体［见图 3 - 11（b）］，知 $M_{CB}=0$，由 $\sum M_B=0$ 得

$$M_{BC}-40\times 6=0$$

$$M_{BC}=240\text{kN}\cdot\text{m}$$

由 $\sum F_x=0$ 得

$$F_{NBC}=0\text{kN}$$

由 $\sum F_y = 0$ 得

$$F_{QBC} = 40\text{kN}$$

取 BC 为隔离体〔见图 3 - 11（c）〕，由平衡条件可得

$$M_{BA} = 240\text{kN} \cdot \text{m}, \quad F_{NBA} = -40\text{kN}, \quad F_{QBA} = 0\text{kN}$$

取 ABC 为隔离体〔见图 3 - 11（d）〕，由平衡条件可得

$$M_{AB} = 240\text{kN} \cdot \text{m}, \quad F_{NAB} = -40\text{kN}, \quad F_{QAB} = 0\text{kN}$$

（2）绘制结构内力图。此悬臂刚架的弯矩图、剪力图、轴力图分别如图 3 - 12（a）、（b）、（c）所示。

根据内力图，对结点 B 的受力分析如图 3 - 13 所示，可知，结点 B 的力与力矩均处于平衡。

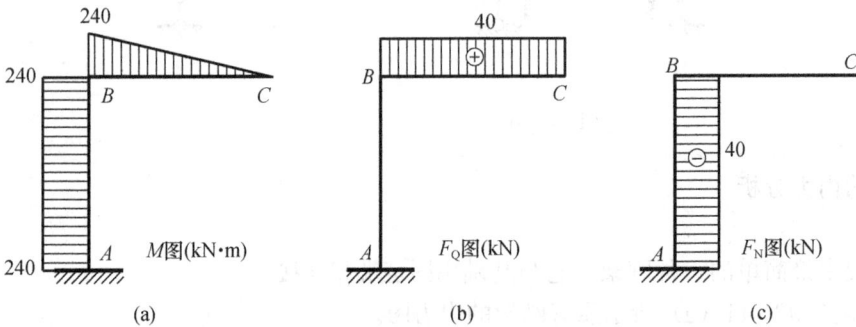

图 3 - 12

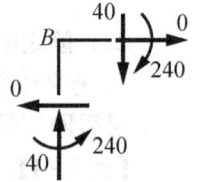

图 3 - 13

2. 简支刚架

简支刚架是无多余约束的几何不变体系，刚架与基础用一个铰和一根不通过此铰的链杆相连或用三根既不平行又不相交于一点的链杆相连。因此，计算简支刚架时，应用平衡方程式可以求支座反力，再绘制内力图。

【例 3 - 5】 绘制如图 3 - 14（a）所示结构的内力图。

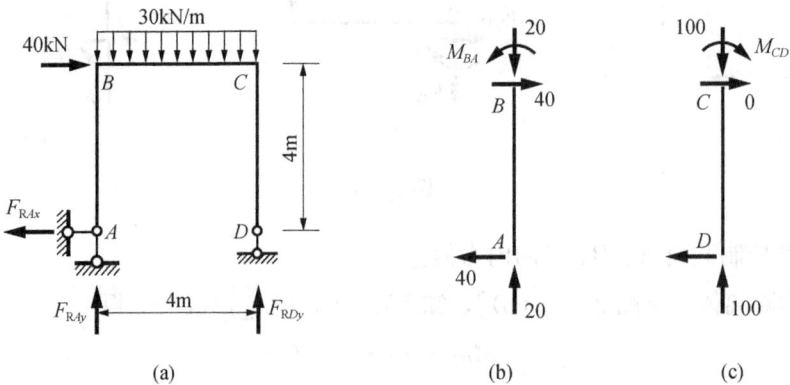

图 3 - 14

解：如图 3 - 14（a）所示的结构为简支刚架，先求支座反力。

（1）计算支座反力。由 $\sum F_x = 0$ 得

$$F_{RAx} = 0$$

由 $\sum M_A = 0$ 得

$$F_{RDy} \times 4 - 40 \times 4 - \frac{1}{2} \times 30 \times 4^2 = 0$$

$$F_{RDy} = 100\text{kN}$$

由 $\sum F_y = 0$ 得

$$F_{RAy} + F_{RDy} - 30 \times 4 = 0$$

$$F_{RAy} = 20\text{kN}$$

（2）计算控制截面 A、B、C、D 的弯矩值：

由题可知

$$M_{AB} = 0, \quad M_{DC} = 0$$

取 AB 为隔离体［见图 3-14（b）］，由 $\sum M_B = 0$ 得

$$M_{BA} - 40 \times 4 = 0$$

$$M_{BA} = 160\text{kN} \cdot \text{m}$$

取 CD 为隔离体［见图 3-14（c）］，由 $\sum M_C = 0$ 得

$$M_{CD} = 0\text{kN}$$

（3）绘制结构的内力图。该简支刚架的弯矩图如图 3-15（a）所示，根据隔离体的平衡方程可以计算各控制截面的剪力值和轴力值，绘制出的剪力图和轴力图分别如图 3-15（b）、（c）所示。

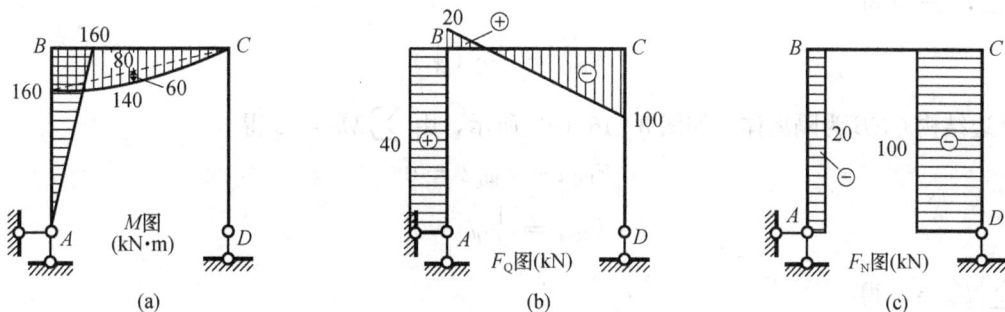

图 3-15

3. 三铰刚架

三铰刚架是由两个构件组成，用不共线的三个铰将两个构件和基础两两相连的结构。计算三铰刚架时，由于支座反力的数目多于平衡方程式的数目，因此，需要用截面法从铰处取隔离体来补充方程，才能计算出支座反力，然后再绘制内力图。

【例 3-6】　绘制如图 3-16（a）所示三铰刚架的内力图。

解：如图 3-16（a）所示结构为三铰刚架，先求支座反力。

（1）计算支座反力。取整体刚架为隔离体，如图 3-16（b）所示，由 $\sum M_A = 0$ 得

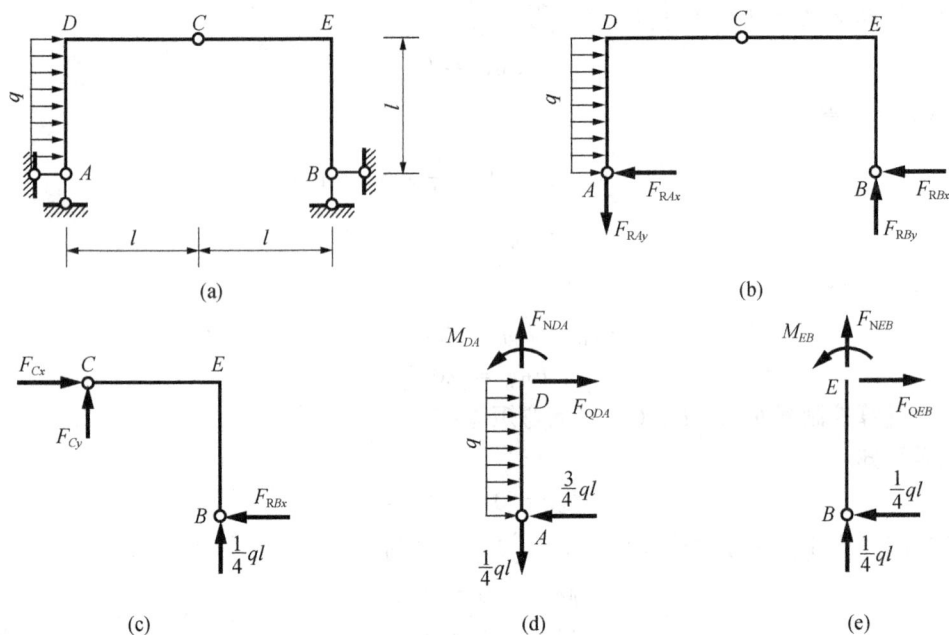

图 3 - 16

$$F_{RBy} \times 2l - \frac{1}{2} \times q \times l^2 = 0$$

$$F_{RBy} = \frac{1}{4}ql(\uparrow)$$

由 $\sum F_y = 0$ 得

$$F_{RAy} = \frac{1}{4}ql(\downarrow)$$

取半边结构 CEB 为隔离体，如图 3 - 16（c）所示，由 $\sum M_C = 0$ 得

$$F_{RBx}l - F_{RBy}l = 0$$

$$F_{RBx} = \frac{1}{4}ql(\leftarrow)$$

由 $\sum F_x = 0$ 得

$$F_{RAx} = ql - F_{RBx} = \frac{3}{4}ql$$

（2）计算控制截面 A、B、C、D、E 的弯矩值。由题可知

$$M_{AD} = 0, \quad M_{BE} = 0, \quad M_C = 0$$

取 AD 为隔离体，如图 3 - 16（d）所示，由 $\sum M_D = 0$ 得

$$M_{DA} - \frac{3}{4}ql \cdot l + \frac{1}{2}ql^2 = 0$$

$$M_{DA} = \frac{1}{4}ql^2（右侧受拉）$$

取 BE 为隔离体，如图 3 - 16（e）所示，由 $\sum M_E = 0$ 得

$$M_{EB} = \frac{1}{4}ql^2 \text{（右侧受拉）}$$

由刚结点 D、E 平衡可知

$$M_{DC} = \frac{1}{4}ql^2, \quad M_{EC} = \frac{1}{4}ql^2$$

（3）绘制结构的弯矩图、剪力图、轴力图分别如图 3 - 17（a）、（b）、（c）所示。

4. 组合刚架

在组合刚架结构中，一般由前三种刚架的一种作为基本部分，另一部分是根据几何不变体系的组成规律连接到基体部分，所以是附属部分。组合刚架的计算方法与多跨静定梁相同，先计算附属部分，后计算基本部分。

【例 3 - 7】　绘制如图3 - 18（a）所示刚架的弯矩图。

解： 如图 3 - 18（a）所示结构为组合刚架，ABE 是基本部分，$BCFDG$ 是附属部分。先计算附属部分，后计算基本部分。

（1）计算支座反力。受力分析如图 3 - 18（b）所示，先计算 $BCFDG$ 附属部分。

由 $\sum M_B = 0$ 经计算得

$$F_{RC} = 2F_P$$

由 $\sum F_y = 0$ 得

$$F_{By} = 2F_P$$

由 $\sum F_x = 0$ 得

$$F_{Bx} = 2F_P$$

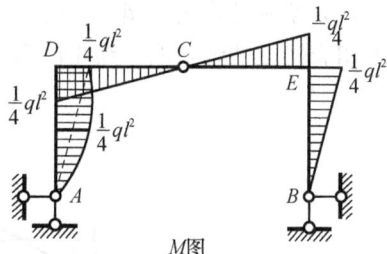

（a）

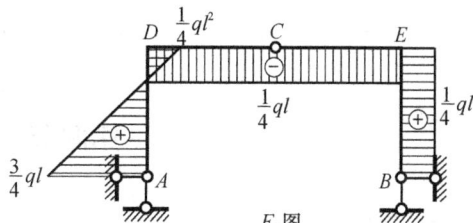

（b）

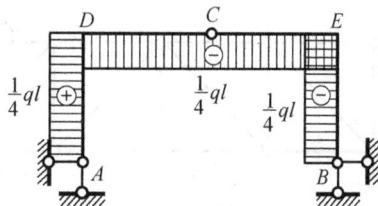

（c）

图 3 - 17

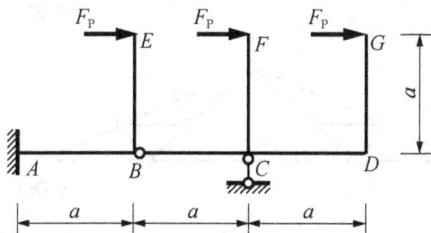

（a）

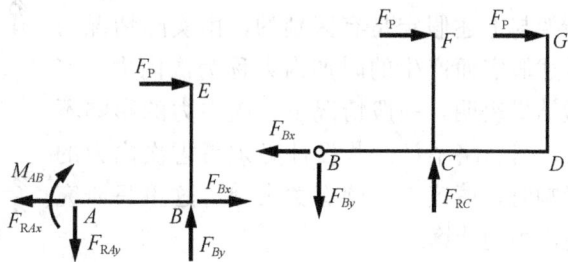

（b）

图 3 - 18

然后，计算 ABE 基本部分，由平衡方程求得

$$M_{AB} = F_P a, \quad F_{RAy} = 2F_P, \quad F_{RAx} = 3F_P$$

（2）绘制结构的弯矩图。分别绘出附属部分和基本部分的弯矩图，然后拼合在一起，即为原组合刚架的弯矩图。绘出的弯矩图（M图）如图 3-19 所示。

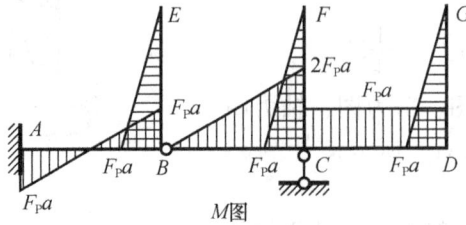

图 3-19

第四节　静　定　桁　架

一、概述

由轴力杆件组成的结构称为桁架（见图 3-20）。

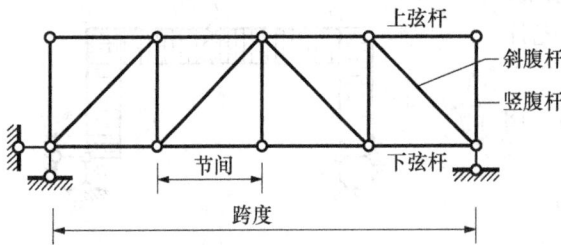

图 3-20

过铰结点的中心。

（3）荷载和支座反力都作用在结点上。

符合上述假定的桁架称为理想桁架，按上述假定计算的桁架内力称为主内力。实际桁架与上述假定是有区别的，由实际情况与上述假定而产生的附加内力称为次内力。实验结果表明，一般情况下，次内力的影响不大，可忽略不计。若设计必须考虑次内力的影响时，请读者参阅有关书籍，这里只研究主内力的计算。

二、桁架的类型

从几何构造角度来看，桁架可分为简单桁架、联合桁架、复杂桁架。

简单桁架是由基础或一个基本的铰接三角形开始，依次增加二元体所组成的桁架〔见图 3-21 （a）〕。联合桁架是由几个简单桁

轴力杆件分别为上弦杆、下弦杆、竖腹杆、斜腹杆。竖腹杆和斜腹杆统称为腹杆，结点水平间距称为节间，两支座间的距离称为跨度。由于实际桁架的受力情况较为复杂，因此，在建立计算简图时，对桁架作了以下几点假定：

（1）桁架中的结点都是理想的铰结点。

（2）各杆轴线都是直线，且轴线通

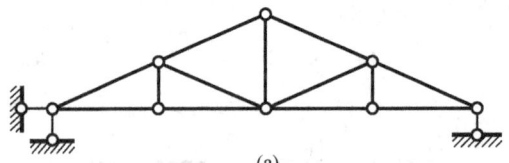

(a)

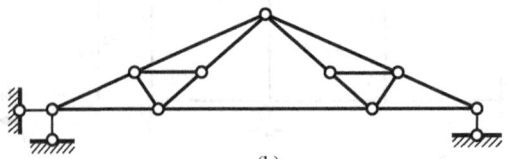

(b)

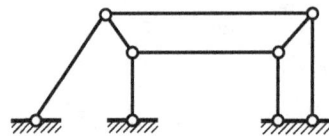

(c)

图 3-21

架按几何不变体系的基本组成规律所连接而成的桁架［见图3-21（b）］。

复杂桁架是除简单桁架、联合桁架以外的其他桁架［见图3-21（c）］。

三、桁架的内力计算

1. 结点法

取桁架的一个结点为隔离体，利用该结点的静力平衡方程解出各杆的内力，这种方法称为结点法。一个结点一般不能多于两个未知力，否则杆件的内力就解不出来，因为一个结点只有两个独立方程（平面汇交力系），可以用结点法计算简单桁架的内力。

2. 截面法

用一截面截取桁架的某一部分为隔离体，利用该隔离体的静力平衡方程解出各杆的内力，这种方法称为截面法。一般来说，截面截取隔离体不多于三个未知力，因为一个隔离体只有三个独立方程（平面一般力系）。可以用截面法计算简单桁架、联合桁架的内力。但是，复杂桁架一般需用特殊截面才能计算出杆件的内力。

3. 零杆的判定

桁架中内力等于零的杆件称为零杆。存在零杆的情况主要有：

（1）两杆结点上无荷载作用时［见图3-22（a）］，两杆的内力等于零。

（2）三杆结点上无荷载作用时［见图3-21（b）］，若其中有两杆在一直线上，则另一杆必为零杆。

【例3-8】　用结点法计算如图3-23（a）所示桁架中各杆的轴力。

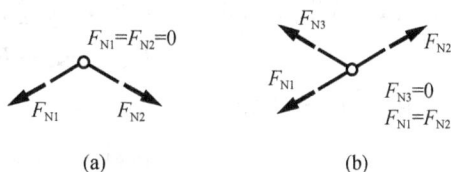

图3-22

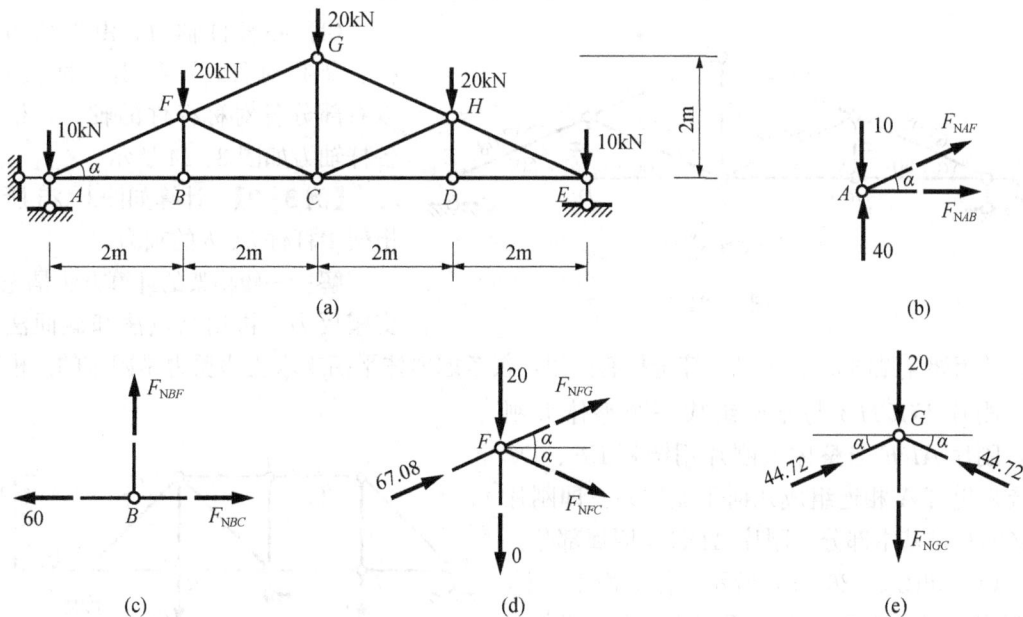

图3-23

解：（1）判定零杆。由图 3-23（a）可以判定 BF 杆和 DH 杆为零杆。$F_{NBF}=F_{NDH}=0$

（2）计算支座反力。根据平衡方程，得出

$$F_{RE}=40\text{kN},F_{RAy}=40\text{kN},F_{RAx}=0\text{kN}$$

（3）结构是正对称结构正对称荷载，依次取结点 A、B、F、G，可计算出对称轴 CG 以左各杆的轴力。图 3-23（a）中三角形，$\sin\alpha=1/\sqrt{5}$，$\cos\alpha=2/\sqrt{5}$。

取结点 A，如图 3-23（b）所示，由 $\sum F_y=0$ 得

$$F_{NAF}\sin\alpha+20-10=0$$
$$F_{NAF}=-67.08\text{kN}$$

由 $\sum F_x=0$ 得

$$F_{NAF}\cos\alpha+F_{NAB}=0$$
$$F_{NAB}=-F_{NAF}\cos\alpha=60\text{kN}$$

取结点 B，如图 3-23（c）所示，得出

$$F_{NBF}=0\text{kN},F_{NBC}=F_{NAB}=60\text{kN}$$

取结点 F，如图 3-23（d）所示，由 $\sum F_x=0$ 得

$$F_{NGF}\cos\alpha-F_{NAF}\cos\alpha+F_{NFC}\cos\alpha=0$$

由 $\sum F_y=0$ 得

$$F_{NGF}\sin\alpha-F_{NAF}\sin\alpha-F_{NFC}\sin\alpha-20=0$$
$$F_{NGF}=-57.82\text{kN},F_{NGF}=-10\text{kN}$$

取结点 G，如图 3-23（e）所示，同样由平衡方程求得

$$F_{NGF}=-57.82\text{kN},F_{NGC}=31.72\text{kN}$$

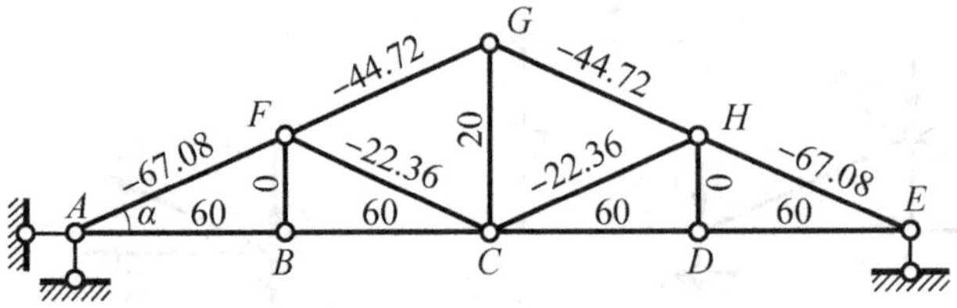

（4）各杆件轴力。由于结构对称、荷载对称，可得出对称轴 CG 以右部分各对称杆件的轴力。桁架各杆轴力如图 3-24 所示。

【例 3-9】 计算如图 3-25 所示桁架中杆件 a、b 的轴力。

解： 一般桁架的计算方法是先求支座反力，再用结点法和截面法求

F_N图（kN）

图 3-24

解。此桁架［见图 3-25］的支座链杆有四根，仅考虑整体平衡来求支座反力是困难的。桁架中，刚片 $FGCHB$ 与基础组成一个整体大刚片，刚片 ADE 与整体大刚片用链杆 EF、DC 和支座链杆 A 相连组成几何不变体系。即刚片 $FGCHB$ 是基本部分，刚片 ADE 是附属部分。

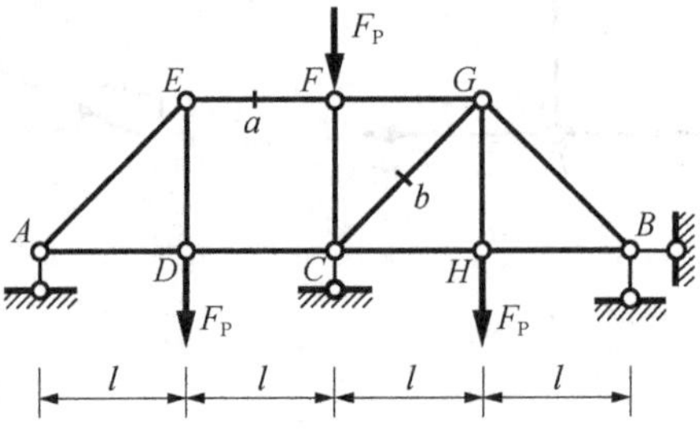

（1）如图 3-26（a）所示，作截面 I-I，切断 EF、DC 两杆，取截面以左 ADE 部分为隔离体，如图 3-26（b）所示。由 $\sum F_y=0$ 得

图 3-25

$$F_{RA} = F_P$$

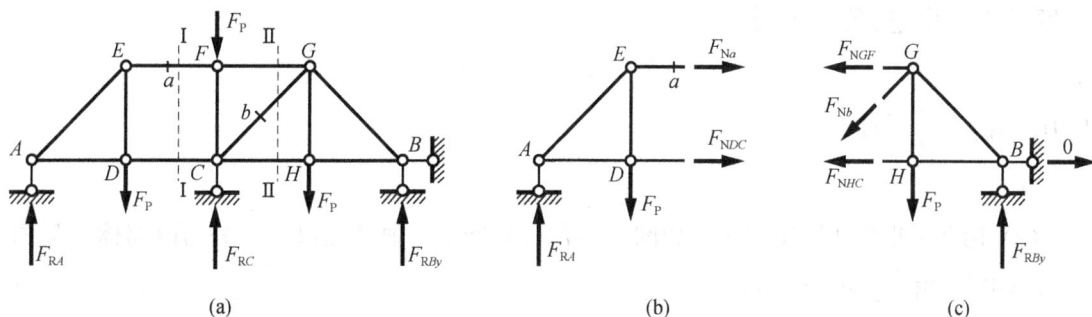

图 3 - 26

由 $\sum M_A = 0$ 得

$$F_{Na} \times l + F_P \times l = 0, F_{Na} = -F_P$$

（2）取整体结构为研究对象，由 $\sum M_C = 0$ 得

$$F_{RBy} \times 2l - F_P \times l + F_P \times l - F_P \times 2l = 0$$

$$F_{RBy} = F_P$$

（3）另作截面Ⅱ - Ⅱ，切断 FG、CG、CH 三杆，取截面以右 GHB 部分为隔离体，如图 3 - 26（c）所示。由 $\sum F_y = 0$ 得

$$F_{Nb}\cos\frac{\pi}{4} + F_P - F_{RBy} = 0$$

$$F_{Nb} = 0$$

【例 3 - 10】　计算如图3 - 27（a）所示桁架中杆件 a、b 的轴力。

解： 如图 3 - 27（a）所示桁架为复杂桁架。支座反力有四个，每个结点都是三个未知力，显然用结点法计算杆件的轴力是困难的，所以需要用巧妙的截面法进行计算。

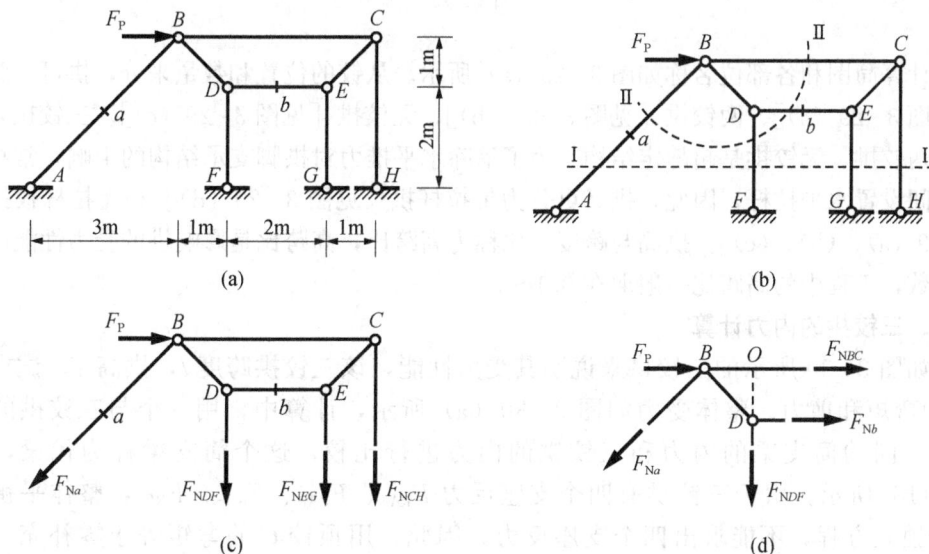

图 3 - 27

（1）用Ⅰ-Ⅰ截开桁架结构，如图 3-27（b）所示，取截面以上部分为隔离体［见图 3-27（c）］，由 $\sum F_x = 0$ 得

$$F_{Na}\cos\alpha - F_P = 0$$

其中，$\cos\alpha = \dfrac{\sqrt{2}}{2}$，得

$$F_{Na} = \sqrt{2}F_P$$

（2）用Ⅱ-Ⅱ截开桁架结构，如图 3-27（b）所示，取截面以上部分为隔离体［见图 3-27（d）］，由 $\sum M_O = 0$ 得

$$F_{Nb} \times 1 + F_{Na}\sin\alpha \times 1 = 0$$
$$F_{Nb} = -F_P$$

第五节　三　铰　拱

一、拱的概念

如图 3-28（a）所示，这种在竖向荷载作用下产生水平推力的曲线结构称为拱。拱结构与曲梁结构的区别为是否在竖向荷载作用下产生水平推力，如图 3-28（a）、（b）所示结构为拱，图 3-28（c）所示结构为曲梁。由于拱结构中有水平推力作用，拱结构中截面的弯矩比相应的梁结构中截面的弯矩小，这使拱体主要承受轴向压力，所以用抗压强度较高的材料（如砖、石、混凝土）建造拱。拱结构在桥涵工程中常被采用。

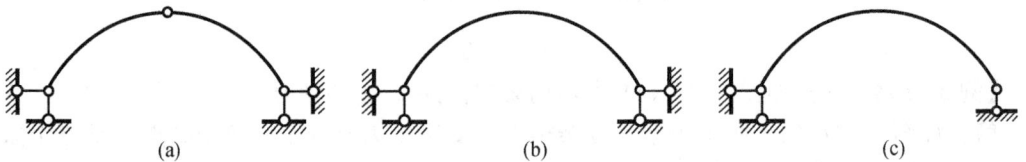

图 3-28

拱计算简图和各部位名称如图 3-29（a）所示。从铰的位置和数量来分，拱可分为三铰拱［见图 3-29（a）］、两铰拱［见图 3-29（b）］、无铰拱［见图 3-29（c）］。三铰拱是静定结构，两铰拱、无铰拱是超静定结构。为了消除水平推力对拱脚支承结构的影响，常在两个支座之间设置水平拉杆，因此，拱又可分为带拉杆拱［见图 3-29（d）］和无拉杆铰拱［见图 3-29（a）、（b）、（c）］。拱高与跨度之比称为高跨比，高跨比是影响拱的受力性能的一个重要参数，工程中的高跨比一般取在 0.1～1。

二、三铰拱的内力计算

以如图 3-30 所示的三铰拱来说明其受力性能，该三铰拱跨度 l，拱高 f，试求解截面 K 的弯矩和剪力。整体受力如图 3-30（a）所示，计算中，用一个与三铰拱的跨度和荷载相同的简支梁的内力和三铰拱的内力进行比较，这个简支梁称为代梁，如图 3-30（b）所示。由于三铰拱有四个支座反力 F_{RAx}、F_{RAy}、F_{RBx}、F_{RBy}，整体平衡方程有三个独立方程，不能求出四个支座反力，因此，用顶铰 C 的弯矩等于零补充一个方程，即可求出支座反力。

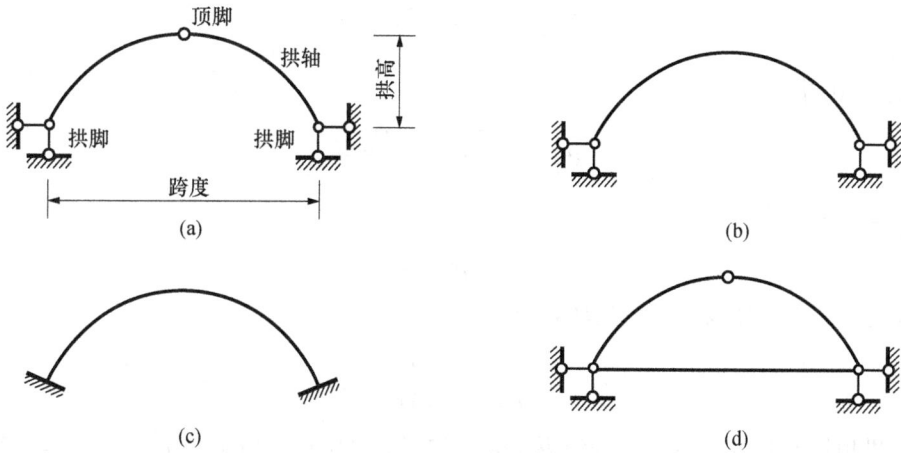

图 3-29

1. 支座反力计算

如图 3-30（a）所示，在竖向荷载作用下的三铰拱，支座 A、B 处的竖向反力分别为 F_{RAy}、F_{RBy}，水平反力分别为 F_{RAx}、F_{RBx}。如图 3-30（b）所示代梁的竖向反力分别为 F_{RAy}^0、F_{RBy}^0。

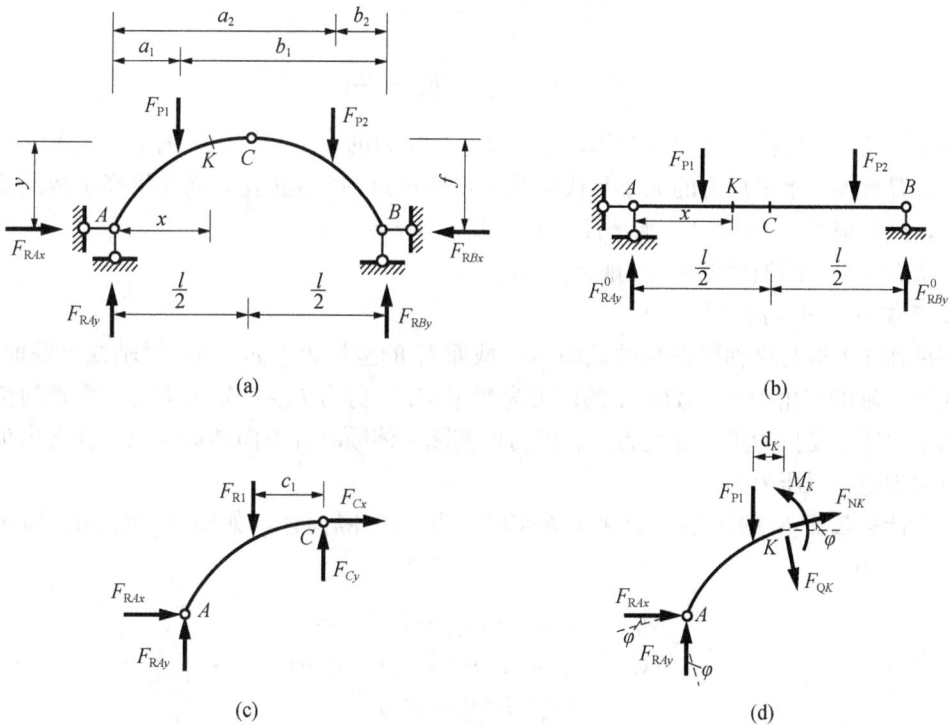

图 3-30

取三铰拱整体为隔离体，由 $\sum M_B = 0$ 得

$$F_{RAy} = \frac{F_{P1}b_1 + F_{P2}b_2}{l}$$

由 $\sum M_A = 0$ 得

$$F_{RBy} = \frac{F_{P1}a_1 + F_{P2}a_2}{l}$$

由 $\sum F_x = 0$ 得

$$F_{RAx} = F_{RBx} = F_x$$

对三铰拱与代梁的支座反力进行比较，可知

$$F_{RAy} = F_{RAy}^0 \tag{3-1}$$
$$F_{RBy} = F_{RBy}^0 \tag{3-2}$$

取三铰拱拱顶铰 C 以左的 AC 部分为隔离体，如图 3-30（c）所示，由 $\sum M_C = 0$ 得

$$F_{RAx}f + F_{P1}c_1 - F_{RAy}\frac{l}{2} = 0$$

$$F_{RAx} = F_{RBx} = \frac{F_{RAy}\dfrac{l}{2} - F_{P1}c_1}{f} = F_x$$

代梁截面 C 的弯矩值为

$$M_C^0 = F_{RAy}\frac{l}{2} - F_{P1}c_1$$

$$F_{RAx} = F_{RBx} = F_x = \frac{M_C^0}{f} \tag{3-3}$$

由此可见，三铰拱在竖向荷载作用下，其水平反力的大小与拱轴线的形状无关，而与三个铰的位置有关。水平反力的大小与代梁截面 C 的弯矩 M_C^0 成正比，而与拱高 f 成反比，也就是说，拱越扁平（f 越小），水平推力就越大。当 $f=0$ 时，水平反力为无穷大，这时三个铰在一条直线上，结构也就转变为瞬变体系。

2. 三铰拱的内力的计算

在拱轴线上取与拱轴线正交的截面 K，截面 K 的坐标为 (x, y)，拱轴线上截面 K 处的切线与 x 轴的夹角为 φ，截面 K 的内力为弯矩 M_K、剪力 F_{QK} 和轴力 F_{NK}。弯矩的符号是以拱的下边纤维受拉为正，反之为负。剪力以使隔离体顺时针方向转动为正，反之为负。轴力以拉力为正，以压力为负。

（1）计算截面 K 的弯矩。沿截面 K 切开，取 AK 隔离体，如图 3-30（d）所示，由 $\sum M_K = 0$ 得

$$M_K + F_{P1}d_K + F_x y - F_{RAy}x = 0$$
$$M_K = (F_{RAy}x - F_{P1}d_K) - F_x y$$
$$M_K = M_K^0 - F_x y \tag{3-4}$$

式中：$M_K^0 = F_{RAy}x - F_{P1}d_K$ 是代梁中 K 点的弯矩。

（2）计算截面 K 的剪力。由沿截面 K 剪力方向的力平衡，可得

$$F_{QK} - F_{RAy}\cos\varphi + F_{P1}\cos\varphi + F_x\sin\varphi = 0$$
$$F_{QK} = (F_{RAy} - F_{P1})\cos\varphi - F_x\sin\varphi$$

$$F_{QK} = F_{QK}^0 \cos\varphi - F_x \sin\varphi \qquad (3-5)$$

式中：$F_{QK}^0 = F_{RAy} - F_{P1}$，是代梁中 K 点的剪力。

（3）计算截面 K 的轴力。由沿截面 K 轴力方向的力平衡，可得

$$F_{NK} + F_{RAy}\sin\varphi - F_{P1}\sin\varphi + F_x\cos\varphi = 0$$

$$F_{NK} = -(F_{RAy} - F_{P1})\sin\varphi - F_x\cos\varphi$$

$$F_{NK} = -F_{QK}^0 \sin\varphi - F_x\cos\varphi \qquad (3-6)$$

值得注意：

（1）从式 $M_K = M_K^0 - F_x y$ 可以看出，在相同的荷载作用下，拱截面上的弯矩值小于代梁中相应截面的弯矩值。也就是说，拱结构比梁结构的受力性能更好。

（2）如果截面 K 在左半拱，拱轴线上截面 K 处的切线与 x 轴的夹角 φ 取正号，反之取负号。

（3）叠加法绘制内力图不适用于曲线结构，因此绘制拱内力图时，根据计算精度的要求把拱分成若干段，计算出每一个截面的内力值，然后把每一个截面的内力值用光滑曲线连接起来就是拱的内力图。计算三铰拱的内力时可直接采用式（3-4）～式（3-6）进行计算。

【例 3-11】　三铰拱及其所受荷载如图 3-31 (a) 所示，拱轴线方程为 $y = \dfrac{4f}{l^2} x\,(l-x)$，试求支座反力，并绘制内力图。

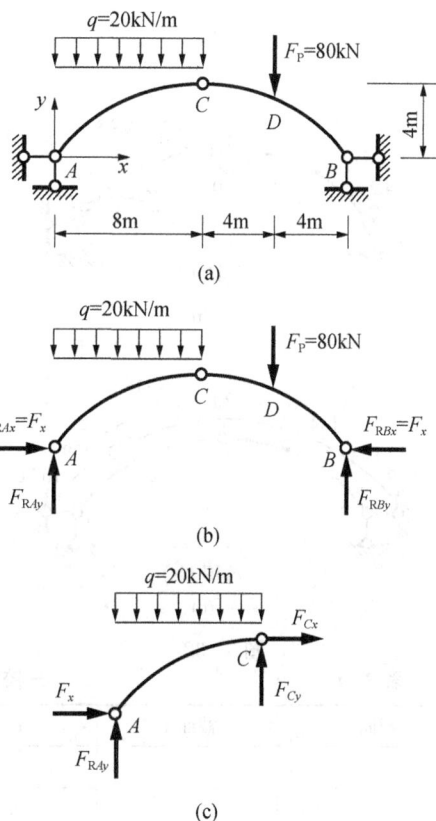

解：

1. 支座反力计算［见图 3-31（b）、(c)］

由式（3-1）、式（3-2）得

$$F_{RAy} = F_{RAy}^0 = \frac{80\times4 + 8\times20\times12}{16}$$

$$= 140\text{kN}$$

$$F_{RBy} = F_{RBy}^0 = \frac{8\times20\times4 + 80\times12}{16}$$

$$= 100\text{kN}$$

由式（3-3）得

$$F_x = \frac{M_C^0}{f} = \frac{140\times8 - 8\times20\times4}{4}$$

$$= 120\text{kN}$$

2. 内力计算

图 3-31

为了绘制内力图，将拱沿跨度方向分成八等分，计算出每一个截面的弯矩值、剪力值和轴力值。现以 $x=12\text{m}$ 的截面 D 的内力计算为例来说明计算步骤。

（1）截面 D 的几何参数。根据拱轴线方程，当 $x=12\text{m}$ 时，有

$$y = \frac{4\times4}{16^2} \times 12\times(16-12) = 3\text{m}$$

$$\tan\varphi = \frac{\mathrm{d}y}{\mathrm{d}x} = \frac{4f}{l^2}(l-2x)$$

$$= \frac{4\times 4}{16^2}\times(16-2\times 12)$$

$$=-0.5$$

因而得出 $\varphi=-26°34'$，$\sin\varphi=-0.447$，$\cos\varphi=0.894$。

（2）截面 D 的内力。

$$M_D = M^0 - F_x y = 100\times 4 - 120\times 3 = 40\mathrm{kN\cdot m}$$

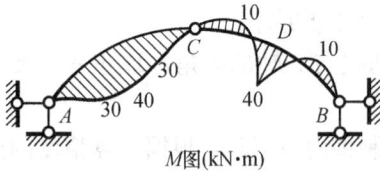

M 图(kN·m)

(a)

M_D 为代梁中截面 D 的弯矩值。

因为集中荷载作用处剪力有突变，所以要算出截面 D 以左、以右两边的剪力 F_{QD}^L、F_{QD}^R 和轴力 F_{ND}^L、F_{ND}^R。F_{QD}^{L0}、F_{QD}^{R0} 分别为代梁中截面 D 以左、右两边的剪力。

$$F_{QD}^L = F_{QD}^{L0}\cos\varphi - F_x\sin\varphi$$

$$=-20\times 0.894 - 120\times(-0.447)$$

$$= 35.8\mathrm{kN}$$

$$F_{ND}^L = -F_{QD}^{L0}\sin\varphi - F_x\cos\varphi$$

$$=-(-20)\times(-0.447) - 120\times 0.894$$

$$=-116.2\mathrm{kN}$$

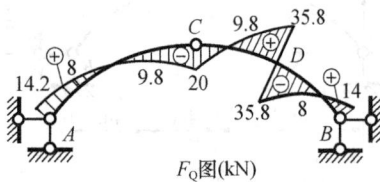

F_Q 图(kN)

(b)

$$F_{QD}^R = F_{QD}^{R0}\cos\varphi - F_x\sin\varphi$$

$$=-100\times 0.894 - 120\times(-0.447)$$

$$=-35.8\mathrm{kN}$$

$$F_{ND}^R = -F_{QD}^{R0}\sin\varphi - F_x\cos\varphi$$

$$=-(-100)\times(-0.447) - 120\times 0.894$$

$$=-152\mathrm{kN}$$

具体计算可列表进行（见表 3-1、表 3-2）。根据表 3-1、表 3-2 中的数值，绘出的内力图分别如图 3-32（a）、（b）、（c）所示。

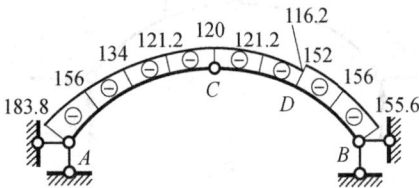

F_N 图(kN)

(c)

图 3-32

表 3-1 三铰拱各截面的几何参数

截面 X	截面 Y	$\tan\varphi$	φ	$\sin\varphi$	$\cos\varphi$
0	0	1	$-45°$	0.707	0.707
2	1.75	0.75	$36°52'$	0.600	0.800
4	3.00	0.5	$26°34'$	0.447	0.894
6	3.75	0.25	$14°2'$	0.243	0.970
8	4.00	0	$0°$	0	1
10	3.75	-0.25	$-14°2'$	-0.243	0.970
12	3.00	-0.5	$-26°34'$	-0.447	0.894
14	1.75	-0.75	$-36°52'$	-0.600	0.800
16	0	-1	$-45°$	-0.707	0.707

表 3-2 　　　　　　　　　　　三 铰 拱 内 力 计 算 表

截面 X	F_Q^0	弯矩计算			剪力计算			轴力计算		
		M^0	$-F_xy$	M	$F_Q^0\cos\varphi$	$-F_x\sin\varphi$	F_Q	$-F_Q^0\sin\varphi$	$-F_x\cos\varphi$	F_N
0	140	0	0	0	99	−84.8	14.2	−99	−84.8	−183.8
2	100	240	−210	30	80	−72	8	−60	−96	−156
4	60	400	−360	40	53.6	−53.6	0	−26.8	−107.2	−134
6	20	480	−450	30	19.4	−29.2	−9.8	−4.8	−116.4	−121.2
8	−20	480	−480	0	−20	0	−20	0	−120	−120
10	−20	440	−450	−10	−19.4	−29.2	9.8	−4.8	−116.4	−121.2
12	−20	400	−360	40	−17.8	53.6	35.8	−9	−107.2	−116.2
	−100				−89.4		−35.8	−44.8		−152
14	−100	200	−210	−10	−80	72	−8	−60	−96	−156
16	−100	0	0	0	−70.8	84.8	14	−70.8	−84.8	−155.6

三、合理拱轴线

为了充分利用材料，就应设法减小截面上的弯矩，如果拱轴上的每个截面上的弯矩都等于零，那么拱轴上截面也没有剪力，只有轴力，这样，拱就处于无弯状态。处于无弯状态下的拱轴线称为合理拱轴线。

由式 $M_K=M_K^0-F_xy$ 可知，在竖向荷载作用下，三铰拱的弯矩 M_K 是由简支梁的弯矩 M_K^0 与 $-F_xy$ 叠加而得到的，而后一项与拱轴线的形状有关，因此，合理拱轴线的方程可由下式确定

$$M_K = M_K^0 - F_xy = 0$$

即

$$y = \frac{M_K^0}{F_x} \tag{3-7}$$

【例 3-12】 设三铰拱承受水平均布竖向荷载作用，如图 3-33（a）所示，试求其合理拱轴线。

解： 由式（3-7）得简支梁的弯矩方程为［见图 3-33（b）］

$$M_K^0 = \frac{ql}{2}x - \frac{qx^2}{2} = \frac{1}{2}qx(l-x)$$

简支梁跨中的弯矩为

$$M_C^0 = \frac{1}{8}ql^2$$

拱的水平推力为

$$F_x = \frac{M_C^0}{f} = \frac{ql^2}{8f}$$

因此，合理拱轴线方程为

$$y = \frac{4f}{l^2}x(l-x)$$

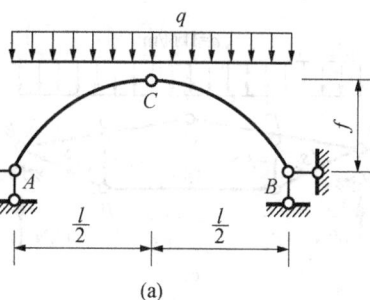

(a)

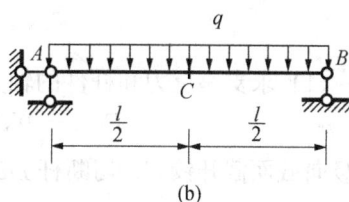

(b)

图 3-33

第六节 组 合 结 构

由梁式杆件（承受弯矩、剪力、轴力的杆件）和轴力杆件组成的结构称为组合结构。组合结构常用于土木建筑工程中的屋架、吊车梁以及桥梁的承重结构。例如图3-34（a）、（b）就是组合结构。

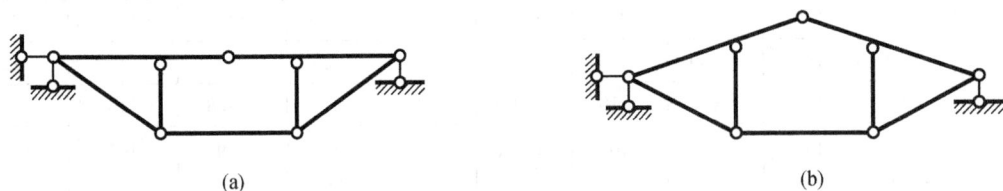

图 3-34

计算组合结构的内力时，一般要先求出支座反力和各轴力杆件的内力，然后再计算梁式杆件的内力并绘制出内力图。这里值得注意的是，在计算中，必须分清哪些杆件是梁式杆件，哪些杆件是轴力杆件。一般来说，当截断梁式杆件时，截面上有三个内力（弯矩、剪力、轴力）；当截断轴力的杆件时，截面上只有一个轴力。

【例3-13】 作如图3-35（a）所示组合结构的内力图。

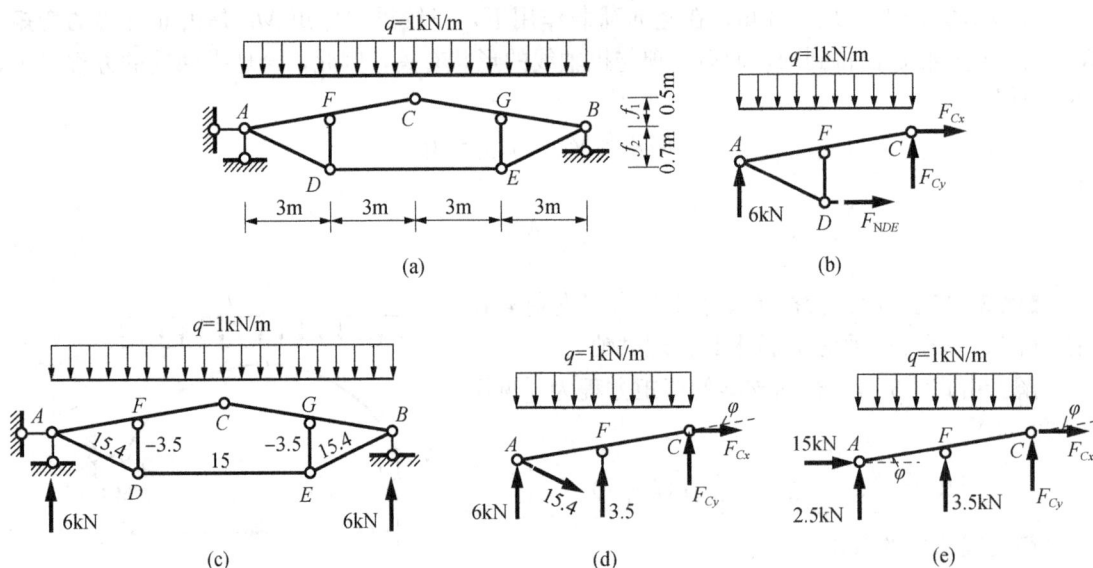

图 3-35

解：（1）求支座反力和杆件的轴力。由整体平衡方程可得支座反力

$$F_{RAx} = 0\text{kN}, F_{RAy} = 6\text{kN}, F_{RBy} = 6\text{kN}$$

用竖向截面截开铰C、切断杆DE，取截面以左为隔离体［见图3-35（b）］，由$\sum M_C = 0$得

$$F_{NDE} \times 1.2 - 6 \times 6 - 6 \times 1 \times 3 = 0$$

$$F_{\text{NDE}} = 15\text{kN}$$

再由结点 D 和 E 的平衡方程可以求得全部轴力杆件的内力，这里省略计算过程，计算结果标在图 3-35（c）中。

（2）计算梁式杆件的内力。由于结构和荷载对称，取半边结构计算。取 AFC 为隔离体，如图 3-35（d）所示，在结点 A 处，将 A 点的支座反力和 AD 杆的轴力合并后，AFC 的受力图为图 3-35（e），图 3-35 中未标出的力的单位均为 kN。控制截面为 A、F、C，杆 AFC 与水平线夹角为 φ，且 $\sin\varphi = 0.0835$，$\cos\varphi = 0.996$。

控制截面 A 的内力为

$$M_{AF} = 0\text{kN} \cdot \text{m}$$

$$F_{\text{QAF}} = F_{\text{QAF}}^{0}\cos\varphi - F_{x}\sin\varphi$$

$$F_{\text{QAF}} = 2.5\cos\varphi - 15\sin\varphi$$

$$= 2.5 \times 0.996 - 15 \times 0.0835$$

$$= 1.24\text{kN}$$

$$F_{\text{NAF}} = -F_{\text{QAF}}^{0}\sin\varphi - F_{x}\cos\varphi$$

$$F_{\text{NAF}} = -2.5\sin\varphi - 15\cos\varphi$$

$$= -2.5 \times 0.0835 - 15 \times 0.996$$

$$= 15.15\text{kN}$$

控制截面 F 的内力为

$$M_{AF} = 2.5 \times 3 - 1 \times 3 \times 1.5 - 15 \times 0.25 = -0.75\text{kN} \cdot \text{m}$$

$$M_{AF} = M_{FA} = -0.75\text{kN} \cdot \text{m}$$

$$F_{\text{QFA}} = (2.5 - 1 \times 3) \times 0.996 - 15 \times 0.0835 = -1.75\text{kN}$$

$$F_{\text{QFC}} = (2.5 - 1 \times 3 + 3.5) \times 0.996 - 15 \times 0.0835 = 1.74\text{kN}$$

$$F_{\text{NFA}} = -(2.5 - 1 \times 3) \times 0.0835 - 15 \times 0.996 = -14.9\text{kN}$$

$$F_{\text{NFC}} = -(2.5 - 1 \times 3 + 3.5) \times 0.0835 - 15 \times 0.996 = -15.19\text{kN}$$

控制截面 C 的内力为

$$M_{CF} = 0\text{kN} \cdot \text{m}$$

$$F_{\text{QCF}} = (2.5 - 1 \times 6 + 3.5) \times 0.996 - 15 \times 0.0835$$

$$= -1.25\text{kN}$$

$$F_{\text{NCF}} = -(2.5 - 1 \times 6 + 3.5) \times 0.0835 - 15 \times 0.996$$

$$= -14.94\text{kN}$$

（3）绘制内力图。绘制出弯矩图、剪力图和轴力图分别如图 3-36（a）、（b）、（c）所示。

值得注意，与［例 3-13］类似的组合结构，影响组合结构内力的因素有两个：

（1）高跨比 $\dfrac{f}{l}$，高跨比越小，轴力越大。

（2）f_1 与 f_2 的关系，当高度 f 确定后，结构的受力状态随 f_1 与 f_2 的比例不同而变化。下面给出了三种计算结果，如图 3-37（a）、（b）、（c）所示。从中可以看出，当 $f_1 = 0.45（f_1 + f_2）\sim 0.5（f_1 + f_2）$ 时，结构中的梁式杆件受力性能较好。

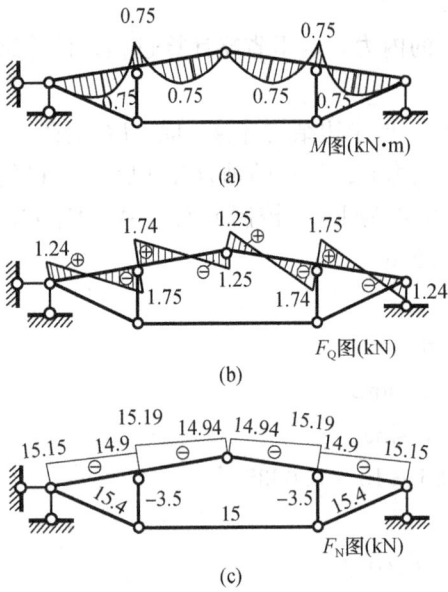

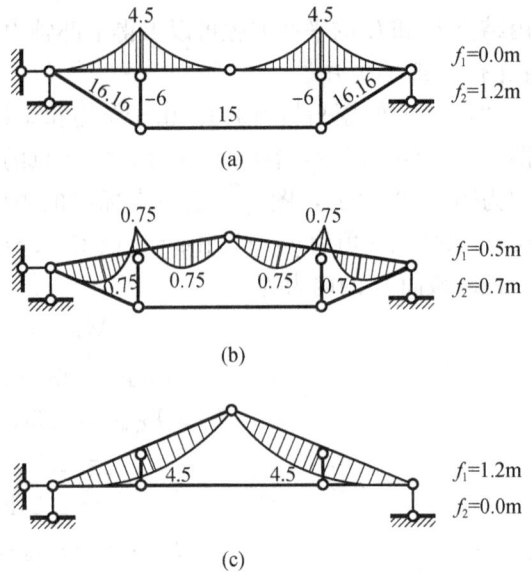

图 3 - 36

图 3 - 37

习 题

3-1 绘如图 3-38 所示结构的内力图。

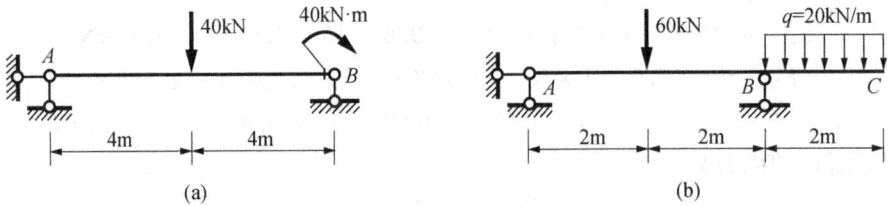

图 3 - 38 题 3 - 1 图

3-2 绘如图 3-39 所示结构的内力图。

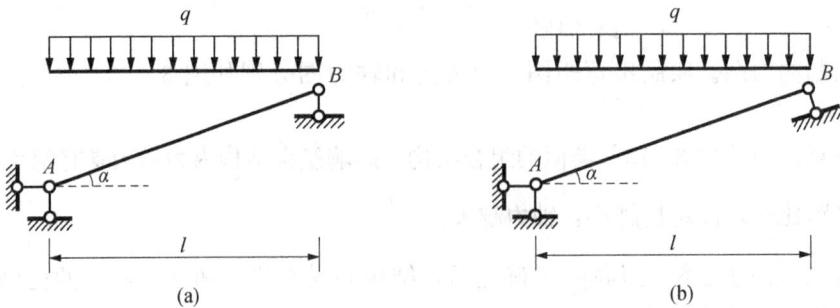

图 3 - 39 题 3 - 2 图

3-3　绘如图 3-40 所示结构的弯矩图和剪力图。

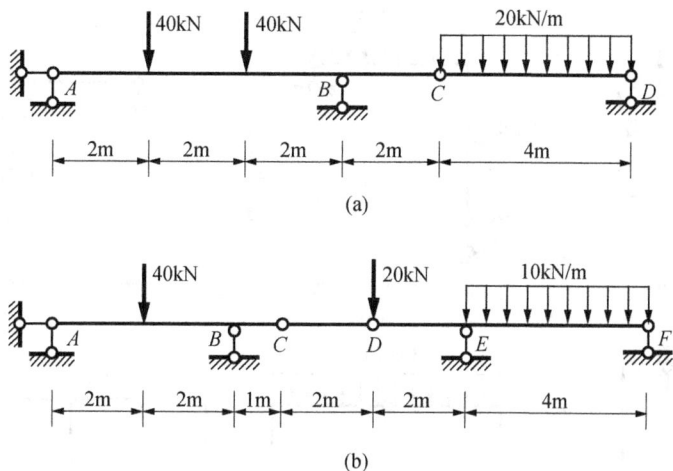

(a)

(b)

图 3-40　题 3-3 图

3-4　在如图 3-41 所示的多跨静定梁中，选择铰 C 和铰 D 的位置 x，使中间一跨的跨中弯矩与支座弯矩绝对值相等。

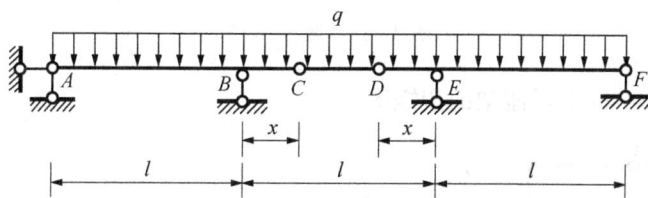

图 3-41　题 3-4 图

3-5　判断如图 3-42 所示刚架弯矩图是否正确，如有错误加以改正。

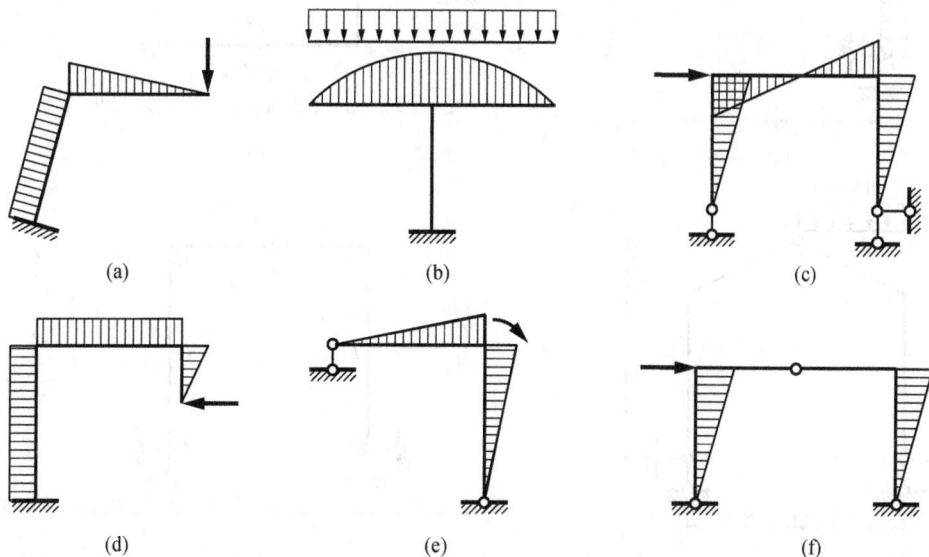

(a)　　　　　　(b)　　　　　　(c)

(d)　　　　　　(e)　　　　　　(f)

图 3-42　题 3-5 图

3-6 绘如图 3-43 所示刚架的内力图。

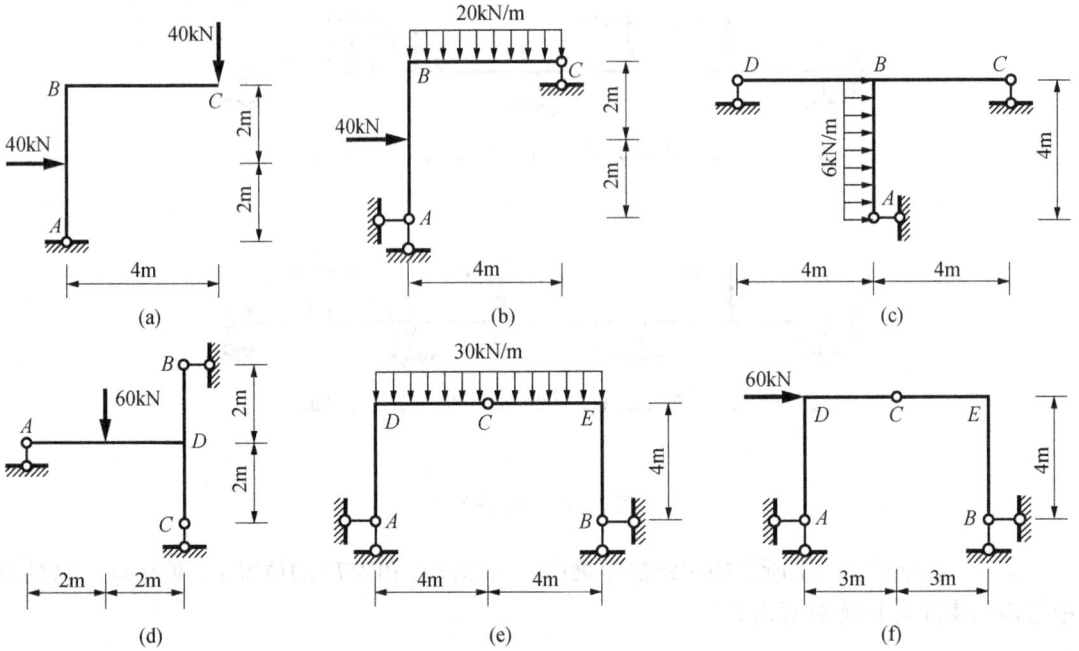

(a)

(b)

(c)

(d)

(e)

(f)

图 3-43 题 3-6 图

3-7 绘如图 3-44 所示刚架的弯矩图。

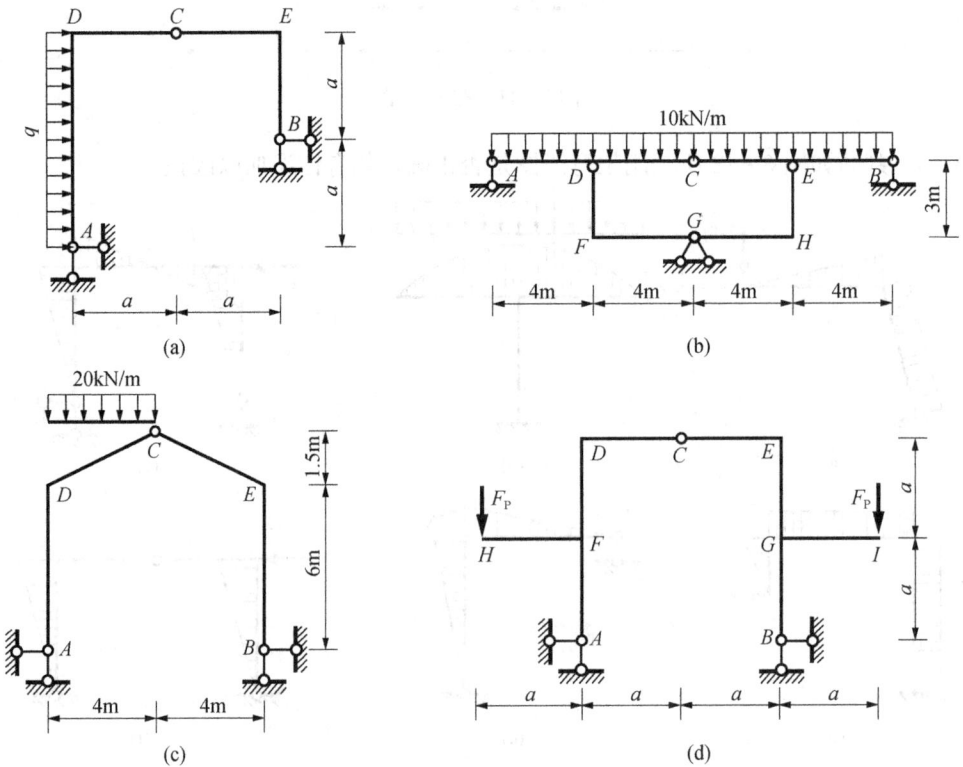

(a)

(b)

(c)

(d)

图 3-44 题 3-7 图

3-8　计算如图 3-45 所示圆弧三铰拱的支座反力，并计算 K 点截面的内力。

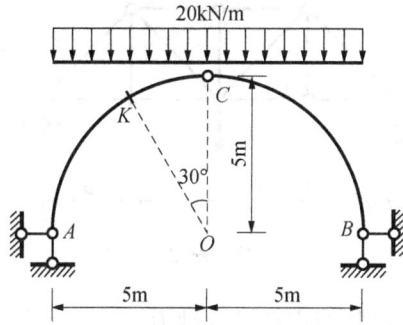

图 3-45　题 3-8 图

3-9　计算如图 3-46 所示三铰拱的支座反力和截面 D、E 的内力，已知其拱轴线为抛物线 $y=\dfrac{4f}{l^2}x(l-x)$。

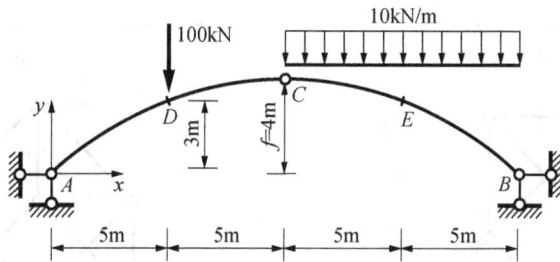

图 3-46　题 3-9 图

3-10　判断如图 3-47 所示桁架中的零杆。

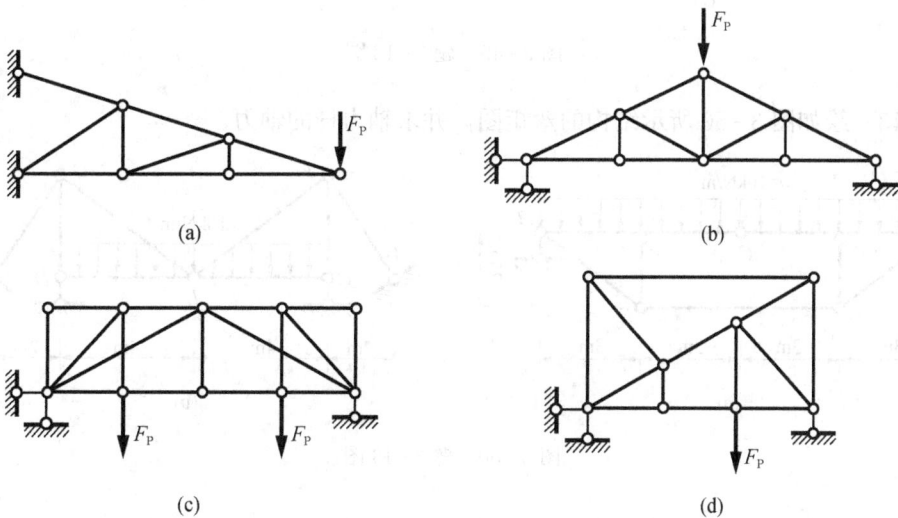

(a)

(b)

(c)

(d)

图 3-47　题 3-10 图

3-11 求如图 3-48 所示结构各杆的轴力。

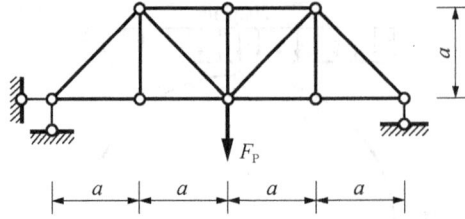

图 3-48 题 3-11 图

3-12 求如图 3-49 所示结构指定杆件的轴力。

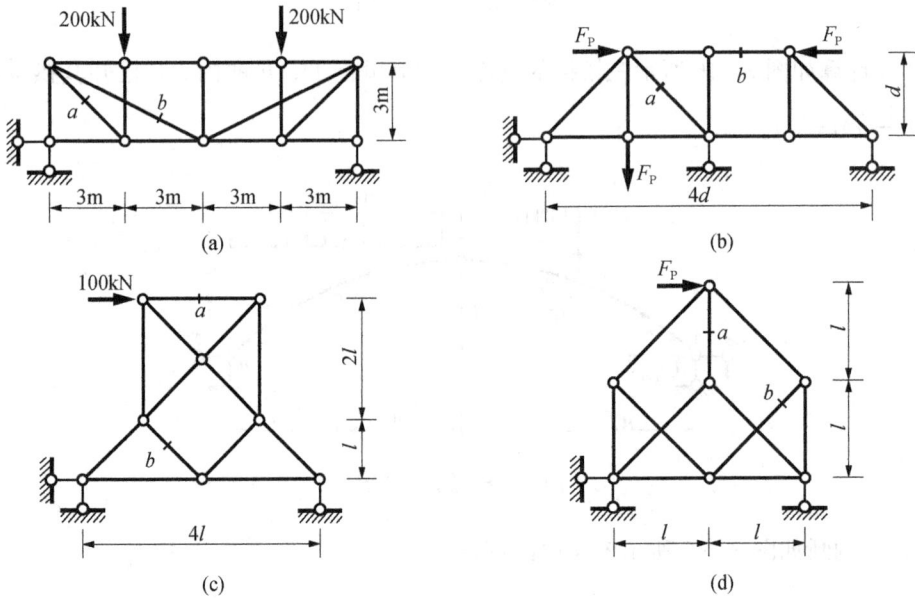

(a)

(b)

(c)

(d)

图 3-49 题 3-12 图

3-13 绘如图 3-50 所示结构的弯矩图，并求轴力杆的轴力。

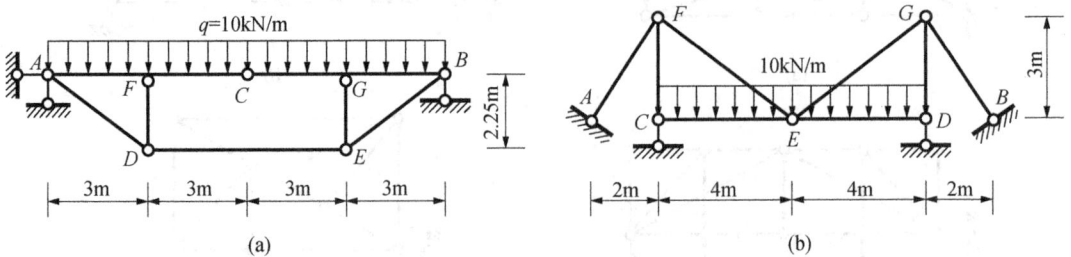

(a)

(b)

图 3-50 题 3-13 图

第四章　静定结构的位移计算

结构位移计算的方法有多种，归纳起来可分为两大类：一类是几何物理方法，它是以杆件变形关系为基础的，例如材料力学中计算梁的挠度、转角的重积分法；另一类是以能量原理为基础，其中，借助虚功原理推导出的位移计算方法应用最为广泛，本章主要介绍此种位移计算方法。

第一节　位移计算概述

一、杆系结构的位移

杆系结构在荷载或温度变化、支座移动、制造误差等因素作用下，会产生应力和应变，从而导致杆件尺寸和形状的改变，这种改变称为变形。由于变形，结构上各点的位置将会发生相对移动，杆件的截面会发生转动，这些移动和转动称为结构的位移。

结构的位移一般分为线位移和角位移。例如图 4-1 所示刚架在荷载作用下发生了变形（图 4-1 中虚线），A 点移动到 A' 点，A 点在竖直方向向下产生了位移，用 Δ_{Av} 表示，称为 A 点在竖直方向的绝对线位移；同时截面 A 也转动了一个角度 φ_A，称为截面 A 的绝对角位移。

如图 4-2 所示刚架在荷载作用下发生了变形（图 4-2 中虚线），截面 A 产生绝对角位移 φ_A，截面 B 产生绝对角位移 φ_B，则截面 A 相对于截面 B 的角位移为 $\varphi_{AB}=\varphi_A+\varphi_B$，称为 A、B 两截面的相对角位移；同时 C 点沿水平方向产生绝对线位移 Δ_{Ch}，D 点沿水平方向产生绝对线位移 Δ_{Dh}，C 点相对于 D 点的线位移为 $\Delta_{CD}=\Delta_{Ch}+\Delta_{Dh}$，称为 C、D 两点的相对线位移。绝对位移和相对位移统称为广义位移。

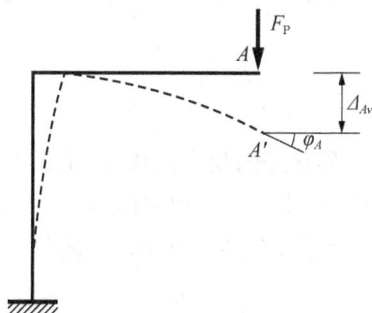

图 4-1

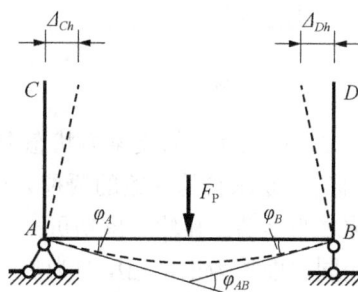

图 4-2

二、位移计算的目的

结构位移计算的目的主要有：

（1）验算结构的刚度，即验算结构的位移是否超过允许的位移值。

（2）静定结构位移计算是超静定结构内力和位移计算的基础。超静定结构单凭静力平衡条件不能求出其全部内力，所以在计算超静定结构的内力时，不仅要利用静力平衡条件，而且还要考虑变形协调条件。

（3）在结构的制作、施工架设、养护等过程中，需要预先知道结构可能发生的变形，以便采取必要的防范和加固措施。

第二节 虚 功 原 理

一、虚功概念

力和位移是功的两个要素。如图 4-3 所示，物体 m 在 A 点力 F_P 作用下，沿光滑的水平面向右移动 Δ，认为力 F_P 对物体 m 做了功，功的大小等于力与力在其自身方向上的位移 $\Delta\cos\theta$ 的乘积（或力在位移 Δ 方向上的投影 $F_P\cos\theta$ 与位移 Δ 的乘积），即

$$W = F_P \cdot \Delta\cos\theta \tag{4-1}$$

因式（4-1）中力 F_P 是在由自身引起的位移 $\Delta\cos\theta$ 上做功，所以称为实功。

虚功中的力和位移没有因果关系。换句话说，虚功的两个要素分别来自同一体系的互不相关的两个状态。如图 4-4 所示一简支梁，图 4-4（a）是在梁 C 点作用有一竖向集中荷载 F_P，称为力状态；图 4-4（b）是该简支梁在另外的荷载即均荷载作用下而产生向下挠曲变形，相应地，C 点产生竖向位移 Δ_{Cv}，称为位移状态。力状态的力 F_P 和位移状态的位移 Δ_{Cv} 相乘也具有功的量纲，记为

$$W = F_P \cdot \Delta_{Cv} \tag{4-2}$$

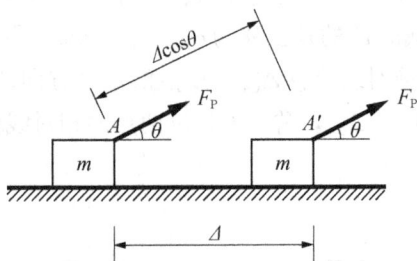

图 4-3

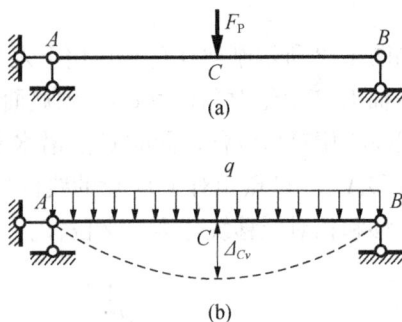

图 4-4

式（4-2）可认为是简支梁力状态中的力 F_P 在位移状态的相应位移 Δ_{Cv} 上做的功。但因力 F_P 和位移 Δ_{Cv} 是来自简支梁的两种完全不相关的状态，即力 F_P 和位移 Δ_{Cv} 并无因果关系，所以此功称之为虚功。显然，虚功可大于、等于和小于零，即虚功有正、负之分。当力和位移的方向相同，虚功为正，相反时为负。

在虚功中，由于力状态和位移状态是彼此独立无关的两种状态，因此，可以把两种状态看成是真实状态和虚设状态，也就是说，力状态可以是真实的，位移状态是虚设的；也可以是力状态是虚设的，位移状态是真实的。

二、变形体的虚功原理

变形体的虚功原理可表述为：设变形体系在力系作用下处于平衡状态（力状态），又设该体系由于别的原因产生符合约束条件的微小的连续变形（位移状态），则力状态的外力在

位移状态的位移上所做的虚功，恒等于力状态的内力在位移状态的变形上所做的虚功，即外力虚功 W_W 等于变形虚功 W_N，即

$$W_W = W_N \tag{4-3}$$

值得注意：

（1）结构的变形只要是在小变形范围内，对弹性、塑性、线性、非线性等问题，变形体的虚功原理都成立。

（2）具有理想约束的刚体体系，若在任意外力系作用下保持静力平衡，则该平衡外力系（力状态）在体系的任意微小的且约束允许的刚体位移（位移状态）上所做的总外力虚功等于零。因为刚体体系的位移状态中只有刚体位移没有变形，则力状态的内力在位移状态的变形上所做的虚功，即变形虚功等于零，由虚功原理等式［见（4-3）］得出，刚体体系的总外力虚功等于零。刚体的虚功原理是变形体虚功原理的一种特殊形式。

三、虚位移原理和虚力原理

1. 虚位移原理

在给定的力状态与虚设的位移状态之间应用虚功原理，这种虚功原理的应用形式称为虚位移原理。即：位移是虚设的，力系是真实的。利用虚位移原理可以求实际力状态的未知力。这在理论力学和材料力学中已讲过。

2. 虚力原理

在给定的位移状态与虚设的力状态之间应用虚功原理，这种应用形式称为虚力原理。即：力系是虚设的，位移是真实的。利用虚力原理可以求实际位移状态的位移。本部分主要讲虚力原理。

【例 4-1】 用虚位移原理计算如图 4-5（a）所示简支梁结构中支座 B 的竖向反力。

解：（1）力状态和位移状态。图 4-5（a）是实际的力状态，欲求支座 B 的竖向反力 F_{RB}；需虚设一个位移状态，如图 4-5（b）所示，去掉该简支梁支座 B，此时结构变为机构，使机构沿 B 点 F_{RB} 方向发生虚位移 Δ_B，相应地，机构整体发生刚体位移，得整体虚位移图。

虚位移图中由几何关系可知

$$\Delta_P = \frac{a}{a+b}\Delta_B$$

（2）虚位移原理。由虚位移原理，即虚功原理［见式（4-3）］可得

$$-F_P \cdot \Delta_P + F_{RB} \cdot \Delta_B + F_{RA} \cdot 0 = 0$$

则

$$F_{RB} = \frac{a}{a+b}F_P$$

这个结果与用静力平衡条件计算的结果完全相同。

【例 4-2】 如图 4-6（a）所示简支梁结构由于支座 B 下沉而产生位移，已知支座 B 竖向位移为 Δ。试用虚力原理计算简支梁 C 点的竖向位移 Δ_{Cv}。

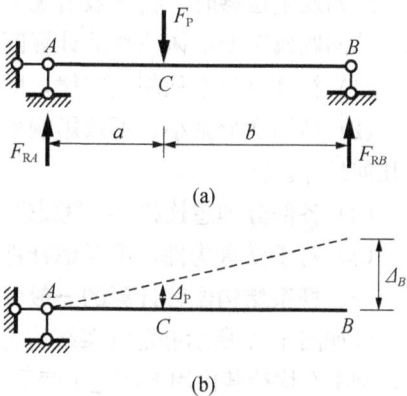

解：（1）力状态和位移状态。图 4-6（a）是实际的位移状态，欲求简支梁 C 点的竖向位移 Δ_{Cv}；需虚设一个力状态，如图 4-6（b）所示，在该简支梁 C 点沿位移 Δ_{Cv} 方向加一个集中力 F_P，力状态由力 F_P、F_{RA}、F_{RB} 作用而处于静力平衡。力状态中由平衡方程可知

$$F_{RB} = \frac{a}{a+b} F_P$$

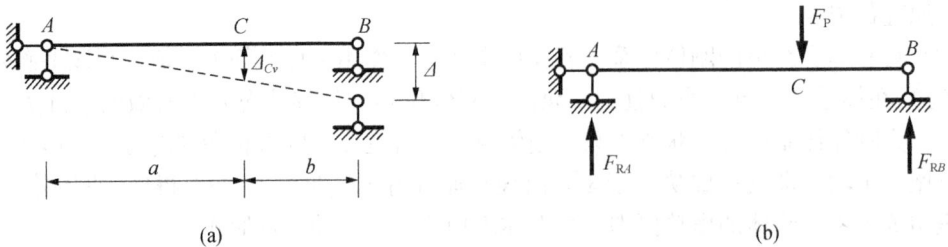

（a）　　　　　　　　　　　　　　　　　　　（b）

图 4-6

（2）虚力原理。由虚力原理，即虚功原理 [见式（4-3）] 可得

$$F_P \cdot \Delta_{Cv} - F_{RB} \cdot \Delta + F_{RA} \cdot 0 = 0$$

则

$$\Delta_{Cv} = \frac{a}{a+b} \cdot \Delta$$

第三节　结构位移计算的一般公式

结构发生位移时，在一般情况下，结构内部也同时产生应变。一般来说，杆系结构位移的计算问题属于变形体位移的计算问题。杆系结构位移计算的基本假定如下：

（1）杆件材料服从胡克定律，即应力与应变成线性关系。

（2）结构变形微小，不致影响荷载的作用，建立平衡方程时，可以忽略变形，仍然用原有几何尺寸。

（3）各部分理想连接，不考虑摩擦。

（4）对于受弯构件，不考虑杆件弯曲后杆端轴向力产生的弯矩影响。

一、杆系结构位移计算的一般公式

以如图 4-7 所示静定刚架结构为例，对一般杆系结构的位移计算进行讨论。图 4-7（a）中，刚架在均荷载作用下产生了变形 [图 4-7（a）中虚线]，相应地结构中各点各截面均产生了位移，试求该结构在均荷载作用下 K 点的竖向位移 Δ_{KP}。为求解此实际位移，需要虚设一个力状态，如图 4-7（b）所示，在该刚架结构的 K 点沿竖直方向虚加一荷载 $\bar{F}_1$，结构在荷载 $\bar{F}_1$ 和支座 A 处支反力 $\bar{F}_{RAx}$、$\bar{F}_{RAy}$、$\bar{M}_A$ 共同作用下处于平衡。这两个状态，图 4-7（a）为实际的位移状态，图 4-7（b）为虚设的力状态，力状态的力与位移状态的相应位移所做的功是虚功，利用虚功原理在两个状态之间建立虚功方程。

图 4-7（b）中，结构构成平衡的所有外力均在实际位移状态 [见图 4-7（a）] 的相应位移上做功，各项虚功相加得到结构的外力虚功为

$$W_W = \bar{F}_1 \cdot \Delta_{KP} + \bar{F}_{RAx} \cdot 0 + \bar{F}_{RAy} \cdot 0 + \bar{M}_A \cdot 0$$

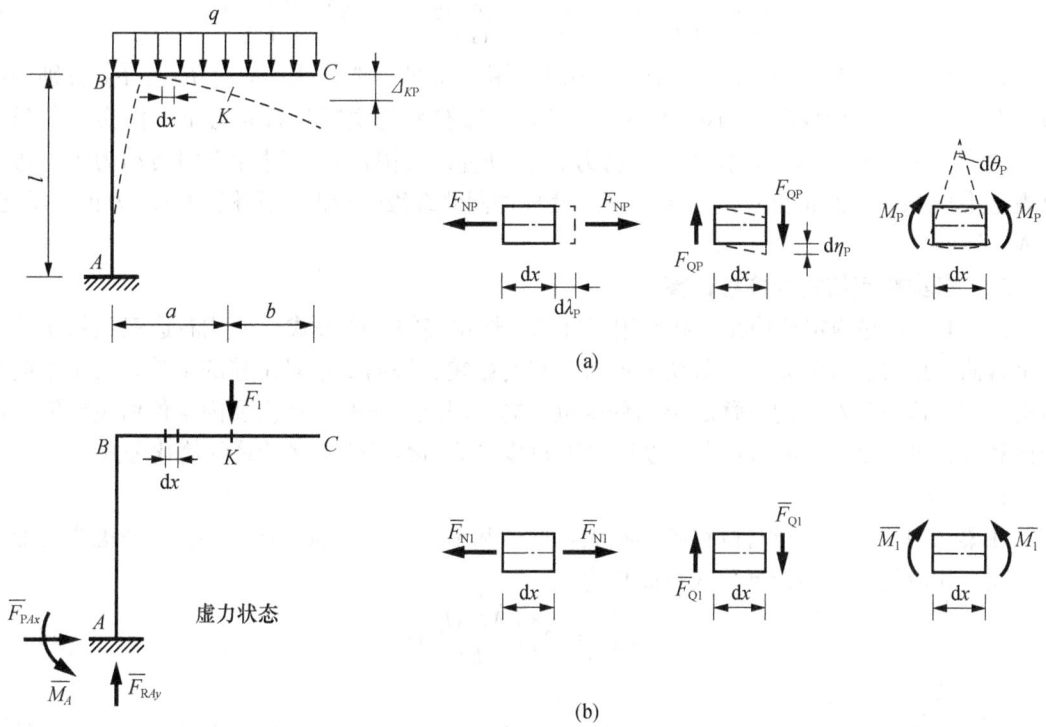

图 4 - 7

图 4 - 7（a）、（b）中，取结构微段 dx，力状态在微段 dx 两端切断截面的内力有弯矩 $\overline{M}_1$、剪力 $\overline{F}_{Q1}$、轴力 $\overline{F}_{N1}$，位移状态在均荷载作用下，在微段 dx 产生的变形有弯曲变形 $d\theta_P$、剪切变形 $d\eta_P$、轴向变形 $d\lambda_P$。在微段建立起变形虚功，然后通过积分与求和得到整个结构的变形虚功。结构的变形虚功为

$$W_N = \sum\int\overline{M}_1 \cdot d\theta_P + \sum\int\overline{F}_{Q1} \cdot d\eta_P + \sum\int\overline{F}_{N1} \cdot d\lambda_P$$

由虚功原理［见式（4 - 3）］知

$$W_W = W_N$$

化简后得

$$\overline{F}_1 \cdot \Delta_{KP} = \sum\int\overline{M}_1 \cdot d\theta_P + \sum\int\overline{F}_{Q1} \cdot d\eta_P + \sum\int\overline{F}_{N1} \cdot d\lambda_P \qquad (a)$$

由材料力学知

$$d\theta_P = \frac{M_P}{EI}dx, d\eta_P = \frac{kF_{QP}}{GA}dx, d\lambda_P = \frac{F_{NP}}{EA}dx$$

所以有

$$\overline{F}_1 \cdot \Delta_{KP} = \sum\int\overline{M}_1 \cdot \frac{M_P}{EI}dx + \sum\int\overline{F}_{Q1} \cdot \frac{kF_{QP}}{GA}dx + \sum\int\overline{F}_{N1} \cdot \frac{F_{NP}}{EA}dx \qquad (b)$$

式（b）中，力状态的弯矩 $\overline{M}_1$、剪力 $\overline{F}_{Q1}$、轴力 $\overline{F}_{N1}$ 数值均与荷载 $\overline{F}_1$ 或线性关系，等式两边可以抵消掉 $\overline{F}_1$，所以，力状态施加荷载时，可以直接施加单位荷载，即 $\overline{F}_1 = 1$。式（b）变为

$$\Delta_{KP} = \sum \int \frac{\overline{M}_1 M_P}{EI} \mathrm{d}x + \sum \int k \frac{\overline{F}_{Q1} F_{QP}}{GA} \mathrm{d}x + \sum \int \frac{\overline{F}_{N1} F_{NP}}{EA} \mathrm{d}x \qquad (4-4)$$

式（4-4）为杆系静定结构在荷载作用下位移计算的一般公式。$\overline{M}_1$、$\overline{F}_{Q1}$、$\overline{F}_{N1}$ 分别为虚力状态下，由单位荷载产生的内力。M_P、F_{QP}、F_{NP} 分别为实际位移状态下，由实际荷载产生的内力。轴力 $\overline{F}_{N1}$、F_{NP} 以拉为正；剪力 $\overline{F}_{Q1}$、F_{QP} 以使隔离体顺时针方向转动为正；弯矩只规定乘积 $\overline{M}_1 M_P$ 的正负号，当 $\overline{M}_1$、M_P 使杆件同侧纤维受拉时，乘积 $\overline{M}_1 M_P$ 为正。反之，$\overline{M}_1 M_P$ 为负。

二、各类静定结构的位移计算

式（4-4）是静定结构在荷载作用下计算弹性位移的一般公式。公式右边三项依次分别表示弯曲变形对位移的影响、剪切变形对位移的影响、轴向变形对位移的影响。对于不同的结构而言，这三项对结构位移的影响程度也不同。因此，按照忽略次要因素保留主要因素便于计算的原则，从式（4-4）中可以得出不同静定结构类型的位移计算的简化公式。

1. 梁和刚架

在梁和刚架中，弯矩对位移的影响大，剪力和轴力对位移的影响较小，只考虑弯矩变形这一项，相应地，位移计算公式可简化为

$$\Delta_{KP} = \sum \int \frac{\overline{M}_1 M_P}{EI} \mathrm{d}x \qquad (4-5)$$

2. 桁架

在桁架中，各杆只有轴力，杆件的截面面积 A、长度 L，对于桁架中某根杆件，其轴力 $\overline{F}_{N1}$ 和 F_{NP} 一般均为常数。因此桁架的位移计算中只考虑轴向变形这一项，位移计算公式可简化为

$$\Delta_{KP} = \sum \int \frac{\overline{F}_{N1} F_{NP}}{EA} \mathrm{d}x = \sum \frac{\overline{F}_{N1} F_{NP}}{EA} \int \mathrm{d}x = \sum \frac{\overline{F}_{N1} F_{NP} L}{EA} \qquad (4-6)$$

3. 拱结构

在拱结构中，当压力线与拱轴线相近（即两者的距离与杆件的截面的高度为同一数量级）时，应考虑弯曲变形和轴向变形对位移的影响，位移计算公式可简化为

$$\Delta_{KP} = \sum \int \frac{\overline{M}_1 M_P}{EI} \mathrm{d}x + \sum \int \frac{\overline{F}_{N1} F_{NP}}{EA} \mathrm{d}x \qquad (4-7)$$

当压力线与拱轴线不相近时，只需考虑弯曲变形对位移的影响，相应地，对式（4-7）右边只考虑第一项进行计算。

4. 组合结构

在组合结构中，既有梁式杆件又有轴力杆件，梁式杆件以弯曲变形为主，轴力杆件以轴向变形为主，因此组合结构的位移计算中应考虑弯矩和轴力对位移的影响，位移计算公式同样可简化为式（4-7），只是梁式杆件只计算公式右边第一项，轴力杆件只计算公式右边第二项。

三、广义力与广义位移

用虚功原理的虚单位力法求结构位移的第一步，是正确绘出与拟求位移相应的虚单位力系。若求结构指定截面某方向上的线位移时（位移状态），应在同一结构指定截面沿拟求位移方向虚设一个单位力（力状态），这样单位力与拟求位移相乘，具有虚功含义。若要求某截面角位移时，应在指定截面处沿拟求角位移方向虚设一个单位力偶。若要求两个截面在某

方向上的相对线位移，应在两个截面该方向上虚设一对方向相反的单位力。若求两个截面的相对角位移时，应在两个截面沿角位移方向上虚设一对转向相反的单位力偶。

由此可知，虚功中的力和位移是广义上的力和广义上的位移。力与线位移、力偶与角位移、一对相反的力与相对线位移、一对转向相反的力偶与相对角位移的乘积，均构成虚功的含义与量纲。

【例 4 - 3】　计算如图4 - 8（a）所示结构中 A 点的竖向位移 Δ_{Av}。

解：（1）位移状态和力状态。图 4 - 8（b）为结构在实际均荷载作用下的弯矩图（M_P 图），是虚功原理中的位移状态。图 4 - 8（b）、（d）中建立坐标系，悬臂梁 A 端为坐标原点。图 4 - 8（c）为虚设的力状态，在该悬臂梁 A 点竖向加一个单位力，在此单位力作用下的弯矩图（$\overline{M}_1$ 图）如图 4 - 8（d）所示，其坐标系与位移状态的坐标系保持一致。

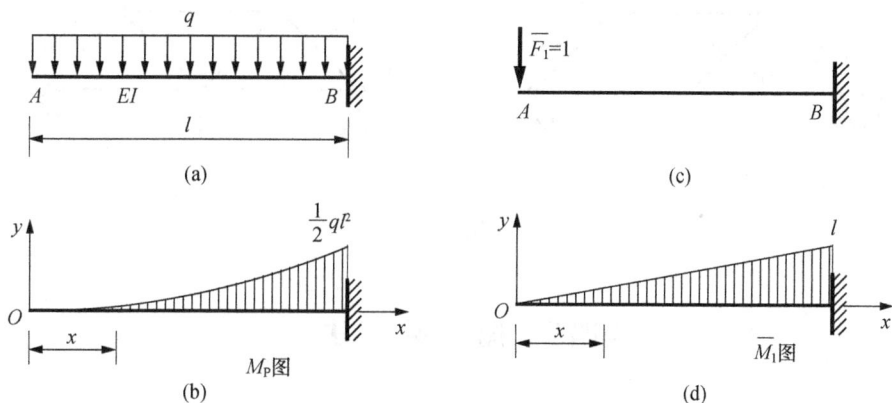

图 4 - 8

（2）位移计算。在坐标系下，悬臂梁任一截面处，即横坐标为 x 处，对应的 M_P 和 $\overline{M}_1$ 数值分别为

$$M_P = \frac{1}{2}qx^2$$

$$\overline{M}_1 = x$$

由式（4 - 5）得

$$\Delta_{Av} = \sum \int \frac{\overline{M}_1 M_P}{EI}\mathrm{d}x = \int_0^l \frac{x \cdot qx^2}{2EI}\mathrm{d}x = \frac{ql^4}{8EI}(\downarrow)$$

值得注意：虚功原理中，分别绘出力状态和位移状态的弯矩图 M_P 图和 $\overline{M}_1$ 图，应在同一坐标系下建立虚功方程并进行位移计算，否则计算结果将会出错。如果计算结果为正值，表明所求位移的实际方向与虚设的单位力方向相一致；如果计算结果为负值，表明所求位移的实际方向与单位力方向相反。

【例 4 - 4】　计算如图4 - 9所示桁架结构中 C 点的竖向位移 Δ_{Cv}，设各杆 EA 相同。

解：（1）位移状态和力状态。桁架结构在实际位移状态中，各杆轴力 F_{NP} 如图 4 - 10（a）所示；

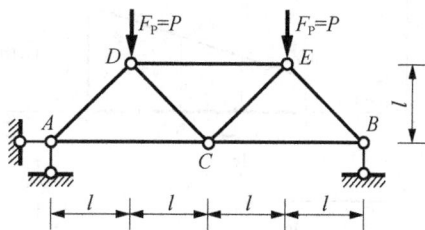

图 4 - 9

对该桁架结构，在 C 点加一个竖向的单位力，是虚设的力状态，力状态下各杆轴力 $\overline{F}_{N1}$ 如图 4 - 10（b）所示。由于桁架结构正对称，荷载正对称，因此轴力也是正对称。图 4 - 10 中 P 为图 4 - 9 中荷载的数值。

（2）位移计算。根据式（4 - 6）可得

$$\Delta_{Cv} = \sum \int \frac{\overline{F}_{N1} F_{NP}}{EA} \mathrm{d}x = \sum \frac{\overline{F}_{N1} F_{NP} l}{EA}$$

$$= \frac{1}{EA} \left[(-\sqrt{2}P) \times \left(-\frac{\sqrt{2}}{2} \right) \times \sqrt{2}l \times 2 + P \times \frac{1}{2} \times 2l \times 2 + (-P) \right.$$

$$\left. \times (-1) \times 2l \right] = 6.83 \frac{Pl}{EA} (\downarrow)$$

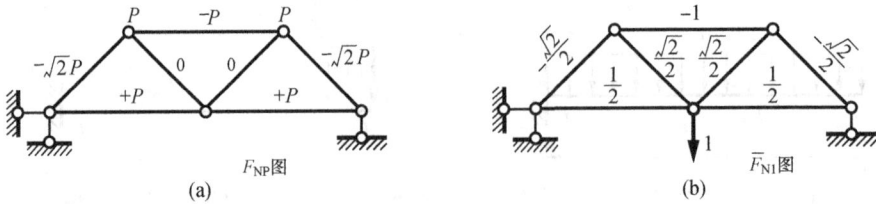

图 4 - 10

第四节 图 乘 法

根据虚功原理，利用式（4 - 4）计算杆件变形引起的位移时，当积分段内的 EI、GA、EA 为常数时，可提到积分号外，位移计算归结为两个内力函数乘积的积分。一般来说，积分的计算比较烦琐，但在特定的条件下，积分公式可转变为较容易计算而又简单的公式，即为图乘法。

一、图乘法

图乘法的适用条件为：杆件抗弯刚度 EI 为常数；杆件为直线杆件；位移状态和力状态的弯矩图 M_P 和 $\overline{M}_1$ 图，两图中至少有一个是直线图形。

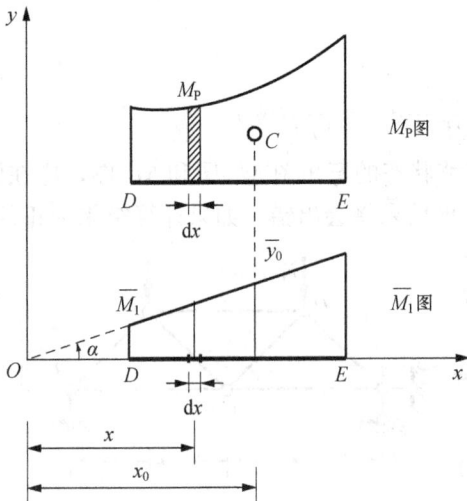

图 4 - 11

下面以图 4 - 11 来说明图乘法的计算方法。图 4 - 11 中，M_P 图是位移状态中杆件 DE 在任一荷载或其他因素作用下的弯矩图，为求解实际位移状态中的某一具体位移 Δ_P，在虚设力状态中，杆件 DE 部分对应的弯矩图如 $\overline{M}_1$ 图，此图是直线图形。

$\overline{M}_1$ 图中，延长弯矩图的斜直线，找到该斜直线与基准线 DE 延长线的交点，以此点为原点建立坐标系如图 4 - 11 所示，以 α 表示 $\overline{M}_1$ 图斜直线的倾角，即 $\overline{M}_1$ 弯矩图斜直线的斜率为 $\tan\alpha$。

位移计算公式［见式（4-4）］中，杆件 DE 部分由弯曲变形引起的位移为

$$\Delta_{P(DE)} = \int \frac{\overline{M}_1 M_P}{EI} dx \tag{a}$$

$\overline{M}_1$ 图中，任一位置 x 处对应的弯矩纵坐标数值为

$$\overline{M}_1 = y = x\tan\alpha$$

所以有

$$\begin{aligned}
\Delta_{P(DE)} &= \int \frac{\overline{M}_1 M_P}{EI} dx \\
&= \frac{1}{EI}\int \overline{M}_1 M_P dx \\
&= \frac{1}{EI}\int x\tan\alpha M_P dx \\
&= \frac{1}{EI}\tan\alpha \int x M_P dx
\end{aligned} \tag{b}$$

$M_P dx$ 可看作 M_P 图（图 4-11 中画阴影线的部分）的微分面积，$x \cdot M_P dx$ 是这个微分面积对 y 轴的面积矩，于是 $\int_D^E x M_P dx$ 是 M_P 图的面积 A_P 对 y 轴的面积矩。以 x_0 表示 M_P 图的形心 C 到 y 轴的距离，则

$$\int_D^E x \cdot M_P dx = A_P \cdot x_0$$

将上式代入式（b），整理得

$$\begin{aligned}
\Delta_{P(DE)} &= \frac{1}{EI}\tan\alpha \cdot A_P x_0 \\
&= \frac{1}{EI} A_P \cdot x_0 \tan\alpha
\end{aligned}$$

由图 4-11 知，$x_0\tan\alpha = \overline{y}_0$，$M_P$ 和 $\overline{M}_1$ 图两个图的 x 轴是一致的，$\overline{y}_0$ 是 M_P 图的形心 C 所对应的 $\overline{M}_1$ 图的纵坐标的值。所以

$$\Delta_{P(DE)} = \frac{1}{EI} A_P \cdot x_0 \tan\alpha = \frac{1}{EI} A_P \cdot \overline{y}_0$$

即

$$\Delta_{P(DE)} = \int \frac{\overline{M}_1 M_P}{EI} dx = \frac{1}{EI} A_P \overline{y}_0 \tag{c}$$

对于由多根杆件组成的结构，如果不考虑剪切变形和轴向变形的情况下，式（c）可写为

$$\Delta_{KP} = \sum \int \frac{\overline{M}_1 M_P}{EI} dx = \sum \frac{1}{EI} A_P \overline{y}_0 \tag{4-8}$$

二、常见图形的面积和形心位置

应用图乘法计算结构的位移时，必须知道某一弯矩图图形的面积 A 及其形心位置，然后才能在另一个弯矩图上找出相应的纵坐标，在图 4-12 中，给出了常用图形的面积公式和形心位置。

应用图乘法计算结构的位移时，注意以下几点：

（1）杆系结构位移计算中正负号的规定，如果杆件的 M_P 和 $\overline{M}_1$ 图同侧纤维受拉时，取

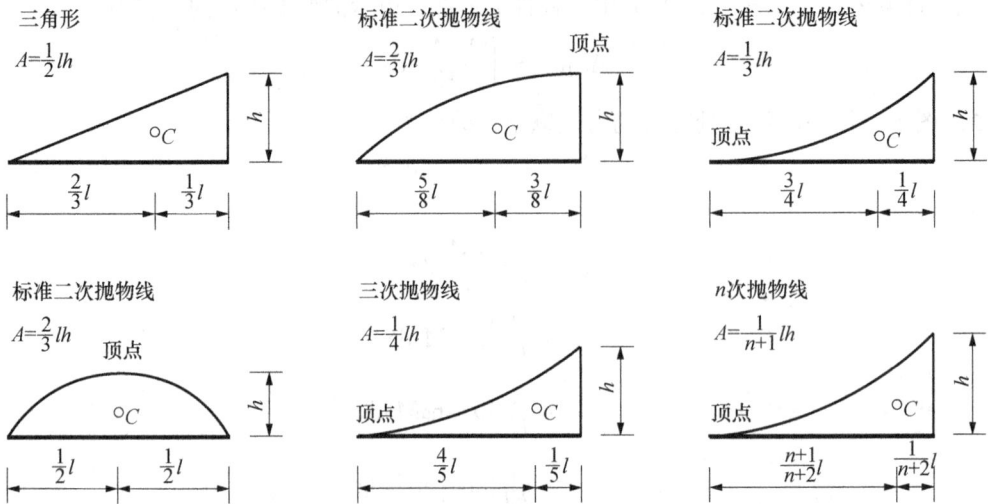

三角形
$A=\frac{1}{2}lh$

$\frac{2}{3}l$ 　 $\frac{1}{3}l$ 　 h 　 $\circ C$

标准二次抛物线
$A=\frac{2}{3}lh$ 　 顶点

$\frac{5}{8}l$ 　 $\frac{3}{8}l$ 　 h 　 $\circ C$

标准二次抛物线
$A=\frac{1}{3}lh$

顶点 　 $\circ C$ 　 $\frac{3}{4}l$ 　 $\frac{1}{4}l$ 　 h

标准二次抛物线
$A=\frac{2}{3}lh$ 　 顶点

$\frac{1}{2}l$ 　 $\frac{1}{2}l$ 　 h 　 $\circ C$

三次抛物线
$A=\frac{1}{4}lh$

顶点 　 $\circ C$ 　 $\frac{4}{5}l$ 　 $\frac{1}{5}l$ 　 h

n 次抛物线
$A=\frac{1}{n+1}lh$

顶点 　 $\circ C$ 　 $\frac{n+1}{n+2}l$ 　 $\frac{1}{n+2}l$ 　 h

图 4 - 12

正值；反之，取负值。

（2）图乘法计算中，如果两个图形都是直线图形，则面积可取自其中任一个图形，相应地纵坐标取自另一个图形。即

$$\int \frac{\overline{M}_1 M_P}{EI} dx = \frac{1}{EI} A_P \overline{y}_0 = \frac{1}{EI} \overline{A}_1 y_P$$

（3）图乘时，如果一个图形是曲线，另一个图形是由几条直线组成的折线图形，则应分段考虑。如图 4 - 13 所示的情形，则有

$$\frac{1}{EI}\int M_P \overline{M}_1 dx = \frac{1}{EI}(A_1 y_1 + A_2 y_2 + A_3 y_3)$$

（4）图乘时，如弯矩图形比较复杂，其心形的位置或面积不便确定时，则可将其分解为几个简单的图形，分别计算后再利用叠加原理进行叠加。

首先，考虑梯形图形的分解。在图 4 - 14 中两个图形都是梯形，由于梯形面积的形心比较难求，则可以不求梯形面积的形心，把其中一个梯形分解为两个三角形（也可分为一个矩形和一个三角形），再应用图乘法。即

$$\frac{1}{EI}\int M_P \overline{M}_1 dx = \frac{1}{EI}(A_1 y_1 + A_2 y_2)$$

其次，如图 4 - 15 所示结构中的一直线杆件 AB 在均布荷载作用下的弯矩图 M_P 图，在一般情况下，这是一个非标准的二次抛物线图形，它是采用分段叠加法绘制的弯矩图（第三章已讲述），这里，仍然根据分段叠加法把 M_P 图分解为直线图形（M_1 图）和一个标准的二次抛物线的图形（M_2 图），然后再应用图乘法进行计算。

【例 4 - 5】 计算如图 4 - 16（a）所示简支梁在均布荷载作用下 A 点的转角 φ_A 和梁跨中 C 点的竖向位移 Δ_{Cv}。

解：（1）位移状态和力状态。结构在均荷载作用下的状态为实际的位移状态，其弯矩图（M_P 图）如图 4 - 16（b）所示。为求解位移状态中 A 点的转角 φ_A，需虚设的力状态及其弯矩图（$\overline{M}_1$ 图）如图 4 - 16（c）所示。为求解位移状态中 C 点的竖向位移 Δ_{Cv}，需虚设的力

状态及其弯矩图（$\overline{M}_2$ 图）如图 4 - 16（d）所示。

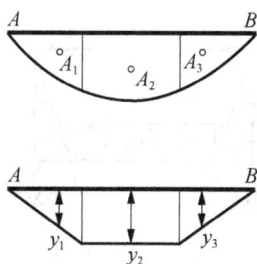

图 4 - 13

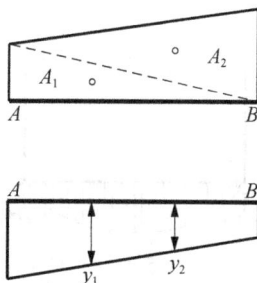

图 4 - 14

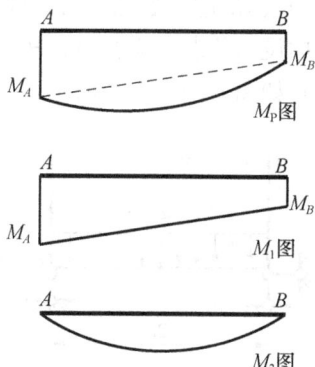

图 4 - 15

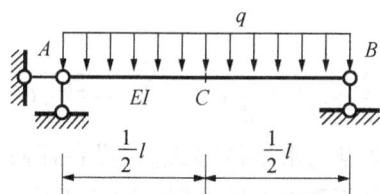

(a)

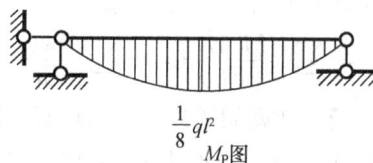

$\frac{1}{8}ql^2$

M_P图

(b)

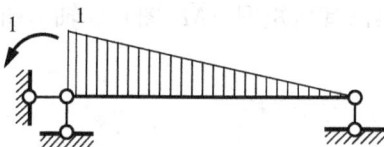

$\overline{M}_1$图

(c)

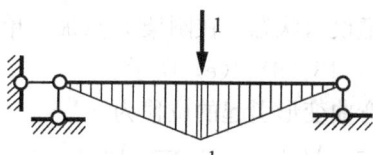

$\frac{1}{4}l$

$\overline{M}_2$图

(d)

图 4 - 16

（2）计算 A 点的转角 φ_A。对 M_P 图与 $\overline{M}_1$ 图进行图乘法计算，得

$$\varphi_A = \sum \int \frac{M_P \overline{M}_1}{EI} dx = \sum \frac{A_P \overline{y}_0}{EI}$$

$$= -\frac{1}{EI}\left(\frac{2}{3} \times l \times \frac{1}{8}ql^2 \times \frac{1}{2} \times l\right)$$

$$= -\frac{ql^3}{24EI}(\curvearrowleft)$$

（3）计算梁跨中 C 点的竖向位移 Δ_{Cv}。对 M_P 图与 $\overline{M}_2$ 图进行图乘法计算，由于 $\overline{M}_2$ 图是折线图形，因此应分段图乘，即

$$\Delta_{Cv} = \sum \int \frac{M_P \overline{M}_1}{EI} dx = \sum \frac{A_P \overline{y}_0}{EI} = \frac{1}{EI}\left(\frac{2}{3} \times \frac{1}{2}l \times \frac{1}{8}ql^2 \times \frac{5}{8} \times \frac{1}{4}l \times 2\right) = \frac{5ql^4}{384EI}(\downarrow)$$

【例 4 - 6】　计算如图4 - 17（a）所示刚架中 A、B 两点的水平相对线位移 Δ_{ABh}，设各杆 EI 相同。

解：（1）位移状态和力状态。刚架结构在均荷载作用下的状态为实际的位移状态，其弯矩图（M_P 图）如图 4-17（b）所示。为求解位移状态中 A、B 两点的水平相对线位移 Δ_{ABh}，需虚设力状态，应在 A、B 两点加一对大小相等、方向相反的水平集中力，其弯矩图（$\overline{M}_1$ 图）如图 4-17（c）所示。

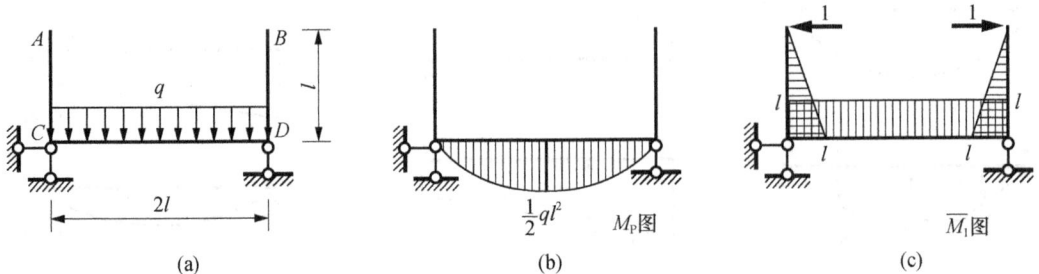

图 4-17

（2）计算水平相对线位移 Δ_{ABh}

$$\Delta_{ABh} = \sum \int \frac{M_P \overline{M}_1}{EI} \mathrm{d}x = \sum \frac{A_P \overline{y}_0}{EI} = -\frac{1}{EI}\left(\frac{2}{3} \times 2l \times \frac{1}{2}ql^2 \times l\right) = -\frac{2ql^4}{3EI}(\rightarrow\ \leftarrow)$$

【例 4-7】 计算如图 4-18（a）所示刚架中 B 点的水平位移 Δ_{Bh}，设各杆截面为矩形，截面尺寸为 $A_1 = bh$，惯性矩为 $I = (1/12)bh^3$。并分析刚架的轴向变形对 B 点位移的影响。

解：结构实际位移状态的弯矩图（M_P 图）和轴力图（F_{NP} 图）分别如图 4-18（b）、（c）所示。需虚设力状态，在刚架 B 点加一单位力，绘出其弯矩图（$\overline{M}_1$ 图）和轴力图（$\overline{F}_{N1}$ 图）分别如图 4-18（d）、（e）所示。

（1）弯曲变形引起的位移为

$$\Delta_{B(M)} = \sum \int \frac{M_P \overline{M}_1}{EI} \mathrm{d}x = \sum \frac{A y_0}{EI}$$

$$= \frac{1}{EI}\left(\frac{1}{2} \times l \times \frac{1}{2}ql^2 \times \frac{2}{3}l + \frac{1}{2} \times l \times \frac{1}{2}ql^2 \times \frac{2}{3}l + \frac{2}{3} \times l \times \frac{1}{8}ql^2 \times \frac{1}{2}l\right) = \frac{3ql^4}{8EI}(\rightarrow)$$

（2）轴向变形引起的位移为

$$\Delta_{B(N)} = \sum \int \frac{\overline{F}_{N1} F_{NP}}{EA_1} \mathrm{d}x = \sum \frac{\overline{F}_{N1} F_{NP} l}{EA_1} = \frac{1}{EA_1}\left(\frac{1}{2}ql \times 1 \times l\right) = \frac{ql^2}{2EA_1}(\rightarrow)$$

（3）B 点的水平位移为

$$\Delta_{Bh} = = \Delta_{B(M)} + \Delta_{B(N)} = \frac{3ql^4}{8EI} + \frac{ql^2}{2EA_1}(\rightarrow)$$

（4）比较 $\Delta_{B(M)}$ 与 $\Delta_{B(N)}$ 有

$$\frac{\Delta_{B(N)}}{\Delta_{B(M)}} = \left(\frac{ql^2}{2EA_1}\right) \Big/ \left(\frac{3ql^3}{8EI}\right) = \frac{4I}{3A_1 l^2}$$

将 $A_1 = bh$、$I = \frac{1}{12}bh^3$ 代入得

$$\frac{\Delta_{B(N)}}{\Delta_{B(M)}} = \frac{h^2}{9l^2}$$

若已知 $\frac{h}{l} = \frac{1}{10}$，则

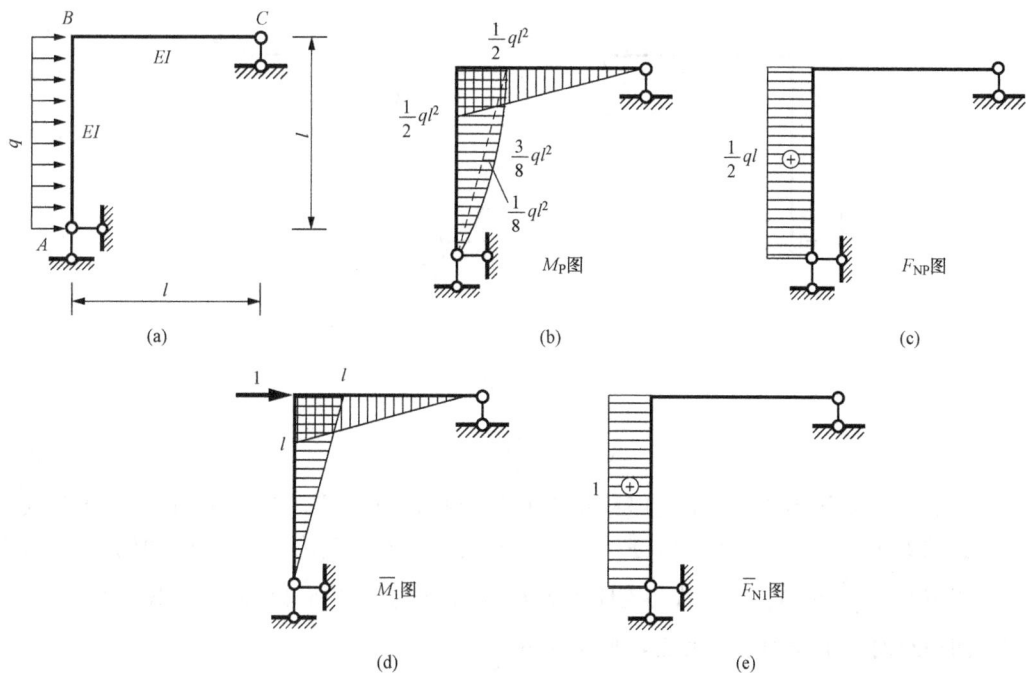

图 4 - 18

$$\frac{\Delta_{B(N)}}{\Delta_{B(M)}} = \frac{1}{900}$$

由此例可见，轴向力对位移的影响很小，只占弯矩影响的 1/900。因此，对于梁和刚架这种以受弯构件为主的结构，计算位移时，可以忽略轴向变形对位移的影响。

第五节　支座移动和温度变化时的位移计算

支座移动和温度变化时在静定结构中不引起内力，但会产生位移。下面介绍由于支座移动和温度变化在结构中引起位移的计算方法。

一、支座移动时的位移计算

静定结构在支座移动时，不引起内力，但会产生位移，而且是刚体位移，杆件不会产生变形。由于结构的实际位移状态中只有刚体位移没有变形，因此力状态的内力在位移状态的变形上所做的虚功，即变形虚功等于零，由虚功原理得出，结构的总外力虚功等于零。即刚体虚功原理。

现举例说明静定结构由于支座移动引起的位移计算，如图 4 - 19（a）所示一悬臂刚架，固定端 A 发生了支座转动 φ，试计算结构 K 点的竖向位移 Δ_{Kv}。

图 4 - 19（a）为实际的位移状态，图 4 - 19（b）为虚设的力状态，在 K 点竖直方向虚加单位力 $\overline{F}_1 = 1$，A 端支反力为 $\overline{F}_{RAx}$、$\overline{F}_{RAy}$、$\overline{M}_A$，支反力统一用 $\overline{F}_{R1}$ 表示，由虚功原理 $W_W = W_N = 0$ 可得

$$W_W = \overline{F}_1 \Delta_{Kc} + \sum \overline{F}_{R1} \Delta_{Rc} = 0 \tag{a}$$

由于 $\overline{F}_1 = 1$，则

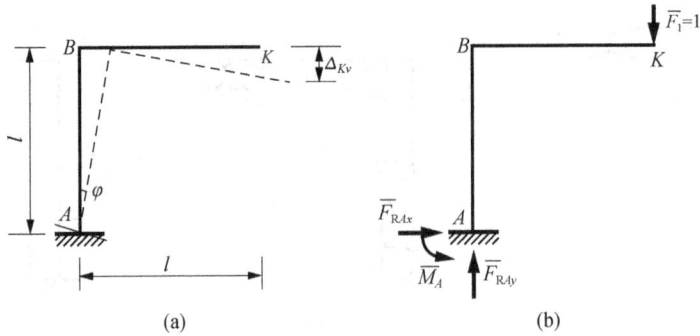

图 4 - 19

$$\Delta_{Kc} = -\sum \overline{F}_{R1}\Delta_{Rc} \qquad (4-9)$$

式（4-9）为静定结构由于支座移动引起的位移计算公式。Δ_{Kc} 是由于支座移动（c 下标）引起的 K 点位移的一般符号，$\overline{F}_{R1}$ 是虚设力状态的支座反力，Δ_{Rc} 是已知的实际位移状态的支座位移。$\sum \overline{F}_{R1}\Delta_{Rc}$ 是力状态支座反力 $\overline{F}_{R1}$ 在位移状态相应位移 Δ_{Rc} 上做的虚功，当两者的方向一致时，乘积为正；反之，乘积为负。

具体到此例题，Δ_{Kc} 具体为图 4-19（a）中的 Δ_{Kv}，式（a）为

$$1 \cdot \Delta_{Kv} + \overline{F}_{RAx} \cdot 0 + \overline{F}_{RAy} \cdot 0 + \overline{M}_A \cdot \varphi = 0$$

$$1 \cdot \Delta_{Kv} - l \cdot \varphi = 0$$

$$\Delta_{Kv} = l \cdot \varphi$$

所以，结构 K 点的竖向位移 Δ_{Kv} 等于 $l\varphi$，方向向下。

【例 4-8】 如图 4-20 所示三铰刚架，已知支座 B 发生位移，其水平位移为 a，竖向位移为 b，试计算结构中 D 点的水平位移 Δ_{Dh} 和角位移 $\Delta_{D\vartheta}$。

解：（1）计算 D 点的水平位移 Δ_{Dh}。在结构 D 点水平方向加一个单位力，计算出此虚力状态的支反力如图 4-21（a）所示，根据虚功原理

$$W_{\mathrm{W}} = \overline{F}_1\Delta_{Kc} + \sum \overline{F}_{R1}\Delta_{Rc} = 0$$

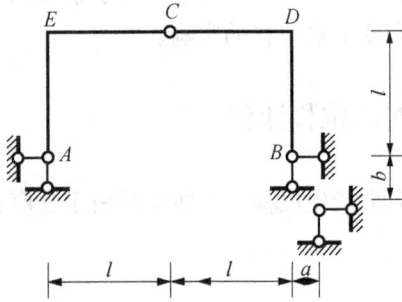

图 4 - 20

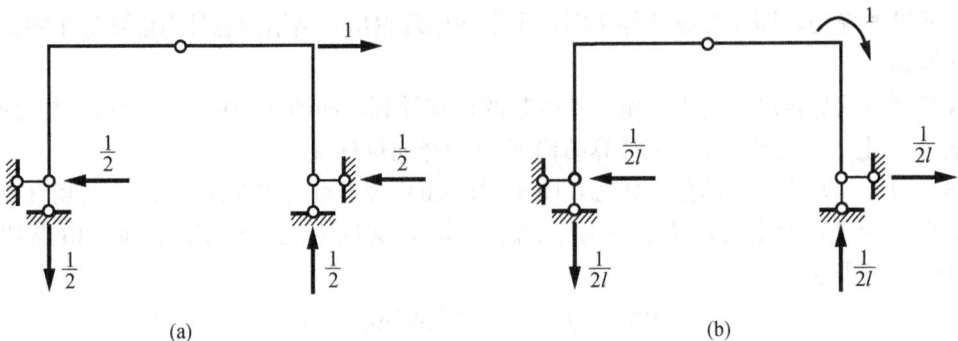

4 - 21

得

$$1 \cdot \Delta_{Dh} + \frac{1}{2} \cdot 0 + \frac{1}{2} \cdot 0 - \frac{1}{2} \cdot a - \frac{1}{2} \cdot b = 0$$

结构 D 点的水平位移为

$$\Delta_{Dh} = \frac{a+b}{2}(\rightarrow)$$

（2）计算 D 点的角位移 $\Delta_{D\theta}$。在结构 D 点加一个单位力偶，计算出此虚力状态的支反力如图 4 - 21（b）所示，由虚功原理得

$$1 \cdot \Delta_{D\theta} + \frac{1}{2l} \cdot 0 + \frac{1}{2l} \cdot 0 + \frac{1}{2l} \cdot a - \frac{1}{2l} \cdot b = 0$$

结构 D 点的角位移为

$$\Delta_{D\theta} = \frac{b-a}{2l}(\curvearrowleft)$$

例题计算表明，利用虚功原理求解静定结构由于支座移动产生的位移时，虚力状态中，不需画出其内力图，只要求解出支反力就可进行位移计算。

二、温度变化时的位移计算

由于材料具有热胀冷缩的性质，当温度变化时杆件发生变形。静定结构在温度变化的情况下不产生内力，但会产生位移，此位移是结构由于温度变化而产生的符合约束条件的自由变形引起的，自由变形包括自由膨胀和自由弯曲，没有剪切变形。静定结构由温度变化引起的位移仍可应用变形体的虚功原理进行计算。

如图 4 - 22（a）所示一静定刚架，刚架外侧温度升高 t_1 度，内侧温度升高 t_2 度，杆件材料的线膨胀系数为 α，结构由于温度变化产生了变形与位移，试计算 K 点的竖向位移 Δ_{Kt}。Δ_{Kt} 是表示由于温度变化（t 下标）引起的 K 点位移的一般符号。

利用虚功原理进行位移计算，为了求解图 4 - 22（a）中 K 点的竖向位移 Δ_{Kt}，虚设的力状态如图 4 - 22（b）所示，在刚架 K 点竖直方向作用一单位力 $\bar{F}_1 = 1$，刚架在单位力与 A 端支反力 $\bar{F}_{RAx}$、$\bar{F}_{RAy}$、$\bar{M}_A$ 共同作用下处于平衡。所以，结构的外力虚功为

$$W_{\mathrm{W}} = 1 \times \Delta_{Kt}$$

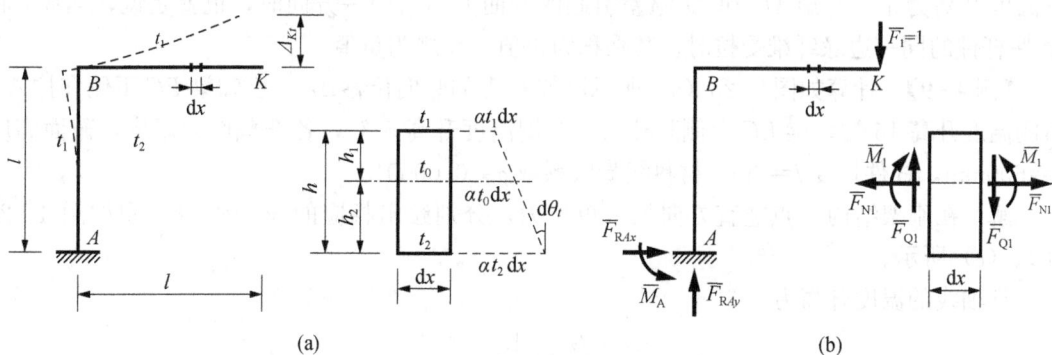

图 4 - 22

在刚架杆件上取微段 $\mathrm{d}x$，力状态在微段 $\mathrm{d}x$ 两端切断截面的内力有弯矩 $\bar{M}_1$、剪力 $\bar{F}_{Q1}$、

轴力 $\overline{F}_{N1}$，位移状态在温度变化作用下，在微段 dx 产生的变形有轴向变形 $d\lambda_t$、弯曲变形 $d\theta_t$，不产生剪切变形。在微段建立起变形虚功，然后通过积分与求和得到整个结构的变形虚功。结构的变形虚功为

$$W_N = \sum \int \overline{F}_{N1} \cdot d\lambda_t + \sum \int \overline{M}_1 \cdot d\theta_t$$

由虚功原理 $W_W = W_N$，得

$$1 \cdot \Delta_{Kt} = \sum \int \overline{F}_{N1} \cdot d\lambda_t + \sum \int \overline{M}_1 \cdot d\theta_t$$

现在主要进行微段弯曲变形 $d\theta_t$、轴向变形 $d\lambda_t$ 的求解。如图 4-22（a）所示，杆件上边缘温度升高 t_1，下边缘温度升高 t_2，假定温度沿截面的高度 h 为线性规律分布，且截面发生变形后仍为平面，则杆件轴线温度为

$$t_0 = \frac{t_1 h_2 + t_2 h_1}{h}$$

式中：h 是截面的高度，h_1 和 h_2 分别是杆轴线（中性轴）到上、下边缘的距离。

若杆件截面对称于形心轴，即 $h_1 = h_2 = \frac{1}{2}h$，则杆件轴线温度 t_0 为 $\frac{t_1 + t_2}{2}$。

杆件上、下边缘的温差为 $\Delta t = t_2 - t_1$，杆件材料的线膨胀系数为 α，在温度变化时，杆件微段上发生的轴向变形和弯曲变形分别为

$$d\lambda_t = \alpha t_0 dx$$

$$d\theta_t = \frac{\alpha(t_2 - t_1)}{h} dx = \frac{\alpha \Delta t}{h} dx$$

所以有

$$1 \cdot \Delta_{Kt} = \sum \int \overline{F}_{N1} \cdot \alpha t_0 dx + \sum \int \overline{M}_1 \cdot \frac{\alpha \Delta t}{h} dx$$

如果各参数 α、t_1、t_2、h 沿杆件均为常数时，则上式可写成

$$\Delta_{Kt} = \sum \alpha t_0 \int \overline{F}_{N1} dx + \sum \frac{\alpha \Delta t}{h} \int \overline{M}_1 dx \qquad (4-10)$$

式（4-10）为静定结构由于温度变化的位移计算公式。其中，轴力 $\overline{F}_{N1}$ 以拉力为正，t_0 以温度升高为正。弯矩 $\overline{M}_1$ 和 Δt 温差引起的弯曲方向为同一方向时，也就是说，当 $\overline{M}_1$ 和 Δt 使杆件的同一边缘纤维受拉时，其乘积为正值，反之为负值。

【例 4-9】 计算如图4-23（a）所示刚架 C 点的竖向位移 Δ_{Cv}。已知梁 BC 下侧和柱 AB 右侧温度升高 15 ℃，梁 BC 上侧和柱 AB 左侧温度升高 5 ℃，各杆截面为矩形，截面高度 $h=600\text{mm}$，杆件长度 $l=6\text{m}$，材料线膨胀系数 $\alpha=0.00001$。

解： 在刚架结构 C 点竖直方向加一单位力，分别绘出相应的 $\overline{M}_1$ 图、$\overline{F}_{N1}$ 图如图 4-23（b）、（c）所示。

杆轴线的温度升高为

$$t_0 = \frac{t_1 + t_2}{2} = \frac{15 + 5}{2} = 10℃$$

杆件 BC 上、下侧和 AB 左、右侧温度变化值之差为

$$\Delta t = t_2 - t_1 = 15 - 5 = 10℃$$

根据式（4-10），刚架 C 点的竖向位移 Δ_{Cv} 为

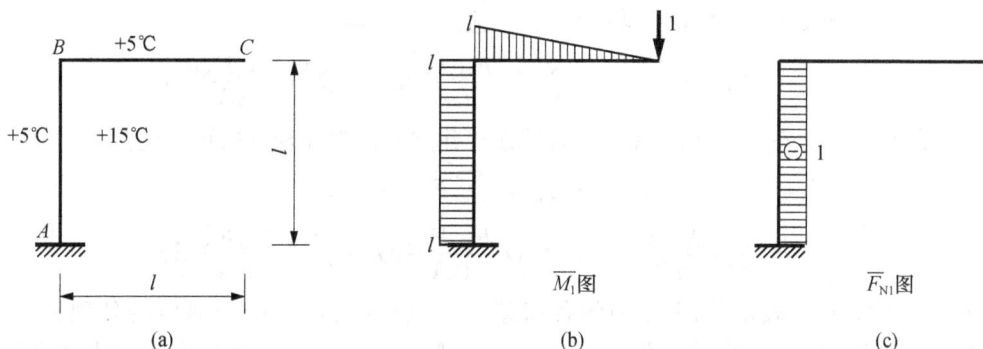

图 4 - 23

$$\Delta_{Cv} = \sum \alpha t_0 \int \overline{F}_{N1}\,\mathrm{d}x + \sum \frac{\alpha \Delta t}{h}\int \overline{M}_1\,\mathrm{d}x$$

$$= \alpha \times 10 \times (-1 \times l) - \frac{\alpha \times 10}{h} \times \left(\frac{1}{2}\times l \times l + l \times l\right)$$

$$= -5\alpha l\left(2 + \frac{3l}{h}\right) = -0.96\,\mathrm{cm}(\uparrow)$$

$$= -10\alpha l - \frac{15\alpha l^2}{h} = -0.96\,\mathrm{cm}(\uparrow)$$

计算中，轴力 $\overline{F}_{N1}$ ［见图 4 - 23 (c)］受压为负，t_0 为温度升高，所以算式中第一项为负值。弯矩 $\overline{M}_1$ 图 ［见图 4 - 23 (b)］为杆件 BC 上侧、AB 左侧受拉，而 Δt 是使杆件 BC 下侧、AB 右侧受拉，所以算式中第二项也为负值。

第六节　互　等　定　理

线性弹性体系有四个互等定理：虚功互等定理、位移互等定理、反力互等定理、反力位移互等定理。其中虚功互等定理是基本定理，其余的三个互等定理可以由虚功互等定理推导出来。

一、虚功互等定理

图 4 - 24 (a)、(b) 表示两组广义力分别作用于同一线性变形体系的两种受力状态，图 4 - 24 (a) 表示为状态 A，图 4 - 24 (b) 表示为状态 B。在状态 A 中，作用有任意的广义力 F_{1a}、F_{2a}，内力用 M_a、F_{Qa}、F_{Na} 表示，在 4 个点产生的竖向位移分别为 Δ_{1a}、Δ_{2a}、Δ_{3a}、Δ_{4a}，a 下标表示各量来自状态 A；在状态 B 中，作用有任意的广义力 F_{3b}、F_{4b}，内力用 M_b、F_{Qb}、F_{Nb} 表示，在 4 个点产生的竖向位移分别为 Δ_{1b}、Δ_{2b}、Δ_{3b}、Δ_{4b}，b 下标表示各量来自状态 B。

以状态 A 为力状态，以状态 B 为位移状态，建立的虚功原理等式可表达为

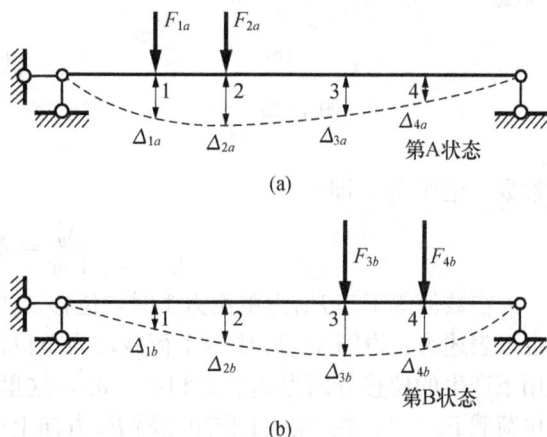

图 4 - 24

$$W_{ab}= F_{1a}\cdot \Delta_{1b}+F_{2a}\cdot \Delta_{2b}=\sum F_{P(a)}\cdot \Delta_{(b)}$$

$$= \sum\int \frac{M_aM_b}{EI}\mathrm{d}x+\sum\int k\frac{F_{Qa}F_{Qb}}{GA}\mathrm{d}x+\sum\int \frac{F_{Na}F_{Nb}}{EA}\mathrm{d}x \tag{a}$$

以状态 B 为力状态，以状态 A 为位移状态，建立的虚功原理等式可表达为

$$W_{ba}= F_{3b}\cdot \Delta_{3a}+F_{4b}\cdot \Delta_{4a}=\sum F_{P(b)}\cdot \Delta_{(a)}$$

$$= \sum\int \frac{M_bM_a}{EI}\mathrm{d}x+\sum\int k\frac{F_{Qb}F_{Qa}}{GA}\mathrm{d}x+\sum\int \frac{F_{Nb}F_{Na}}{EA}\mathrm{d}x \tag{b}$$

式（a）中，$F_{P(a)}$ 表示状态 A 中的各荷载，$\Delta_{(b)}$ 表示状态 B 中与对应的各项位移。式（b）中，$F_{P(b)}$ 表示状态 B 中的各荷载，$\Delta_{(a)}$ 表示状态 A 中与对应的各项位移。外力虚功 W_{ab} 有两个下标，第一个下标表示力状态，第二个下标表示位移状态。

由式（a）和式（b）可知，等式右边的变形虚功相等，则

$$W_{ab}= W_{ba} \tag{4-11}$$

即

$$\sum F_{P(a)}\cdot \Delta_{(b)}=\sum F_{P(b)}\cdot \Delta_{(a)} \tag{4-12}$$

这就是功的互等定理：在任一线性变形体系中，第一状态（状态 A）外力在第二状态（状态 B）相应位移上所做的虚功 W_{ab} 等于第二状态外力在第一状态相应位移上所做的虚功 W_{ba}。

二、位移互等定理

如图 4-25 所示为功的互等定理的一个特殊应用情形。设两个状态分别为状态 I 和状态 J，

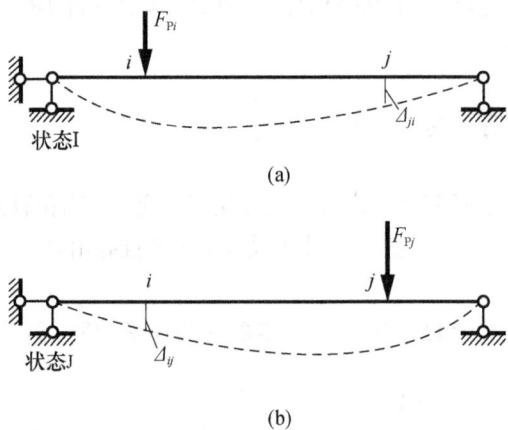

图 4-25

状态 I 中只有一个荷载 F_{Pi}，其作用在 i 点，状态 J 中也只有一个作用在 j 点的荷载 F_{Pj}。各状态中各自在荷载作用下产生了位移，各位移在图 4-25 中标出，这里位移 Δ_{ij} 采用两个下标，第一个下标 i 表示位移是 i 点的位移，且是与 F_{Pi} 方向相应的位移，第二个下标 j 表示这个位移是由 F_{Pj} 引起的。也可理解为：结构单独在 j 点作用荷载 F_{Pj}，在 F_{Pi} 作用点沿 F_{Pi} 方向上引起的位移。

如图 4-25 所示，由功的互等定理［见式（4-12）］可得

$$F_{Pi}\cdot \Delta_{ij}=F_{Pj}\cdot \Delta_{ji} \tag{c}$$

在线弹性体系中，位移与力的比值是一个常数，记作 δ_{ij}，即

$$\frac{\Delta_{ij}}{F_{Pj}}=\delta_{ij} \tag{d}$$

δ_{ij} 在数值等于当 F_{Pj} 为单位力 1 时，位移 Δ_{ij} 的值。δ_{ij} 称为位移影响系数。位移影响系数 δ_{ij} 也可表述为：设图 4-25 中两个荷载均为单位荷载，即 $F_{Pi}=1$、$F_{Pj}=1$，各状态在单位力作用下产生的位移分别为 δ_{ii}、δ_{ji} 和 δ_{ij}、δ_{jj}，这里位移用 δ_{ij} 表示（结构中，单独在 j 点作用单位荷载 $F_{Pj}=1$，在 $F_{Pi}=1$ 作用点沿 F_{Pi} 方向上引起的位移）。由此，式（c）变为

$$\delta_{ij}=\delta_{ji} \tag{4-13}$$

这就是位移互等定理：在任一线弹性体系中，由荷载 F_{Pj} 引起的与荷载 F_{Pi} 相应的位移影响系数 δ_{ij} 等于由荷载 F_{Pi} 引起的与荷载 F_{Pj} 相应的位移影响系数 δ_{ji}。换言之，如果两个单位力分别作用于同一个线弹性体系，第 j 个单位力在第 i 个单位力的作用点沿其方向上引起的位移 δ_{ij}，等于第 i 个单位力在第 j 个单位力的作用点沿其方向上引起的位移 δ_{ji}。这里所讲的力是广义力，相应的位移是广义位移。

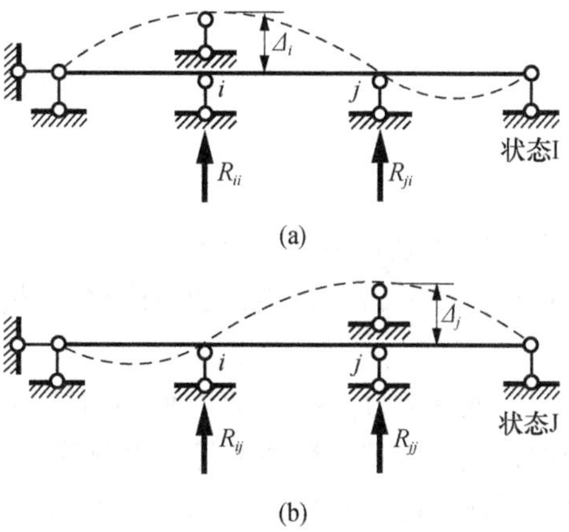

图 4-26

三、反力互等定理

如图 4-26（a）、（b）所示，在状态 I 中，支座 i 发生位移 Δ_i，在支座 j 产生的支反力为 R_{ji}；在状态 J 中，支座 j 发生位移 Δ_j，在支座 i 产生的支反力为 R_{ij}；由功的互等定理可知

$$R_{ii} \cdot 0 + R_{ji} \cdot \Delta_j = R_{ij} \cdot \Delta_i + R_{jj} \cdot 0$$

即

$$R_{ji} \cdot \Delta_j = R_{ij} \cdot \Delta_i \tag{e}$$

在线弹性体系中，反力与位移的比值是一个常数，记作 r_{ij}，即

$$\frac{R_{ij}}{\Delta_j} = r_{ij} \tag{f}$$

r_{ij} 在数值等于当 Δ_j 为单位位移 1 时，反力 R_{ij} 的值。r_{ij} 称为反力影响系数。当状态 I 中支座 i 发生单位位移 $\Delta_i=1$，状态 J 中支座 j 发生单位位移 $\Delta_j=1$ 时，式（e）为

$$r_{ij} = r_{ji} \tag{4-14}$$

这就是反力互等定理：在任一线弹性体系中，由支座移动 Δ_j 所引起的与支座位移 Δ_i 相应的反力影响系数 r_{ij} 等于由支座移动 Δ_i 所引起的与支座位移 Δ_j 相应的反力影响系数 r_{ji}。换言之，同一线弹性体系，单独支座 j 发生单位位移 $\Delta_j=1$，在支座 i 产生的支反力 r_{ij}，等于单独支座 i 发生单位位移 $\Delta_i=1$，在支座 j 产生的支反力 r_{ji}。这里支座位移是广义位移，支反力也是相应的广义力。

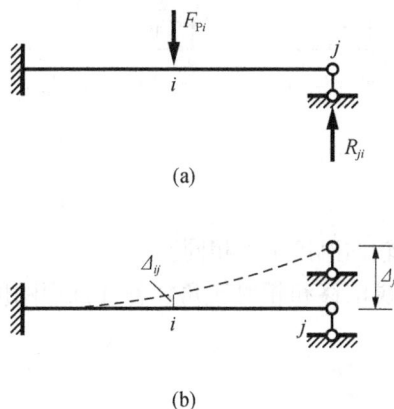

图 4-27

四、反力位移互等定理

图 4-27（a）、（b）表示同一变形体系的两种变形状态。在图 4-27（a）中，由于荷载 F_{Pi} 作用在支座 j 产生反力为 R_{ji}；在图 4-27（b）中，由于支座 j 的支座位移 Δ_j 在 F_{Pi} 作用点沿 F_{Pi} 方向产生相应的位移为 Δ_{ij}。

由功的互等定理可得

$$F_{Pi}\Delta_{ij} + R_{ji}\Delta_j = 0$$

即

$$F_{Pi}\Delta_{ij} = -R_{ji}\Delta_j \tag{g}$$

又有

$$\frac{\Delta_{ij}}{\Delta_j} = -\frac{R_{ji}}{F_{Pi}}$$

令

$$\delta'_{ij} = \frac{\Delta_{ij}}{\Delta_j} \tag{h}$$

$$r'_{ji} = \frac{R_{ji}}{F_{Pi}} \tag{i}$$

式中：δ'_{ij} 在数值上等于由单位位移 $\Delta_j = 1$ 所引起的与荷载 F_{Pi} 相应的位移；r'_{ji} 在数值上等于由单位荷载 $F_{Pi} = 1$ 所引起的与位移 Δ_j 相应的反力，所以

$$\delta'_{ij} = -r'_{ji} \tag{4-15}$$

这就是反力位移互等定理：在任一线弹性体系中，由位移 Δ_j 所引起的与荷载 F_{Pi} 相应的位移 δ'_{ij}，在绝对数值上等于由荷载 F_{Pi} 所引起的与位移 Δ_j 相应的反力 r'_{ji}，两者差一个负号。同样，这里的力可以是广义力，位移可以是广义位移。

习　题

4-1 试用虚功原理计算如图 4-28 所示静定结构的指定内力和反力。

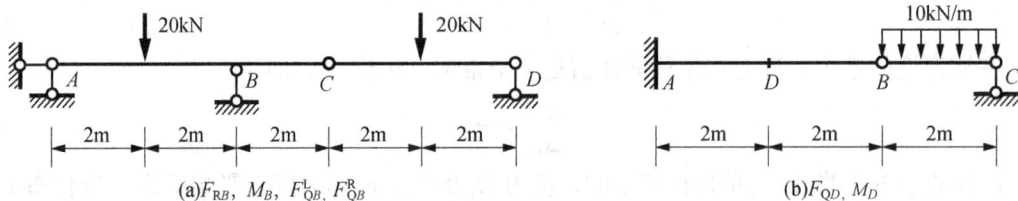

(a)F_{RB}，M_B，F_{QB}^L，F_{QB}^R　　　　(b)F_{QD}，M_D

图 4-28　题 4-1 图

4-2 用积分法计算如图 4-29 所示结构的位移。

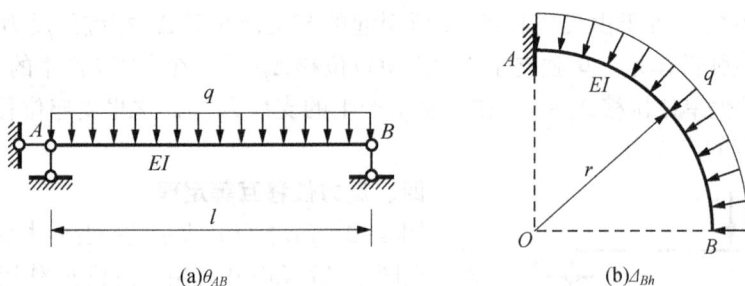

(a)θ_{AB}　　　　(b)Δ_{Bh}

图 4-29　题 4-2 图

4-3 用图乘法计算如图 4-30 所示结构的位移。

4-4 求如图 4-31 所示结构 C 点的水平位移，各杆轴向刚度 EA 相同。

4-5 求如图 4-32 所示结构 A、B 两点的水平相对线位移和相对转角，各杆抗弯刚度 EI 相同。

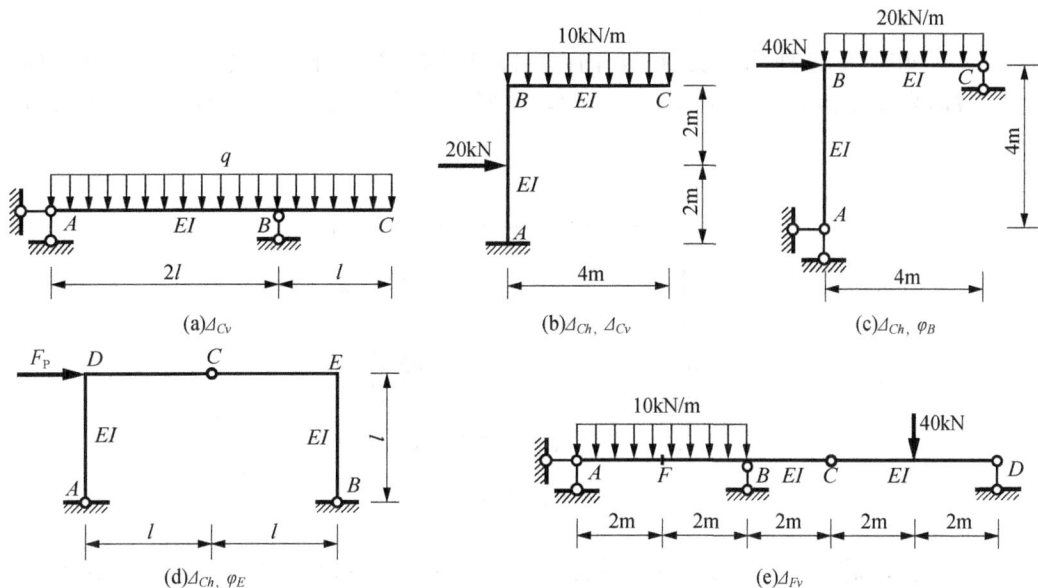

(a)Δ_{Cv}

(b)Δ_{Ch}, Δ_{Cv}

(c)Δ_{Ch}, φ_B

(d)Δ_{Ch}, φ_E

(e)Δ_{Fv}

图 4-30　题 4-3 图

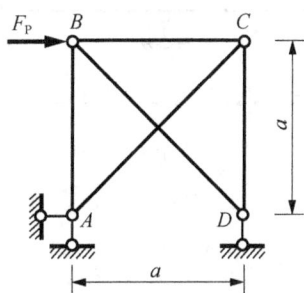

图 4-31　题 4-4 图

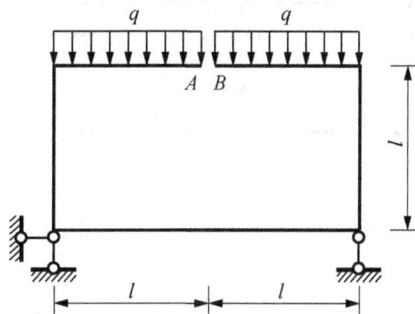

图 4-32　题 4-5 图

4-6　如图 4-33 所示桁架中，支座 B 有竖向沉降，下沉位移为 c，试求杆件 BC 的角位移 φ_{BC}。

4-7　如图 4-34 所示刚架中，支座 B 发生了水平位移 a、竖向位移 b，试求 C 点的水平位移 Δ_{Ch}。

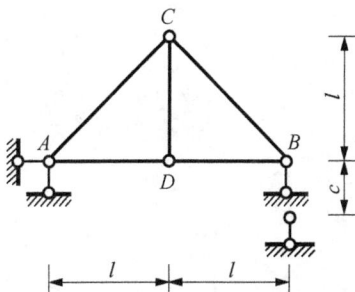

图 4-33　题 4-6 图

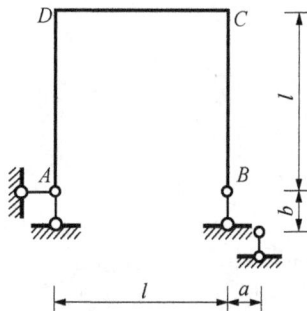

图 4-34　题 4-7 图

4-8 如图 4-35 所示三铰刚架，内部温度升高 30 ℃，外部升高 10 ℃，各杆截面为矩形，截面高度 h 相同，并对称于形心轴，材料线膨胀系数为 α，试计算 C 点的竖向位移 Δ_{Cv}。

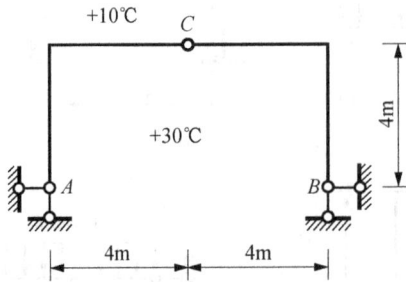

图 4-35 题 4-8 图

4-9 已知如图 4-36（a）中所示梁在支座 B 下沉 $\Delta_{Bv}=1$ 时，D 点的竖向位移为 $\Delta_{Dv}=11/16$，试作该梁在如图 4-36（b）所示荷载作用下的弯矩图。

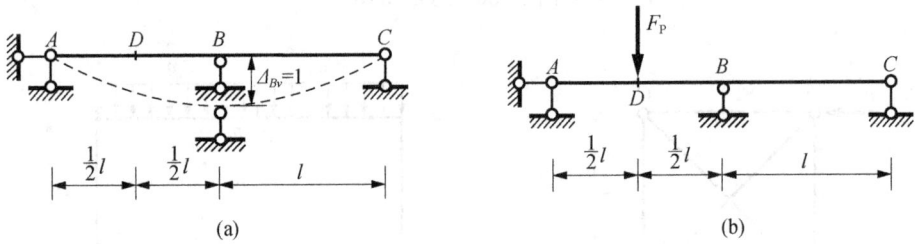

图 4-36 题 4-9 图

第五章　力　　法

本章开始讨论超静定结构在荷载、温度变化、支座移动等因素作用下的内力和位移计算，以校核结构的强度和刚度。第五章至第七章讨论三种基本的计算方法，即第五章力法，第六章位移法，第七章力矩分配法。计算超静定结构内力和位移所依据的条件包括静力平衡条件、变形协调条件和物理条件。

为了计算方便，减少计算工作量，常在超静定结构的所有未知量中只选出其中一部分作为基本未知量。计算时，把其余未知量表示成基本未知量的函数，然后再集中力量来解出基本未知量。根据基本未知量选择方法的不同，超静定结构的解法可分为两大类：力法，取多余约束力作为基本未知量；位移法，取结点位移作为基本未知量。力法和位移法是计算超静定结构的两个基本方法。

力法是把超静定结构的计算问题转化为静定结构的问题，进而求解出按多余约束力确定的基本未知量。静定结构的内力和位移计算是力法计算的基础。位移法是把结构拆成杆件，再由杆件组合到结构，利用平衡条件，求解出按结点位移确定的基本未知量。杆件的内力和位移分析是位移法计算的基础。

用力法和位移法计算结构时，都要求解联立方程，而求解联立方程，可采用直接解法或渐近解法。力法和位移法都可以采用渐近解法，其中位移法的渐近解法因其程序简便和收敛性较好而被广泛采用。第七章将介绍的力矩分配法就是一种属于位移法的渐近解法，其计算方法是不建立方程组，直接从结构的受力状态去渐近，最后收敛于真实状态。

第一节　超静定结构概述

一、超静定结构的几何组成

在前面几章中，讨论了静定结构的内力和位移计算问题。根据静力平衡条件，静定结构的全部反力和内力均可求出；运用虚功原理，可以求出静定结构在各种作用下的位移。在工程实际中还有很多结构属于有多余约束的几何不变结构体系，即超静定结构，仅凭借静力平衡条件，无法全部求解出其反力和内力，因此必须同时考虑结构的变形协调条件。例如，如图 5-1（a）所示的连续梁，该连续梁是一个有多余约束的几何不变体系，具体为有一个多余约束，其水平支反力可以由静力平衡条件求出，但其竖向支反力只凭借静力平衡条件则无法确定，故此结构的内力也无法完全确定。如图 5-1（b）所示组合结构，该结构同样是一个有一个多余约束的几何不变体系，虽然其支座反力可由静力平衡条件求出，但仅凭静力平衡条件却不能确定并求解出结构的内力。由此可知，正是由于多余约束的存在导致了结构的反力或内力超静定，这就是超静定结构区别于静定结构的基本特征。

二、超静定次数

从几何组成看，超静定结构的超静定次数是指结构中多余约束的个数；从静力分析看，超静定次数就等于利用平衡条件求解结构反力及内力所缺少的方程的个数。因此，可以用去

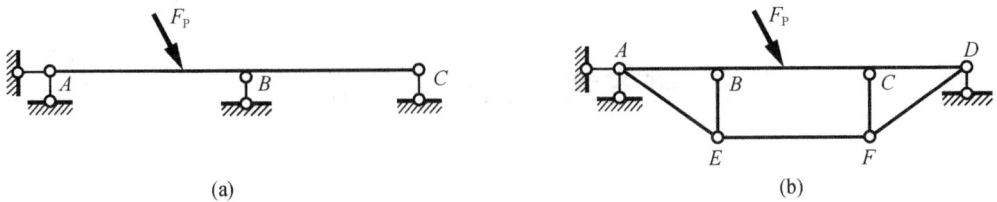

图 5-1

掉超静定结构的多余约束使之变为静定结构的方法来确定该结构的超静定次数。同时，在去掉多余约束后，应在静定结构上加上与其相应的约束力，以使受力情况与原超静定结构完全相同，这种用以代替多余约束作用的约束力称为多余未知力。

超静定结构中，去掉多余约束有以下几个途径：

（1）一个多余约束的情况：超静定结构中，去掉一根链杆 ［见图 5-2（a）］或切断一根链杆 ［见图 5-2（b）］，或将一个固定端支座改为固定铰支座 ［见图 5-2（c）］，或将一个刚性连接变为单铰连接 ［见图 5-2（d）］，都相当于去掉一个约束。

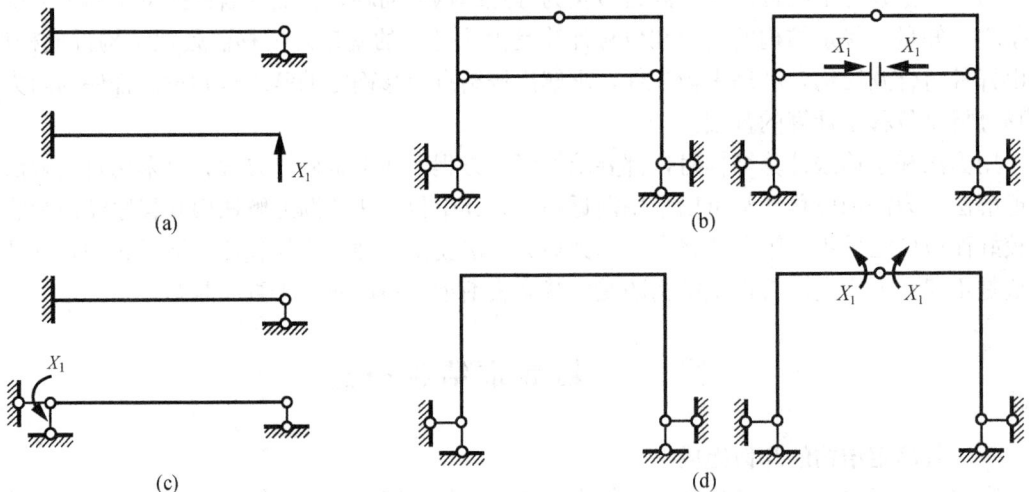

图 5-2

（2）两个多余约束的情况：超静定结构中，去掉一个固定铰支座 ［见图 5-3（a）］或去掉一个单铰 ［见图 5-3（b）］，相当于去掉两个约束。

（3）三个多余约束的情况：超静定结构中，去掉一个固定端支座 ［见图 5-4（a）］或去掉一个刚性连接 ［见图 5-4（b）］，相当于去掉三个约束。

由图 5-2～图 5-4 可知，超静定结构中，若去掉的多余约束对结构而言是外部的，则多余未知力是与之相对应的单个的支座反力；若去掉的多余约束是内部的，则多余未知力是成对的内力或约束力。

此外，还须注意：超静定结构的多余约束不唯一，如图 5-2（a）和图 5-2（c）所示，对于同一结构，可用各种不同方式去掉多余约束；去掉多余约束时，要分清多余约束和必要约束，不能去掉使结构保持几何不变的必要约束。

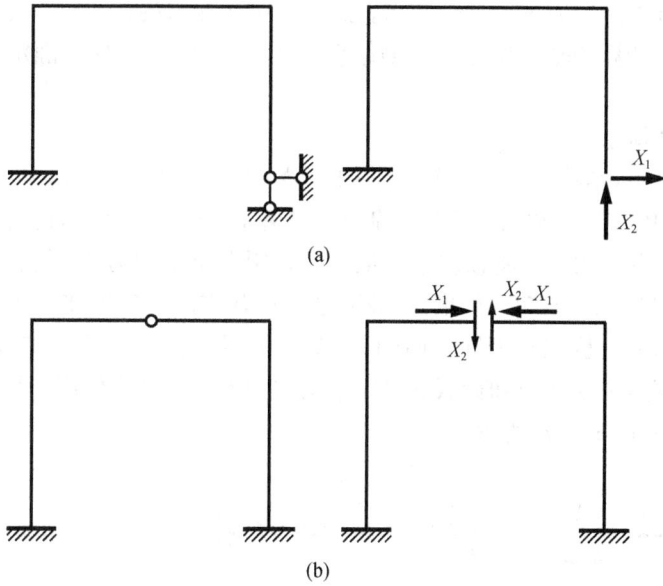

(a)

(b)

图 5 - 3

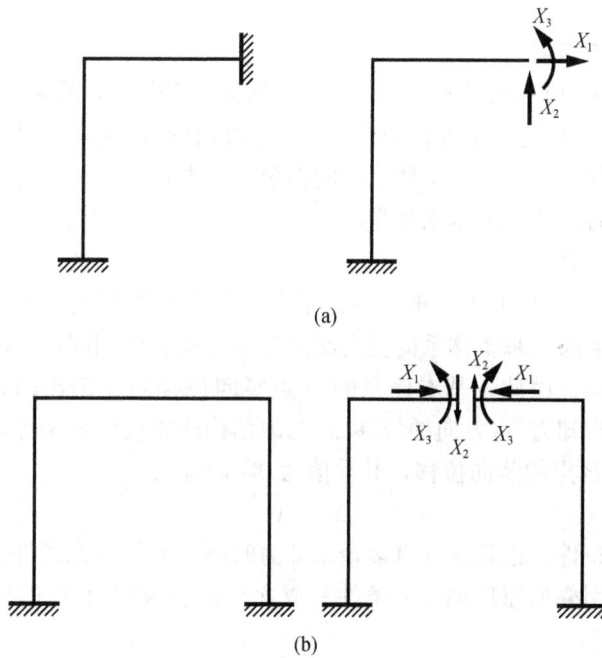

(a)

(b)

图 5 - 4

第二节 力法的基本概念

如前所述，超静定结构由于多余约束的存在，只利用静力平衡条件无法求出其全部反力和内力。如果采用某些方法，可以求出与多余约束相对应的未知力的大小，则原超静定结构的全部反力及内力就可由静力平衡条件求出。这里多余未知力的大小可由结构的变形条件进行求解。这就是力法计算的基本思路。下面结合如图 5-5 所示一次超静定结构阐述力法的基本概念。

一、力法的基本体系

如图 5-5（a）所示结构为一次超静定结构，梁 AB 一端为固定端，另一端为可动铰支座，梁截面的抗弯刚度 EI 为常数，受均布荷载 q 作用，分析中称该结构为原结构。现选取 B 支座的链杆约束为多余约束，将该多余约束去掉，用多余未知力 X_1 代替该约束作用，如图 5-5（b）所示，目前 X_1 未知，如果 X_1 等于原结构 B 支座的实际支反力时，那么图 5-5（b）结构受力状态与原结构完全相同，而图 5-5（b）结构是一个含有未知力 X_1 的静定结构。这样得到的含有多余未知力和荷载的静定结构称为力法的基本体系，该静定结构称为力法的基本结构，如图 5-5（c）所示。

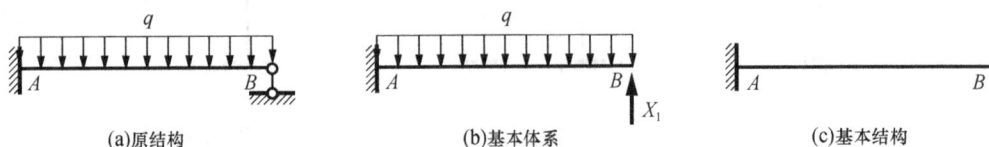

(a)原结构　　　　　　　　(b)基本体系　　　　　　　　(c)基本结构

图 5-5

二、力法的基本未知量

分析如图 5-5（b）所示的基本体系，现在主要问题是如何计算多余未知力 X_1，因为假设多余未知力 X_1 已知，则基本结构在均荷载 q 和已算出的 X_1 共同作用下，内力可由静力平衡方程进行求解。因此，把力法基本体系中的多余未知力称为力法的基本未知量。此例为一次超静定，力法计算时有一个基本未知量。

三、力法的基本方程

上面提到，如图 5-5（b）所示的基本体系中，如果多余未知力 X_1 的大小等于原结构 B 支座的实际支反力数值时，基本体系的受力状态与原结构完全相同；相应地，基本体系的变形也与原结构完全相同，因此，基本体系的 B 点竖向位移与原结构的 B 点竖向位移相等，即，基本体系沿多余未知力 X_1 方向的位移 Δ_1 与原结构的相应位移相等，这里，原结构的相应位移就是原结构中 B 点的竖向位移，其数值为 0，因此有

$$\Delta_1 = 0$$

上式是一个变形条件，也就是计算多余未知力时所需要的补充条件。下面讨论线性变形体系的变形情形，应用叠加原理把变形条件写成含有多余未知力 X_1 的展开形式，称为力法的基本方程。

现在问题为：求解如图 5-5（b）所示的基本体系中沿多余未知力 X_1 方向的位移 Δ_1，该位移是在荷载 q 和未知力 X_1 共同作用下产生的位移，这样就把未知力 X_1 代入到了变形条件式子的左式中。

图 5-6 中，图 5-6（a）为基本体系，图 5-6（b）为基本结构单独在均荷载 q 作用下的情况，图 5-6（c）为基本结构单独在未知力 X_1 作用下的情况，根据叠加原理，图 5-6（a）的受力状态等于图 5-6（b）与图 5-6（c）的受力状态的总和。

Δ_{1P} 表示基本结构单独在均荷载 q 作用下沿 X_1 方向的位移，即 B 点的竖向位移；Δ_{11} 表

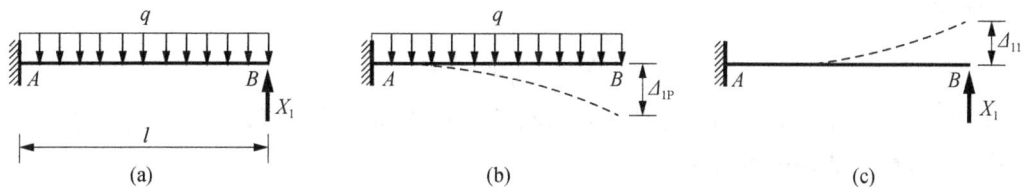

图 5 - 6

示基本结构单独在未知力 X_1 作用下沿 X_1 方向的位移。根据叠加原理，基本体系中沿多余未知力 X_1 方向的位移 Δ_1 为

$$\Delta_1 = \Delta_{1P} + \Delta_{11}$$

结合变形条件式有

$$\Delta_{1P} + \Delta_{11} = 0$$

上式中，Δ_{11} 是由未知力 X_1 引起的位移，根据叠加原理，Δ_{11} 与未知力 X_1 成正比，现引入系数 δ_{11}，δ_{11} 表示基本结构单独在单位力 $X_1 = 1$ 作用下沿 X_1 方向产生的位移，则 $\Delta_{11} = \delta_{11} X_1$，于是上式可写为

$$\delta_{11} X_1 + \Delta_{1P} = 0 \tag{5 - 1}$$

这就是一次超静定结构的力法基本方程，简称力法方程，也称变形协调方程。

式（5 - 1）中的系数 δ_{11} 及自由项 Δ_{1P}，可按第四章所述的方法求出。故多余未知力 X_1 即可求出。

作基本结构在均荷载 q 作用下的弯矩图（M_P 图），如图 5 - 7（a）所示，作基本结构在单位力 $X_1 = 1$ 作用下的弯矩图（$\overline{M}_1$ 图），如图 5 - 7（b）所示。

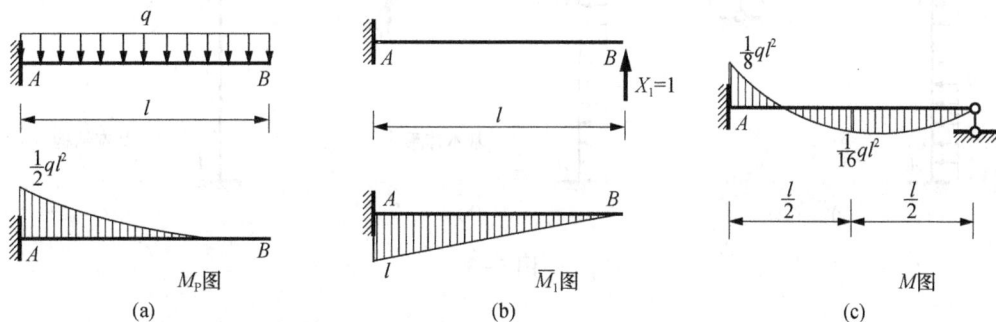

图 5 - 7

系数 δ_{11} 及自由项 Δ_{1P} 为

$$\delta_{11} = \int \frac{\overline{M}_1 \overline{M}_1}{EI} \mathrm{d}x = \frac{1}{EI} \times \frac{1}{2} \times l \times l \times \frac{2}{3} l = \frac{l^3}{3EI}$$

$$\Delta_{1P} = \int \frac{\overline{M}_1 M_P}{EI} \mathrm{d}x = -\frac{1}{EI} \times \left(\frac{1}{3} \times l \times \frac{ql^2}{2} \right) \times \frac{3}{4} l = -\frac{ql^4}{8EI}$$

代入力法式（5 - 1）得

$$\frac{l^3}{3EI} X_1 - \frac{ql^4}{8EI} = 0$$

由此求出

$$X_1 = \frac{3}{8}ql \; (\uparrow)$$

求得的 X_1 为正，表示 X_1 的实际方向与原假设方向一致。可以看出，Δ_1、Δ_{1P}、Δ_{11}、δ_{11} 均以与所设 X_1 方向一致时为正。

多余未知力求出之后，按照叠加原理由下式绘出结构的弯矩图

$$M = \overline{M}_1 X_1 + M_P \tag{5-2}$$

$\overline{M}_1$ 是基本结构在单位力 $X_1 = 1$ 作用下任一截面的弯矩，M_P 是基本结构在荷载作用下任一截面的弯矩，最后原结构的弯矩图如图 5-7（c）所示。

第三节　力法典型方程

如前所述，力法计算超静定结构是以多余未知力为基本未知量的，并根据相应的位移条件来求解多余未知量。因此，结构的超静定次数等于力法基本未知量的个数，等于求解多余未知力的位移方程的个数。

一、多次超静定结构的力法分析

举一个二次超静定结构的力法分析实例，如图 5-8 所示刚架，各杆截面的抗弯刚度 EI 为常数，对此刚架结构进行内力计算。现选取 B 端固定铰支座的两个链杆约束为多余约束，将该多余约束去掉，用多余未知力 X_1 和 X_2 代替其约束作用，即 X_1 和 X_2 为两个基本未知量，基本体系如图 5-8（b）所示，相应的基本结构如图 5-8（c）所示。

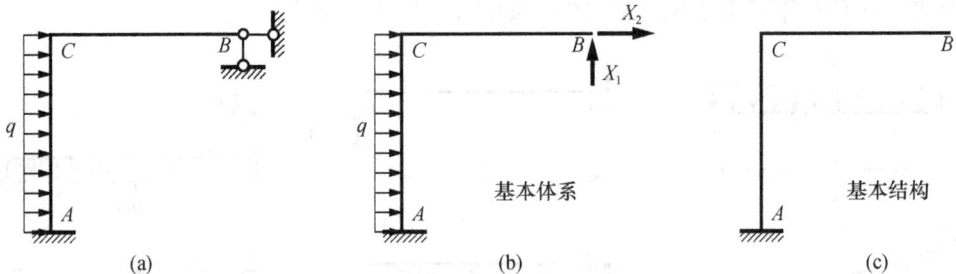

图 5-8

基本体系中，如果多余未知力 X_1、X_2 的大小分别等于原结构 B 支座的实际的竖向、水平支反力数值时，基本体系的受力状态与原结构的受力状态完全相同，那么基本体系的变形也与原结构的变形完全相同。因此，基本结构在荷载、X_1、X_2 共同作用下，沿未知力 X_1 方向的位移 Δ_1，即 B 点的竖向位移与原结构的相应位移相等；沿未知力 X_2 方向的位移 Δ_2，即 B 点的水平位移与原结构的相应位移相等。这里，原结构的相应位移，即原结构中 B 点的竖向位移、水平位移数值都为 0，因此变形条件为

$$\begin{cases} \Delta_1 = 0 \\ \Delta_2 = 0 \end{cases}$$

下面应用叠加原理把变形条件写成含有多余未知力 X_1、X_2 的展开形式。

现在问题为：求解如图 5-8（b）所示基本体系中沿多余未知力 X_1 方向的位移 Δ_1 和沿

多余未知力 X_2 方向的位移 Δ_2，位移是基本结构在荷载 q、未知力 X_1、未知力 X_2 共同作用下产生的。

图 5-9（a）为基本结构单独在均荷载 q 作用下的情况，图 5-9（b）为基本结构单独在未知力 X_1 作用下的情况，图 5-9（c）为基本结构单独在未知力 X_2 作用下的情况，根据叠加原理，图 5-8（b）基本体系的受力状态等于图 5-9（a）、（b）、（c）的受力状态的总和。

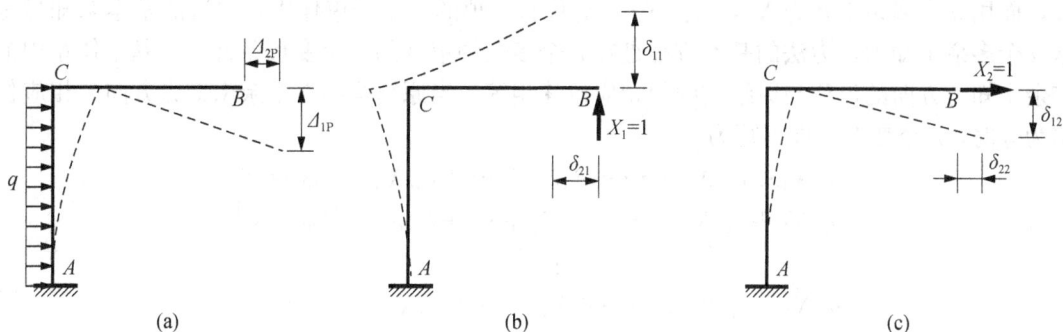

图 5-9

Δ_{1P} 表示基本结构单独在均荷载 q 作用下产生的沿 X_1 方向的位移，即 B 点的竖向位移；δ_{11} 表示基本结构单独在单位力 $X_1=1$ 作用下产生的沿 X_1 方向的位移，基本结构单独在未知力 X_1 作用时，相应位移为 $\delta_{11}X_1$；δ_{12} 表示基本结构单独在单位力 $X_2=1$ 作用下产生的沿 X_1 方向的位移，基本结构单独在未知力 X_2 作用时，相应位移为 $\delta_{12}X_2$。

Δ_{2P} 表示基本结构单独在均荷载 q 作用下产生的沿 X_2 方向的位移，即 B 点的水平位移；δ_{21} 表示基本结构单独在单位力 $X_1=1$ 作用下产生的沿 X_2 方向的位移，基本结构单独在未知力 X_1 作用时，相应位移为 $\delta_{21}X_1$；δ_{22} 表示基本结构单独在单位力 $X_2=1$ 作用下产生的沿 X_2 方向的位移，基本结构单独在未知力 X_2 作用时，相应位移为 $\delta_{22}X_2$。

根据叠加原理，基本体系中沿多余未知力 X_1 方向的位移 Δ_1 为

$$\Delta_1 = \delta_{11}X_1 + \delta_{12}X_2 + \Delta_{1P}$$

同理，基本体系中沿多余未知力 X_2 方向的位移 Δ_2 为

$$\Delta_2 = \delta_{21}X_1 + \delta_{22}X_2 + \Delta_{2P}$$

因此，变形条件即为

$$\left.\begin{array}{l} \delta_{11}X_1 + \delta_{12}X_2 + \Delta_{1P} = 0 \\ \delta_{21}X_1 + \delta_{22}X_2 + \Delta_{2P} = 0 \end{array}\right\} \tag{5-3}$$

这就是二次超静定结构的力法基本方程。

力法基本方程中的系数和自由项都是基本结构的位移，都可按第四章静定结构的位移计算方法进行求解。由基本方程求出多余未知力 X_1、X_2 后，利用平衡条件便可求出原结构的支座反力和内力。此外，也可利用叠加原理求内力，例如任一截面的弯矩 M 可用下面的叠加公式计算

$$M = \overline{M}_1 X_1 + \overline{M}_2 X_2 + M_P \tag{5-4}$$

原结构的弯矩图也可按此叠加公式进行绘制。式（5-4）中，$\overline{M}_1$ 是基本结构在单位力 $X_1=1$ 作用下任一截面的弯矩，其弯矩图为 $\overline{M}_1$ 图；$\overline{M}_2$ 是基本结构在单位力 $X_2=1$ 作用下任一截面的弯矩，其弯矩图为 $\overline{M}_2$ 图；M_P 是基本结构在荷载作用下任一截面的弯矩，其弯

矩图为 M_P 图。

此外，还须注意：由于超静定结构中多余约束的不唯一，因此同一超静定结构可以按不同方式选取力法的基本体系和基本未知量，且各个基本结构一定都是静定结构。

二、力法典型方程

下面讨论 n 次超静定的一般情形。这时力法的基本体系是从原结构中去掉 n 个多余约束，而用 n 个多余未知力 X_1，X_2，…，X_n 代替去掉的 n 个约束作用，力法的基本未知量是这 n 个多余未知力，力法的基本方程是在 n 个多余约束处的 n 个变形条件——基本体系中沿多余未知力方向的位移与原结构中的相应位移相等。当原结构中在多余未知力方向的相应位移为零时，n 个变形条件可写为

$$\left.\begin{aligned}
\delta_{11}X_1 + \delta_{12}X_2 + \cdots + \delta_{1i}X_i + \cdots + \delta_{1n}X_n + \Delta_{1P} &= 0 \\
\delta_{21}X_1 + \delta_{22}X_2 + \cdots + \delta_{2i}X_i + \cdots + \delta_{2n}X_n + \Delta_{2P} &= 0 \\
\vdots \\
\delta_{i1}X_1 + \delta_{i2}X_2 + \cdots + \delta_{ii}X_i + \cdots + \delta_{in}X_n + \Delta_{iP} &= 0 \\
\vdots \\
\delta_{n1}X_1 + \delta_{n2}X_2 + \cdots + \delta_{ni}X_i + \cdots + \delta_{nn}X_n + \Delta_{nP} &= 0
\end{aligned}\right\} \quad (5-5)$$

式（5-5）为 n 次超静定结构在荷载作用下力法方程的一般形式，也称为力法典型方程。注意特殊情况，当原结构中在某个多余未知力方向的相应位移不为零时，则式（5-5）中与之相对应的某个方程的等式右边就不为零。

在方程组中，系数 δ_{ij} 和自由项 Δ_{iP} 都代表基本结构产生的各项位移。位移符号中采用两个下标，第一个下标表示位移的方向，第二个下标表示产生位移的原因。例如：

δ_{ij}：单独在单位力 $X_j = 1$ 作用下，产生的沿 X_i 方向的位移，常称为柔度系数。

Δ_{iP}：单独在荷载作用下，产生的沿 X_i 方向的位移。

位移正负号规定：位移 δ_{ij}、Δ_{iP} 的方向均是与相应的未知力 X_i 的方向一致时为正。此外，力法典型方程［见式（5-5）］可写成以下矩阵形式

$$\begin{bmatrix}
\delta_{11} & \delta_{12} & \cdots & \delta_{1i} & \cdots & \delta_{1n} \\
\delta_{21} & \delta_{22} & \cdots & \delta_{2i} & \cdots & \delta_{2n} \\
\vdots & \vdots & & \vdots & & \vdots \\
\delta_{i1} & \delta_{i2} & \cdots & \delta_{ii} & \cdots & \delta_{in} \\
\vdots & \vdots & & \vdots & & \vdots \\
\delta_{n1} & \delta_{n2} & \cdots & \delta_{ni} & \cdots & \delta_{nn}
\end{bmatrix}
\begin{bmatrix}
X_1 \\ X_2 \\ \vdots \\ X_i \\ \vdots \\ X_n
\end{bmatrix}
+
\begin{bmatrix}
\Delta_{1P} \\ \Delta_{2P} \\ \vdots \\ \Delta_{iP} \\ \vdots \\ \Delta_{nP}
\end{bmatrix}
=
\begin{bmatrix}
0 \\ 0 \\ \vdots \\ 0 \\ \vdots \\ 0
\end{bmatrix} \quad (5-6)$$

式（5-6）中由系数 δ_{ij} 组成的矩阵称为结构柔度矩阵。柔度矩阵主对角线上的系数 δ_{11}，δ_{22}，…，δ_{nn} 称为主系数，主系数都是正值，且不为零。不在主对角线上的系数 $\delta_{ij}(i \neq j)$，称为副系数，副系数的数值可以是正值，或负值，或为零，由位移互等定理可知，$\delta_{ij} = \delta_{ji}$。因此，柔度矩阵是一个对称矩阵。

系数和自由项求得后，即可解典型方程求得各多余未知力，用叠加原理计算原结构的内力，如

$$M = \overline{M}_1 X_1 + \overline{M}_2 X_2 + \cdots + \overline{M}_i X_i + \cdots + \overline{M}_n X_n + M_P \quad (5-7)$$

据此，可将力法计算超静定结构的步骤归纳如下：

（1）去掉原结构的多余约束并以多余未知力代替相应多余约束的作用；

（2）根据基本结构在多余未知力和原荷载的共同作用下，沿多余约束力方向的位移与原结构的相应位移相等的变形条件，建立力法典型方程；

（3）作出基本结构在单位力作用下的弯矩图和在荷载作用下的弯矩图，按照静定结构位移计算方法求解力法方程中的柔度系数和自由项；

（4）解力法典型方程，求出各多余未知力，运用叠加原理绘制原结构的内力图。

第四节 力 法 算 例

下面分别介绍超静定刚架、桁架、排架和组合结构在荷载作用下的内力计算，采用力法进行分析计算。

一、超静定刚架

计算梁、刚架、排架位移时，通常忽略轴力和剪力的影响，只考虑弯矩的影响。但在高层刚架中，轴力对柱的影响比较大；当杆件短而粗时，剪力的影响也比较大，此时应特殊考虑。

【例5-1】 如图5-10（a）所示的超静定刚架，柱截面抗弯刚度为 EI，梁截面抗弯刚度为 $2EI$，在图示荷载作用下，试作刚架的内力图。

解：（1）选取基本体系。这个刚架结构是两次超静定。去掉刚架 B 处的两根支座链杆，代以支座反力 X_1 和 X_2，得到如图5-10（b）所示的基本体系。

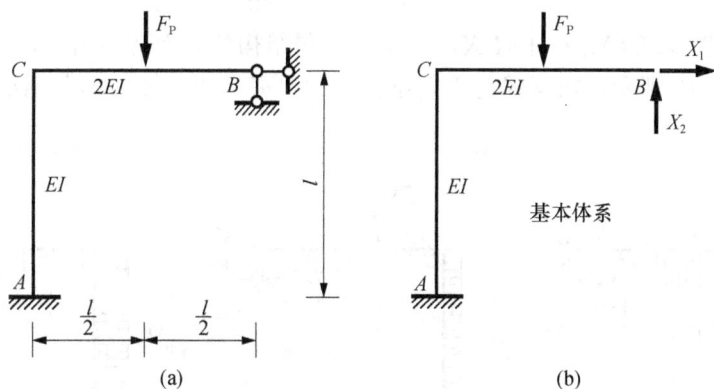

图 5-10

（2）列出力法方程为

$$\left.\begin{array}{l} \delta_{11}X_1 + \delta_{12}X_2 + \Delta_{1P} = 0 \\ \delta_{21}X_1 + \delta_{22}X_2 + \Delta_{2P} = 0 \end{array}\right\}$$

（3）系数和自由项。绘制出基本结构在各单位力作用下的弯矩图和荷载作用下的弯矩图，如图5-11所示。

利用图乘法求得各系数和自由项如下

$$\delta_{11} = \frac{1}{EI} \times \frac{l^2}{2} \times \frac{2}{3}l = \frac{l^3}{3EI}$$

$$\delta_{22} = \frac{1}{2EI} \times \frac{l^2}{2} \times \frac{2}{3}l + \frac{1}{EI} \times l^2 \times l = \frac{7l^3}{6EI}$$

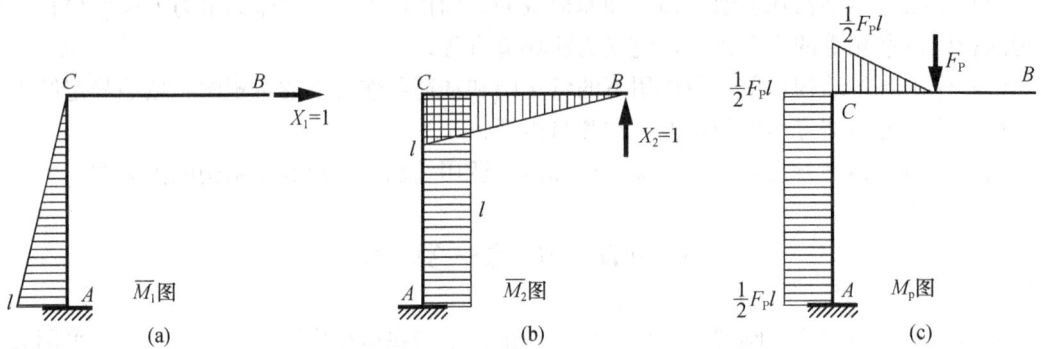

图 5 - 11

$$\delta_{12} = \delta_{21} = -\frac{1}{EI} \times \frac{l^2}{2} \times l = -\frac{l^3}{2EI}$$

$$\Delta_{1P} = \frac{1}{EI} \times \frac{l^2}{2} \times \frac{F_P l}{2} = \frac{F_P l^3}{4EI}$$

$$\Delta_{2P} = -\frac{1}{EI} l \times \frac{F_P l}{2} \times l - \frac{1}{2EI} \times \frac{1}{2} \times \frac{l}{2} \times \frac{F_P l}{2} \times \frac{5}{6} l = -\frac{53 F_P l^3}{96EI}$$

（4）求解方程，作内力图。将各系数与自由项代入力法方程中，解得

$$X_1 = -\frac{9}{80} F_P, X_2 = \frac{17}{40} F_P$$

利用叠加原理（$M = \overline{M}_1 X_1 + \overline{M}_2 X_2 + M_P$），求得结构各截面弯矩内力，并绘制出最后弯矩图如图 5 - 12（a）所示，根据静力平衡条件绘制出剪力图、轴力图分别如图 5 - 12（b）、（c）所示。

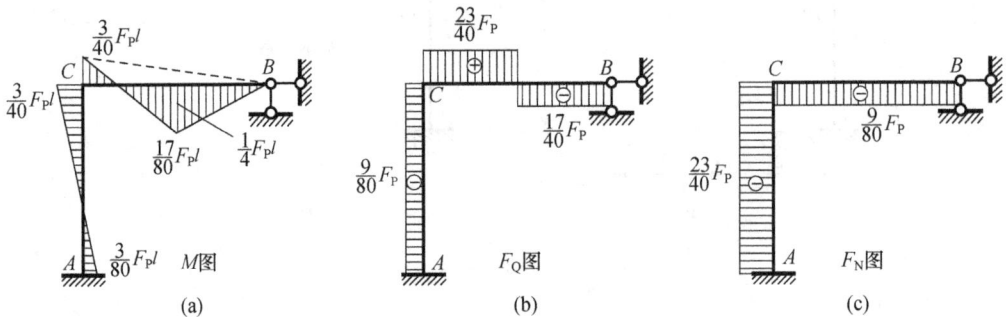

图 5 - 12

从以上计算可知：超静定刚架结构在荷载作用下，多余未知力及结构内力的大小与杆件的相对刚度有关，而与其绝对刚度无关；对于同一材料所构成的结构，也与材料性质（弹性模量）无关。

二、超静定桁架

超静定桁架结构中各杆只产生轴力，故力法方程中的系数按下式计算

$$\delta_{ii} = \sum \frac{\overline{F}_{Ni} \cdot \overline{F}_{Ni} \cdot l}{EA}$$

$$\delta_{ij} = \sum \frac{\overline{F}_{Ni} \cdot \overline{F}_{Nj} \cdot l}{EA}$$

$$\Delta_{iP} = \sum \frac{\overline{F}_{Ni} \cdot F_{NP} \cdot l}{EA}$$

桁架各杆的轴力可按式（5-8）计算

$$F_N = \overline{F}_{N1} X_1 + \overline{F}_{N2} X_2 + \cdots + \overline{F}_{Nn} X_n + F_{NP} \tag{5-8}$$

F_{NP} 为基本结构单独在荷载作用下，在各杆产生的轴力。

【例 5-2】 试计算如图5-13（a）所示超静定桁架的反力和内力。已知荷载 $F_P = 10\text{kN}$，各杆轴向刚度 $EA = 2 \times 10^5 \text{kN}$。

解：（1）基本体系与力法方程。此桁架是一次超静定结构。杆 DE 可看作一个多余约束，现将 DE 杆切断，并在断口处左右两侧截面加一对多余未知力 X_1，得如图 5-13（b）所示的基本体系。根据断口处两侧截面沿轴线方向的相对线位移为零的条件，建立力法方程如下

$$\delta_{11} X_1 + \Delta_{1P} = 0$$

（2）系数和自由项。先分别求出基本结构分别在多余未知力对应的单位力和荷载作用下产生的轴力，如图 5-13（c）、（d）所示。

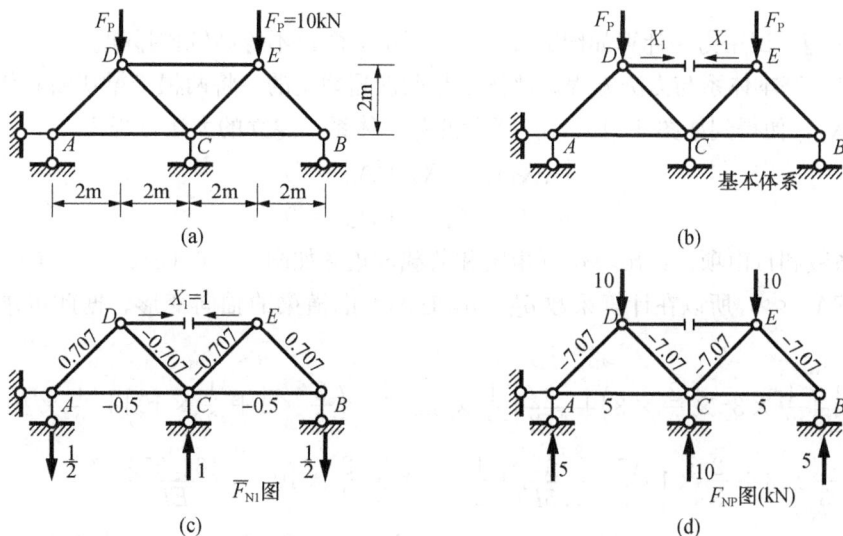

图 5-13

$$\delta_{11} = \sum \frac{\overline{F}_{N1}\overline{F}_{N1}l}{EA} = \frac{1}{EA}\left[0.707^2 \times 2\sqrt{2} \times 4 + (-0.5)^2 \times 4 \times 2 + 1^2 \times 4\right] = \frac{11.654}{EA}\text{m/kN}$$

$$\Delta_{1P} = \sum \frac{\overline{F}_{N1}F_{NP}l}{EA} = \frac{1}{EA}\left[5 \times (-0.5) \times 4 \times 2\right] = -\frac{20}{EA}\text{m}$$

（3）求解方程，计算各杆轴力。将各系数与自由项代入力法方程中，解得

$$X_1 = 1.72\text{kN}$$

原结构中各杆轴力按下式计算

$$F_{\mathrm{N}} = \overline{F}_{\mathrm{N1}} \cdot X_1 + F_{\mathrm{NP}}$$

其结果如图 5 - 14 所示。

计算时注意，虽然杆 DE 被切断，但在多余未知力作用下其轴力并不等于零，所以在 δ_{11} 的算式中必须将与其对应的项 $\dfrac{1^2 \times 4}{EA}$ 包括在内。

三、铰接排架结构

图 5 - 15 为一装配式单层厂房的计算简图，阶梯式的变截面柱，其上端与横梁铰接，下端与基础刚接，横梁的刚度视为无穷大。这种结构称为铰接排架。铰接排架的超静定次数等于排架的跨数，其基本结构由切断各跨横梁得到。

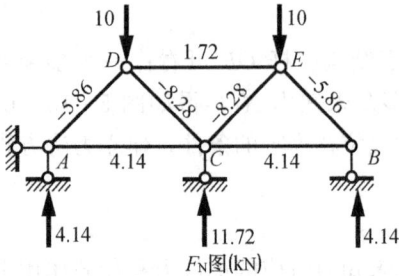

图 5 - 14

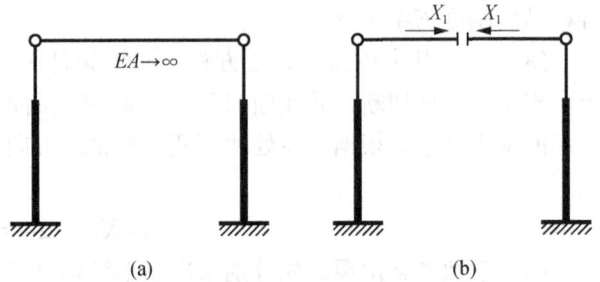

图 5 - 15

【例 5 - 3】　试用力法计算如图 5 - 16（a）所示的两跨不等高铰接排架。

解：（1）基本体系与力法方程。此排架是两次超静定的。将两根横梁切断并代以两对多余力 X_1、X_2，便得到如图 5 - 16（b）所示的基本体系，建立的力法方程为

$$\delta_{11}X_1 + \delta_{12}X_2 + \Delta_{1P} = 0$$
$$\delta_{21}X_1 + \delta_{22}X_2 + \Delta_{2P} = 0$$

（2）系数和自由项。绘出单位弯矩图和荷载弯矩图如图 5 - 16（c）、（d）、（e）所示。因为横梁的 $EA \to \infty$，所以在计算系数 δ_{11}、δ_{22} 时不考虑横梁的轴向变形。据此可求系数和自由项

$$\delta_{11} = \frac{1}{EI}\left(\frac{1}{2} \times 3^2 \times \frac{2}{3} \times 3\right) + \frac{1}{3EI}\left[\frac{1}{2} \times 3 \times 7 \times \left(\frac{2}{3} \times 3 + \frac{1}{3} \times 10\right) + \frac{1}{2} \times 10 \times 7 \times \right.$$

$$\left. \left(\frac{1}{3} \times 3 + \frac{2}{3} \times 10\right)\right] + \frac{1}{7.5EI}\left(\frac{1}{2} \times 10^2 \times \frac{2}{3} \times 10\right) = \frac{161.556}{EI}$$

$$\delta_{12} = \delta_{21} = -\frac{1}{7.5EI}\left[\frac{1}{2} \times 10^2 \times \left(\frac{1}{3} \times 4 + \frac{2}{3} \times 14\right)\right] = -\frac{71.111}{EI}$$

$$\delta_{22} = \frac{2}{EI}\left(\frac{1}{2} \times 4^2 \times \frac{2}{3} \times 4\right) + \frac{2}{7.5EI}\left[\frac{1}{2} \times 4 \times 10 \times \left(\frac{2}{3} \times 4 + \frac{1}{3} \times 14\right) + \right.$$

$$\left. \frac{1}{2} \times 10 \times 14 \times \left(\frac{1}{3} \times 4 + \frac{2}{3} \times 14\right)\right] = \frac{280.889}{EI}$$

$$\Delta_{1P} = \frac{1}{EI} \times \frac{1}{3} \times 3 \times 11.25 \times 10^3 \times \frac{3}{4} \times 3 + \frac{1}{3EI}\left[\frac{1}{2} \times 11.25 \times 10^3 \times 7 \times \left(\frac{2}{3} \times 3 + \frac{1}{3} \times 10\right) + \right.$$

$$\left. \frac{1}{2} \times 125 \times 10^3 \times 7 \times \left(\frac{1}{3} \times 3 + \frac{2}{3} \times 10\right) - \frac{2}{3} \times \frac{1}{8} \times 2.5 \times 10^3 \times 7^2 \times 7 \times \frac{1}{2} \times (3 + 10)\right] -$$

$$\frac{1}{7.5EI}\left(\frac{1}{2}\times12\times10^3\times10\times\frac{1}{3}\times10+\frac{1}{2}\times72\times10^3\times10\times\frac{2}{3}\times10\right)=\frac{711.876\times10^3}{EI}$$

$$\Delta_{2P}=\frac{1}{EI}\times\frac{1}{3}\times4\times12\times10^3\times\frac{3}{4}\times4+\frac{1}{7.5EI}\left[\frac{1}{2}\times12\times10^3\times10\times\left(\frac{2}{3}\times4+\frac{1}{3}\times14\right)+\right.$$

$$\frac{1}{2}\times72\times10^3\times10\times\left(\frac{1}{3}\times4+\frac{2}{3}\times14\right)\right]-\frac{1}{EI}\times\frac{1}{3}\times12\times10^3\times4\times\frac{3}{4}\times4-$$

$$\frac{1}{7.5EI}\left[\frac{1}{2}\times12\times10^3\times10\times\left(\frac{2}{3}\times4+\frac{1}{3}\times14\right)+\frac{1}{2}\times147\times10^3\times10\times\left(\frac{1}{3}\times4+\frac{2}{3}\times14\right)-\right.$$

$$\frac{2}{3}\times\frac{1}{8}\times1.5\times10^3\times10^2\times10\times\frac{1}{2}\times(4+14)\right]=-\frac{383.333\times10^3}{EI}$$

（3）求解方程，作内力图。将各系数和自由项带入力法方程后求解，可得

$$X_1=-4.283\text{kN（压）},\quad X_2=0.280\text{kN（拉）}$$

按 $M=\overline{M}_1X_1+\overline{M}_2X_2+M_P$，即可绘制出最后弯矩图如图 5-16（f）所示。

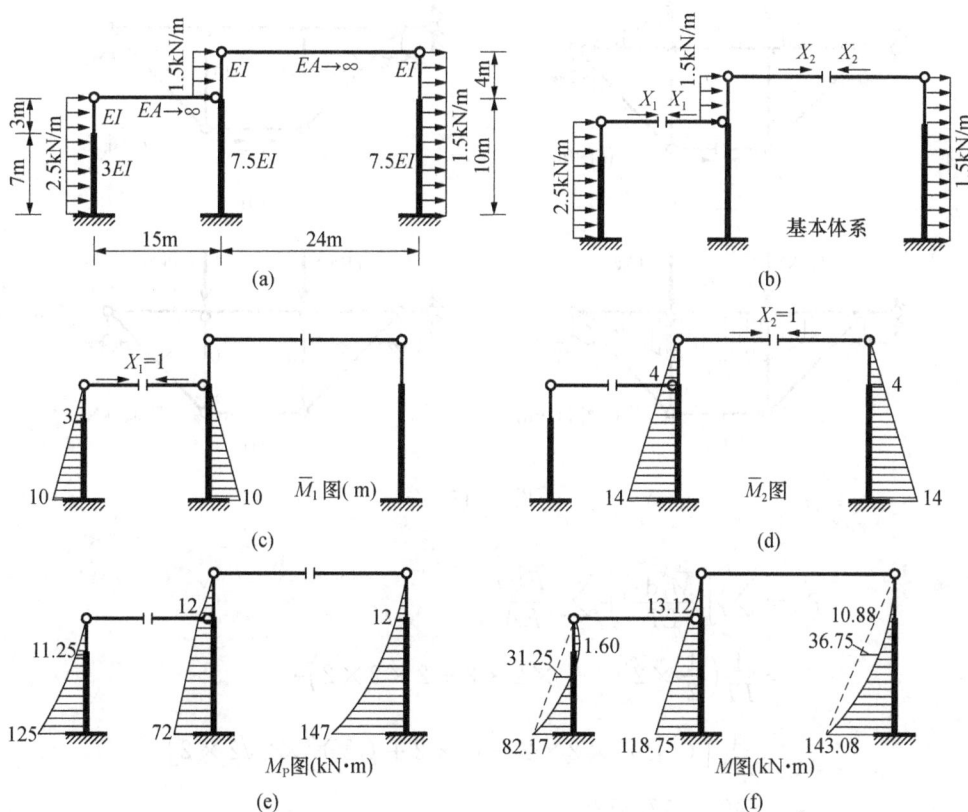

图 5-16

四、超静定组合结构

组合结构中既有轴力杆件又有梁式杆件，计算力法方程的系数和自由项时，对轴力杆件只考虑轴力的影响；对梁式杆件通常可忽略轴力和剪力的影响，只考虑弯矩的影响。

【例 5-4】 试用力法分析如图 5-17（a）所示的组合结构。已知其中受弯杆件 $EI=1.40\times10^4\text{kN}\cdot\text{m}^2$，链杆 $EA=2.56\times10^5\text{kN}$。

解：（1）基本体系与力法方程。此组合结构为一次超静定。切断 EF 杆并代以一对多余未知力 X_1，可得如图 5 - 17（b）所示基本体系。建立力法方程为

$$\delta_{11}X_1 + \Delta_{1P} = 0$$

（2）系数和自由项。绘出单位力作用下基本结构的弯矩、轴力图如图 5 - 17（c）、（d）所示，绘出荷载作用下基本结构的弯矩、轴力图如图 5 - 17（e）、（f）所示。

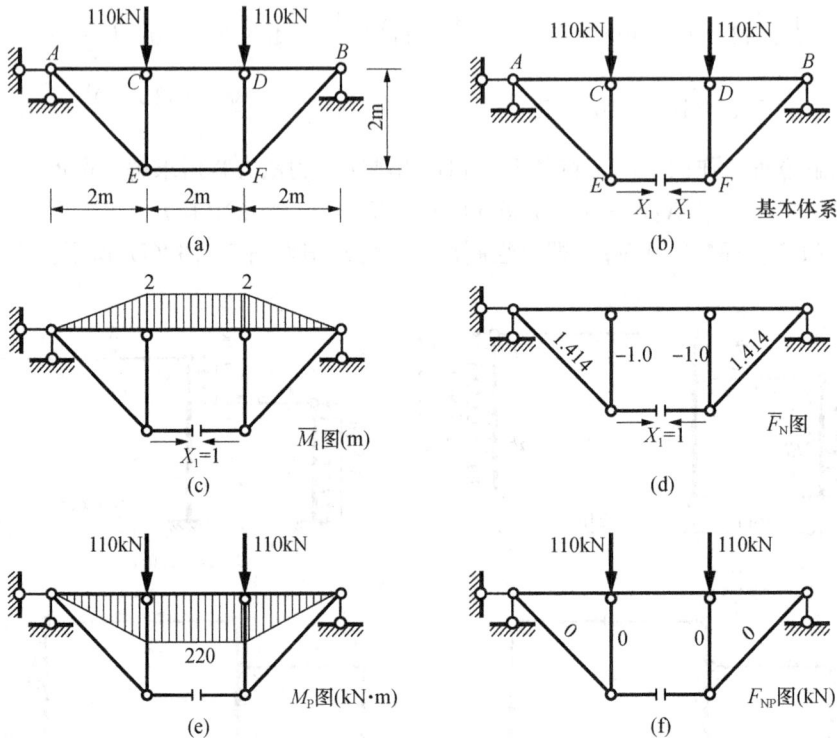

图 5 - 17

$$\delta_{11} = \sum \int \frac{\overline{M}_1^2 \mathrm{d}x}{EI} + \sum \frac{\overline{F}_{N_1}^2 l}{EA}$$

$$= \frac{1}{EI}\left(\frac{1}{2} \times 2^2 \times \frac{2}{3} \times 2 \times 2 + 2 \times 2 \times 2\right) +$$

$$\frac{1}{EA}\left[(-1)^2 \times 2 \times 2 + 1^2 \times 2 + (\sqrt{2})^2 \times 2\sqrt{2} \times 2\right]$$

$$= \frac{40}{3EI} + \frac{17.312}{EA}$$

$$\Delta_{1P} = \sum \int \frac{\overline{M}_1 M_P \mathrm{d}x}{EI} = -\frac{1}{EI}\left(\frac{1}{2} \times 2^2 \times \frac{2}{3} \times 220 \times 2 + 2 \times 2 \times 220\right) = -\frac{4400}{3EI}$$

（3）求解方程，作内力图。将各系数和自由项带入力法方程后求解，可得

$$X_1 = 102.7 \text{kN}$$

用叠加原理绘出结构最终弯矩图如图 5 - 18（a）所示，轴力图如图 5 - 18（b）所示。

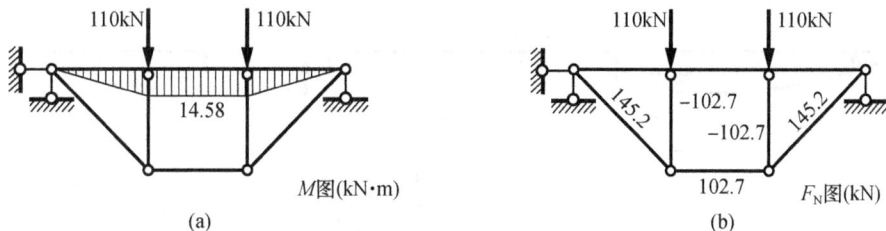

(a)　　　　　　　　(b)

图 5-18

第五节　支座移动和温度变化时超静定结构计算

静定结构在支座移动、温度变化作用下不会产生内力，但是，对于超静定结构，在支座移动、温度变化、材料收缩、制造误差等因素作用下，超静定结构都会产生内力。

一、支座移动时的计算

【例 5-5】　如图5-19（a）所示为一等截面梁 AB，左端 A 为固定端，右端 B 为可动铰支座。已知支座移动条件为：左端支座发生角位移 θ，右端支座下沉 b，试求此超静定梁在支座移动作用下的内力。

解：（1）基本体系与力法方程。此梁为一次超静定，去掉支座 B 处的可动支座链杆并代以多余未知力 X_1，可得如图 5-19（b）所示的基本体系。基本体系的物理意义为，基本结构在未知力 X_1 和支座转动 θ 的共同作用下，沿 X_1 方向的位移等于原结构的相应位移，即 B 点的竖向位移。而已知原结构在 B 端的位移为向下的 b 值，方向与 X_1 相反，所以力法方程为

$$\delta_{11}X_1 + \Delta_{1c} = -b$$

（2）系数和自由项。求出单位力作用下基本结构的各支反力，绘制其弯矩图如图 5-19（d）所示。

$$\delta_{11} = \frac{1}{EI}\left(\frac{1}{2} \times l^2 \times \frac{2}{3}l\right) = \frac{l^3}{3EI}$$

自由项 Δ_{1c} 是图 5-19（c）中，该基本结构单独在支座转角 θ 时产生的沿 X_1 方向的位移，由第四章静定结构在支座移动作用下产生的位移计算可得

$$1 \times \Delta_{1c} + 1 \times 0 + l \times \theta = 0$$

得

$$\Delta_{1c} = -l \cdot \theta$$

（3）求解方程，作内力图。将各系数和自由项带入力法方程后求解，可得

$$X_1 = \frac{3EI}{l^2}\left(\theta - \frac{b}{l}\right)$$

因为基本结构是静定结构，支座移动在基本结构中不引起内力，因此可按下式绘出最终弯矩图，如图 5-19（e）所示

$$M = \overline{M}_1 X_1$$

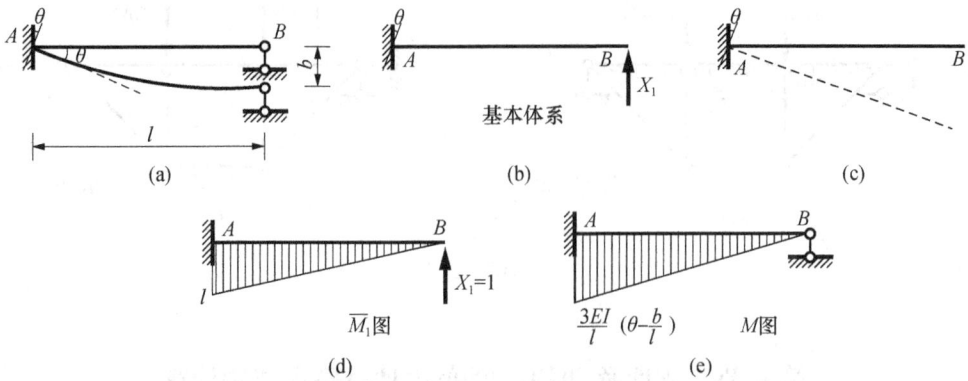

图 5 - 19

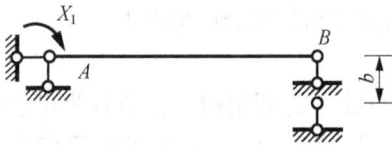

图 5 - 20

此例中，若将 A 端固定端变为固定铰支座来去掉 1 个多余约束，并代之以多余未知力 X_1，则与原结构对应的基本体系为如图 5 - 20 所示的基本体系，力法方程为

$$\delta_{11}X_1 + \Delta_{1c} = \theta$$

其中的自由项 Δ_{1c} 是图 5 - 20 基本结构单独在 B 支座下沉 b 时产生的沿 X_1 方向的位移，进一步求解略。

二、温度变化时的计算

【例 5 - 6】 如图 5 - 21（a）所示刚架，外侧温度降低 5℃，内侧温度升高 15℃，EI 和 h 都是常数，材料线膨胀系数为 α，试绘制刚架由于温度变化引起的弯矩图。

解：（1）基本体系与力法方程。此刚架为一次超静定，取基本体系如图 5 - 21（b）所示，力法方程为

$$\delta_{11}X_1 + \Delta_{1t} = 0$$

（2）系数和自由项。绘出 $\overline{F}_{N1}$ 和 $\overline{M}_1$ 图如图 5 - 21（c）、（d）所示，自由项 Δ_{1t} 是基本结构在温度变化时沿 X_1 方向产生的位移。

$$\delta_{11} = \frac{1}{EI}\left(l^2 \cdot l + \frac{l^2}{2} \cdot \frac{2}{3}l\right) = \frac{4l^3}{3EI}$$

$$\Delta_{1t} = \sum \alpha \cdot t_0 \int \overline{F}_{N1} \mathrm{d}x + \sum \alpha \frac{\Delta t}{h} \int \overline{M} \mathrm{d}x$$

$$= -1 \times \alpha \times \frac{15-5}{2} \times l - \alpha \times \frac{15-(-5)}{h}\left(l^2 + \frac{l^2}{2}\right) = -5\alpha \times l\left(1 + \frac{6l}{h}\right)$$

（3）求解方程，作内力图。将各系数和自由项带入力法方程后求解，可得

$$X_1 = \frac{15\alpha EI}{4l^2}\left(1 + \frac{6l}{h}\right)$$

按式 $M = \overline{M}_1 X_1$ 绘出原结构弯矩图如图 5 - 21（e）所示。

通过对［例 5 - 5］和［例 5 - 6］计算结果的分析可知：支座位移和温度改变会在超静定结构上产生内力，而且，随着结构杆件截面尺寸的增大而增大。因此，在实际工程中要注意支座沉降和温度改变对结构的负面影响，必要时应采取相应措施减小其影响。

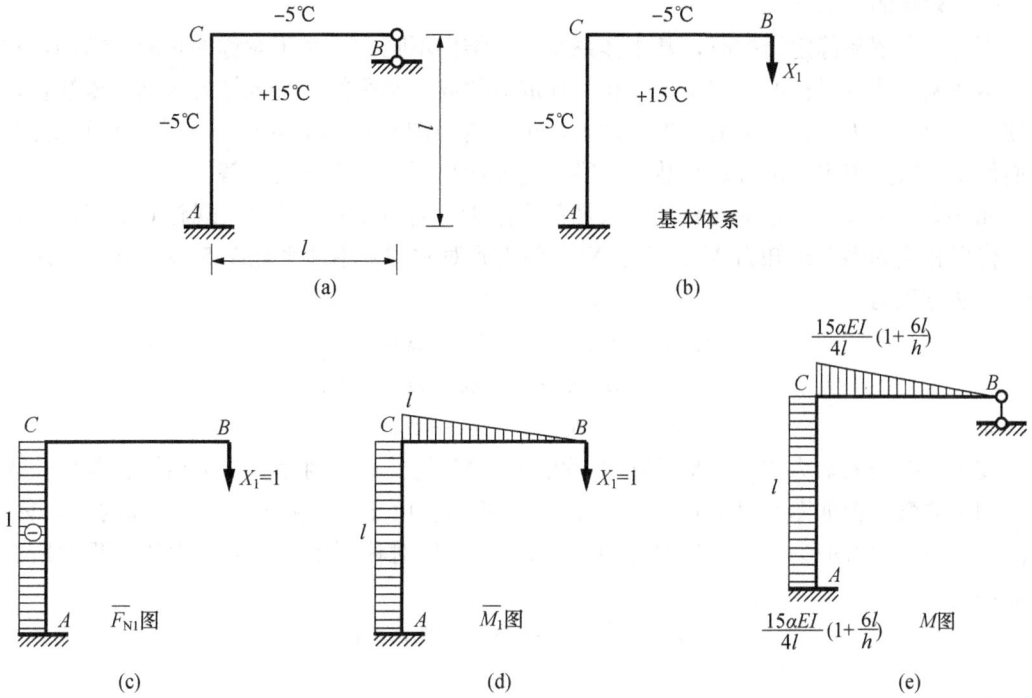

图 5 - 21

第六节 力法中对称性的利用

在实际工程中，很多结构具有对称性。图 5 - 22 是对称结构的例子。对称结构就是指：结构的几何形式和支承情况对某轴对称；杆件截面和材料性质也对此轴对称。与此相对应，正对称荷载是指：将结构的计算简图沿对称轴对折后，结构两部分上的荷载完全重合（作用点对应、数值相等、方向相同）；反对称荷载是指：结构两部分上的荷载重合但方向相反（作用点对应、数值相等、方向相反）。利用对称性可以使力法分析过程得到简化。

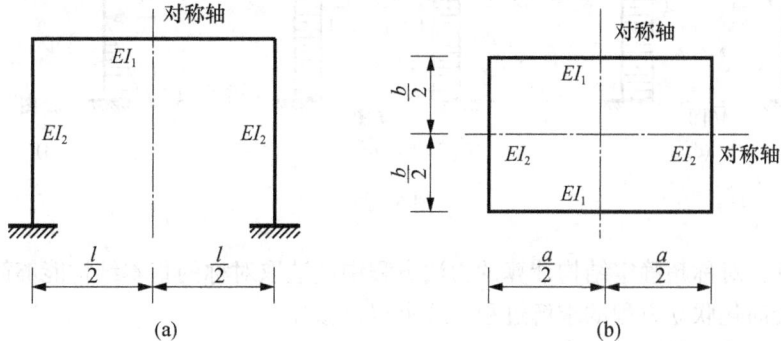

图 5 - 22

一、对称的基本结构

用力法求解超静定结构时，基本体系及基本结构不唯一，对于对称的超静定结构，在各种基本体系中选取对称的基本结构，相应地取对称或反对称的多余未知力为基本未知量，可以使计算简化。因为在对称的基本结构上，单位内力图有可能成为正对称或反对称的图形，从而使得力法方程中一部分副系数等于零，这就简化了力法方程的求解。

如图 5-23（a）所示为对称的三次超静定刚架，各杆 EI 为常数。现将 CD 杆在中点切断，代以相应的多余未知力 X_1、X_2、X_3，便得到对称的基本体系如图 5-23（b）所示，建立的力法方程为

$$\left.\begin{array}{c}\delta_{11}X_1 + \delta_{12}X_2 + \delta_{13}X_3 + \Delta_{1P} = 0\\ \delta_{21}X_1 + \delta_{22}X_2 + \delta_{23}X_3 + \Delta_{2P} = 0\\ \delta_{31}X_1 + \delta_{32}X_2 + \delta_{33}X_3 + \Delta_{3P} = 0\end{array}\right\}$$

其中，多余未知力 X_1 和 X_3 是正对称的力，X_2 是反对称的力。基本结构在各单位未知力作用下的弯矩图如图 5-23（c）、（d）、（e）所示。由于 X_1 和 X_3 是正对称的力，$\overline{M}_1$ 和 $\overline{M}_3$ 图均为正对称图形；X_2 是反对称的力，$\overline{M}_2$ 图为反对称图形。因此，力法方程的所有副系数中有

$$\delta_{12} = \delta_{21} = 0, \ \delta_{23} = \delta_{32} = 0$$

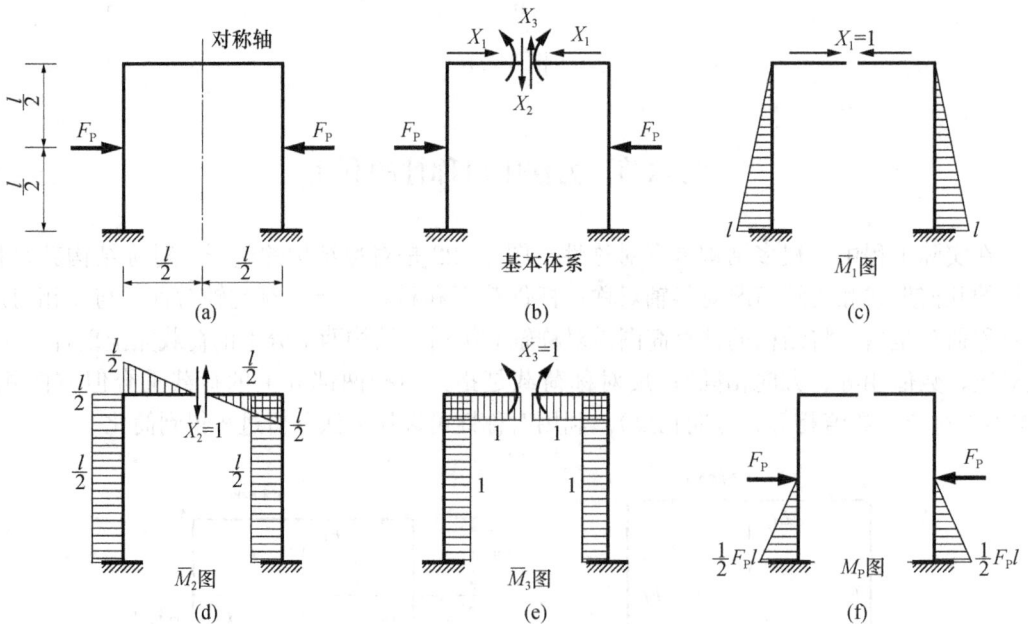

图 5-23

由此可见，对称超静定结构计算的力法方程中，选取对称的基本结构能够简化系数的计算，同时还会简化联立方程的求解过程，详见以下叙述。

二、对称性计算的一般规律

如前所述，对称超静定结构计算中，选取对称的基本体系可以使力法方程中一部分副系数等于零。同理，如果作用在原结构上的荷载也是对称的，则可以使一部分自由项等于零，

从而进一步简化力法方程的求解。

（1）正对称结构正对称荷载。如图 5-23（a）所示的对称超静定刚架中，所受荷载是正对称的。基本结构在荷载作用下的弯矩图如图 5-23（f）所示，由于 M_P 图也是正对称的，因此在力法方程中，有

$$\delta_{12}=\delta_{21}=0,\ \delta_{23}=\delta_{32}=0,\ \Delta_{2\mathrm{P}}=0$$

则力法方程

$$\left.\begin{array}{l}\delta_{11}X_1+\delta_{12}X_2+\delta_{13}X_3+\Delta_{1\mathrm{P}}=0\\ \delta_{21}X_1+\delta_{22}X_2+\delta_{23}X_3+\Delta_{2\mathrm{P}}=0\\ \delta_{31}X_1+\delta_{32}X_2+\delta_{33}X_3+\Delta_{3\mathrm{P}}=0\end{array}\right\}\quad 简化为\quad \left.\begin{array}{l}\delta_{11}X_1+\delta_{13}X_3+\Delta_{1\mathrm{P}}=0\\ \delta_{22}X_2=0\\ \delta_{31}X_1+\delta_{33}X_3+\Delta_{3\mathrm{P}}=0\end{array}\right\}$$

可得

$$X_2=0$$

由此可知：正对称结构在正对称荷载作用下，对称轴上反对称的未知力为零，即对称轴上只存在正对称的未知力。

（2）正对称结构反对称荷载。假若图 5-23（a）中对称刚架承受反对称荷载，如图 5-24（a）所示，对称的基本体系如图 5-24（b）所示，基本结构在各单位未知力作用下的弯矩图依然与如图 5-23（c）、（d）、（e）所示的弯矩图相同，基本结构在荷载作用下的弯矩图如图 5-24（c）所示。

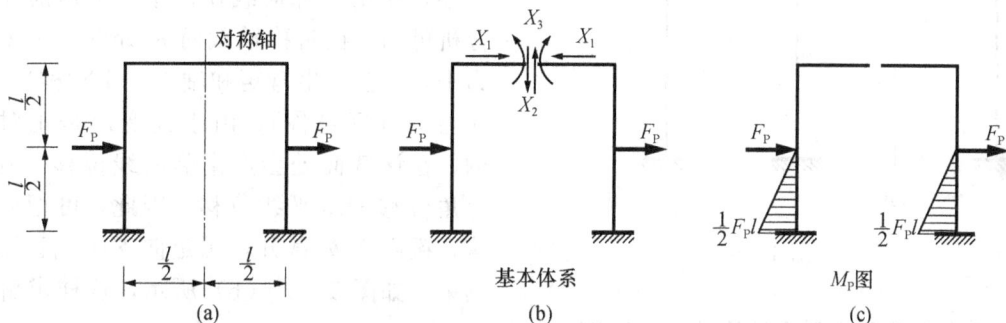

图 5-24

由此可知，$\overline{M}_1$、$\overline{M}_3$ 图是正对称的，$\overline{M}_2$、M_P 图是反对称的，所以有

$$\delta_{12}=\delta_{21}=0,\ \delta_{23}=\delta_{32}=0,\ \Delta_{1\mathrm{P}}=0,\ \Delta_{3\mathrm{P}}=0$$

则力法方程

$$\left.\begin{array}{l}\delta_{11}X_1+\delta_{12}X_2+\delta_{13}X_3+\Delta_{1\mathrm{P}}=0\\ \delta_{21}X_1+\delta_{22}X_2+\delta_{23}X_3+\Delta_{2\mathrm{P}}=0\\ \delta_{31}X_1+\delta_{32}X_2+\delta_{33}X_3+\Delta_{3\mathrm{P}}=0\end{array}\right\}\quad 简化为\quad \left.\begin{array}{l}\delta_{11}X_1+\delta_{13}X_3=0\\ \delta_{22}X_2+\Delta_{2\mathrm{P}}=0\\ \delta_{31}X_1+\delta_{33}X_3=0\end{array}\right\}$$

可得

$$X_1=0,\ X_3=0$$

由此可知：正对称结构在反对称荷载作用下，对称轴上正对称的未知力为零，即对称轴上只存在反对称的未知力。

若作用在对称结构上的荷载是非对称的，则都可以将其分解为正对称荷载和反对称荷载，对其分别计算，然后再将各自结果进行叠加。如图 5-25（a）所示的非对称荷载等于如

图 5-25（b）所示的正对称荷载与图 2-25（c）所示的反对称荷载的叠加。

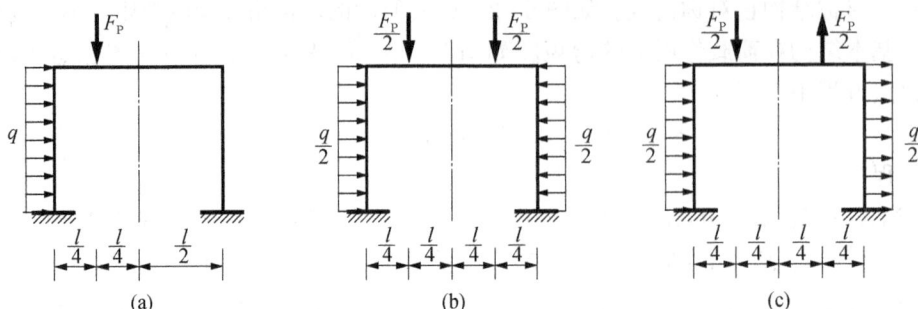

图 5-25

三、半刚架法

根据对称结构在正对称荷载和反对称荷载作用下的内力和变形的特性，对称超静定结构可取对称结构的一半来进行计算，该方法称为半刚架法。下面分别按正对称的奇数跨和偶数跨刚架进行阐述。

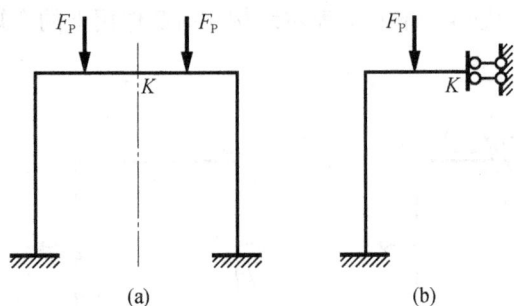

图 5-26

（1）奇数跨结构承受正对称荷载。如图 5-26（a）所示的刚架为正对称奇数跨刚架，在正对称荷载作用下，根据前面的分析可知：在对称轴截面 K 处的三个未知力中，将会产生弯矩和轴力（正对称），但无剪力（反对称）；由于其变形是正对称的，在该截面处会产生竖向线位移，但没有角位移和水平线位移。因此，可把原结构在截面 K 处截开，用定向支座代替原有约束，如图 5-26（b）所示，这样求解原结构内力就简化成了半结构的内力计算。

（2）奇数跨结构承受反对称荷载。如图 5-27（a）所示正对称奇数跨刚架承受反对称荷载作用，在对称轴截面 K 处会产生剪力，但无弯矩和轴力；从变形看，在该截面处会产生水平位移和角位移，但没有竖向线位移。因此，可把原结构在截面 K 处截开，用可动铰支座代替原有约束，如图 5-27（b）所示，然后采用该半结构进行计算。

（3）偶数跨结构承受正对称荷载。如图 5-28（a）所示正对称偶数跨刚架承受正对称荷载作用，在对称轴截面 K 处，将无任何位移（忽略柱的轴向变形），因此取半结构时，可在截面 K 处用固定端支座代替，如图 5-28（b）所示。

（4）偶数跨结构承受反对称荷载。如图 5-29（a）所示正对称偶数跨刚架承受反对称荷载作用。现将整个结构沿

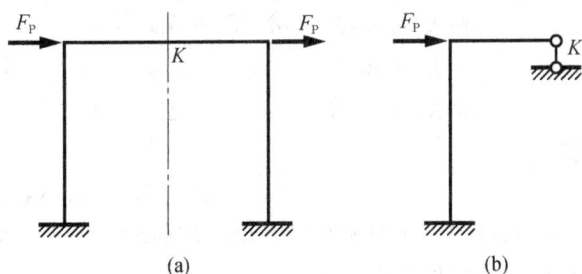

图 5-27

对称轴劈开，对称轴上的刚架柱按惯性矩均分为两根柱，得到如图 5-29（b）所示的刚架，实质上将一个两跨刚架等效为三跨刚架，即可按上述第（2）部分取半刚架进行计算，半刚架如图 5-29（c）所示。可动支座无限靠近于刚结点，在忽略轴向变形的前提下，其支反力对其他杆件不产生内力，而只是对劈开后的竖柱产生轴力，故该支反力对半结构杆件的弯矩、剪力内力和结构变形都无影响，于是可将其略去，按如图 5-29（d）所示的半刚架进行计算。

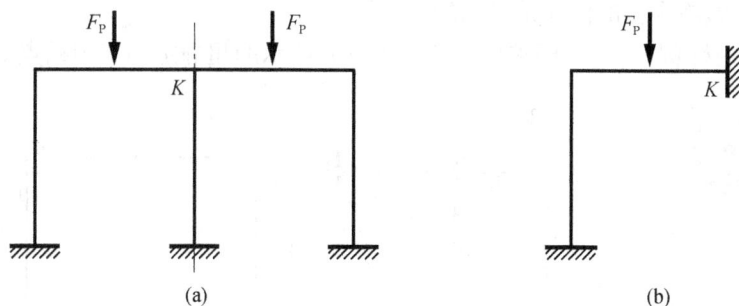

图 5-28

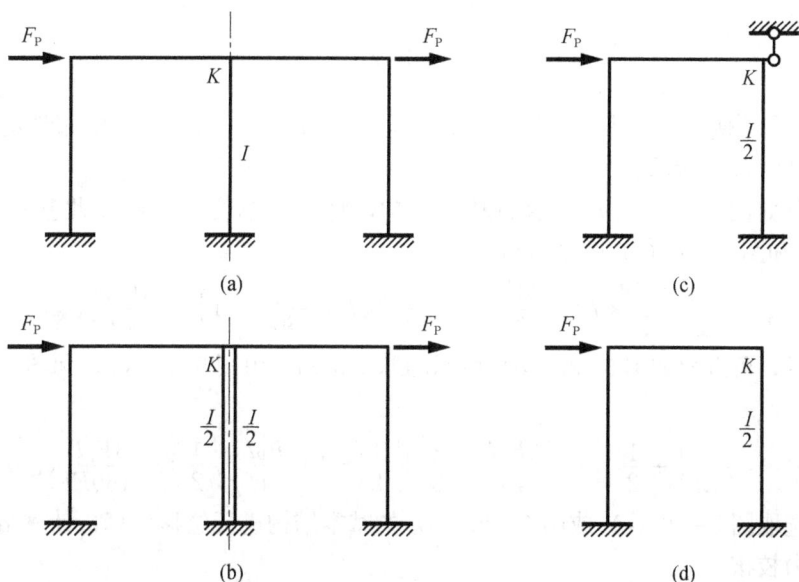

图 5-29

　　当按照上述规则取出原对称结构的一半后，即可按解超静定结构的方法作出其内力图，然后再按照对称关系作出另外半边结构的内力图，这种用半个刚架来代替原刚架进行分析的方法就称为半刚架法。

第七节　超静定结构的位移计算和内力校核

一、超静定结构的位移计算
超静定结构在荷载作用下的位移计算，在原理和方法上与静定结构基本相同，仍可采用虚功原理的单位荷载法。在力法计算的基本体系中，由于基本结构在荷载和多余未知力共同作用下与原结构等效，在用力法求出多余未知力后，计算原结构的位移，也就是计算基本体系的位移，可将其与原有荷载均看作相应基本结构的外荷载，然后再计算此基本结构的位移。此时，采用虚功原理求解位移时，相应的虚拟单位荷载可以加在基本结构上。

由于基本体系及基本结构的选取不唯一，因此在计算位移时，其虚拟单位荷载可加在任一基本结构上，最终求得的位移是相同的。

【例 5 - 7】 接[例 5 - 1]，即求如图 5 - 30（a）所示的超静定刚架中结点 C 的角位移。

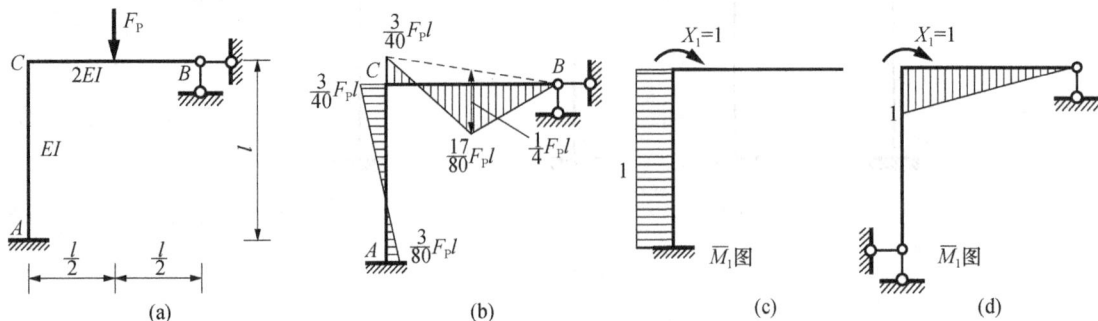

图 5 - 30

解：（1）在 [例 5 - 1] 中，已计算出原结构即如图 5 - 30（a）所示的超静定结构的弯矩图，如图 5 - 30（b）所示。

（2）选取如图 5 - 30（c）所示的基本结构，将虚拟单位力作用在此基本结构上，由图 5 - 30（b）和图 5 - 30（c）图乘可得

$$\varphi_C = \frac{1}{EI}\left(\frac{1}{2} \times l \times \frac{3F_P l}{40} \times 1 - \frac{1}{2} \times l \times \frac{3F_P l}{80} \times 1\right) = \frac{3F_P l^2}{160EI}(\curvearrowleft)$$

（3）或者，可选取如图 5 - 30（d）所示的基本结构，由图 5 - 30（b）和图 5 - 30（d）图乘可得

$$\varphi_C = \frac{1}{2EI}\left(-\frac{1}{2} \times l \times \frac{3F_P l}{40} \times \frac{2}{3} + \frac{1}{2} \times l \times \frac{F_P l}{4} \times \frac{1}{2}\right) = \frac{3F_P l^2}{160EI}(\curvearrowleft)$$

可知，选取图 5 - 30（c）或图 5 - 30（d）的基本结构进行位移计算，计算结果相同。

二、内力校核

内力图是结构设计的依据，其重要性不言而喻。因此，结构计算结束后，应对其进行校核。校核应从两方面进行：平衡条件校核和变形条件校核。

（1）平衡条件的校核。当结构处于平衡状态时，从结构中任意取出的隔离体都应满足平衡条件。对于刚架，通常可以截取任一刚结点，检查其是否满足结点的力矩平衡条件。此外，也可截取结构的一部分为隔离体，检查隔离体是否满足投影方向的平衡方程。

如图 5 - 31（a）、（b）、（c）所示为采用力法计算出的超静定刚架的内力图，现截取结点 B 为隔离体，如图 5 - 31（d）所示，可知其满足 $\sum M_B = 0$ 的平衡条件；截取杆件 ABC 为隔离体，如图 5 - 31（e）所示，可知其满足 $\sum F_x = 0, \sum F_y = 0$。

（2）变形条件的校核。用力法求解超静定结构分为两个步骤：第一，利用变形条件计算多余未知力；第二，用叠加原理计算最后内力。平衡条件校核只能发现第二步中的错误，多

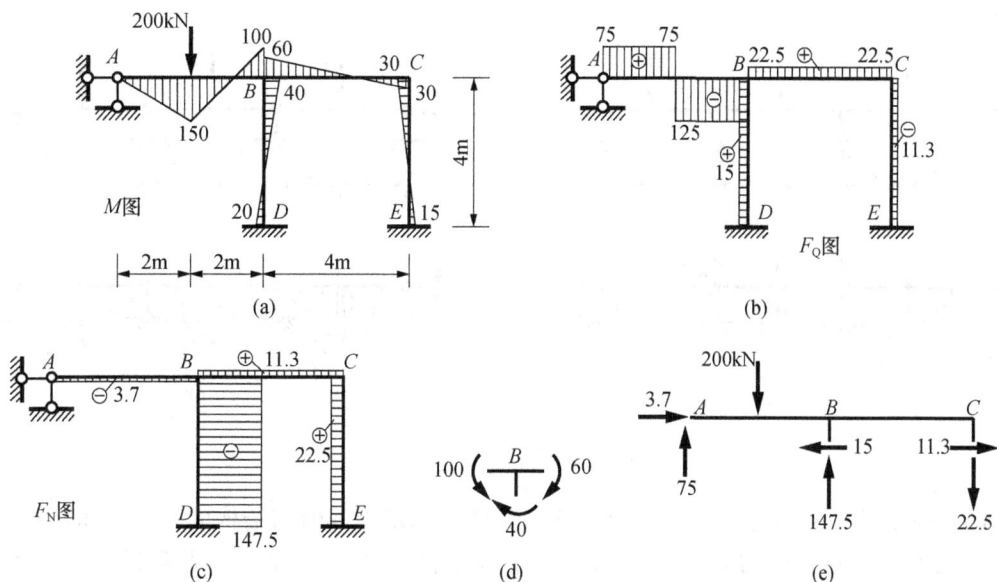

图 5-31

余未知力计算是否正确，还要依靠变形条件来校核。

变形条件校核的一般做法是：选取一个多余未知力 X_i；选取任意一个基本结构的单位弯矩图与原结构最后弯矩图图乘，得到基本结构中沿 X_i 方向的位移，看是否与原结构中相应的位移一致。

例如，校核［例 5-1］的计算结果是否满足变形条件。现将原结构最后弯矩图［图 5-12 (a)］与 $\overline{M}_1$ 图［图 5-11 (a)］图乘，得到结构在 B 点的水平位移 Δ_1 为

$$\Delta_1 = \frac{1}{EI_1}\left(\frac{1}{2}\cdot\frac{3F_P l}{40}\cdot l\cdot\frac{1}{3}l - \frac{1}{2}\cdot\frac{3F_P l}{80}\cdot l\cdot\frac{2}{3}l\right) = 0$$

与原结构中相应位移相符。

从理论上讲，对一个 n 次超静定结构应进行 n 次变形条件的校核。但是，通常只需进行几次校核即可。

三、超静定结构的特性

与静定结构相比，超静定结构具有下列特性：

(1) 静定结构的全部内力和反力可通过静力平衡条件求出，其值与结构的材料性质和截面尺寸无关；超静定结构的内力和反力只凭静力条件则无法全部确定，若采用力法计算，则必须同时考虑变形条件才能得出，其值与结构的材料性质和截面尺寸有关。

(2) 在静定结构中，温度改变、支座移动、制造误差等因素不会引起内力；在超静定结构中，以上因素都可能引起内力。这是因为超静定结构具有多余约束，而多余约束可以限制以上因素在结构中产生的变形。

(3) 超静定结构在多余约束被破坏后，仍可维持几何不变；静定结构在任一约束被破坏后，即变成几何可变体系而不能继续承载。

(4) 与静定结构相比，超静定结构的内力分布比较均匀。图 5-32 (a) 为三跨连续梁，图 5-32 (b) 为相应的三跨静定梁，在相同荷载下，前者的最大挠度及弯矩都较后者

为小。

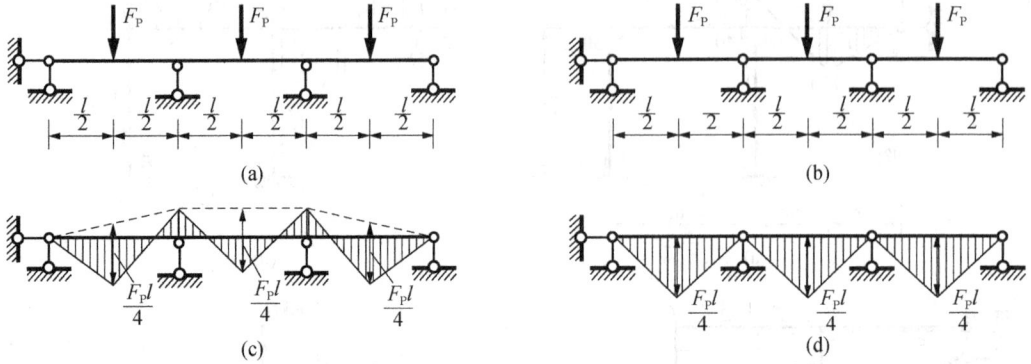

图 5 - 32

（5）静定结构的内力只需用静力平衡条件即可确定，其值与结构的材料性质和杆件截面尺寸无关；超静定结构的内力只用静力平衡条件不能完全确定，还需利用位移条件，而位移又与结构的材料性质和截面尺寸有关，因此超静定结构的内力与材料及杆件的尺寸有关。

在荷载作用时，超静定结构的内力分布与各杆线刚度的比值有关，而与其绝对值无关。因此，在计算内力时，可以采用相对线刚度。在支座移动、温度变化等非荷载因素的作用下，超静定结构的内力则与各杆线刚度的绝对值有关，若杆件线刚度增大，则内力也增大。

习　　题

5 - 1　试确定如图 5 - 33 所示结构的超静定次数。

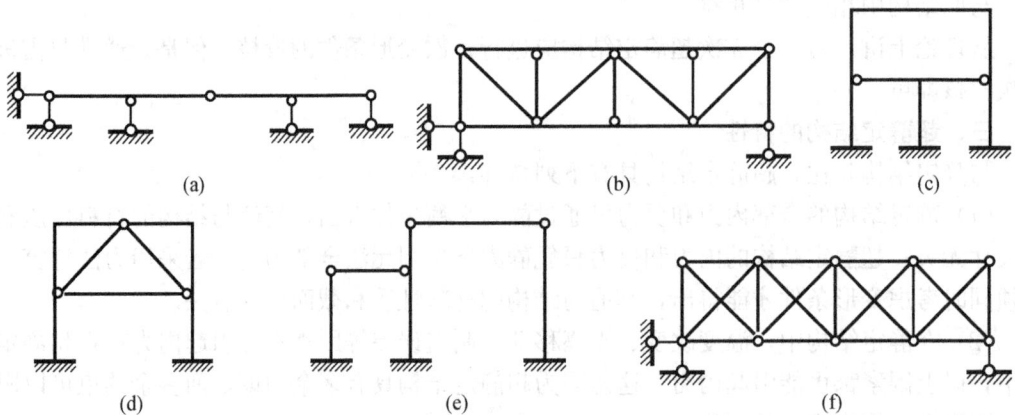

图 5 - 33　题 5 - 1 图

5 - 2　用力法计算如图 5 - 34 所示的超静定梁，并作弯矩图和剪力图。

5 - 3　用力法计算如图 5 - 35 所示的超静定刚架，并作内力图。

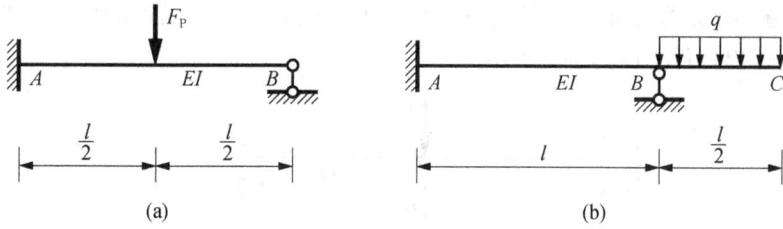

图 5 - 34 题 5 - 2 图

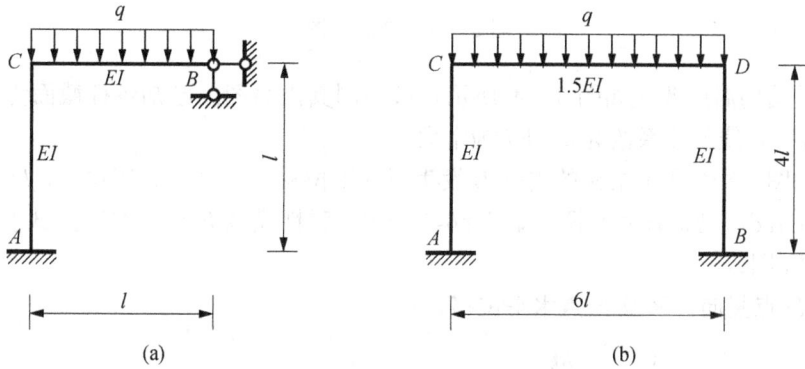

图 5 - 35 题 5 - 3 图

5 - 4 试求如图 5 - 36 所示超静定桁架各杆的内力，各杆 EA 均相同。

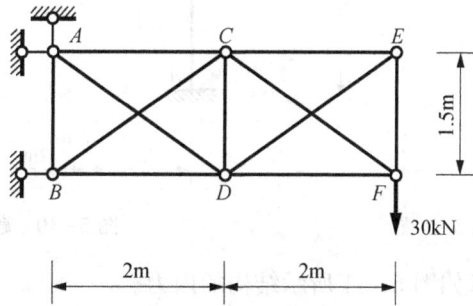

图 5 - 36 题 5 - 4 图

5 - 5 试计算如图 5 - 37 所示的排架结构，并作弯矩图。已知：各杆件 $I_1 : I_2 : I_3 = 1 : 2 : 5$。

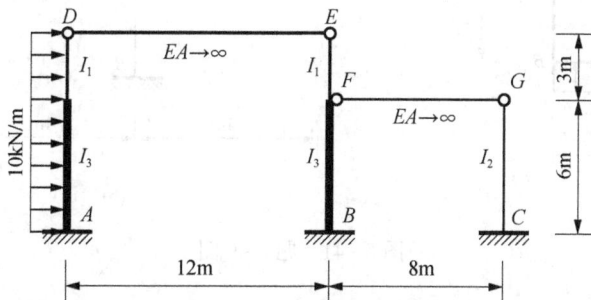

图 5 - 37 题 5 - 5 图

5-6 如图 5-38 所示的组合结构 $A=10\ I/l^2$，试分析组合结构的内力，绘出受弯杆件的弯矩图，并求出杆件 CD 的轴力 F_{NCD}。

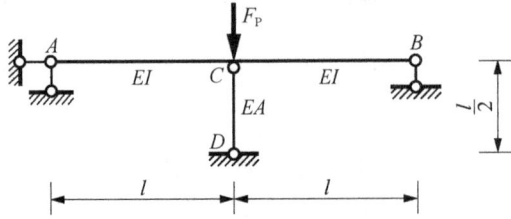

图 5-38 题 5-6 图

5-7 设结构温度改变如图 5-39 所示，试绘制其内力图。已知各杆截面为矩形，截面高度为 $h=l/10$，线膨胀系数为 α，EI 为常数。

5-8 如图 5-40 所示结构的支座 B 发生了水平位移 $a=30\mathrm{mm}$（向右），$b=40\mathrm{mm}$（向下），$\varphi=0.01\mathrm{rad}$，已知各杆的惯性矩 $I=6400\mathrm{cm}^4$，弹性模量 $E=210\mathrm{GPa}$。试求：

（1）作 M 图；

（2）求 D 点竖向位移及 F 点水平位移。

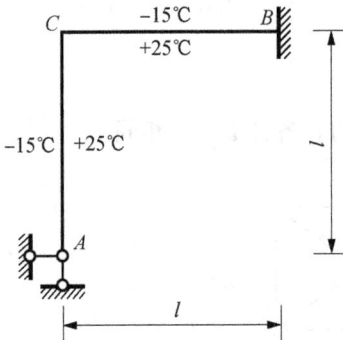

图 5-39 题 5-7 图

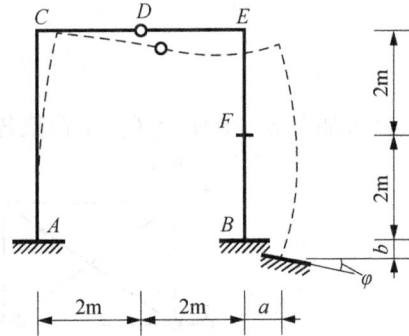

图 5-40 题 5-8 图

5-9 利用对称性计算如图 5-41 所示结构的内力。

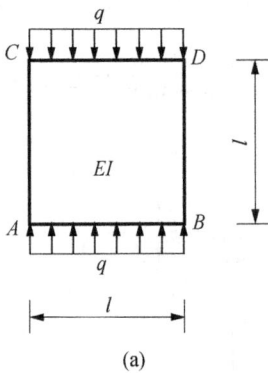

(a)

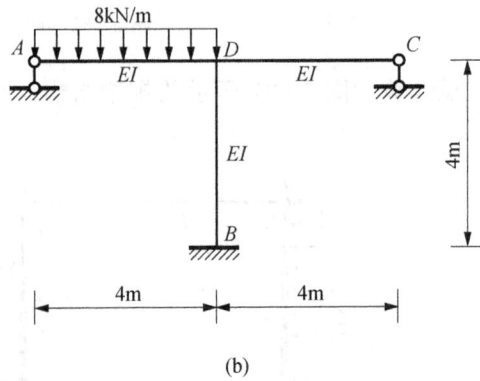

(b)

图 5-41 题 5-9 图

第六章　位　移　法

力法和位移法是超静定结构分析中的两个基本方法。与力法相比，位移法更适合编制程序，以便使用计算机完成计算过程。

在力法中，我们取结构的多余约束力作为基本未知量，再根据位移条件即可求出多余约束力。而位移法则取位移（包括线位移和角位移）为基本未知量，再根据平衡条件求出位移。因为结构的内力和位移之间具有一定的关系，所以，求得位移后即可确定结构的内力。

第一节　位移法基本概念

下面用一简例来说明位移法的基本概念。在连续梁、刚架分析中，通常只考虑弯曲变形，忽略剪切变形和轴向变形。

图 6-1（a）为一连续梁，即两跨超静定梁，各杆的抗弯刚度 EI 为常数，在给定荷载下，结构产生了变形，如图 6-1（a）中虚线所示，相应地，结点 B 产生了角位移 θ_B，但因忽略轴向变形，且结点 B 处有可动支座约束，故结点 B 的水平、竖向线位移均为零，所以角位移 θ_B 为确定结点 B 位置的独立的几何参数。采用位移法计算时，取结点 B 的角位移 θ_B 作为基本未知量。

如果能够设法将基本未知量 θ_B 求出，那么整个连续梁的计算问题就分解成两个杆件（杆件 AB、杆件 BC）的计算问题，如图 6-1（b）、（c）所示。其中杆件 AB 的计算条件是 A 端固定、B 端固定，且 B 端有支座转动 θ_B；杆件 BC 的计算条件是 B 端固定、C 端简支，B 端有支座转动 θ_B，并承受已知荷载 F_P 的作用。

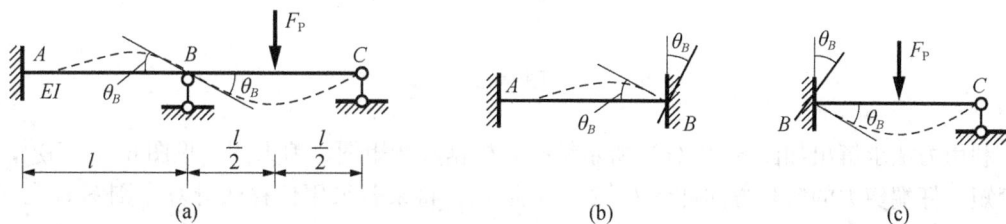

图 6-1

可以看出，位移法计算时，独立结点位移参数是关键的未知量，只要这个关键问题解决了，接下来的问题就是杆件的计算问题。位移法计算的基本思路是拆了再搭。首先，把超静定结构拆成杆件，进行杆件分析——杆件在支座移动和荷载作用下的计算；然后，把杆件再合成结构，进行整体分析——利用平衡条件，建立位移法基本方程，借以求出基本未知量，这部分杆件向结构的合成，在第三节接着进行阐述。

第二节　等截面单跨超静定梁的杆端内力

通过第一节分析得知，在位移法和力矩分配法的计算过程中，需要用到单跨超静定梁在荷载作用下以及杆端发生支座位移时的杆端内力，这些杆端内力均可用力法进行求解，并用表格一一列出，所以本小节内容是力法的计算结果，同时还是位移法和力矩分配法的计算依据。

一、杆端弯矩和杆端剪力的正负号规定

位移法中，必须要规定杆端弯矩和剪力的正负号，现规定如下：

（1）杆端弯矩的正负号规定：对杆端而言，弯矩以顺时针方向为正；对结点或支座而言，以逆时针方向为正。等截面单跨超静定梁的弯矩图中各截面的弯矩依然还是画在受拉侧，只是规定了杆端弯矩的正负号，且杆端弯矩的正负号与默认的材料力学里的弯矩正负规则（例如在梁中，弯矩使梁下部纤维受拉者为正）有所不同。

（2）杆端剪力的正负号规定：与以往相同，即，无论对杆端还是对结点或支座，杆端剪力均是使隔离体顺时针方向转动为正。

对于杆端弯矩和杆端剪力，在字母 M 和 F_Q 的右下角的两个下标的含义：例如，M_{AB} 表示 AB 杆在 A 端的杆端弯矩；M_{BA} 表示 AB 杆在 B 端的杆端弯矩。

下面举例说明位移法计算时杆端内力的正负号规定。图 6-2 中给出了两端固定端超静定梁在图示荷载作用下，杆端弯矩、杆端剪力的实际方向与位移法计算中的正负号对应情况。

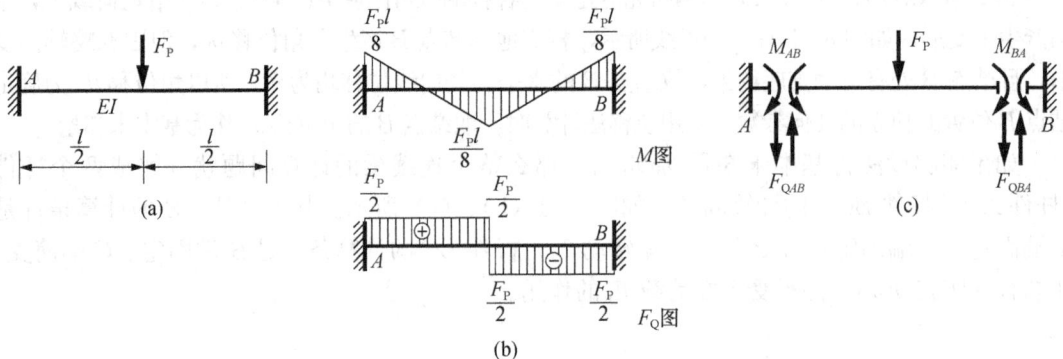

图 6-2

利用力法求解出如图 6-2（a）所示结构，根据其弯矩图、剪力图［见图 6-2（b）］，杆端弯矩、杆端剪力的实际方向如图 6-2（c）所示，将来若采用位移法计算，则图 6-2（c）中的杆端弯矩和杆端剪力为

$$M_{AB} = -\frac{1}{8}F_P l, \quad M_{BA} = \frac{1}{8}F_P l$$

$$F_{QAB} = \frac{1}{2}F_P, \quad F_{QBA} = -\frac{1}{2}F_P$$

二、由杆端位移引起的杆端内力——形常数

按照支座类型的不同，等截面单跨超静定梁一般分为三类：两端固定、一端固定一端铰支、一端固定一端定向支座。下面仅以两端固定端超静定梁为例，对分别由杆端位移（杆端支座移动）和荷载引起的杆端内力进行计算说明，其他形式可同理求出。

如图 6-3（a）所示的等截面单跨超静定梁，两端固定端约束，杆件抗弯刚度 EI 为常数，已知支座移动条件为：固定端 A 端顺时针转动角度 φ_A，计算其内力。根据目前所学知识，可以采用力法进行求解。

取如图 6-3（b）所示的基本体系，力法典型方程为

$$\left.\begin{array}{l} \delta_{11}X_1 + \delta_{12}X_2 + \Delta_{1c} = 0 \\ \delta_{21}X_1 + \delta_{22}X_2 + \Delta_{2c} = 0 \end{array}\right\}$$

作出单位弯矩图如图 6-3（c）、（d）所示，得出系数与自由项为

$$\delta_{11} = \frac{1}{EI}\left(\frac{1}{2}l^2 \times \frac{2}{3}l\right) = \frac{l^3}{3EI}$$

$$\delta_{22} = \frac{1}{EI}(l \times 1 \times 1) = \frac{l}{EI}$$

$$\delta_{12} = \delta_{21} = \frac{1}{EI}\left(\frac{1}{2}l^2 \times 1\right) = \frac{l^2}{2EI}$$

$$1 \times \Delta_{1c} + 1 \times 0 - l \times \varphi_A = 0, \ \Delta_{1c} = l \cdot \varphi_A$$

同理，得

$$\Delta_{2c} = \varphi_A$$

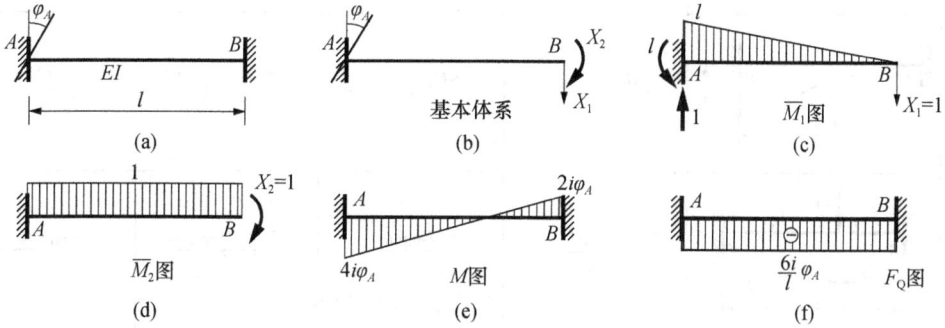

图 6-3

解得

$$X_1 = -\frac{6EI}{l^2}\varphi_A, \ X_2 = \frac{2EI}{l}\varphi_A$$

即

$$M_{BA} = \frac{2EI}{l}\varphi_A, \ F_{QBA} = -\frac{6EI}{l^2}\varphi_A$$

由静力平衡条件可求得

$$M_{AB} = \frac{4EI}{l}\varphi_A, \ F_{QAB} = -\frac{6EI}{l^2}\varphi_A$$

为了方便起见，令 $i = \frac{EI}{l}$，称为杆件的线刚度。最后内力图如图 6-3（e）、（f）所示。

又如如图 6-4（a）所示等截面两端固定梁，在垂直于梁轴方向两支座发生相对线位移 Δ_{AB}，即 B 端相对于 A 端支座下沉了 Δ_{AB}，同样可用力法作出其弯矩图和剪力图如图 6-4（b）、（c）所示。

为了便于使用，将三种单跨超静定梁分别在支座移动作用下的杆端内力（形常数）数值列于表 6-1 中。

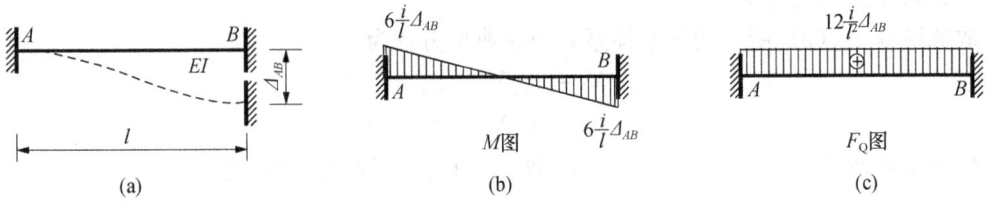

图 6-4

表 6-1　　　　　　　　　**等截面单跨超静定梁的杆端弯矩和杆端剪力**

编号	简图	杆端弯矩		杆端剪力	
		M_{AB}	M_{BA}	F_{QAB}	F_{QBA}
1		$\dfrac{4EI}{l}=4i$	$\dfrac{2EI}{l}=2i$	$-\dfrac{6EI}{l^2}=-6\dfrac{i}{l}$	$-\dfrac{6EI}{l^2}=-6\dfrac{i}{l}$
2		$-\dfrac{6EI}{l^2}=-6\dfrac{i}{l}$	$-\dfrac{6EI}{l^2}=-6\dfrac{i}{l}$	$\dfrac{12EI}{l^3}=12\dfrac{i}{l^2}$	$\dfrac{12EI}{l^3}=12\dfrac{i}{l^2}$
3		$-\dfrac{F_P ab^2}{l^2}$	$\dfrac{F_P a^2 b}{l^2}$	$\dfrac{F_P b^2 (l+2a)}{l^3}$	$-\dfrac{F_P a^2 (l+2b)}{l^3}$
4		$-\dfrac{1}{12}ql^2$	$\dfrac{1}{12}ql^2$	$\dfrac{1}{2}ql$	$-\dfrac{1}{2}ql$
5		$-\dfrac{1}{20}ql^2$	$\dfrac{1}{30}ql^2$	$\dfrac{7}{20}ql$	$-\dfrac{3}{20}ql$
6		$\dfrac{b(3a-l)}{l^2}m$	$\dfrac{a(3b-l)}{l^2}m$	$-\dfrac{6ab}{l^3}m$	$-\dfrac{6ab}{l^3}m$
7		$\dfrac{3EI}{l}=3i$	0	$-\dfrac{3EI}{l^2}=-3\dfrac{i}{l}$	$-\dfrac{3EI}{l^2}=-3\dfrac{i}{l}$

编号	简图	杆端弯矩		杆端剪力	
		M_{AB}	M_{BA}	F_{QAB}	F_{QBA}
8		$-\dfrac{3EI}{l^2}=-3\dfrac{i}{l}$	0	$\dfrac{3EI}{l^3}=3\dfrac{i}{l^2}$	$\dfrac{3EI}{l^3}=3\dfrac{i}{l^2}$
9		$-\dfrac{F_P ab\,(l+b)}{2l^2}$	0	$\dfrac{F_P b\,(3l^2-b^2)}{2l^3}$	$-\dfrac{F_P a^2\,(2l+b)}{2l^3}$
10		$-\dfrac{1}{8}ql^2$	0	$\dfrac{5}{8}ql$	$-\dfrac{3}{8}ql$
11		$-\dfrac{1}{15}ql^2$	0	$\dfrac{4}{10}ql$	$-\dfrac{1}{10}ql$
12		$-\dfrac{7}{120}ql^2$	0	$\dfrac{9}{40}ql$	$-\dfrac{11}{40}ql$
13		$\dfrac{l^2-3b^2}{2l^2}m$	$\dfrac{l^2-3b^2}{2l^2}m$	$-\dfrac{3\,(l^2-b^2)}{2l^3}m$	$-\dfrac{3\,(l^2-b^2)}{2l^3}m$
14		$\dfrac{EI}{l}=i$	$-\dfrac{EI}{l}=-i$	0	0
15		$-\dfrac{F_P a\,(l+b)}{2l}$	$-\dfrac{F_P a^2}{2l}$	F_P	0
16		$-\dfrac{1}{3}ql^2$	$-\dfrac{1}{6}ql^2$	ql	0

综合起来，如果两端固定端的单跨超静定梁，已知 A 端支座顺时针转动 φ_A，B 端支座顺时针转动 φ_B，且 B 端相对于 A 端支座下沉了 Δ_{AB}，在这样的已知条件下，其杆端内力可根据叠加原理，由表 6-1（等截面单跨超静定梁的杆端弯矩和杆端剪力）中相应内力值叠加而得。

$$\left.\begin{array}{l} M_{AB} = 4i\varphi_A + 2i\varphi_B - 6i \cdot \dfrac{\Delta_{AB}}{l} \\[2mm] M_{BA} = 2i\varphi_A + 4i\varphi_B - 6i \cdot \dfrac{\Delta_{AB}}{l} \end{array}\right\} \qquad (6\text{-}1)$$

$$\left.\begin{array}{l} F_{QAB} = -6\dfrac{i}{l}\varphi_A - 6\dfrac{i}{l}\varphi_B + 12\dfrac{i}{l} \cdot \dfrac{\Delta_{AB}}{l} \\[2mm] F_{QBA} = -6\dfrac{i}{l}\varphi_A - 6\dfrac{i}{l}\varphi_B + 12\dfrac{i}{l} \cdot \dfrac{\Delta_{AB}}{l} \end{array}\right\} \qquad (6\text{-}2)$$

式（6-1）、式（6-2）分别为由杆端位移求杆端弯矩与杆端剪力的公式，通常称为转角位移方程。

三、由荷载引起的杆端内力——载常数

对单跨超静定梁仅由于荷载作用所产生的杆端弯矩，通常称之为固端弯矩，并以 M_{AB}^F 表示；相应的杆端剪力称为固端剪力，以 F_{QAB}^F 表示。

如图 6-5（a）所示两端固定端单跨超静定梁，承受集中荷载作用，取基本体系如图 6-5（b）所示，$\overline{M}_1$、$\overline{M}_2$ 图与如图 6-5（c）、（d）所示单位荷载下弯矩图相同，M_P 图如图 6-5（c）所示，最后内力图如图 6-5（d）、（e）所示。

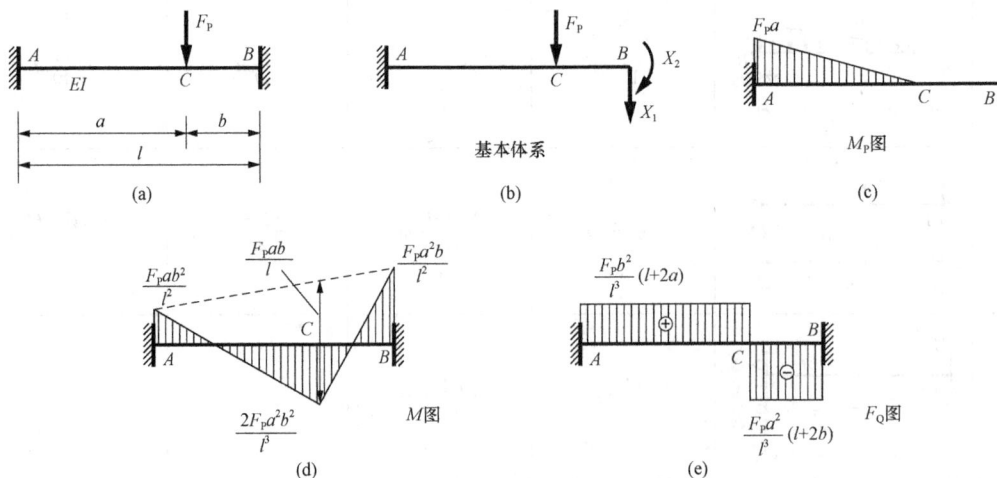

图 6-5

为了便于使用，将等截面单跨超静定梁的杆端弯矩和杆端剪力数值列于表 6-1 中。

当单跨超静定梁受到各种荷载以及支座移动的共同作用时，原理与式（6-1）、式（6-2）相同，其杆端内力可由表 6-1 中相应内力值叠加而得。

（1）两端固定梁。如果两端固定端的单跨超静定梁，已知 A 端支座顺时针转动 φ_A，B 端支座顺时针转动 φ_B，B 端相对于 A 端支座下沉了 Δ_{AB}，且梁上有荷载作用，则其杆端弯矩和杆端剪力分别为

$$M_{AB} = 4i\varphi_A + 2i\varphi_B - 6i\frac{\Delta_{AB}}{l} + M_{AB}^F \left.\right\}$$
$$M_{BA} = 2i\varphi_A + 4i\varphi_B - 6i\frac{\Delta_{AB}}{l} + M_{BA}^F \left.\right\}$$

(6 - 3)

$$F_{QAB} = -6\frac{i}{l}\varphi_A - 6\frac{i}{l}\varphi_B + 12\frac{i}{l}\cdot\frac{\Delta_{AB}}{l} + F_{QAB}^F \left.\right\}$$
$$F_{QBA} = -6\frac{i}{l}\varphi_A - 6\frac{i}{l}\varphi_B + 12\frac{i}{l}\cdot\frac{\Delta_{AB}}{l} + F_{QAB}^F \left.\right\}$$

(6 - 4)

（2）A 端固定、B 端铰支梁为

$$M_{AB} = 3i\varphi_A - 3i\frac{\Delta_{AB}}{l} + M_{AB}^F \left.\right\}$$
$$M_{BA} = 0$$

(6 - 5)

这里，仅列出了杆端弯矩的计算公式。

（3）A 端固定、B 端定向支承梁为

$$M_{AB} = i\varphi_A - i\varphi_B + M_{AB}^F \left.\right\}$$
$$M_{BA} = -i\varphi_A + i\varphi_B + M_{BA}^F \left.\right\}$$

(6 - 6)

这里，仅列出了杆端弯矩的计算公式。

第三节　位移法的解题思路

一、无侧移超静定结构

无侧移超静定结构包括连续梁和无侧移刚架的计算。首先以连续梁为例来说明位移法的解题思路。这里接前面第一节如图 6 - 1 所示连续梁的例题进行阐述。

（1）基本未知量的选取。前面第一节已讲述，取结点 B 的角位移 θ_B 作为基本未知量。

（2）拆分。前面第一节已讲述，整个连续梁的计算问题拆分成如图 6 - 1（b）、（c）所示的两个杆件（杆件 AB、杆件 BC）的计算，即两个单跨超静定梁的计算。图 6 - 6（a）、（b）

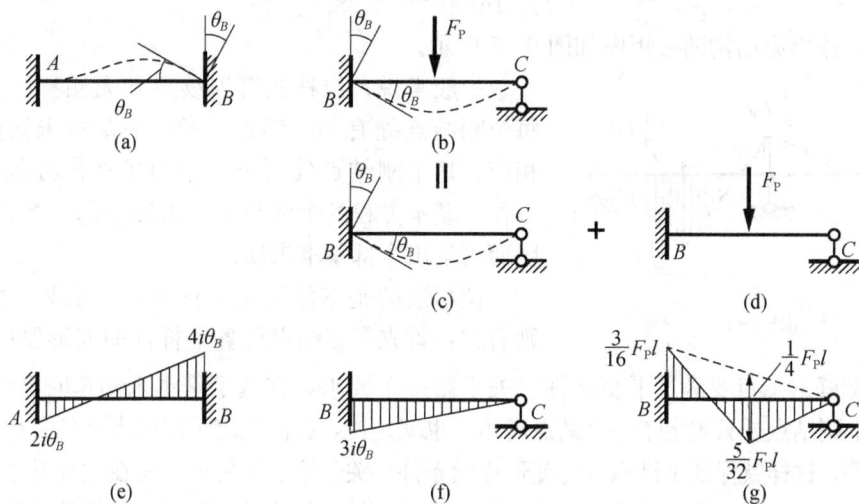

图 6 - 6

分别是图 6-1（b）、（c），根据叠加原理，图 6-6（b）中杆件内力结果等于图 6-6（c）中杆件内力与图 6-6（d）中杆件内力的叠加。在第二节内容基础上，通过查表 6-1 可以求解出图 6-6（a）、（c）、（d）各杆件结构的弯矩图，分别如图 6-6（e）、（f）、（g）所示，分别对应为：杆件 AB 在 B 端支座转动 θ_B 时的弯矩图、杆件 BC 在 B 端支座转动 θ_B 时的弯矩图、杆件 BC 在荷载作用下的弯矩图。

根据图 6-6（e）、（f）、（g）弯矩图或直接查表，得杆 AB、杆 BC 的杆端弯矩为

$$M_{AB} = \frac{2EI}{l}\theta_B = 2i\theta_B, \ M_{BA} = \frac{4EI}{l}\theta_B = 4i\theta_B$$

$$M_{BC} = \frac{3EI}{l}\theta_B - \frac{3}{16}F_{\mathrm P}l = 3i\theta_B - \frac{3}{16}F_{\mathrm P}l, \ M_{CB} = 0$$

（3）组装。把杆件 AB 和杆件 BC 再合起来，组装成结构，进行整体分析。此时，结点 B 应该满足力矩平衡条件，以此建立位移法基本方程，而这个方程中带有 θ_B，即此方程是解关于 θ_B 这个基本未知量的方程，从而求出基本未知量 θ_B。

$\sum M_B = 0$，即

$$M_{BA} + M_{BC} = 0$$

$$4i\theta_B + 3i\theta_B - \frac{3}{16}F_{\mathrm P}l = 0$$

所以

$$\theta_B = \frac{3F_{\mathrm P}l}{112i}$$

至此，位移法的关键问题已得到解决。

（4）作原结构的弯矩图。得出基本未知量 θ_B 后，根据上述第（2）步，可求出各杆杆端弯矩的具体数值为

$$M_{AB} = 2i\theta_B = \frac{3F_{\mathrm P}l}{56}, \ M_{BA} = 4i\theta_B = \frac{3F_{\mathrm P}l}{28}$$

$$M_{BC} = 3i\theta_B - \frac{3}{16}F_{\mathrm P}l = -\frac{3F_{\mathrm P}l}{28}, \ M_{CB} = 0$$

然后，作出原结构的弯矩图如图 6-7 所示。

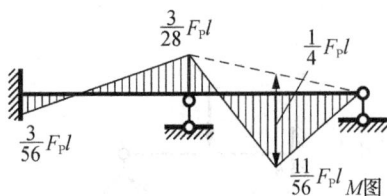

图 6-7

一般来说，位移法解连续梁和无侧移刚架时，在每个刚结点处有一个结点转角——基本未知量；与此相应，每个刚结点处可出一个力矩平衡方程——基本方程。基本方程的个数与基本未知量的个数恰好相等，因而可解出全部基本未知量。

位移法的基本做法是先拆分，后组装。组装的原则有二：首先，在结点处各个杆件的变形要协调一致；其次，装配好的结点要满足平衡条件。关于第一个要求，在选定基本未知量时已经考虑到，因为在每个刚结点处只规定了一个结点转角，也就是说，我们规定了刚结点处的各杆杆端转角都彼此相等，这样就保证了结点处的变形连续条件。关于第二个要求，是在建立基本方程时才考虑的，因为基本方程就是根据结点的平衡条件列出的。从这里不仅看到了位移法的解答已经满足平衡条件和变形连续条件，而且还看到了经过什么途径才使这两方面的条件得到满足。

二、有侧移超静定刚架

（一）位移法假设

为了减少基本未知量的个数，使计算得到简化，通常在位移法中忽略轴力对变形的影响。为了更详细地说明，下面引入如下假设：

（1）忽略轴力产生的轴向变形。

（2）结点转角和各杆弦转角很微小。

根据假设（1），杆件变形前的直线长度与变形后的曲线长度可认为相等。根据假设（2），变形后的曲线长度与弦线长度可认为相等。综合起来，得出如下结论：尽管杆件发生弯曲变形，但杆件两端结点之间的距离仍保持不变。

（二）有侧移刚架例题

刚架分无侧移和有侧移两类。一般有侧移刚架除有结点转角外，还有结点线位移。用位移法计算有侧移刚架时，思路与无侧移刚架基本相同，但在具体作法上增加了一些新内容：在基本未知量中，既包括刚结点角位移，又包括结点线位移；在杆件计算中，要考虑线位移的影响；在建立基本方程时，要增加与结点线位移对应的平衡方程。

下面举例说明有侧移刚架的位移法计算思路。

如图 6-8 所示的刚架，各杆件 EI 为常数，在荷载作用下产生如图中虚线所示的变形。

（1）基本未知量的选取。结点 C 发生角位移 θ_C，假设其为顺时针方向，结点 B 为铰结点；根据上述假定，结点 B、C 没有竖向线位移，只发生水平线位移，并且结点 B 水平线位移与结点 C 水平线位移相等，所以刚架独立的结点线位移只有一个，即结点 B 或结点 C 的水平线位移，这里用 Δ_h 表示。因此，用位移法计算时，取结点 C 角位移 θ_C 和结点 B 或结点 C 的水平线位移 Δ_h 为两个基本未知量。

（2）拆分。如果 θ_C 和 Δ_h 已经求出，也就是说 θ_C 和 Δ_h 分别等于实际的结点 C 角位移和结点 B 或结点 C 的水平线位移时，原刚架可拆分为三根杆件 AB、BC、

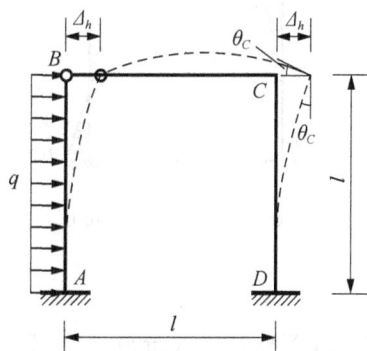

图 6-8

CD，即为三个单跨超静定梁，如图 6-9（a）、（b）、（c）所示。图 6-9（a）的弯矩图等于图 6-9（a₁）与图 6-9（a₃）的叠加，图 6-9（a₂）是如图 6-9（a₁）所示弯矩图相对应的受力分析图，图 6-9（a₄）是如图 6-9（a₃）所示弯矩图相对应的受力分析图。图 6-9（b）、（c）的弯矩图与图 6-9（a）画法相同。从图 6-9 中可以得出各杆端内力，图中仅画出位移法计算中用到的杆端内力的数值。

$$M_{CB} = 3i\theta_C, \quad M_{CD} = 4i\theta_C - 6\frac{i}{l}\Delta_h$$

$$F_{QBA} = -\frac{3}{8}ql + \frac{3i}{l^2}\Delta_h, \quad F_{QCD} = -\frac{6i}{l}\theta_C + \frac{12i}{l^2}\Delta_h$$

（3）组装。把三根杆件再合起来，组装成结构，进行整体分析。此时，结点 C 应该满足力矩平衡条件，如图 6-10（a）所示，以此建立一个位移法基本方程；取杆件 BC 为隔离体，满足 x 方向力平衡，如图 6-10（b）所示，以此建立第二个位移法基本方程。

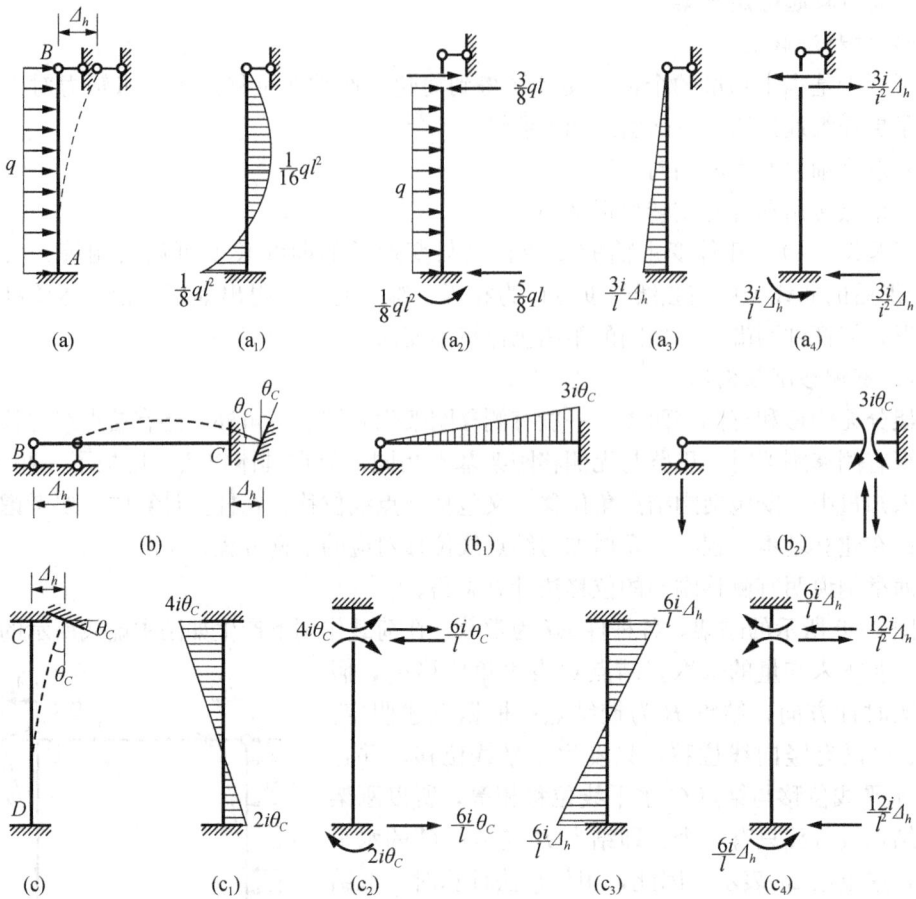

图 6-9

由 $\sum M_C = 0$ 可得

$$M_{CB} + M_{CD} = 0 \tag{a}$$

由 $\sum F_x = 0$ 可得

$$F_{QBA} + F_{QCD} = 0 \tag{b}$$

将各杆端内力代入式（a）、（b）可得

$$\left.\begin{array}{l} 3i\theta_C + 4i\theta_C - 6\dfrac{i}{l}\Delta_h = 0 \\[2mm] -\dfrac{3}{8}ql + \dfrac{3i}{l^2}\Delta_h - \dfrac{6i}{l}\theta_C + \dfrac{12i}{l^2}\Delta_h = 0 \end{array}\right\}$$

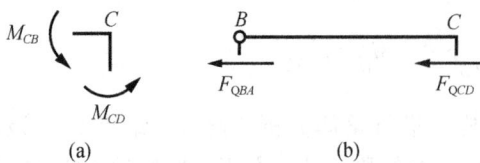

图 6-10

此方程组是解关于 θ_C、Δ_h 这两个基本未知量的方程组，从而得出结点 C 角位移 θ_C 和结点 B 或结点 C 的水平线位移 Δ_h 这两个关键位移，即

$$\theta_C = \frac{3}{92i}ql^2, \ \Delta_h = \frac{7}{184i}ql^3$$

将求出的 θ_C、Δ_h 代回各杆端内力表达式，即可求出原刚架结构的内力。

第四节　位移法的基本体系与计算原理

前两节介绍了位移法基本方程的第一种推导方式：首先以结点位移为基本未知量，在各杆荷载与支座位移下得到杆端内力，杆端内力的表达式中包含有结点位移；然后建立平衡方程，得到用结点位移表示的平衡方程，即得到位移法基本方程，因而基本未知量得以求解。这种推导方式没有引用基本体系的概念。

在本节中介绍位移法基本方程的第二种推导方式：首先建立起位移法的基本体系的概念，然后通过位移法基本体系，建立起位移法基本方程。这种推导方式与力法基本方程的推导方式相似，有助于进一步理解位移法基本方程的意义，同时也为矩阵位移法提前做了一些准备工作。

下面以第五章力法中［例 5-1］中结构为例，说明位移法第二种推导方式的计算，同时也能说明位移法和力法的步骤对应和各自的解题思路，以加深对位移法的理解。

【例 6-1】　如图 6-11（a）所示超静定刚架［引用图 5-10（a）的结构］，柱、梁截面抗弯刚度分别为 EI、$2EI$，在荷载作用下，试用位移法作刚架的弯矩图。

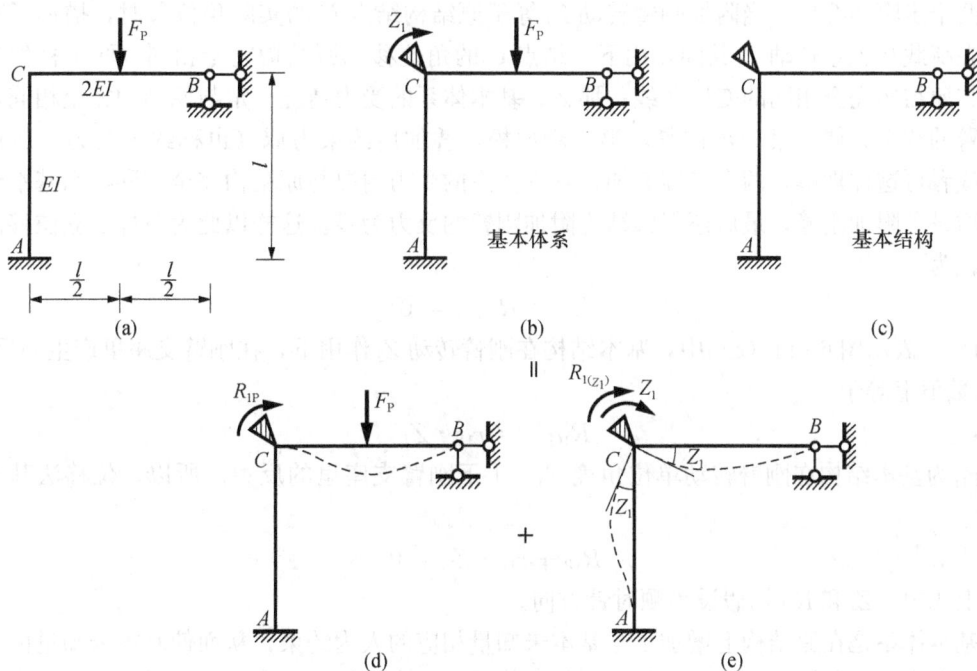

图 6-11

解：（1）基本未知量。结点 C 会发生角位移 θ_C，根据位移法假定，结点 C 不发生竖向线位移，也不发生水平线位移，所以此刚架的基本未知量只有一个，即结点 C 角位移 θ_C，用 Z_1 表示。假设其方向为顺时针方向，在下面位移法计算中，基本未知量统一用 Z 表示，如同力法中使用的基本未知量 X。

（2）基本体系与位移法方程。位移法的基本体系是在原结构上增设附加约束，在存

在角位移的结点 C 增设附加刚臂，这个刚臂是一个支座约束，只约束结点的角位移，用 "▽" 表示。如同可动支座的链杆约束此杆端结点的线位移，固定铰支座约束杆端结点在两个方向的线位移，固定端则约束结点的两个线位移和一个角位移。此题的基本体系如图 6-11（b）所示。

基本体系分两步理解，第一步拧紧，第二步放松，位移法计算通过两个步骤的叠加来实现。

第一步：拧紧结点，如图 6-11（d）所示，结构在结点 C 加入附加刚臂约束，控制了结点 C 的转动，于是在各杆件上荷载作用下，结点 C 不发生角位移，相应地，附加刚臂这个支座里就有了约束力偶作用。这个约束力在原结构中是没有的。同时，结点 C 原本没有竖直、水平线位移，而在结点 C 加入附加刚臂后，结点 C 也没有了角位移，这样就把原结构拆分成了两个单跨超静定梁，即杆件 AC 和杆件 CB，而两个杆件在 C 点都是固定端约束。

第二步：放松结点，如图 6-11（e）所示，人为让附加刚臂这个支座发生支座转动 Z_1 角度，相应地两个杆件产生内力和位移，且附加刚臂的约束力偶随之改变，逐步抵消掉第一步中拧紧时的约束力偶。当此支座转动 Z_1 等于原结构结点 C 的实际角位移时，附加刚臂中的约束力偶完全抵消掉，不起作用，所以，这一步称之为 "放松"。

两个步骤相叠加，当附加刚臂转动 Z_1 等于原结构结点 C 的实际角位移时，描述了基本体系在荷载和支座转动 Z_1 共同作用下，结点 C 的角位移和原结构完全相同，两个杆件也因此有与原结构完全相同的变形曲线；那么，基本体系的受力情况一定与原结构完全相同，附加刚臂的约束力偶，第一步拧紧，第二步放松，叠加后约束力偶（也称约束反力）应该为零。或者可这样理解，两个步骤叠加，基本体系的受力情况与原结构完全相同，而基本体系人为增设了附加刚臂，最后还得归结为附加刚臂的反力为零。这样以此为条件建立位移法基本方程为

$$R_{1P} + R_{1(Z_1)} = 0$$

$R_{1(Z_1)}$ 表示图 6-11（e）中，基本结构在刚臂转动 Z_1 作用下，在刚臂支座里产生的反力，$R_{1(Z_1)}$ 数值上等于

$$R_{1(Z_1)} = r_{11} \cdot Z_1$$

r_{11} 为基本结构在刚臂转动单位角度 $Z_1 = 1$ 下刚臂支座里的反力。所以，位移法基本方程为

$$R_{1P} + r_{11} \cdot Z_1 = 0$$

上式中，Z_1 和 R_{1P} 均假设为顺时针方向。

基本体系是在原结构上增加了与基本未知量相应的人为约束，从而使基本未知量由被动的位移变成受人工控制的主动的位移。基本体系是用来计算结构的工具或桥梁。在基本体系中，如果不管其中作用的荷载，只看其中的结构，称为位移法的基本结构，如图 6-11（c）所示。位移法的基本结构就是在原结构中增加了与位移法基本未知量相应的可控约束而得到的结构。

（3）系数和自由项。为求系数 r_{11} 和自由项 R_{1P}，分别作图 6-11（d）和图 6-11（e）对应的弯矩图。下面讲述基本结构单独在荷载作用下的弯矩图（M_P 图）与自由项 R_{1P} 的计算方法，在结点 C 加入附加刚臂后，原刚架结构拆分成两个单跨超静定梁，即杆件 AC 和杆件

CB，根据表 6-1，分别得到各杆的固端弯矩如图 6-12（a）所示，合起来得出的 M_P 图如图 6-12（b）所示，取结点 C 隔离体如图 6-12（c）所示，通过该结点的力矩平衡求解 R_{1P}。同理，基本结构单独在刚臂转动单位角度 $Z_1=1$ 作用下，对应的弯矩图 $\overline{M}_1$ 如图 6-12（e）所示，刚臂反力 r_{11} 的计算如图 6-12（f）所示。

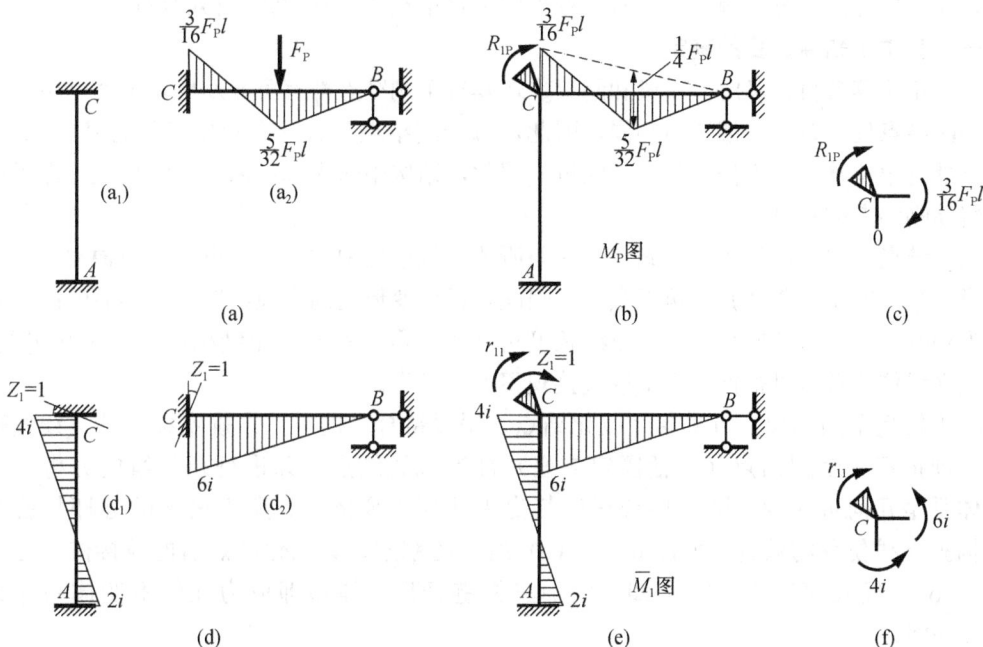

图 6-12

$$R_{1P} = -\frac{3}{16}F_P l, \quad r_{11} = 10i$$

（4）求解方程，作内力图。将各系数与自由项代入位移法方程中，有

$$-\frac{3}{16}F_P l + 10i \cdot Z_1 = 0$$

解得

$$Z_1 = \frac{3F_P l}{160i}$$

利用叠加原理（$M=\overline{M}_1 Z_1 + M_P$），求得结构各截面弯矩，绘制出原结构的弯矩图，与［例 5-1］的弯矩图计算结果相同。

如果一个超静定结构在荷载作用下，有的结点产生角位移，有的结点产生线位移，那么采用位移法计算的基本体系中，需在存在角位移的结点增设附加刚臂，同时，还要在存在线位移的结点增设附加链杆。例如，如图 6-8 所示的结构，其基本体系如图 6-13 所示。

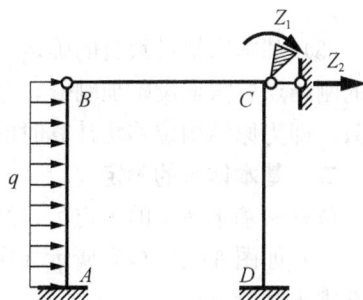

图 6-13

第五节　位移法基本体系的确定

由前面几节讨论可知，在位移法中是以结点的角位移和独立线位移作为基本未知量的。因此，使用位移法计算超静定结构时，首先应确定结点角位移和线位移的数目。

一、基本未知量数目的确定

（1）角位移数目的确定。在梁和刚架中，其每个刚结点都有可能发生角位移。由于汇交于同一刚结点处的各杆杆端转角相同，因此，每个刚结点只有一个角位移作为基本未知量。铰接点处的角位移一般不作为基本未知量。因此，结构中作为基本未知量的角位移数目就等于可转动刚结点的数目。

（2）结点独立线位移数目的确定。如前所述，位移法中的基本假设：忽略轴力产生的轴向变形；结点转角和各杆弦转角很微小。因此，杆件变形前的直线长度与变形后的曲线长度可认为相等；变形后的曲线长度与弦线长度可认为相等。在超静定结构中，对于简单刚架，结点独立线位移数目可根据假定采取直接观察方法确定。

对于较复杂的刚架，可采用"铰化结点，增设链杆"的方法来确定独立结点线位移的数目。即把每一个刚结点（包括固定支座）都换成铰结点，并进行几何组成分析。若得到的体系是几何可变的，则增加链杆使其变为几何不变体系，所需增加的链杆数就等于原结构独立线位移的数目。如图 6-14（a）所示的刚架，其铰化结点后的铰接体系见［图6-14（b）］经几何组成分析可知，增加三根链杆后，体系即成为几何不变体系［见图6-14（c）］。

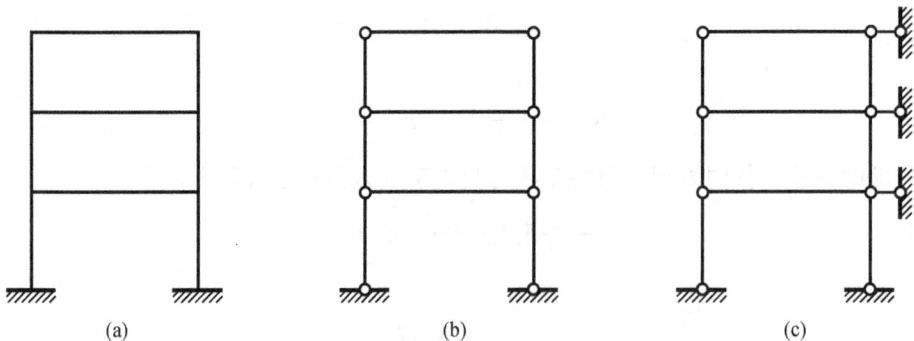

图 6-14

（3）基本未知量数目的确定。超静定结构采用位移法计算的基本体系中，存在结点角位移的刚结点处需增设附加刚臂，存在独立线位移的结点处增设附加链杆，所需增加的附加约束数，即为原结构位移法计算时的位移数，也即基本未知量的数目。

二、基本体系的确定

位移法基本体系的确定可以结合例题进行说明。

（1）如图 6-15（a）所示 3 次超静定结构，位移法基本体系如图 6-15（b）所示，有 3个基本未知量。

（2）如图 6-16（a）所示 2 次超静定结构，位移法基本体系如图 6-16（b）所示，有 1

个基本未知量。

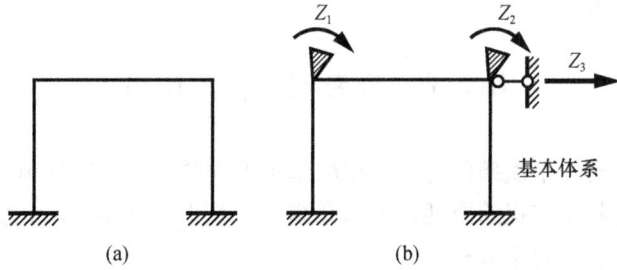

图 6 - 15

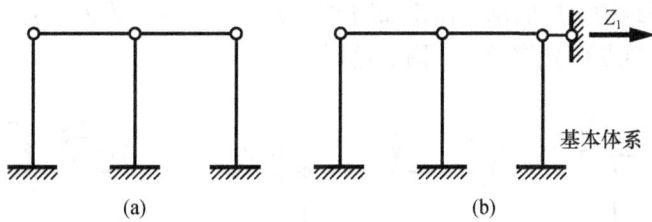

图 6 - 16

（3）如图 6-17（a）所示 2 次超静定结构，位移法基本体系如图 6-17（b）所示，有 3 个基本未知量。

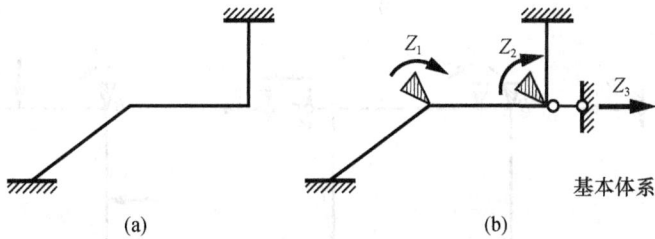

图 6 - 17

（4）如图 6-18（a）所示 4 次超静定结构，位移法基本体系如图 6-18（b）所示，有 1 个基本未知量。

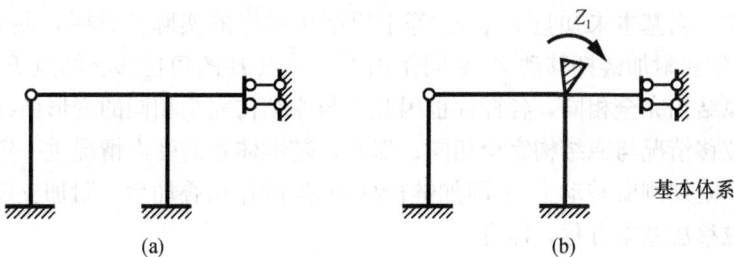

图 6 - 18

位移法的基本体系中，基本未知量个数与超静定次数没有关系，只与刚结点角位移数和结点独立线位移数有关。

第六节　位移法典型方程

前面介绍了直接利用平衡条件建立位移法基本方程的方法，第四节介绍了通过位移法的基本体系建立位移法基本方程的原理，下面介绍 2 个基本未知量、n 个基本未知量的位移法基本方程，也称为位移法典型方程。

一、位移法典型方程（两个基本未知量）

如图 6 - 19（a）所示的刚架具有两个基本未知量：结点 B 的角位移 Z_1 和结点 B、C 的水平线位移 Z_2。原结构对应的基本体系如图 6 - 19（b）所示，在刚结点 B 处增设一个附加刚臂，在结点 B 或结点 C 处增设一个附加链杆。

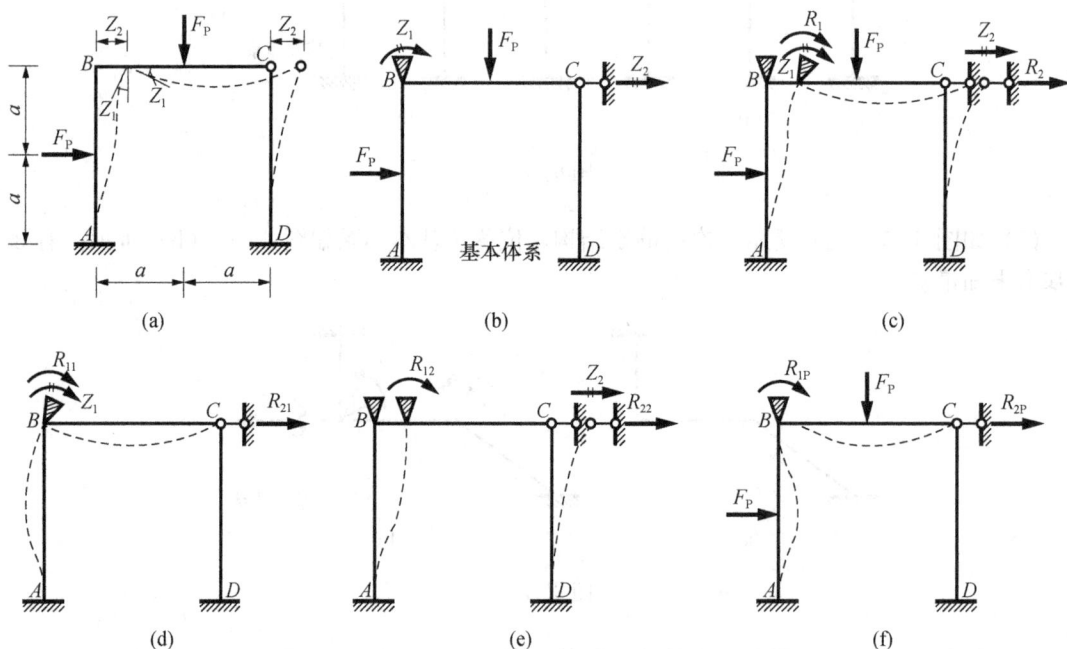

图 6 - 19

基本体系中，当基本未知量 Z_1、Z_2 等于原结构对应的实际位移时，基本结构在荷载、附加刚臂转动 Z_1 和附加链杆移动 Z_2 共同作用下，结点 B 的角位移、结点 B 或结点 C 的水平线位移均与原结构完全相同，各杆件也因此有与原结构完全相同的变形曲线，这样就描述了基本体系的位移情况与原结构完全相同；那么，基本体系的受力情况也一定与原结构完全相同，在荷载、附加刚臂转动 Z_1 和附加链杆移动 Z_2 的作用叠加后，附加支座的约束反力为零，以此建立位移法基本方程，即有

$$R_1 = 0, R_2 = 0$$

根据叠加原理，附加约束的约束力 R_1、R_2 等于基本结构在荷载及结点位移 Z_1、Z_2 分别作用下产生的约束力之和，即图 6 - 19（c）等于图 6 - 19（d）、（e）、（f）的叠加，有

$$
\left.
\begin{aligned}
R_1 = R_{11} + R_{12} + R_{1P} = 0 \\
R_2 = R_{21} + R_{22} + R_{2P} = 0
\end{aligned}
\right\}
\qquad \text{(a)}
$$

式中：R_{11} 表示基本结构单独在附加刚臂转动 Z_1 作用时，在附加刚臂里所引起的反力矩；R_{12} 表示基本结构单独在附加链杆移动 Z_2 作用时，在附加刚臂里所引起的反力矩；R_{1P} 表示基本结构单独在荷载作用下，在附加刚臂里所引起的反力矩；R_{21} 表示基本结构单独在附加刚臂转动 Z_1 作用时，在附加链杆里所引起的反力；R_{22} 表示基本结构单独在附加链杆移动 Z_2 作用时，在附加链杆里所引起的反力；R_{2P} 表示基本结构单独在荷载作用下，在附加链杆里所引起的反力。

在 R_{ij} 的两个下标中，第一个下标表示反力矩或反力的作用处，第二个下标表示产生该反力矩或反力的原因。

设基本结构单独在附加刚臂转动单位角位移 $Z_1 = 1$ 作用时，在附加刚臂里所引起的反力矩为 r_{11}，在附加链杆里所引起的反力为 r_{21}；基本结构单独在附加链杆移动单位位移 $Z_2 = 1$ 作用时，在附加刚臂里所引起的反力矩为 r_{12}，在附加链杆里所引起的反力为 r_{22}，则式（a）可写成

$$
\left.
\begin{aligned}
r_{11} Z_1 + r_{12} Z_2 + R_{1P} = 0 \\
r_{21} Z_1 + r_{22} Z_2 + R_{2P} = 0
\end{aligned}
\right\}
\qquad \text{(b)}
$$

这就是两个基本未知量的位移法的基本方程，又称为位移法典型方程。

二、位移法典型方程（n 个基本未知量）

对于具有 n 个独立结点位移的结构，共有 n 个基本未知量，需增设 n 个附加约束，根据每一个附加约束的约束反力应等于零的条件，可建立 n 个方程。这时位移法方程可写成

$$
\left.
\begin{aligned}
r_{11} Z_1 + r_{12} Z_2 + \cdots + r_{1i} Z_i + \cdots + r_{1n} Z_n + R_{1P} = 0 \\
r_{21} Z_1 + r_{22} Z_2 + \cdots + r_{2i} Z_i + \cdots + r_{2n} Z_n + R_{2P} = 0 \\
\vdots \\
r_{i1} Z_1 + r_{i2} Z_2 + \cdots + r_{ii} Z_i + \cdots + r_{in} Z_n + R_{iP} = 0 \\
\vdots \\
r_{n1} Z_1 + r_{n2} Z_2 + \cdots + r_{ni} Z_i + \cdots + r_{nn} Z_n + R_{nP} = 0
\end{aligned}
\right\}
\qquad \text{(6 - 7)}
$$

$r_{ii}(i = 1, 2, \cdots, n)$ 称为主系数，它表示基本结构仅在附加约束 i 发生单位位移时在附加约束 i 上产生的约束反力；$r_{ij}(i \neq j)$ 称为副系数，它表示基本结构仅在附加约束 j 发生单位位移时在附加约束 i 上产生的约束反力，根据反力互等定理，必有 $r_{ij} = r_{ji}$；$R_{iP}(i = 1, 2, \cdots, n)$ 称为自由项，它表示在基本结构上仅有荷载作用时，在附加约束 i 上产生的约束反力。它们的正负号规定为：凡与所属附加约束所设位移方向一致时为正。显然，主系数恒为正，副系数可以是正、负或零。

根据 $Z_i = 1$ 及荷载分别单独作用在基本结构上的弯矩图（$\overline{M}_i$ 与 M_P）及隔离体的平衡条件，可以求出系数及自由项的数值。将各系数及自由项代入位移法典型方程，即可求出各结点的位移值。

三、位移法算例

【例 6 - 2】 利用位移法计算如图 6 - 20（a）所示的刚架，绘制弯矩图。

解：（1）基本体系。如图 6 - 20（a）所示刚架没有结点线位移，只有刚结点 B、C 的角位移作为基本未知量，分别用 Z_1、Z_2 表示。基本体系为在原结构 B、C 两刚结点处增设附

加刚臂，如图 6 - 20（b）所示。

（2）位移法基本方程。根据刚臂 B、C 的总约束力矩为零的条件，建立位移法基本方程为

$$r_{11}Z_1 + r_{12}Z_2 + R_{1P} = 0$$
$$r_{21}Z_1 + r_{22}Z_2 + R_{2P} = 0$$

（3）计算系数和自由项。分别作出基本结构在 $Z_1 = 1$、$Z_2 = 1$ 和荷载单独作用下的 $\overline{M}_1$、$\overline{M}_2$、M_P 图，分别如图 6 - 20（c）、（d）、（e）所示。

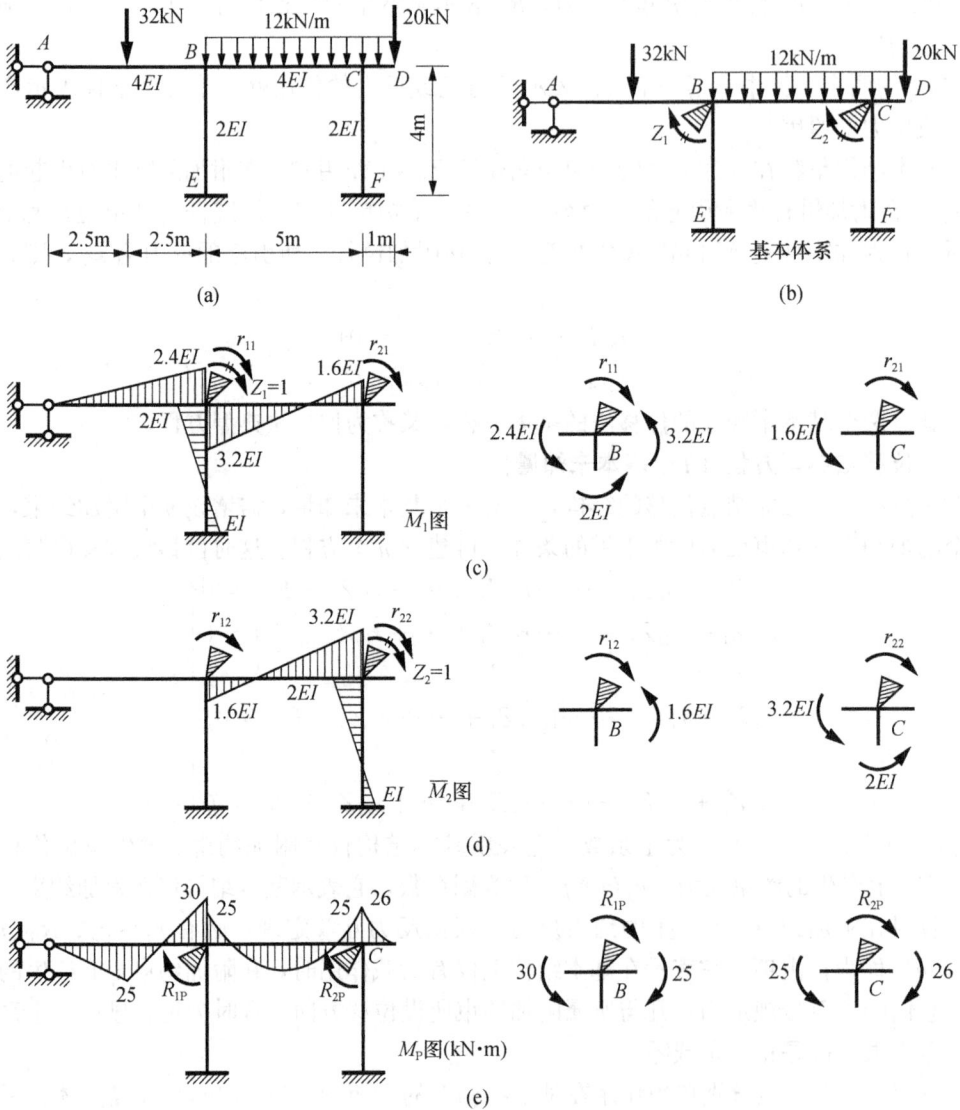

图 6 - 20

在 $\overline{M}_1$ 图中，由结点 B、结点 C 的力矩平衡条件可求得

$$r_{11} = \frac{12EI}{5} + 2EI + \frac{16EI}{5} = \frac{38EI}{5}, \quad r_{21} = \frac{8}{5}EI$$

同理，在 $\overline{M}_2$ 图中，可求得

$$r_{12} = \frac{8}{5}EI, \; r_{22} = \frac{16}{5}EI + 2EI = \frac{26}{5}EI$$

可见，$r_{12} = r_{21} = \frac{8}{5}EI$，满足反力互等定理。

同理，在 M_P 图中，可求得

$$R_{1P} = 30 - 25 = 5\text{kN} \cdot \text{m}, \; R_{2P} = 25 - 26 = -1\text{kN} \cdot \text{m}$$

（4）求解方程，作弯矩图。将求得的系数和自由项代入位移法基本方程，得

$$\left. \begin{array}{l} \dfrac{38EI}{5}Z_1 + \dfrac{8EI}{5}Z_2 + 5 = 0 \\[2mm] \dfrac{8EI}{5}Z_1 + \dfrac{26EI}{5}Z_2 - 1 = 0 \end{array} \right\}$$

解得

$$Z_1 = -\frac{0.747}{EI}, \; Z_2 = \frac{0.422}{EI}$$

利用叠加原理（$M = \overline{M}_1 Z_1 + \overline{M}_2 Z_2 + M_P$），可作出弯矩图如图 6-21 所示。

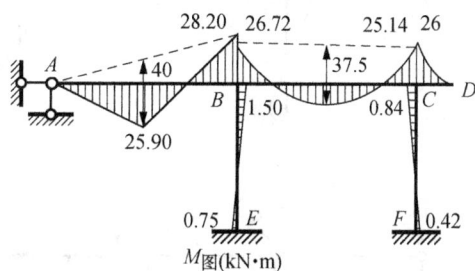

图 6-21

【例 6-3】　利用位移法计算如图 6-22（a）所示的刚架，绘制弯矩图。

解：（1）基本体系。此刚架刚结点 B 除有角位移外，还有水平线位移，将它们作为基本未知量，分别用 Z_1、Z_2 表示。基本体系为在原结构刚结点 B 处加入附加刚臂，在 C 处加入水平方向的附加链杆，如图 6-22（b）所示。计算中，各杆的线刚度为 $i = EI/4$。

（2）位移法基本方程。写出位移法基本方程为

$$\left. \begin{array}{l} r_{11}Z_1 + r_{12}Z_2 + R_{1P} = 0 \\ r_{21}Z_1 + r_{22}Z_2 + R_{2P} = 0 \end{array} \right\}$$

（3）求解系数与自由项。分别作出基本结构在 $Z_1 = 1$、$Z_2 = 1$ 和荷载单独作用下的 $\overline{M}_1$、$\overline{M}_2$、M_P 图，如图 6-22（c）、（d）、（e）所示。

分别从 $\overline{M}_1$、$\overline{M}_2$、M_P 图中截取结点 B 为隔离体，并利用平衡条件 $\sum M_B = 0$ 可分别得出

$$r_{11} = 10i, \; r_{12} = -\frac{3}{2}i, \; R_{1P} = -40\text{kN} \cdot \text{m}$$

分别从 $\overline{M}_1$、$\overline{M}_2$、M_P 图中截取横梁 ABC 为隔离体，由 $\sum F_x = 0$，得出

$$r_{21} = -\frac{3}{2}i, \; r_{22} = \frac{3}{4}i, \; R_{2P} = 0\text{kN}$$

（4）求解方程，作弯矩图。将求得的系数和自由项代入位移法基本方程，得

$$\left. \begin{array}{l} 10iZ_1 - \dfrac{3}{2}iZ_2 - 40 = 0 \\[2mm] -\dfrac{3}{2}iZ_1 + \dfrac{3}{4}iZ_2 = 0 \end{array} \right\}$$

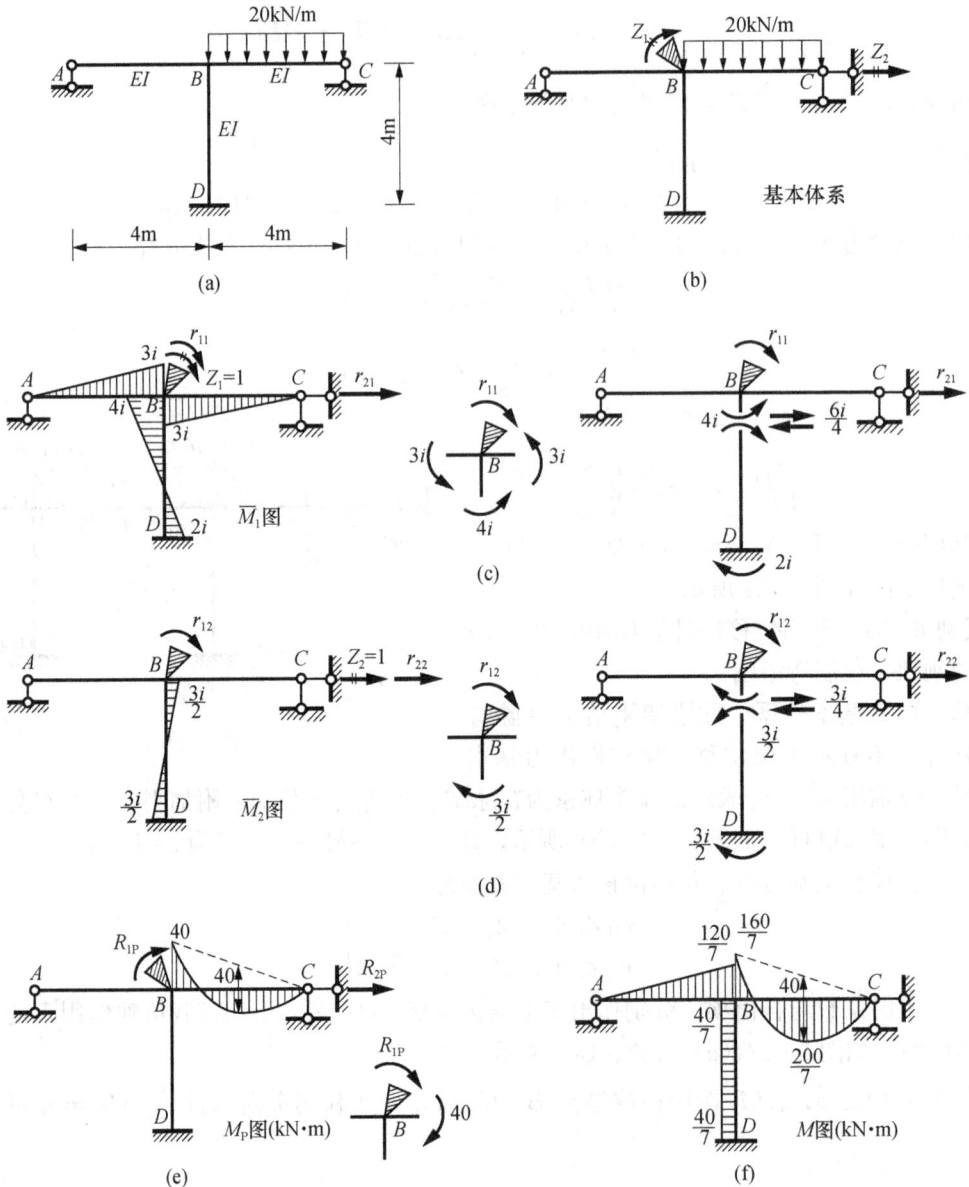

图 6 - 22

解得

$$Z_1 = \frac{40}{7i}, Z_2 = \frac{80}{7i}$$

利用叠加原理（$M = \overline{M}_1 Z_1 + \overline{M}_2 Z_2 + M_P$），可作出弯矩图如图 6 - 22（f）所示。

【例 6 - 4】　利用位移法计算如图6 - 23（a）所示的刚架，绘制弯矩图。

解：（1）基本体系。在位移法基本假定前提下，由于梁 BC 刚度无穷大（$EI_1 = \infty$），此刚架刚结点 B、C 均没有角位移，只有水平线位移，将其作为基本未知量，用 Z_1 表示。基本体系为在原结构结点 C 处加入水平方向的附加链杆，如图 6 - 23（b）所示。计算中，杆件 AB、杆件 CD 的线刚度均为 $i = EI/4$。

（2）位移法基本方程。写出位移法基本方程为

$$r_{11}Z_1 + R_{1P} = 0$$

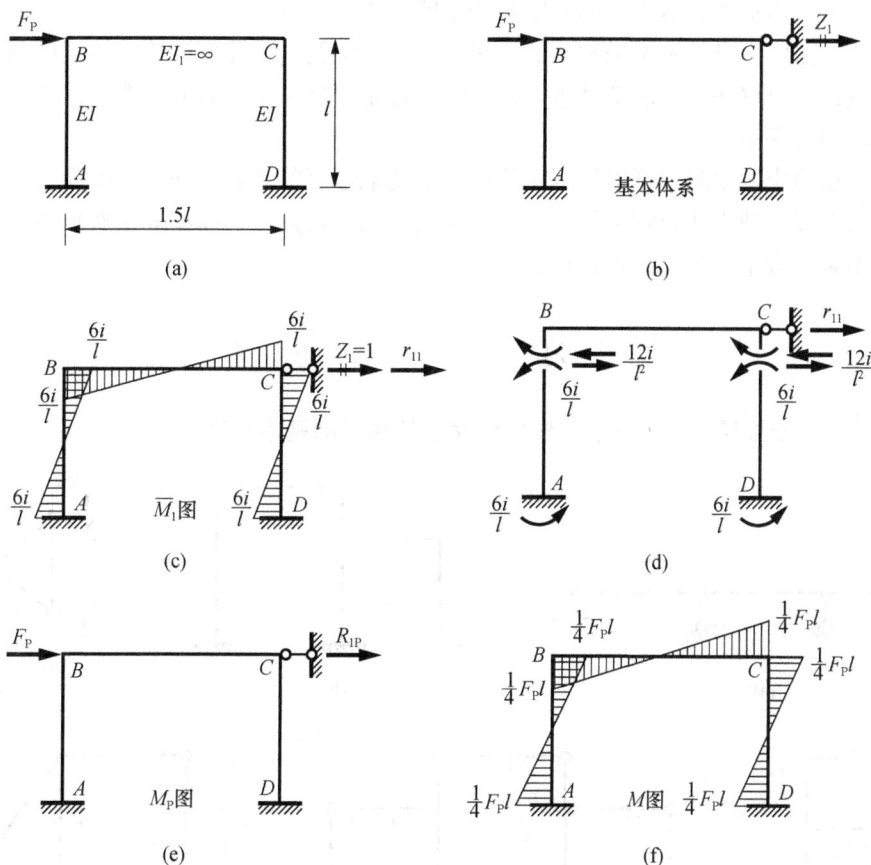

图 6 - 23

（3）求解系数与自由项。分别作出基本结构在 $Z_1 = 1$ 和荷载单独作用下的 $\overline{M}_1$、M_P 图，如图 6 - 23（c）、（e）所示。从 $\overline{M}_1$ 图中截取横梁 BC 为隔离体，如图 6 - 23（d）所示，由 $\sum F_x = 0$，得出

$$r_{11} = \frac{24i}{l^2}, \ R_{1P} = -F_P$$

（4）求解方程，作弯矩图。将求得的系数和自由项代入位移法基本方程，得

$$\frac{24i}{l^2}Z_1 - F_P = 0$$

解得

$$Z_1 = \frac{F_P l^2}{24i}$$

利用叠加原理（$M = \overline{M}_1 Z_1 + M_P$），可作出弯矩图如图 6 - 23（f）所示。

最后，将力法与位移法作一比较，以加深理解。

（1）力法的基本未知量是多余未知力，其数目等于结构的多余约束数目（即超静定次

数）；位移法的基本未知量是独立的结点位移，其数目与超静定次数无关。

（2）力法的基本结构是原结构去掉多余约束后得到的静定结构；位移法的基本结构则是在原结构中加入附加约束后得到的单跨超静定梁的组合体系。

（3）在力法中，求解基本未知量的方程是根据原结构的位移条件建立的，体现了原结构的变形协调；在位移法中，求解基本未知量的方程是根据原结构力的平衡条件建立的，体现了原结构的静力平衡。

在计算超静定刚架时，可以根据刚架的特点选取适宜的计算方法。一般而言，超静定次数少但刚结点多、独立线位移多的刚架，宜采用力法进行计算；而超静定次数多、独立结点位移少的刚架，宜采用位移法进行计算。

习　题

6-1　试确定如图6-24所示结构用位移法计算时的基本未知量。

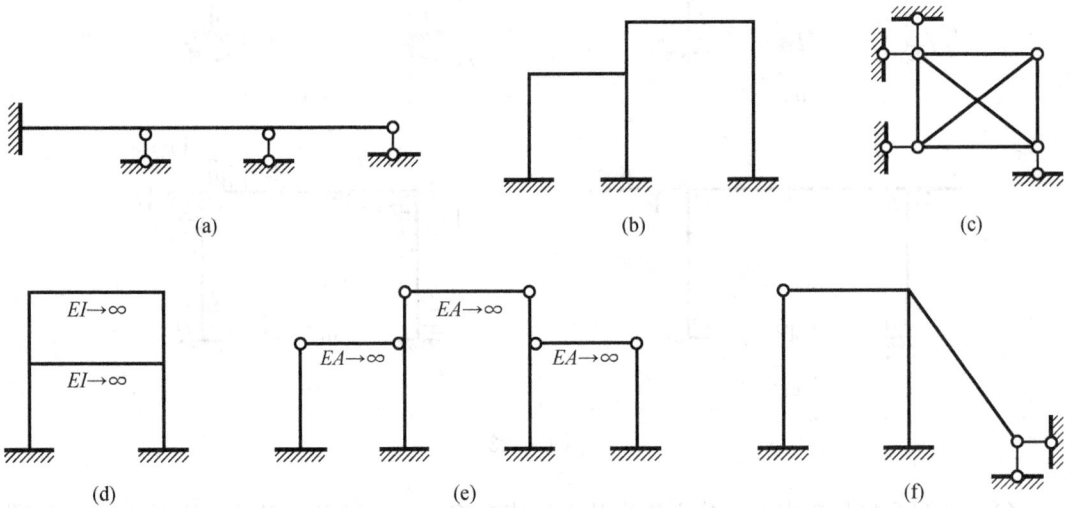

图6-24　题6-1图

6-2　试用位移法计算如图6-25所示的连续梁，并绘制弯矩图。

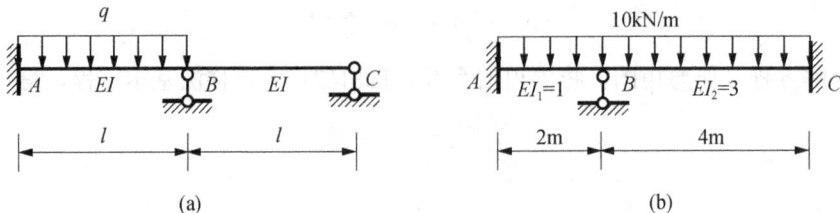

图6-25　题6-2图

6-3　试用位移法计算如图6-26所示的各刚架，并对图6-26（a）、（b）绘制内力图，对图6-26（c）、（d）绘制弯矩图。

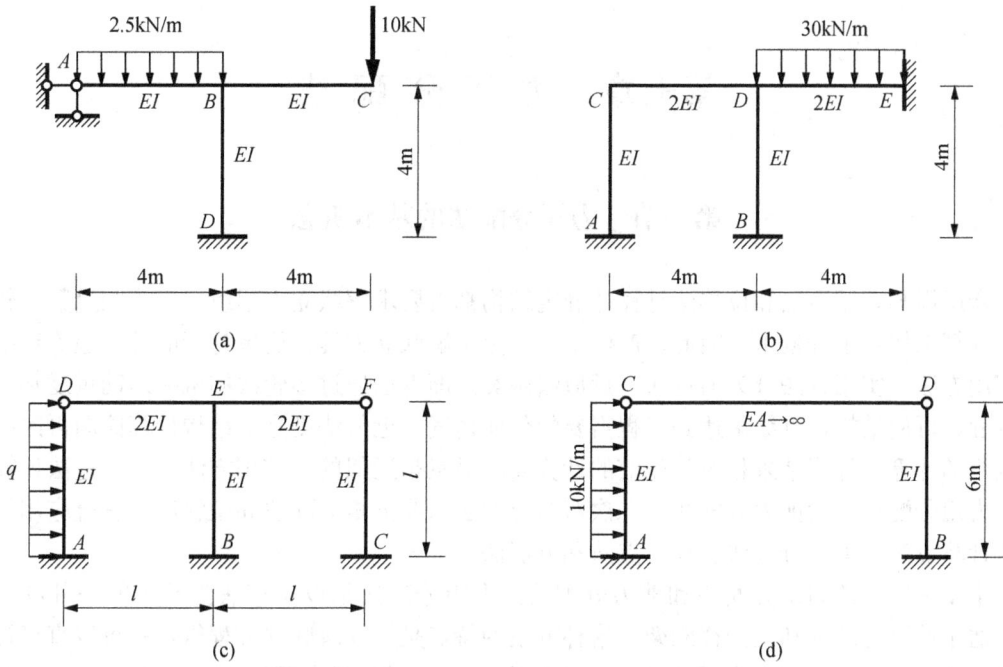

图 6 - 26 题 6 - 3 图

第七章 力矩分配法

第一节 力矩分配法的基本概念

众所周知，用力法和位移法计算超静定结构都需要求解联立方程组，当未知量数目较多时，计算工作将十分繁重。因此，产生了一些免于解联立方程、简单易行的计算超静定结构的实用方法。实用方法分为渐近法、近似法两类。渐近法通过多轮次的机械运动重复某一简单过程，可使结构计算结果达到工程需要的任何精度。近似法则是对结构计算简图再次简化后进行的计算，计算结果相对于先前的计算简图显然是近似的。实用方法中，渐进法计算方法有力矩分配法、无剪力分配法、二次弯矩分配法以及力矩分配法和位移法的联合应用。近似法计算方法有剪力分配法、反弯点法和分层法。

本章主要介绍力矩分配法和剪力分配法。力矩分配法是以位移法为基础的一种渐近解法，适于计算连续梁和无侧移刚架。这种方法的特点是无须解联立方程组，就可以直接计算出杆端弯矩。剪力分配法是用于排架、刚架在横梁刚度无限大假定条件下内力计算的近似方法。

在本章中关于杆端弯矩、杆端剪力和角位移的正负号规定与位移法中规定相同。

一、力矩分配法的思路

现举例说明力矩分配法和位移法的联系与区别。如图 7-1（a）所示的连续梁，各杆抗弯刚度 EI 为常数。

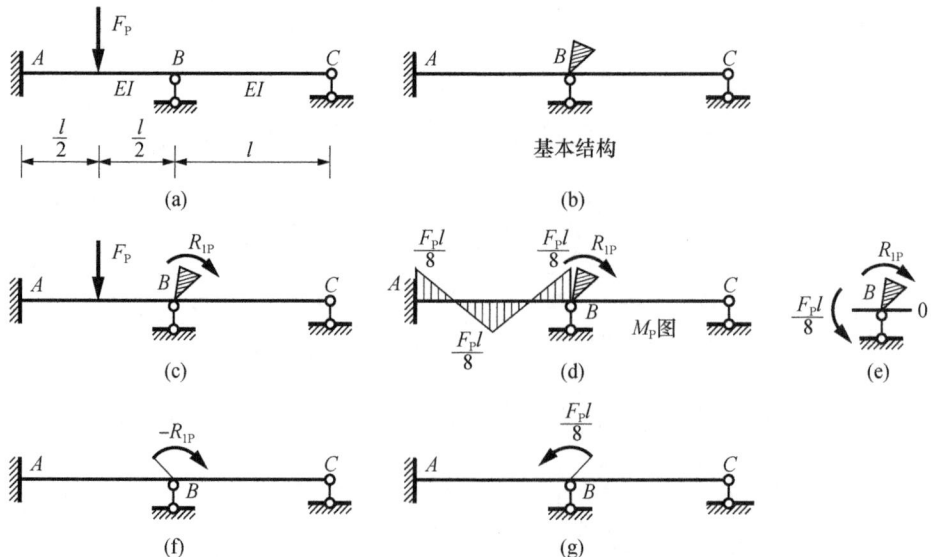

图 7-1

1. 位移法计算

采用位移法计算时，在结点 B 增设一个附加刚臂，基本结构如图 7 - 1（b）所示。

第一步，拧紧结点，在结点 B 增设附加刚臂，限制结点 B 的转动，得到由单跨静定梁组成的结构，如图 7 - 1（c）所示，该结构在荷载作用下的弯矩图（M_P 图）如图 7 - 1（d）所示。此时附加刚臂内产生了约束反力矩 R_{1P}，经如图 7 - 1（e）所示结点 B 的力矩平衡计算，R_{1P} 的数值为 $F_P l/8$，顺时针方向。

第二步，放松结点，人为让附加刚臂发生支座转动 Z_1 角度，当此支座转动 Z_1 等于原结构结点 B 的实际角位移时，附加刚臂中的约束力偶完全抵消掉，不起作用。

两个步骤相叠加，基本结构在荷载和支座转动 Z_1 共同作用下，位移和受力情况与原结构完全相同，相应地，附加刚臂的约束反力为零。以此建立位移法基本方程，然后求得结点 B 角位移 Z_1。

2. 力矩分配法计算

如图 7 - 1（a）所示的连续梁，如采用力矩分配法计算，同样是两个步骤的叠加，其中，基本结构和第一步与上述位移法计算时完全相同，第二步分析的角度与位移法有所不同。

力矩分配法的第二步，放松结点，如图 7 - 1（f）所示，在结点 B 去掉刚臂，并在该结点加一个反向的力偶荷载，即为 $-R_{1P}$，也就是逆时针的 $F_P l/8$，如图 7 - 1（g）所示，这样就人为地抵消了第一步附加刚臂里的约束力偶，相应地，结点 B 转动的角位移与原结构的实际位移相同。两个步骤相叠加后，位移和受力情况均与原结构完全相同。

关键是力矩分配法的第二步计算，即结构中刚结点作用集中力偶的情况，可以用简单方法画出弯矩图 [$M_{(2)}$ 图]，形式上是力矩的分配与传递，所以称为力矩分配法。然后 $M_{(2)}$ 图与第一步弯矩图 M_P 图进行叠加即可完成，过程中不用求解方程或方程组。力矩分配法计算超静定结构，增设一个刚臂时，得到的是精确解；增设两个刚臂以上的情况，得到的是渐近解。

二、力矩分配的含义

针对上述第二步图 7 - 1（f）的弯矩图 [$M_{(2)}$ 图] 的绘制进行分析。设 $m = -F_P l/8$，图 7 - 1（f）变成由图 7 - 2（a）表示，两跨连续梁，中间结点 B 作用一个集中力偶荷载 m，下面用位移法对该结构进行求解，同时引导出力矩分配的含义。

此例中，$i = EI/l$，计算后得到结点 B 角位移为

$$Z_1 = \frac{1}{4i + 3i} m$$

绘制出 $M_{(2)}$ 图如图 7 - 2（c）所示，杆端弯矩为

$$M_{BA} = 4i \cdot Z_1 = \frac{4i}{4i + 3i} m = \frac{4}{7} m, \quad M_{BC} = 3i \cdot Z_1 = \frac{3i}{4i + 3i} m = \frac{3}{7} m$$

取结点 B 隔离体，其力矩平衡如图 7 - 2（d）所示，可以看出，杆件 BA 和杆件 BC 各自在 B 端的弯矩 M_{BA}、M_{BC} 与外力偶 m 平衡，即 $M_{BA} + M_{BC} = m$；且杆端弯矩 M_{BA}、M_{BC} 分别等于外力偶 m 的 $4/7$、$3/7$，相当于结点 B 的两个杆端按一定比例将外力偶 m 分配了，这就是弯矩分配系数的概念，此分配系数是靠杆件 BA 和杆件 BC 各自在结点 B 的转动刚度 $4i$ 和 $3i$ 计算得出。今后，对于只在刚结点处作用集中力偶的超静定结构，可以通过力矩分配快速画出弯矩图。下面对转动刚度和分配系数等相关概念进行详细讲述。

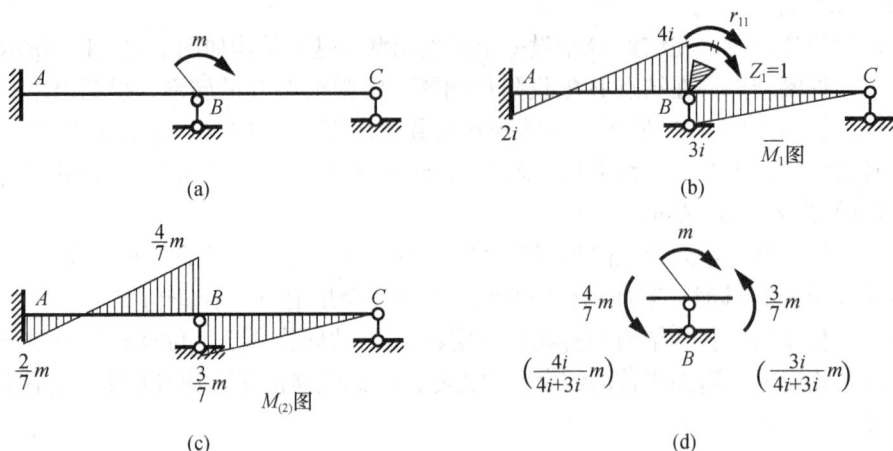

(a)

(b)

(c)

(d)

图 7 - 2

三、基本概念

1. 转动刚度 S

转动刚度是表示杆端发生单位转角所需施加的力矩。如图 7 - 3（a）所示杆件 AB，A 端为铰支座，B 端为固定支座。当使 A 端转动单位转角 $\varphi = 1$ 时，在 A 端所需施加的力矩称为 AB 杆在 A 端的转动刚度，并用 S_{AB} 表示（第一个下标表示施力端，也称近端；第二个下标表示远端）。由于杆件受力情况只与杆件所承受的荷载和杆端位移有关，故图 7 - 3（a）与图 7 - 3（b）中梁的变形情况、受力状态完全相同。因此，图 7 - 3（a）中的转动刚度 S_{AB} 与图 7 - 3（b）中的杆端弯矩 M_{AB} 相等。对于等截面杆件，由表 6 - 1 可知 $M_{AB} = 4EI/l = 4i$，因此，如图 7 - 3（a）所示 AB 杆 A 端的转动刚度 $S_{AB} = 4i$。当远端为不同支承情况时，等截面直杆施力端的转动刚度 S_{AB} 的数值见表 7 - 1。

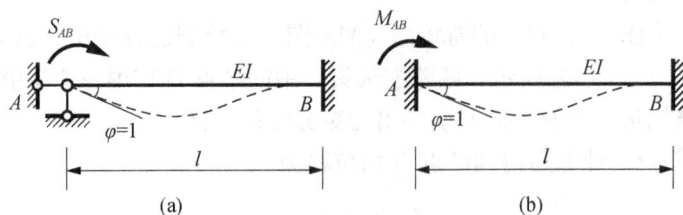

(a)

(b)

图 7 - 3

杆端转动刚度的特点是：与远端支承情况有关，与杆件的线刚度 $i = EI/l$ 有关。

表 7 - 1 　　　　　　　　　等截面直杆施力端的转动刚度 S_{AB} 的数值

编号	计算简图	转动刚度	远端支承情况
1		$S_{AB} = \dfrac{4EI}{l} = 4i$	固定

编号	计算简图	转动刚度	远端支承情况
2		$S_{AB} = \dfrac{3EI}{l} = 3i$	铰支
3		$S_{AB} = \dfrac{EI}{l} = i$	定向支承

2. 分配系数

如图 7 - 4 (a) 所示刚架，各杆件抗弯刚度分别为 EI_{AB}、EI_{AC}、EI_{AD}，线刚度均为 $i = EI/l$，在刚结点 A 处作用顺时针方向的力矩 m_0。在忽略轴向变形的情况下，汇交于结点 A 的各杆在 A 端发生相同的角位移 φ_A。根据转动刚度的定义，有

$$\left. \begin{aligned} M_{AB} &= S_{AB}\varphi_A = 4i_{AB}\varphi_A \\ M_{AC} &= S_{AC}\varphi_A = 3i_{AC}\varphi_A \\ M_{AD} &= S_{AD}\varphi_A = i_{AD}\varphi_A \end{aligned} \right\} \tag{a}$$

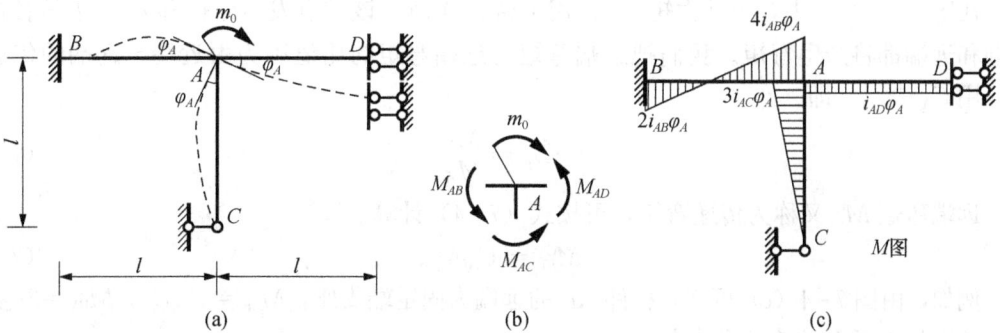

图 7 - 4

利用结点 A 的力矩平衡条件 [图 7 - 4 (b)] $\sum M_A = 0$ 得

$$M_{AB} + M_{AC} + M_{AD} = m_0$$

将式 (a) 代入上式，得

$$\varphi_A = \frac{m_0}{S_{AB} + S_{AC} + S_{AD}} = \frac{m_0}{\sum\limits_A S}$$

其中 $\sum\limits_A S$ 为汇交于结点 A 的各杆 A 端的转动刚度之和。将 φ_A 代入式 (a) 得

$$M_{AB} = \frac{S_{AB}}{\sum\limits_{A} S} m_0 = \frac{4i_{AB}}{4i_{AB} + 3i_{AC} + i_{AD}} m_0$$

$$M_{AC} = \frac{S_{AC}}{\sum\limits_{A} S} m_0 = \frac{3i_{AC}}{4i_{AB} + 3i_{AC} + i_{AD}} m_0 \left.\right\} \qquad (b)$$

$$M_{AD} = \frac{S_{AD}}{\sum\limits_{A} S} m_0 = \frac{i_{AD}}{4i_{AB} + 3i_{AC} + i_{AD}} m_0$$

式（b）表明，各杆近端产生的弯矩与该杆杆端的转动刚度成正比，转动刚度越大，则所产生的弯矩越大。设分配系数为 μ_{Aj}，则

$$\mu_{Aj} = \frac{S_{Aj}}{\sum\limits_{A} S} \qquad (\sum \mu_{Aj} = 1) \qquad (7-1)$$

下标 j 为汇交于结点 A 的各杆远端，在图 7-4（a）刚架中即为 B、C、D。则式（b）可写成

$$M_{Aj}^\mu = \mu_{Aj} \cdot m_0 \qquad (7-2)$$

由上述可知，作用在结点 A 处的外力矩 m_0，将按比例分配到各杆的近端，故称 μ_{Aj} 为各杆近端的分配系数，各杆近端弯矩 M_{Aj}^μ 又称为分配弯矩。

分配系数的特点是：分配系数只决定于汇交于该结点的各杆的转动刚度，与其他因素无关；汇交于同一结点的各杆杆端的分配系数之和等于 1。

3. 传递系数 C

在图 7-4（a）中，当外力矩 m_0 作用于结点 A 时，该结点发生角位移 φ_A，于是各杆的近端和远端都将产生弯矩。我们把远端弯矩与近端弯矩的比值称为由近端至远端的传递系数，用 C_{Aj} 表示，即

$$C_{Aj} = \frac{M_{jA}}{M_{Aj}} \qquad (7-3)$$

远端弯矩 M_{jA}^C 又称为传递弯矩，可按式（7-4）计算。

$$M_{jA}^C = C_{Aj} M_{Aj}^\mu \qquad (7-4)$$

例如，由图 7-4（c）可知，杆件 AB 的远端为固定端支座，$M_{AB} = 4i_{AB}\varphi_A$，$M_{BA} = 2i_{AB}\varphi_A$，则杆 AB 由 A 至 B 的传递系数为

$$C_{AB} = \frac{M_{BA}}{M_{AB}} = \frac{1}{2}$$

杆件 AC 的远端为铰支座，$M_{AC} = 3i_{AC}\varphi_A$，$M_{CA} = 0$，则杆 AC 由 A 至 C 的传递系数为

$$C_{AC} = \frac{M_{CA}}{M_{AC}} = 0$$

杆件 AD 的远端为定向支座，故 $M_{AD} = i_{AD}\varphi_A$，$M_{DA} = -i_{AD}\varphi_A$，则杆 AD 由 A 至 D 的传递系数为

$$C_{AD} = \frac{M_{DA}}{M_{AD}} = -1$$

由此可知，力矩分配法中，传递系数与远端的支承情况有关，而与外界作用无关，对于等截面杆，有：

远端固定，传递系数为 $C=\dfrac{1}{2}$。

远端定向支承，传递系数为 $C=-1$。

远端铰支，传递系数为 $C=0$。

通过前面的分析，对于如图 7-4 所示的类似超静定结构，只有一个刚结点，结构变形后该刚结点会产生角位移，且只在该刚结点处承受集中力偶荷载作用，其弯矩图可以直接通过上述力矩分配与传递的方法来完成。首先，将作用于刚结点的集中力偶按各杆的分配系数分配给各杆近端，即求出近端弯矩，这一过程称为分配过程；再将近端弯矩乘以传递系数，便得到远端弯矩，称为传递过程。

对于承受任意荷载的连续梁和无侧移刚架，不需要解联立方程或方程组，采用表格形式即可完成对原结构的求解过程。

四、力矩分配法算例

【例 7-1】 试用力矩分配法计算如图 7-5 所示的连续梁，并绘出弯矩图和剪力图。

解：（1）计算结点 B 处各杆的分配系数。

转动刚度为

$$S_{BA} = 4 \times \frac{EI}{8} = \frac{EI}{2}, \quad S_{BC} = 3 \times \frac{EI}{9} = \frac{EI}{3}$$

分配系数为

$$\mu_{BA} = \frac{EI/2}{EI/2 + EI/3} = 0.6$$

$$\mu_{BC} = \frac{EI/3}{EI/2 + EI/3} = 0.4$$

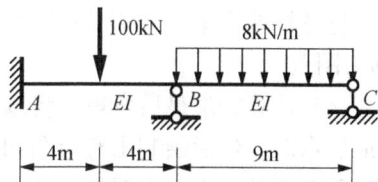

图 7-5

可知汇交于结点的各杆分配系数之和等于 1。将分配系数列入力矩分配法计算表（表 7-2）中"分配系数"一行。

表 7-2　　　　力矩分配法计算表　　　　单位：kN·m

结点	A	B		C
杆端	AB	BA	BC	CB
分配系数		0.6	0.4	
固端弯矩	−100.0	100.0	−81.0	0.0
分配与传递弯矩	−5.7←	−11.4	−7.6	→0.0
最后弯矩	−105.7	88.6	−88.6	0.0

注：表中箭头表示杆端弯矩的传递方向。

（2）在结点 B 施加附加刚臂，按表 6-1 计算固端弯矩有

$$M_{AB}^{\mathrm{F}} = -\frac{1}{8} \times 100 \times 8 = -100 \mathrm{kN} \cdot \mathrm{m}, \quad M_{BA}^{\mathrm{F}} = \frac{1}{8} \times 100 \times 8 = 100 \mathrm{kN} \cdot \mathrm{m}$$

$$M_{BC}^{\mathrm{F}} = -\frac{1}{8} \times 8 \times 9^2 = -81 \mathrm{kN} \cdot \mathrm{m}, \quad M_{CB}^{\mathrm{F}} = 0 \mathrm{kN} \cdot \mathrm{m}$$

将各弯矩数值列入表 7-2 "固端弯矩"那一行，实质为如图 7-6（a）所示的弯矩图（M_{P} 图）。结点 B 的不平衡弯矩为

$$M_B^{\mathrm{F}} = M_{BA}^{\mathrm{F}} + M_{BC}^{\mathrm{F}} = 19 \mathrm{kN} \cdot \mathrm{m}$$

此不平衡弯矩即为附加刚臂的约束反力矩 R_{1P}，如图 7-6（b）所示。

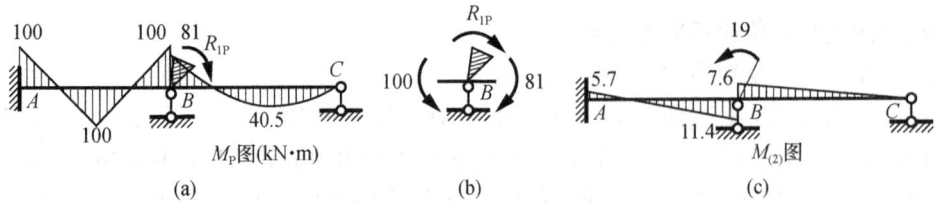

图 7-6

（3）计算分配弯矩与传递弯矩。下面对结点 B 的不平衡弯矩进行反号分配，即对 $-R_{1P}$ 进行分配，杆件近端分配弯矩为

$$M_{BA}^{\mu} = 0.6 \times (-19) = -11.4 \text{kN} \cdot \text{m}, \quad M_{BC}^{\mu} = 0.4 \times (-19) = -7.6 \text{kN} \cdot \text{m}$$

杆件远端的传递弯矩为

$$M_{AB}^{C} = C_{BA}M_{BA}^{\mu} = \frac{1}{2} \times (-11.4) = -5.7 \text{kN} \cdot \text{m}, \quad M_{CB}^{C} = C_{BC}M_{BC}^{\mu} = 0 \times (-7.6) = 0 \text{kN} \cdot \text{m}$$

将各杆端弯矩列入表 7-2 "分配与传递" 一行，实质为如图 7-6（c）所示的弯矩图 [$M_{(2)}$ 图]。

（4）计算杆端最后弯矩。将以上（2）、（3）部分的各杆端弯矩值对应叠加，即可得到杆端最后弯矩，然后绘制出弯矩图如图 7-7（a）所示，实质为弯矩图 M_P 图与 $M_{(2)}$ 图的叠加。利用平衡条件作出剪力图如图 7-7（b）所示。

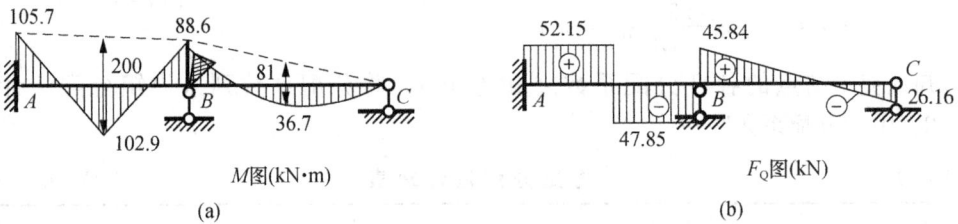

图 7-7

以后解题中，弯矩图 M_P 图与 $M_{(2)}$ 图均不用画出，只列表计算即可。以上计算过程，通常按表 7-2 所示格式进行，其中，分配弯矩下面画一横线，表示该结点已达到平衡；在分配弯矩与传递弯矩之间划一水平方向的箭头，表示弯矩传递方向。

【例 7-2】 试用力矩分配法计算如图 7-8 所示刚架的各杆端弯矩。

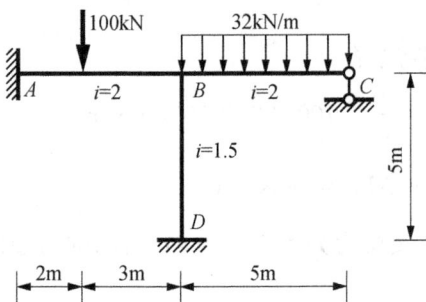

图 7-8

解：（1）计算分配系数，即

$$\mu_{BA} = \frac{4 \times 2}{4 \times 2 + 4 \times 1.5 + 3 \times 2} = 0.4$$

$$\mu_{BC} = \frac{3 \times 2}{4 \times 2 + 4 \times 1.5 + 3 \times 2} = 0.3$$

$$\mu_{BD} = \frac{4 \times 1.5}{4 \times 2 + 4 \times 1.5 + 3 \times 2} = 0.3$$

（2）计算固端弯矩，即

$$M_{AB}^{\mathrm{F}} = -\frac{100 \times 2 \times 3^2}{5^2} = -72\mathrm{kN} \cdot \mathrm{m}$$

$$M_{BA}^{\mathrm{F}} = \frac{100 \times 2^2 \times 3}{5^2} = 48\mathrm{kN} \cdot \mathrm{m}, \quad M_{BC}^{\mathrm{F}} = -\frac{32 \times 5^2}{8} = -100\mathrm{kN} \cdot \mathrm{m}$$

杆端弯矩计算表见表 7 - 3。

表 7 - 3　　　　　　　　　　　**杆 端 弯 矩 计 算 表**　　　　　　　　单位：kN · m

结点	A	B			C	D
杆端	AB	BA	BC	BD	CB	DB
分配系数		0.4	0.3	0.3		
固端弯矩	−72.0	48.0	−100.0	0.0	0.0	0.0
分配、传递弯矩	10.4←	<u>20.8</u>	<u>15.6</u>	<u>15.6</u>	→0.0	→7.8
最后弯矩	−61.6	68.8	−84.4	15.6	0.0	7.8

注：表中箭头表示杆端弯矩的传递方向。

第二节　多个结点角位移的力矩分配法计算

以上介绍了结构具有一个结点角位移时的力矩分配法。对于具有多个结点角位移的多跨连续梁和无结点线位移刚架，我们可以采用逐次对每个刚结点分配、传递的方法求解。具体做法是：先将所有刚结点固定，计算固端弯矩；然后将各刚结点轮流放松，即每次只放松一个结点，其他结点仍暂时固定，这样把各刚结点的不平衡弯矩轮流进行分配与传递，直到传递弯矩小到可忽略时为止。

一、多个结点角位移的计算

下面结合具体例子说明，此例题结构中有两个结点角位移。如图 7 - 9 所示的三跨连续梁，在荷载作用下，刚结点 B、C 将发生角位移。采用力矩分配法计算时，基本结构是分别在结点 B、C 增设一个附加刚臂。

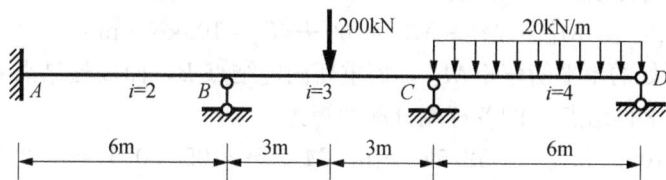

图 7 - 9

（1）分配系数与固端弯矩。计算得到的刚结点各杆端的分配系数及各杆端的固端弯矩见表 7 - 4。在结点 B、C 处的不平衡力矩分别为

$$M_B^{\mathrm{F}} = M_{BA}^{\mathrm{F}} + M_{BC}^{\mathrm{F}} = -150\mathrm{kN} \cdot \mathrm{m}$$

$$M_C^{\mathrm{F}} = M_{CB}^{\mathrm{F}} + M_{CD}^{\mathrm{F}} = 150 - 90 = 60\mathrm{kN} \cdot \mathrm{m}$$

表 7 - 4　　　　　计算得到的刚结点各杆端的分配系数及各杆端的固端弯矩　　　单位：kN·m

结点	A	B		C		D
杆端	AB	BA	BC	CB	CD	DC
分配系数		0.4	0.6	0.5	0.5	
固端弯矩	0	0	−150	150	−90	0
B结点第一次分配、传递	30	60	90	45		
C结点第一次分配、传递			−26.25	−52.5	−52.5	
B结点第二次分配、传递	5.25	10.50	15.75	7.88		
C结点第二次分配、传递			−1.97	−3.94	−3.94	
B结点第三次分配、传递	0.40	0.79	1.18	0.59		
C结点第三次分配、传递			−0.15	−0.3	−0.3	
B结点第四次分配、传递	0.03	0.06	0.09	0.05		
C结点第四次分配、传递				−0.02	−0.02	
最后杆端弯矩	35.68	71.35	−71.35	146.76	−146.76	0

注：表中下划线表示经过本轮次分配，该结点的力矩暂时平衡。

（2）第一轮力矩的分配与传递。

1）放松结点 B，拧紧结点 C（结点 B 的分配与传递）。为消除不平衡力矩，先放松结点 B，而结点 C 仍固定。

将结点 B 的不平衡力矩 M_B^F 反号后乘以分配系数，可求得结点 B 的各杆端分配弯矩为

$$M_{BA}^{\mu} = 150 \times 0.4 = 60 \text{kN·m}, \quad M_{BC}^{\mu} = 150 \times 0.6 = 90 \text{kN·m}$$

将分配弯矩乘以相应的传递系数，向 A、C 两点传递，可求得传递弯矩为

$$M_{AB}^C = 60 \times \frac{1}{2} = 30 \text{kN·m}, \quad M_{CB}^C = 90 \times \frac{1}{2} = 45 \text{kN·m}$$

这样，就完成了结点 B 的第一次分配、传递，结点 B 暂时平衡。这时，结点 C 仍存在不平衡力矩。

2）放松结点 C，拧紧结点 B（结点 C 的分配与传递）。结点 C 的不平衡力矩为原来荷载作用下产生的不平衡力矩 M_C^F 再加上由于放松结点 B 而传递过来的传递弯矩 M_{CB}^C，即

$$M_C^F = M_C^F + M_{CB}^C = 60 + 45 = 105 \text{kN·m}$$

为消除结点 C 处的不平衡弯矩 M_C^F，需重新固定结点 B，而放松结点 C。将 M_C^F 反号后乘以分配系数，可求得结点 C 的各杆端分配弯矩为

$$M_{CB}^{\mu} = -105 \times 0.5 = -52.5 \text{kN·m}, \quad M_{CD}^{\mu} = -105 \times 0.5 = -52.5 \text{kN·m}$$

传递弯矩为

$$M_{BC}^C = \frac{1}{2} \times (-52.5) = -26.25 \text{kN·m}, \quad M_{DC}^C = 0 \text{kN·m}$$

以上完成了结点 C 的第一次力矩分配、传递，结点 C 暂时平衡。至此，完成了力矩分配法的第一轮的计算。

（3）后续若干轮力矩分配与传递。第一轮力矩分配与传递完成后，结点 C 暂时平衡，结点 B 上又出现了新的不平衡力矩，其值为 $M_{BC}^C = -26.25 \text{kN·m}$，不过已比前一次的不平衡力矩（−150kN·m）小了许多。按照上述完全相同的步骤，继续依次在结点 B 和结点 C

消去不平衡力矩，则不平衡力矩绝对值越来越小。经过若干轮以后，传递弯矩小到可以略去不计时，即可停止进行。此时，结构也就非常接近于真实的平衡状态了。

（4）计算杆端最后弯矩。最后，把每一杆端的固端弯矩、各次的分配弯矩和传递弯矩相加，即得所求的最后杆端弯矩，见表7-4。

二、多个结点角位移时的计算方法

在如图7-9所示三跨连续梁采用力矩分配法的计算中，第一轮力矩分配与传递的计算方法一般意义上可按如图7-10所示的方法进行理解。

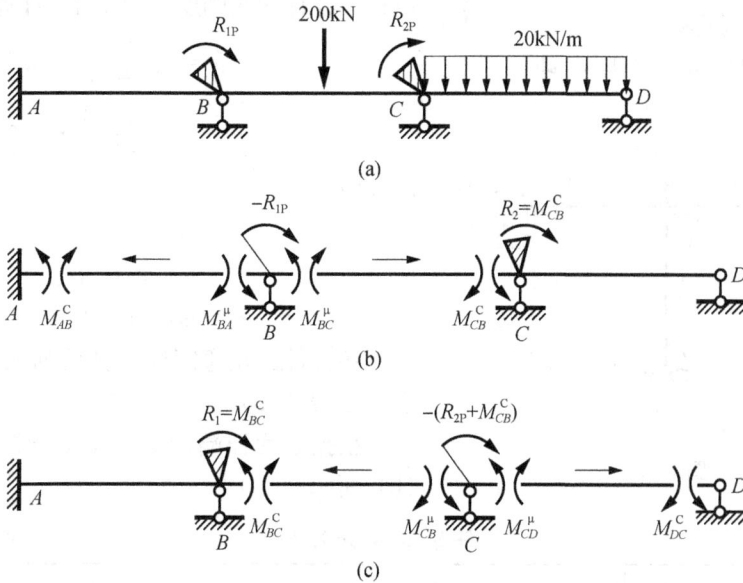

图7-10

图7-10（a）表示力矩分配法的第一步，即增设附加刚臂后，结点B、结点C固定不转动，根据杆端的固端弯矩及结点的力矩平衡，在图7-10（a）中按一般情况顺时针方向标出了附加刚臂的反力矩R_{1P}、R_{2P}，反力矩数值及正负号与结点的不平衡力矩M_B^F、M_C^F相同。图7-10（b）表示放松结点B，拧紧结点C，且在结点B作用$-R_{1P}$情况下，结点B力矩的分配与传递。图7-10（c）表示放松结点C，拧紧结点B，且在结点C作用$-(R_{2P}+M_{CB}^C)$情况下，结点C力矩的分配与传递。

综上所述，力矩分配法的计算步骤可归纳如下：

（1）计算汇交于各结点的每一杆端的分配系数并确定传递系数。

（2）计算各杆的杆端弯矩。

（3）轮流放松各结点，每放松一个结点，按分配系数将该结点不平衡力矩反号分配给汇交于该结点的各杆端，求出分配弯矩，再将分配弯矩乘以传递系数，求出远端的传递弯矩。重复运用此步骤，直至传递弯矩小到可以略去不计为止。

（4）将各杆的固端弯矩、每轮的分配弯矩和传递弯矩相加，即得各杆端的最后弯矩。

另外注意以下几点：放松结点的次序并不影响最后结果，为了缩短计算过程，通常从不平衡力矩绝对值较大的结点开始；三个结点角位移的超静定结构，即基本结构中需增设三个附加刚臂，采用力矩分配法计算时，两边结点可以作为一组，各自同时和中间结点相互传递弯矩；上述计算方法适用于多结点角位移的连续梁和无侧移刚架。

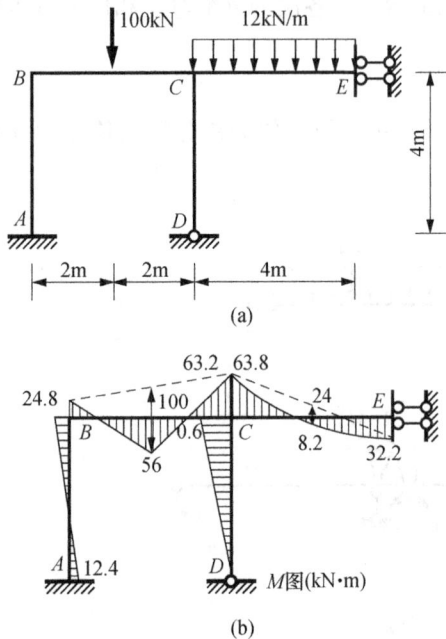

(a)

(b)

图 7 - 11

三、多结点角位移的力矩分配法算例

【例 7 - 3】 试用力矩分配法计算如图 7 - 11 (a) 所示的刚架，作弯矩图，各杆 EI 相同，EI 为常数。

解： 此刚架只有两个结点角位移，无结点线位移。各杆的线刚度 $i = EI/4$，计算分配系数得

$$\mu_{BA} = \frac{4i}{4i + 4i} = 0.5$$

$$\mu_{BC} = \frac{4i}{4i + 4i} = 0.5$$

同理得

$$\mu_{CB} = 0.5$$
$$\mu_{CD} = 0.375$$
$$\mu_{CE} = 0.125$$

各杆件固端弯矩经计算后列入杆端弯矩计算表（见表 7 - 5）中。

根据最后杆端弯矩，作出弯矩图如图 7 - 11 (b) 所示。

表 7 - 5　　　　　　　　　　　　**杆端弯矩计算表**　　　　　　　　单位：kN·m

结点	A	B		C		D	E
杆端	AB	BA	BC	CB	CE	CD	DC	EC
分配系数		0.5	0.5	0.5	0.125	0.375		
固端弯矩			−50.00	50.00	−64.00			−32.00
B结点第一次分配、传递	12.50	<u>25.00</u>	<u>25.00</u>	12.50				
C结点第一次分配、传递		0.38	<u>0.75</u>	<u>0.19</u>	<u>0.19</u>	<u>0.56</u>		−0.19
B结点第二次分配、传递	−0.10	<u>−0.19</u>	<u>−0.19</u>	−0.10				
C结点第二次分配、传递		0.02	<u>0.05</u>	<u>0.01</u>	<u>0.01</u>	<u>0.04</u>		−0.01
B结点第三次分配		<u>−0.01</u>	<u>−0.01</u>					
最后杆端弯矩	12.40	24.80	−24.80	63.20	−63.80	0.60	0	−32.20

注：表中下划线表示经过本轮次分配，该结点的力矩暂时平衡。

第三节　剪力分配法

剪力分配法是用于排架、刚架在横梁刚度无限大假定条件下内力计算的近似方法。下面以排架结构为例介绍剪力分配法的计算思路。

首先介绍侧移刚度的概念，侧移刚度是指杆件抵抗侧向变形的能力。如图 7 - 12 (a) 所示的单根等截面杆件，侧移刚度为施加于柱顶的水平力与其引起的水平位移的比值，数值上等于使杆件两端发生单位相对侧移时在杆端所需施加的水平力。或者，如图 7 - 12 (b) 所

示，侧移刚度数值上也等于杆件两端发生单位相对侧移时在杆端产生的杆端剪力。此杆件的
侧移刚度用 D_i 表示，根据前面第四章、第六章内容，其计算式为

$$D_i = \frac{3EI_i}{h_i^3} \tag{7-5}$$

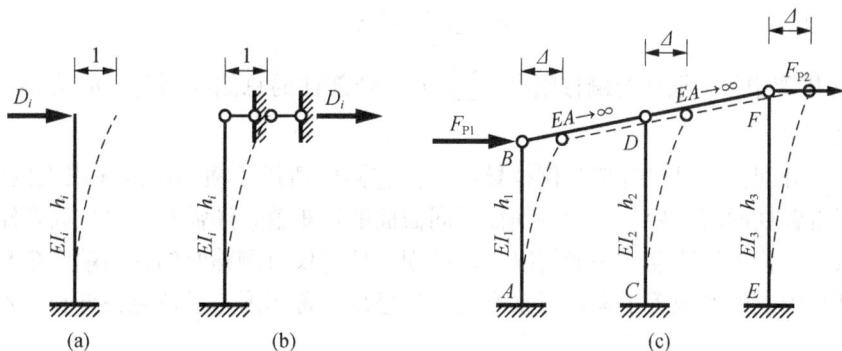

图 7 - 12

以如图 7 - 12（c）所示两跨单层排架为例，先按位移法分析。假设排架斜梁（二力杆）
的轴向刚度无穷大，该排架只有一个独立的结点水平线位移为基本未知量，即各柱顶有相同
的水平线位移，记为 Δ。其位移法方程是排架柱顶以上部分在水平方向的平衡方程，如
图 7 - 13所示，即

$$F_{P1} + F_{P2} = F_{Q1} + F_{Q2} + F_{Q3} \quad \text{或} \quad \sum F_P = \sum F_{Qi} \tag{a}$$

方程表示，三个排架柱的总剪力 $\sum F_{Qi}$ 等于柱顶上方外力在水平方向投影的代数和。
排架仅柱顶有结点荷载时，排架柱内各自沿柱高截面
的剪力处处相等，根据侧移刚度概念，各排架柱剪力
可表示为柱侧移刚度与柱顶侧移的乘积，即

$$\left.\begin{array}{l} F_{Q1} = D_1\Delta = \dfrac{3EI_1}{h_1^3}\Delta \\[2mm] F_{Q2} = D_2\Delta = \dfrac{3EI_2}{h_2^3}\Delta \\[2mm] F_{Q3} = D_3\Delta = \dfrac{3EI_3}{h_3^3}\Delta \end{array}\right\} \tag{b}$$

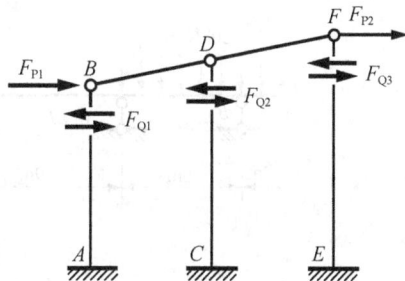

图 7 - 13

将式（b）代入式（a），得

$$\sum F_P = (D_1 + D_2 + D_3)\Delta$$

$$\Delta = \frac{\sum F_P}{\sum D_i} \tag{c}$$

所以，各柱剪力为

$$F_{Qi} = \frac{D_i}{\sum D_i}\sum F_P \tag{7-6}$$

各排架柱剪力求出后，再加上柱顶铰处弯矩为零，因此排架柱各截面的弯矩得以求解。

由式（7 - 6）可知，排架柱中的剪力可按各柱的侧移刚度占所有柱的总侧移刚度的份额

分配得到。设柱的剪力分配系数为 μ_i，则

$$\mu_i = \frac{D_i}{\sum D_i} \qquad (\sum \mu_i = 1) \tag{7-7}$$

柱剪力计算式即为

$$F_{Qi} = \mu_i \sum F_P \tag{7-8}$$

式中：D_i 为排架中第 i 根柱的侧移刚度；$\sum D_i$ 为全部柱的总侧移刚度；μ_i 为第 i 根柱的剪力分配系数。

以上剪力分配公式是以排架为例推导的，但它同样适用于横梁刚度无限大的刚架结构。此种刚架算得各柱的剪力后，要想得到柱不同截面的弯矩值，还需知道沿柱高弯矩为零的截面位置，该位置称为反弯点。一般情况，两端固定杆件仅有侧移时的杆两端弯矩相等、异侧受拉，且杆长中点的弯矩等于零，杆轴弯曲变形呈反对称图形，反弯点在杆长中点。

习　　题

7-1　试用力矩分配法计算如图 7-14 所示的连续梁，并绘制弯矩图和剪力图。

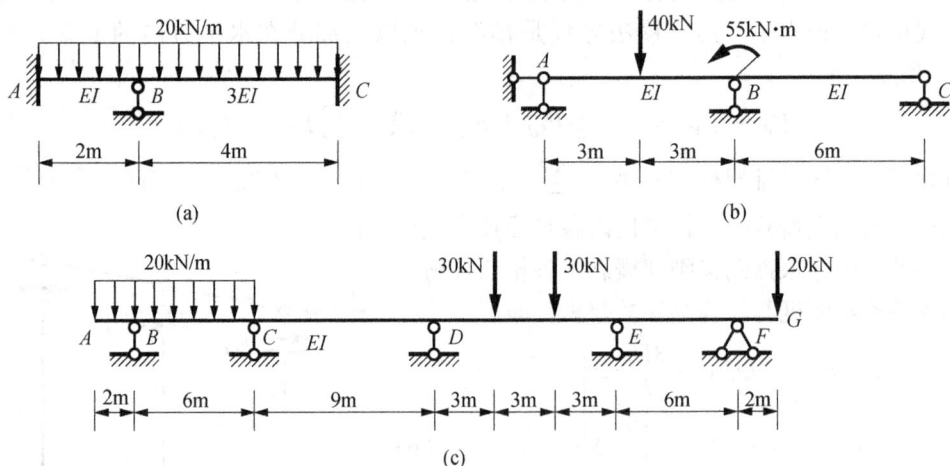

(a)

(b)

(c)

图 7-14　题 7-1 图

7-2　试用力矩分配法计算如图 7-15 所示的刚架，并绘制弯矩图。

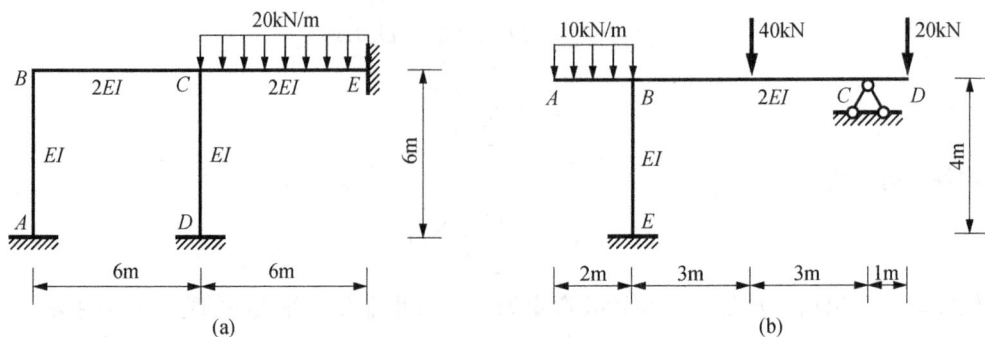

(a)

(b)

图 7-15　题 7-2 图

7 - 3　试用力矩分配法并利用对称性计算如图 7 - 16 所示的刚架，绘制弯矩图。

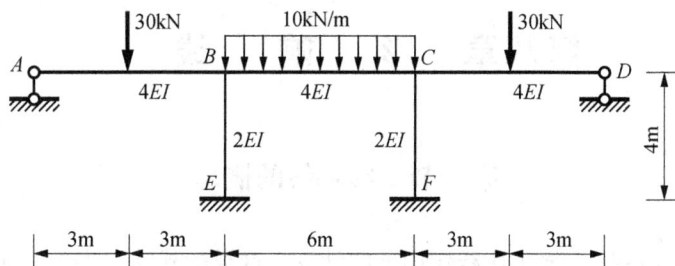

图 7 - 16　题 7 - 3 图

第八章 影 响 线

第一节 影响线的概念

前面各章讨论了结构在静止荷载作用下的计算，这类荷载的大小、方向及作用点在结构上的位置是固定不变的，因此，结构的反力与各处的内力和位移也是不变的，但在一般工程中，结构除了承受固定荷载作用外，还要受到移动荷载的作用，例如吊车梁承受吊车荷载，桥梁承受车辆荷载等。随着荷载作用点位置的变化，将引起结构的反力、内力和位移等这些量值的变化。在设计结构时，需要知道在移动荷载作用下，结构产生的某些量值的最大值及出现最大量值的荷载位置，该位置称为最不利荷载位置。本章的主要内容是研究结构的反力和内力随荷载移动而变化的规律。

工程实际中的移动荷载通常由很多间距不变的竖向荷载组成，而其类型是多种多样的。

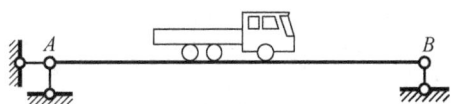

图 8-1

下面通过一简单例子进行说明。某单跨桥上有一辆汽车通过，如图 8-1 所示，为求支座 A 的最大反力值，应把汽车荷载置于全梁的许多位置上，算出每一位置的 F_{RA} 值，再经比较，找出其中的最大值。显然，计算工作相当烦琐。为此，可先只研究一种最简单的荷载，即一个竖向单位集中荷载 $F_P=1$ 沿结构移动时，对某一指定量值所产生的影响，然后根据叠加原理就可进一步研究各种移动荷载对该量值的影响。因为任一荷载对结构某个量值的作用都可以通过单位荷载的作用计算出来，而一系列荷载对结构该量值的作用等于各个荷载对这一量值作用的总和。

现以如图 8-2 (a) 所示荷载 $F_P=1$ 在简支梁上移动对支座 A 的反力 F_{RA} 的影响为例，说明影响线的概念。当荷载 $F_P=1$ 分别移动到 A、1、2、3、B 各等分点时，反力 F_{RA} 的数值分别为 1、3/4、1/2、1/4、0。如果以 A 为坐标原点，以横坐标 x 表示移动荷载的位置，画一条与梁轴平行的直线作为基线，接着以竖标表示反力 F_{RA} 的数值，将各数值在水平的基线上用竖标绘出，然后用曲线将竖标各顶点连起来，这样形成的图形〔见图 8-2 (b)〕能够反映 $F_P=1$ 在梁上移动时反力 F_{RA} 的变化规律，这一图形称为反力 F_{RA} 的影响线。

于是，影响线可定义如下：在单位移动荷载作用下，将结构某一指定量值随荷载移动而变化的规律用图形表示出来，这样的图形称为该量值的影响线。影响线是研究移动荷载作用的基本工具，在结构设计中起着重要的作用。由于结构上各量值具有不同的变

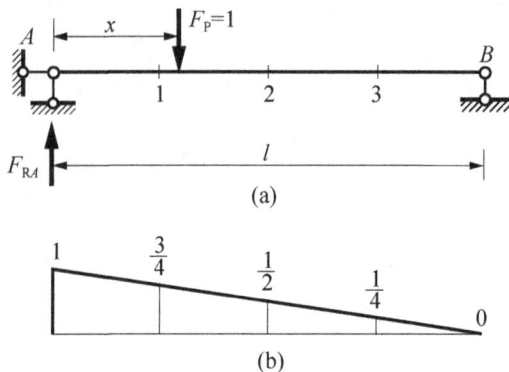

(a)

(b)

图 8-2

化规律，因此不同量值的影响线需分别考虑。绘制影响线，当单位荷载移动在不同位置时，指定量值为正，其数值标在基线上方；反之，指定量值为负，其数值标在基线下方，并标明正负号。

为了研究方便，假定移动荷载 $F_P=1$ 不带任何符号，即为无量纲的量。

影响线分析有两种主要方法：基于静力分析的静力法和基于虚功原理的虚位移法。对于静定结构，由于虚位移是刚体位移，因此虚位移法通常称为机动法。机动法将结构的影响线的计算转化为位移的计算，对静定结构和超静定结构均适用，可广泛应用于任意的平面结构，包括桁架、刚架、连续梁、组合结构等，这是一种十分适合计算机编程实施的方法。

第二节 静力法作影响线

下面以简支梁为例介绍作影响线的方法之一——静力法。静力法是应用静力平衡条件，求出某量值的影响线方程，再绘出其影响线的方法。先将荷载 $F_P=1$ 放在任意位置，以 x 表示单位荷载至所选坐标原点的距离，由静力平衡条件求出所研究的量值与 x 的关系，表示这种关系的方程称为影响线方程，据此可作出该量值的影响线。

一、支座反力的影响线

先绘制如图 8-3 (a) 所示简支梁反力 F_{RA} 的影响线。以 A 点为坐标原点，以 x 表示荷载 $F_P=1$ 作用点的横坐标，假定反力以向上为正。取梁整体为隔离体，根据力矩平衡条件，有

$$\sum M_B = F_{RA}l - F_P(l-x) = 0$$

可得

$$F_{RA} = F_P \frac{l-x}{l} = \frac{l-x}{l} \quad (0 \leqslant x \leqslant l)$$

以 x 为变量，上式表示反力 F_{RA} 随移动荷载 $F_P=1$ 位置变化而变化的规律，即 F_{RA} 的影响线方程。因为 F_{RA} 是 x 的一次函数，所以 F_{RA} 的影响线为一直线，具体绘制时，只需定出两个控制截面的竖标并用直线连接就可绘出。

当 $x=0$ 时，$F_{RA}=1$
当 $x=l$ 时，$F_{RA}=0$

作图时规定反力向上为正，并按照上一节的绘图规定，即量值为正，其数值标在基线上方；量值为负，其数值标在基线下方，并标出正负号。可绘出 F_{RA} 的影响线如图 8-3 (b) 所示。

为了绘制反力 F_{RB} 的影响线，可取对左支座的力矩平衡方程：

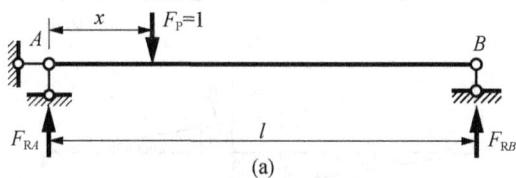

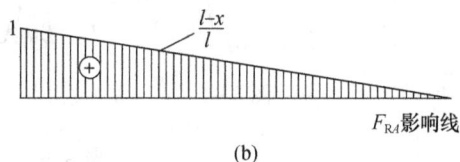

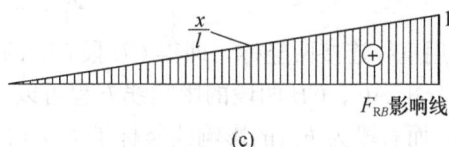

图 8-3

$$\sum M_A = F_{RB}l - F_P x = 0$$

由此得 F_{RB} 的影响线方程为

$$F_{RB} = \frac{x}{l} \quad (0 \leqslant x \leqslant l)$$

它也是 x 的一次函数，故 F_{RB} 的影响线也是一直线，绘制时只需定出两点：

$$当 x = 0 时，F_{RB} = 0$$
$$当 x = l 时，F_{RB} = 1$$

便可绘出 F_{RB} 的影响线，如图 8-3（c）所示。

在作影响线时，因为假定 $F_P = 1$ 是无量纲的量，所以反力影响线的竖标也是无量纲量。在利用影响线研究任何实际荷载的影响时，数值再乘以实际荷载相应的单位即可。

二、弯矩的影响线

作弯矩影响线时，应首先指定截面位置，即明确要作哪一截面弯矩的影响线。现拟作简支梁截面 C〔见图 8-4（a）〕的弯矩影响线。当荷载 $F_P = 1$ 在以左和以右时，截面 C 的弯矩具有不同的表达式，应分别予以考虑。假定使梁下侧纤维受拉时，弯矩为正。

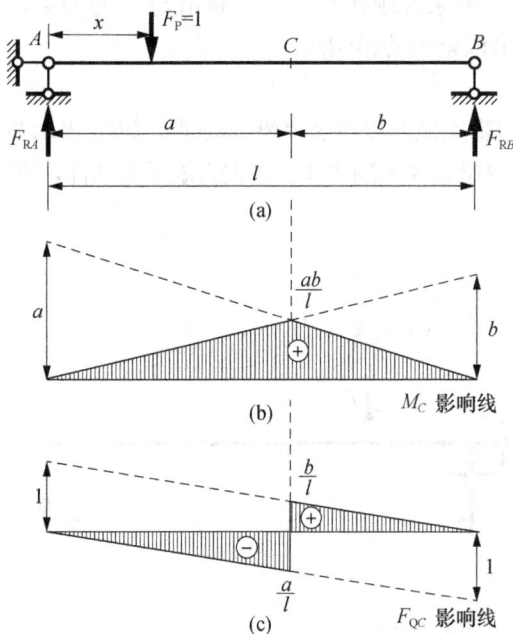

图 8-4

当 $F_P = 1$ 在截面 C 以左移动时，为计算简便，取 CB 段为隔离体，由力矩平衡方程可得

$$M_C = F_{RB}b = \frac{x}{l}b \quad (0 \leqslant x \leqslant a)$$

上式表明 M_C 的影响线在截面 C 以左为一直线。

$$当 x = 0 时，M_C = 0$$
$$当 x = a 时，M_C = \frac{ab}{l}$$

用直线连接两控制截面的竖标，即得 AC 段 M_C 的影响线，如图 8-4（b）所示。

当 $F_P = 1$ 在截面 C 以右移动时，取 AC 段为隔离体，利用力矩平衡方程可得

$$M_C = F_{RA}a = \frac{l-x}{l}a \quad (a \leqslant x \leqslant l)$$

显然，M_C 的影响线在截面 C 以右也是一直线。

$$当 x = a 时，M_C = \frac{ab}{l}$$
$$当 x = l 时，M_C = 0$$

用直线连接两竖标，即得 CB 段 M_C 的影响线。

分析 AC、CB 两段的影响线方程可以看出，M_C 影响线左段为 F_{RB} 的影响线的竖标扩大 b 倍，而右段为 F_{RA} 的影响线竖标扩大 a 倍。因此 M_C 的影响线可以利用 F_{RA} 和 F_{RB} 的影响线绘出，如图 8-4（b）所示。弯矩影响线竖标的量纲为长度。

三、剪力的影响线

现拟作简支梁截面 C[见图 8-4（a）]的剪力的影响线。作剪力影响线也需要指定截面的位置，并分别考虑荷载 $F_P=1$ 在截面以左和以右移动。剪力的正负号规定与材料力学相同，即使隔离体有顺时针转动趋势的剪力为正，反之为负。

当 $F_P=1$ 在截面 C 以左移动时，取 CB 段为隔离体，列平衡方程可得

$$F_{QC} = -F_{RB}$$

当 $F_P=1$ 在截面 C 以右移动时，取 AC 段为隔离体，列平衡方程可得

$$F_{QC} = F_{RA}$$

由上两式可知，F_{QC} 影响线的左直线与反力 F_{RB} 的影响线相同，只是符号相反；其右直线则与 F_{RA} 的影响线完全相同。据此，可作出 F_{QC} 影响线如图 8-4（c）所示。由图 8-4（c）可知，F_{QC} 的影响线由两段相互平行的直线组成，其竖标在 C 点处有一突变，也就是当 $F_P=1$ 由 C 点的左侧移到其右侧时，截面 C 的剪力值将发生突变，突变值等于 1。剪力影响线竖标为无量纲量。

【例 8-1】 试作如图 8-5（a）所示双伸臂梁的反力影响线，以及截面 C、D 的弯矩、剪力影响线。

解：（1）反力 F_{RA} 和 F_{RB} 的影响线。取支座 A 为坐标原点，在 AB 段，反力 F_{RA} 和 F_{RB} 的影响线方程与简支梁完全相同，即

$$F_{RA} = \frac{l-x}{l}, \ F_{RB} = \frac{x}{l}$$

注意到，当 $F_P=1$ 位于 A 以左时，x 为负值，经过计算，以上两方程在梁 A 以左、B 以右也适用，也就是说在梁的全长范围内都是适用的。因此绘制影响线时只需将简支梁 AB 的反力影响线向两个伸臂部分延长，即得伸臂梁的反力影响线，如图 8-5（b）、（c）所示。

（2）截面 C 弯矩 M_C 和剪力 F_{QC} 的影响线。

当 $F_P=1$ 在截面 C 以左移动时，取截面 C 右侧部分为隔离体，求得 M_C 和 F_{QC} 的影响线方程为

$$M_C = F_{RB}b, \ F_{QC} = -F_{RB}$$

当 $F_P=1$ 在截面 C 以右移动时，则有

$$M_C = F_{RA}a, \ F_{QC} = F_{RA}$$

据此可绘出 M_C 和 F_{QC} 的影响线如图 8-5（d）、（e）所示。可以看出，只需将简支梁相应截面的弯矩和剪力影响线的左、右直线分别向左、右两伸臂部分延长，即可得出 M_C 和 F_{QC} 的影响线。

（3）截面 D 弯矩 M_D 和剪力 F_{QD} 的影响线。此时，为计算简便，宜取 D 为坐标原点，以 x_1 表示 $F_P=1$ 至原点 D 的距离，且令 x_1 在 D 以左时取正值。

当 $F_P=1$ 在截面 D 以左移动时，取截面 D 以左部分为隔离体，有

$$M_D = -x, \ F_{QD} = -1$$

当 $F_P=1$ 在截面 D 以右移动时，仍取截面 D 以左部分为隔离体，有

$$M_D = 0, \ F_{QD} = 0$$

实际上这一结果根据荷载作用于基本部分时附属部分不受力的概念也容易得出。由上可

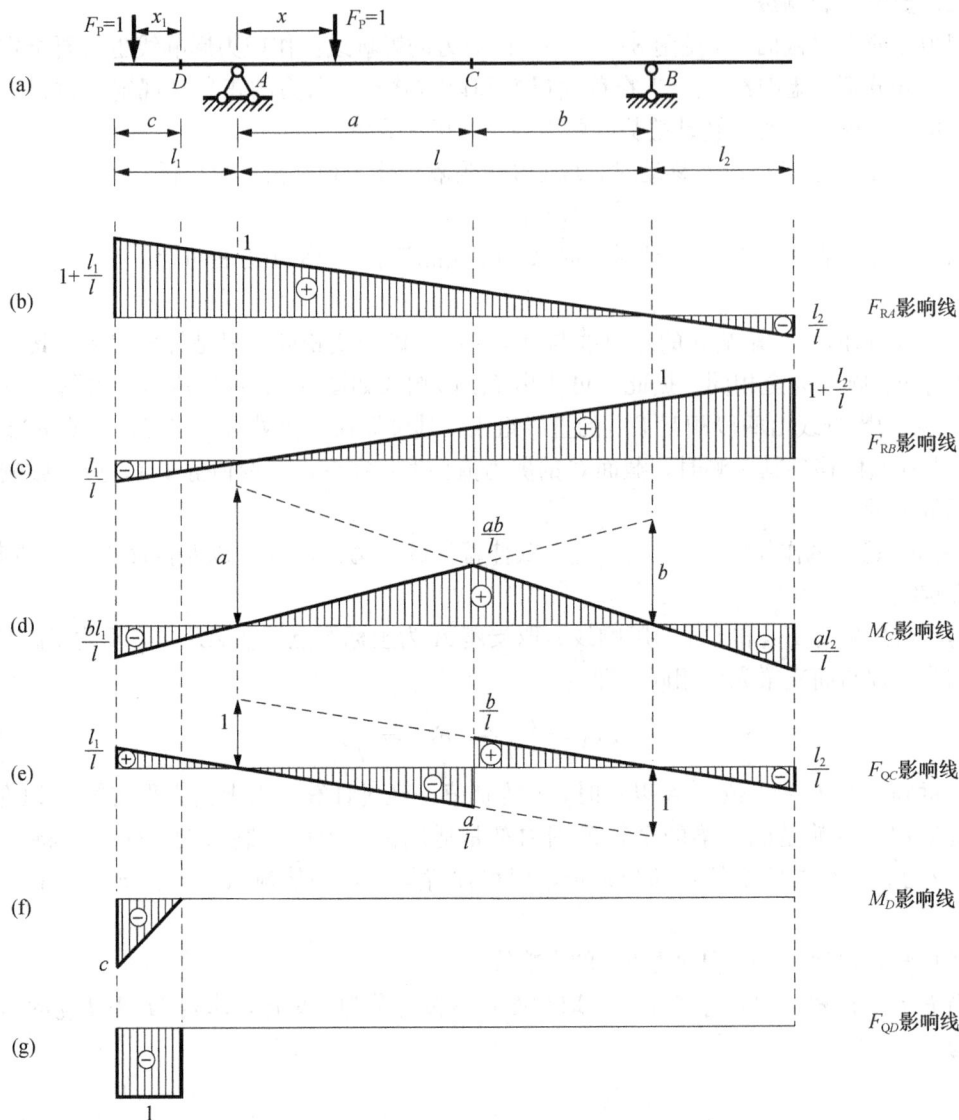

图 8 - 5

绘出 M_D 和 F_{QD} 的影响线分别如图 8 - 5（f）、（g）所示。

　　影响线与内力图是截然不同的，初学者容易把它们混淆起来，现将弯矩影响线和弯矩图进行比较。图 8 - 6（a）表示简支梁的弯矩 M_C 影响线，图 8 - 6（b）表示实际荷载 F_P 作用于 C 点时简支梁的弯矩图。两图形式相似，但各图的竖标代表的含义却截然不同。例如 D 点的竖标，在 M_C 影响线中是表示移动荷载 $F_P = 1$ 作用在 D 点时 C 点的弯矩值 M_C 的大小（y_D），而弯矩图中 D 点的竖标则代表实际荷载 F_P 固定作用在 C 点处时，截面 D 的弯矩值（M_D）。也就是说，影响线表示单位荷载在不同位置时，同一个截面的弯矩值，弯矩图表示荷载在固定位置时，不同截面的弯矩值。

　　最后应说明，对于静定结构，其反力和内力的影响线方程都是 x 的一次函数，故静定结构的反力和内力影响线都是由直线所组成。而静定结构的位移，以及超静定结构的各种量

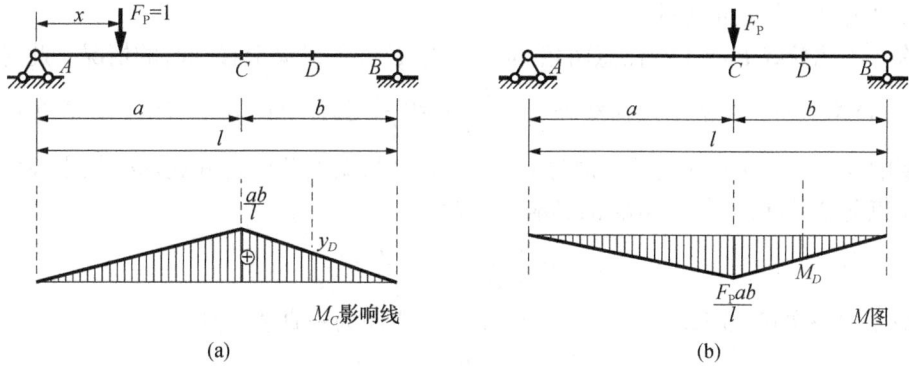

图 8 - 6

值的影响线则一般为曲线。

第三节　间接荷载作用下的影响线

上一节讨论的是荷载直接作用在梁上的影响线作法，而实际上不少结构，常受到间接荷载的作用。例如桥梁或房屋建筑中的主梁，结构是通过次梁（纵梁和横梁）将荷载传到主梁上的。主梁上的这些荷载传递点即为主梁的结点。以移动荷载来说，不论荷载在次梁的哪些位置，其作用都是通过这些固定的结点传递到主梁上。如图 8-7 所示的梁系，AB 为一简支主梁，其上是五根横梁（两端支承在两根主梁上）。横梁所在处 A、C、D、E、B 即主梁的结点。横梁上面为四根简支纵梁。计算主梁时通常可假定纵梁简支在横梁上，横梁简支在主梁上。荷载直接作用在纵梁，而后通过横梁再传到主梁。主梁只在各结点处受到集中力作用。对主梁而言，这种荷载称为间接荷载或结点荷载。下面以主梁截面 K 的弯矩 M_K 为例，来说明间接荷载作用下影响线的绘制方法。

首先，考虑荷载 $F_P=1$ 移动到各结点处时的情况。显然此时与荷载直接作用在主梁上的情况完全相同。因此，可先用上节方法做出直接荷载作用下主梁 M_K 的影响线，在此影响线中，对于间接荷载来说，

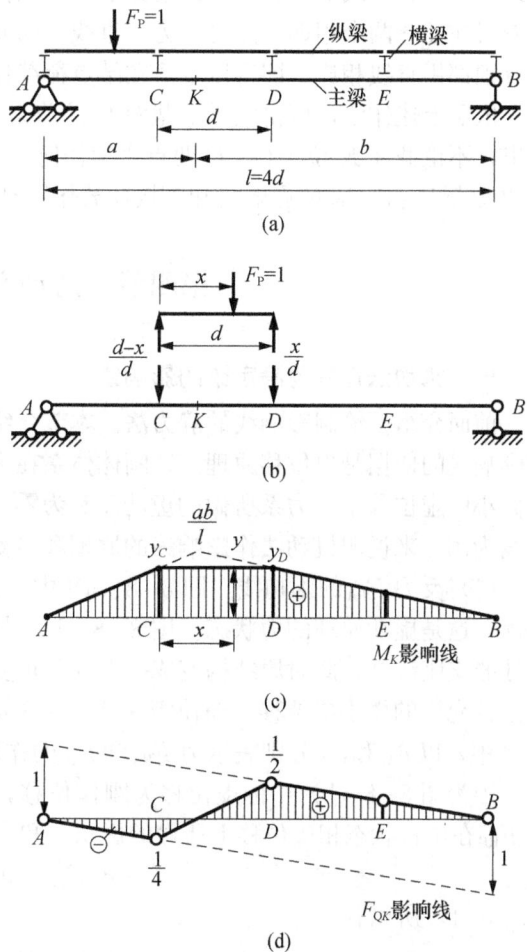

图 8 - 7

在各结点处的竖标都是正确的。

其次，考虑荷载 $F_P=1$ 在任意两相邻结点 C、D 间的纵梁上移动时的情况。此时，主梁 AB 在 C、D 两点所承受的结点荷载分别为 $\dfrac{d-x}{d}$ 和 $\dfrac{x}{d}$，具体见图 8-7（b）。设直接荷载作用下 M_K 影响线在 C、D 处的竖标分别为 y_C 和 y_D，则根据上节所述并利用叠加原理可知，在这两个结点荷载共同作用下，M_K 的影响线竖标为

$$y = \frac{d-x}{d}y_C + \frac{x}{d}y_D$$

这是 x 的一次式。因此，M_K 影响线在 C、D 之间为一直线。且由

$$当 x=0 时，y=y_C$$
$$当 x=d 时，y=y_D$$

可知，在 C、D 之间 M_K 的影响线就是连接竖标 y_C 和 y_D 的直线。

同理，当 $F_P=1$ 分别在 AC、DE、EB 纵梁上移动时，相邻两个结点（A 和 C、D 和 E、E 和 B）的竖标连线与主梁在直接荷载作用下的影响线重合，显然均为直线。

以上讨论同样适用于间接荷载作用下主梁其他量值的影响线。这样，可将结点荷载作用下某一量值影响线的绘制方法归纳如下：首先作出直接荷载作用下所求量值的影响线；由于影响线在任意两个相邻结点之间为一直线，因此，将所有相邻两个结点之间影响线竖标的顶点分别都用直线相连，即得该量值在结点荷载作用下的影响线。

依照上述作法，可得主梁上截面 K 的剪力 F_{QK} 影响线如图 8-7（d）中实线所示。可以看出，不论截面 K 位于 C、D 两点之间任何一处，F_{QK} 影响线都一样。此外，不难得知，主梁的反力 F_{RA} 和 F_{RB} 的影响线和直接荷载作用时相同。

第四节　机动法作影响线

一、机动法作单跨静定梁的影响线

前面介绍了绘制影响线的静力法。本节介绍绘制静定梁的另一方法，即机动法。机动法作影响线的依据是虚位移原理。即刚体体系在力系作用下处于平衡的充分必要条件是：在任何微小的虚位移中，力系所做的虚功总和为零。下面以如图 8-8 所示简支梁的反力 F_{RA} 的影响线为例，来说明机动法作影响线的原理和步骤。

（1）反力 F_{RA} 的影响线。图 8-8（a）中，梁在力 F_{RA}、$F_P=1$ 和 F_{RB} 的共同作用下处于平衡，这是虚功原理的力状态。图 8-8（b）中，为了求反力 F_{RA}，去掉与它相应的联系即 A 处的支座链杆，此时原结构变成一个几何可变体系，然后，使此体系沿 F_{RA} 正方向发生约束条件允许的微小虚位移，即使刚片 AB 绕 B 点作微小转动，这是虚功原理的位移状态。图 8-8 中，以 δ_A 和 δ_P 分别表示力 F_{RA} 和 F_P 的作用点沿力作用方向上的虚位移。

因为图 8-8（b）中的虚位移为刚体位移，力状态中构成平衡的所有外力 F_{RA}、$F_P=1$ 和 F_{RB} 在位移状态相应位移上所做的虚功总和应为零，虚功方程为

$$F_{RA}\delta_A + F_P\delta_P = 0$$

因 $F_P=1$，所以有

$$F_{RA} = -\frac{\delta_P}{\delta_A}$$

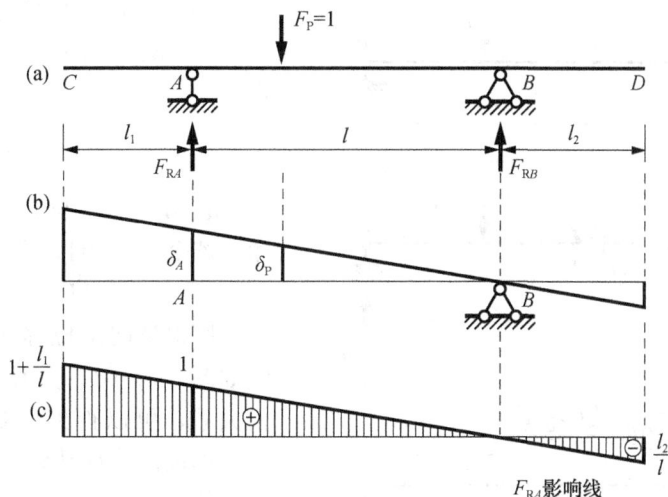

图 8-8

δ_A 为力 F_{RA} 的作用点沿其方向的位移，在给定虚位移情况下它是一个常数；δ_P 则为荷载 $F_P=1$ 的作用点沿其方向的位移，由于 $F_P=1$ 是移动的，因而 δ_P 就是荷载所沿着移动的各点的竖向虚位移，δ_P 与单位荷载 $F_P=1$ 方向一致时为正。可见，F_{RA} 与 $-\delta_P$ 成正比。为方便起见，可令

$$\delta_A = 1$$

则上式成为

$$F_{RA} = -\delta_P$$

可见，$-\delta_P$ 的变化情况即反映出荷载 $F_P=1$ 移动时 F_{RA} 的变化规律，由此得到 F_{RA} 的影响线，如图 8-8（c）所示。

这里应注意到影响线竖标正负号的规定，当 δ_A 为正值时，δ_P 以向下为正，向上为负，因此，位移图在横坐标的上方时，δ_P 为负，由上式可知，F_{RA} 值即影响线竖标为正；位移图在横坐标的下方时，δ_P 为正，此时影响线竖标为负；这恰好与在影响线中正值的竖标绘在基线上方、负值的竖标绘在基线下方相一致。

由上可知，作某一反力或内力 X 的影响线，只需将与 X 相应的联系去掉，并使所得体系沿 X 的正方向发生单位位移，则由此得到的荷载作用点的竖向位移图即代表 X 的影响线。这种绘影响线的方法称为机动法。机动法的优点在于不必经过具体计算就能快速绘出影响线的轮廓，同时也便于对静力法所作影响线进行校核。

（2）弯矩 M_C 的影响线。下面再以如图 8-9（a）所示简支梁截面 C 的弯矩和剪力影响线为例，来进一步说明机动法的应用。作弯矩 M_C 的影响线时，首先去掉与 M_C 相应的联系，即将截面 C 处由刚结变为铰结，并加一对力偶 M_C 代替原有联系的作用，这样梁在力 $F_P=1$、M_C 以及 A、B 端两个支反力的共同作用下处于平衡，如图 8-9（b）所示。为了求截面 C 的弯矩 M_C，去掉与 M_C 相应的联系，将截面 C 处变为铰结，此时原结构变成具有一个自由度的几何可变体系，然后，使此体系沿 M_C 正方向发生约束条件允许的微小虚位移，即使 AC、BC 两刚片沿 M_C 的正方向发生相对角位移，相应地机构发生了刚体虚位移，如图

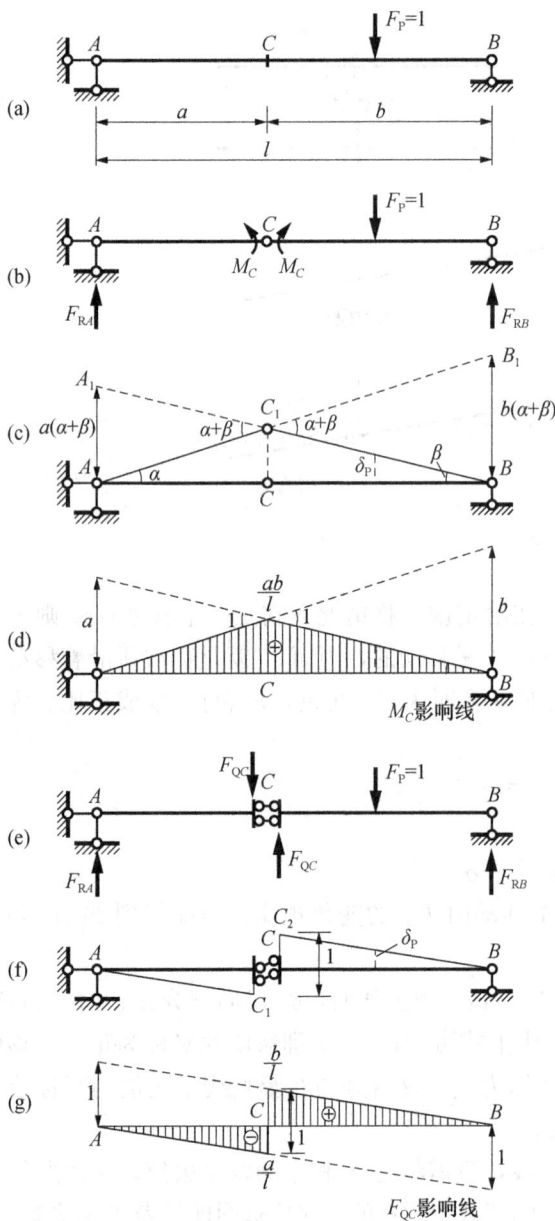

图 8-9

8-9（c）所示，并写出虚功方程：

$$M_C(\alpha+\beta)+F_P\delta_P=0$$

得

$$M_C=-\frac{\delta_P}{\alpha+\beta}$$

$\alpha+\beta$ 是 AC 与 BC 两刚片的相对转角。若令 $\alpha+\beta=1$，则

$$M_C=-\delta_P$$

所得竖向虚位移图即为 M_C 的影响线如图 8-9（d）所示。图中由三角形几何关系，可以得到影响线各点的数值，如当单位荷载移动到 C 点时，截面 C 的弯矩值为

$$C_1C=\frac{ab}{l}$$

且影响线竖标在基线上方，表明此时 M_C 为下边缘受拉，这与用静力法所得的结果完全相同。

这里，所谓令 $\alpha+\beta=1$，并不是指在体系发生虚位移时，要使相对转角 $\alpha+\beta$ 等于 1rad。虚位移 $\alpha+\beta$ 应是微小值，从而可认为 $AA_1=a$（$\alpha+\beta$）［见图 8-9（c）］，然后令 $\alpha+\beta=1$，则 AA_1 等于 a，如图 8-9（d）所示，此图即为 M_C 的影响线。在图 8-8 中令 $\delta_A=1$ 也是同样的道理。

（3）剪力 F_{QC} 的影响线。若作剪力 F_{QC} 的影响线，则应去掉与剪力 F_{QC} 相应的联系，即将截面 C 处由刚结变为滑动连接，这样，此处便不能抵抗剪力但仍能承受弯矩和轴力，同时加上一对正向剪力 F_{QC} 代替原有联系的作用。这样梁在力 $F_P=1$、F_{QC} 以及 A、B 端两个支反力的共同作用下处于平衡，如图 8-9（e）所示。然后使此体系沿 F_{QC} 正方向发生约束条件允许的微小虚位移，即使 C 点左右两侧截面只发生相对竖向位移而不能有相对转动，相应地机构发生了刚体虚位移，如图 8-9（f）所示，并写出虚功方程为

$$F_{QC}(CC_1+CC_2)+F_P\delta_P=0$$

得

$$F_{QC}=-\frac{\delta_P}{CC_1+CC_2}$$

这里 CC_1+CC_2 是截面 C 左右两侧的相对竖向位移。若令 $CC_1+CC_2=1$，则

$$F_{QC}=-\delta_P$$

所得竖向虚位移图即为 F_{QC} 的影响线，如图 8-9（g）所示。由三角形几何关系得

$$CC_1=\frac{a}{l}, \quad CC_2=\frac{b}{l}$$

值得注意的是，AC 与 BC 两刚片间是用两根平行链杆相连，它们之间只能进行相对的平行移动，故在其虚位移图中 AC_1 和 BC_2 应为两平行直线，即 F_{QC} 影响线的左右两直线是互相平行的，且两直线的竖向距离为1。

综上所述，用机动法作静定结构指定内力或反力 X 影响线的步骤如下：去掉与 X 相应的约束，代之以未知力 X，原静定结构成为一个机构，使机构体系沿 X 的正方向发生单位位移，从而机构发生满足约束条件的刚体虚位移，这个虚位移图就是 X 的影响线。

二、机动法作多跨静定梁的影响线

以下用机动法作如图 8-10（a）所示多跨静定梁的 M_K、F_{QK}、M_H、F_{QH} 和 F_{RF} 的影响线。

（1）M_K 影响线。首先去掉与 M_K 相应的联系，即将截面 K 处改为铰接，并加一对力偶 M_K 代替原有联系的作用。然后，使 K 两侧沿 M_K 的正方向发生相对转角 $\alpha+\beta$，相应地梁发生如图 8-10（b）所示虚位移，令 $\alpha+\beta=1$，即得 M_K 的影响线如图 8-10（c）所示，各控制点的影响线竖标数值可按比例求出。

（2）F_{QK} 影响线。去掉与 F_{QK} 相应的联系，即将截面 K 处改为滑动连接，同时加上一对正向剪力 F_{QK} 代替原有联系的作用，然后，使 K 两侧沿 F_{QK} 正向发生竖向错动，相应地整个梁发生如图 8-10（d）所示虚位移，令 $KK_1+KK_2=1$，即得 F_{QK} 的影响线如图 8-10（e）所示。

（3）M_H 影响线。以下不再绘体系的虚位移图，直接作出影响线图形。作法同 M_K 影响线，在截面 H 处加铰，并加一对力偶 M_H 代替原有联系的作用。然后，使 H 两侧沿 M_H 的正方向发生单位相对转角，相应地，梁上基本部分 AC 不能发生虚位移，附属部分 CE、EF 可发生虚位移。最后得到 M_H 的影响线如图 8-10（f）所示。

（4）F_{QH} 影响线。当 H 点两侧截面沿 F_{QH} 正向发生竖向单位位移时，基本部分 AC 不能发生虚位移，HE 段绕支座 D 转动，EF 段绕支座 F 转动。得到 F_{QH} 的影响线如图 8-10（g）所示。

（5）F_{RF} 影响线。在静定多跨梁中，EF 是 AE 的附属部分。当撤去支杆 F 时，AE 段不能发生虚位移，因此，在 AE 段 F_{RF} 影响线恒等于零。使 EF 段在 F 点沿 F_{RF} 正方向发生单位竖向虚位移，便得到 F_{RF} 影响线如图 8-10（h）所示。

由如图 8-10 所示的各影响线图形可以看出，在多跨静定梁中，基本部分的内力和反力的影响线是布满全梁的，而附属部分的内力和反力影响线则只在附属部分不为零，在基本部分恒等于零。

综上可知，用机动法作多跨静定梁的影响线是十分简便的，读者可以试用静力法与其进行比较。用静力法解时，只需分清它的基本部分和附属部分及这些部分之间的传力关系，利用单跨静定梁的已知影响线即可绘出。

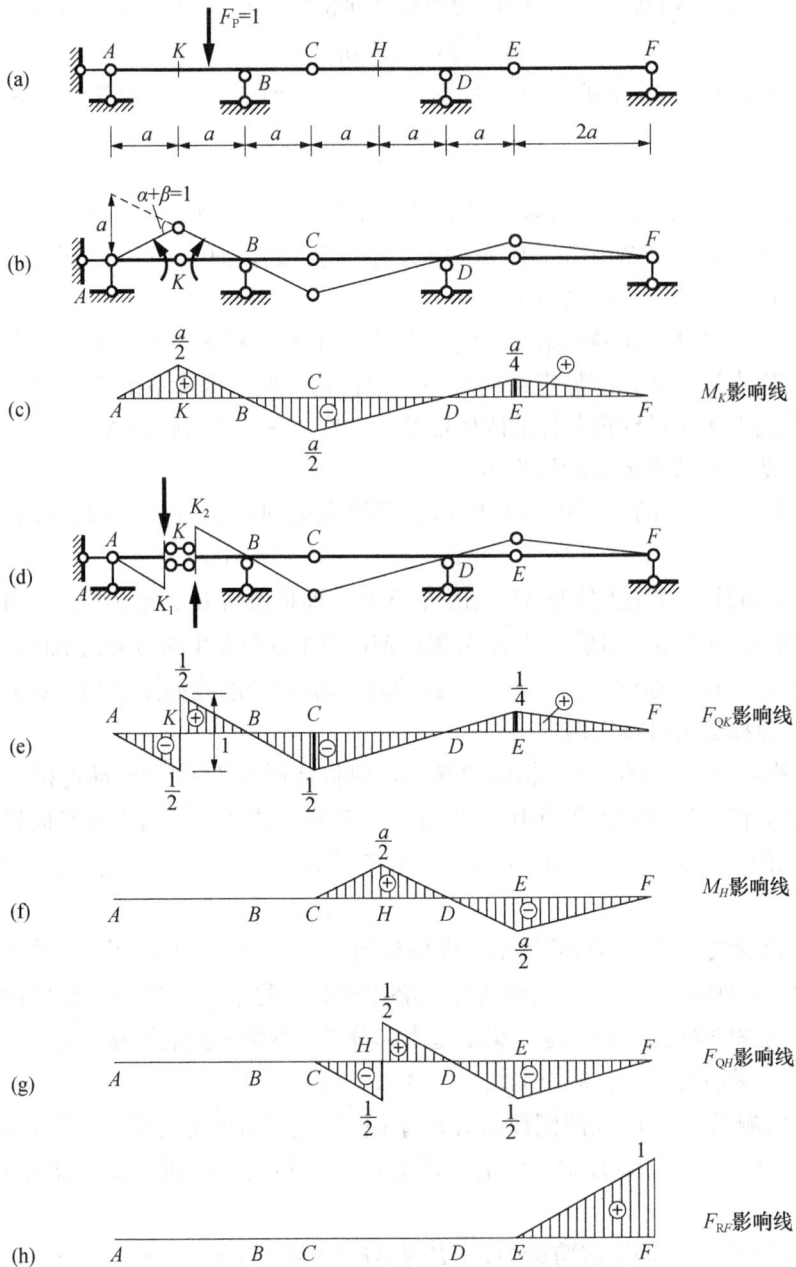

图 8-10

第五节　静定桁架的影响线

现以如图 8-11（a）所示桁架为例说明用静力法绘制桁架杆件内力影响线的方法。设单位荷载沿桁架的下弦杆移动。

与如图 8-11（b）所示梁系的荷载传递方式相似，桁架上的荷载一般也是通过纵梁和横梁而作用于桁架的结点上。如本章第三节所述,桁架杆件内力的影响线在任意两个相邻结点之间也为一直线。下面结合图 8-11 说明桁架影响线的静力作法。

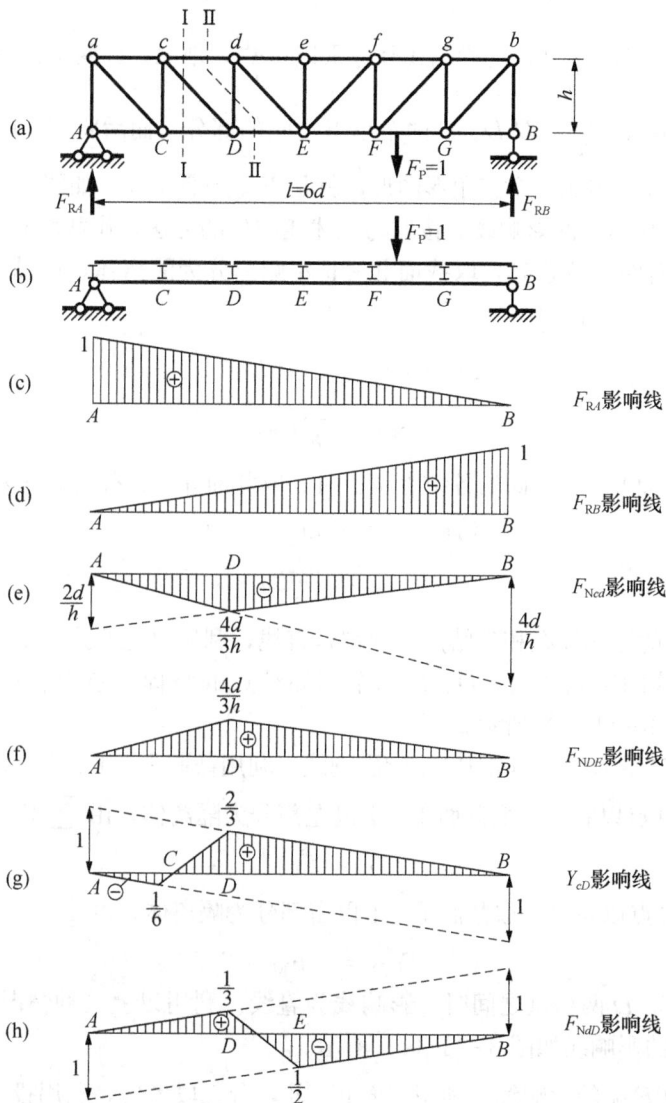

图 8-11

(1) F_{RA} 和 F_{RB} 的影响线。F_{RA} 和 F_{RB} 的影响线与简支梁相同,如图 8-11 (c)、(d) 所示。

(2) 上弦杆轴力 F_{Ncd} 的影响线。作截面 I-I,当 $F_P=1$ 在截面 I-I 右侧各结点上时 (D、E、F、G、B),取截面 I-I 左侧部分为隔离体,以 D 为力矩中心,由力矩方程 $\sum M_D = 0$ 得

$$F_{RA} \cdot 2d + F_{Ncd} \cdot h = 0$$

$$F_{Ncd} = -\frac{2d}{h}F_{RA}$$

当 $F_P=1$ 在截面 I-I 左侧各结点上时 (A、C),取截面 I-I 右侧部分为隔离体,得

$$F_{RB} \cdot 4d + F_{Ncd} \cdot h = 0$$

$$F_{Ncd} = -\frac{4d}{h} F_{RB}$$

根据以上两式可知，将 F_{RB} 的影响线竖标乘以 $-\frac{4d}{h}$，取 A、C 两个结点之间的部分；将 F_{RA} 的影响线竖标乘以 $-\frac{2d}{h}$，取 D、B 两个结点之间的部分，而后将 C、D 两个相邻结点的竖标顶点用直线相连，得到一个三角形图形，就是 F_{Ncd} 的影响线，如图 8-11（e）所示。

（3）下弦杆轴力 F_{NDE} 的影响线。按照与上述相类似的方法，作截面 Ⅱ-Ⅱ，当 $F_P = 1$ 在截面 Ⅱ-Ⅱ 右侧的各结点位置时，取截面 Ⅱ-Ⅱ 左侧部分为隔离体，以结点 d 为力矩中心，由力矩方程 $\sum M_d = 0$，可得

$$F_{RA} \cdot 2d - F_{NDE} \cdot h = 0$$

$$F_{NDE} = \frac{2d}{h} F_{RA}$$

当 $F_P = 1$ 在截面 Ⅱ-Ⅱ 左侧的各结点位置时，取截面 Ⅱ-Ⅱ 右侧部分为隔离体，得

$$F_{RB} \cdot 4d - F_{NDE} \cdot h = 0$$

$$F_{NDE} = \frac{4d}{h} F_{RB}$$

由于桁架内力的影响线在相邻结点之间都是直线，利用以上两式及 F_{RA}、F_{RB} 的影响线，得出 AD、EB 部分的影响线后，D、E 两个相邻结点的竖标顶点以直线相连，便可绘出 F_{NDE} 的影响线如图 8-11（f）所示。

（4）斜腹杆 cD 轴力的竖向分力 Y_{cD} 的影响线。利用截面 Ⅰ-Ⅰ，分三段考虑。

当 $F_P = 1$ 在 D 点以右时，取截面 Ⅰ-Ⅰ 以左部分为隔离体，由 $\sum Y = 0$ 得

$$Y_{cD} = F_{RA}$$

当 $F_P = 1$ 在 C 点以左时，取截面 Ⅰ-Ⅰ 以右部分为隔离体，由 $\sum Y = 0$ 得

$$Y_{cD} = -F_{RB}$$

当 $F_P = 1$ 在 C、D 两结点之间时，影响线为直线。利用以上三种情况及 F_{RA}、F_{RB} 的影响线，可绘出 Y_{cD} 的影响线如图 8-11（g）所示。

（5）竖杆轴力 F_{NdD} 的影响线。利用截面 Ⅱ-Ⅱ，分三段考虑，利用投影方程 $\sum Y = 0$，求 F_{NdD}。

当 $F_P = 1$ 在 E 点以右时，考虑截面 Ⅱ-Ⅱ 以左部分的平衡得

$$F_{NdD} = -F_{RA}$$

当 $F_P = 1$ 在 D 点以左时，考虑截面 Ⅱ-Ⅱ 以右部分的平衡得

$$F_{NdD} = F_{RB}$$

当 $F_P = 1$ 在 D、E 两结点之间时，影响线为直线。最后绘出 F_{NdD} 的影响线如图 8-11（h）所示。

综上所述，若要作桁架某一杆件内力的影响线，只需将荷载 $F_P = 1$ 依次作用在下弦的各结点，而后利用桁架内力计算的截面法或结点法分别求出相应的该杆内力值，这些内力值即相当各个结点处的影响线竖标，将各竖标绘出，用直线相连，即得所求杆件内力的影

响线。

在绘制桁架内力影响线时，应注意荷载 $F_P=1$ 是沿上弦移动（上承）还是沿下弦移动（下承），因为在两种情况下所作出的影响线有时是不相同的。读者可以将图 8-11（a）桁架中上承情况下上述各项内力影响线求出，并与图 8-11 影响线的绘制结果进行比较。

第六节 影 响 线 的 应 用

一、求位置已定的荷载作用下的量值

1. 集中荷载作用

设有一组荷载 F_{P1}，F_{P2}，…，F_{Pi}，…，F_{Pn} 作用在结构的已知位置，并且结构某量值 S 的影响线已绘出，如图 8-12 所示，根据影响线，可求出各荷载作用点处的竖标值分别为 y_1，y_2，…，y_i，…，y_n，并以此进一步求出由于这些集中荷载作用所产生的量值 S 的大小。

已知影响线的竖标 y_i 代表移动荷载 $F_P=1$ 作用于该处时量值 S 的大小，若荷载是任一荷载 F_{Pi}，则 S 应为 $F_{Pi}y_i$。因此，当有若干集中荷载作用时，根据叠加原理，量值 S 为

$$S = F_{P1}y_1 + F_{P2}y_2 + \cdots + F_{Pn}y_n = \sum F_{Pi}y_i \tag{8-1}$$

值得指出，当若干个荷载作用在影响线某一段直线的范围内时，为简化计算，用合力来代替，而不会改变所求量值的数值（图 8-13）。为了证明此结论，可将影响线上此段直线延长使之与基线交于 O 点，则有

$$S = F_{P1}y_1 + F_{P2}y_2 + \cdots + F_{Pn}y_n$$
$$= (F_{P1}x_1 + F_{P2}x_2 + \cdots + F_{Pn}x_n)\tan\alpha = \tan\alpha \sum F_{Pi}x_i$$

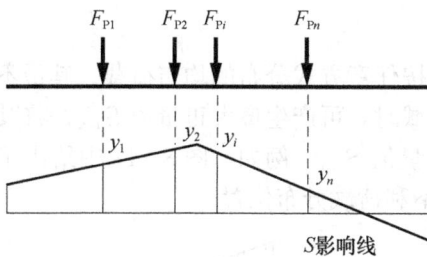

图 8-12

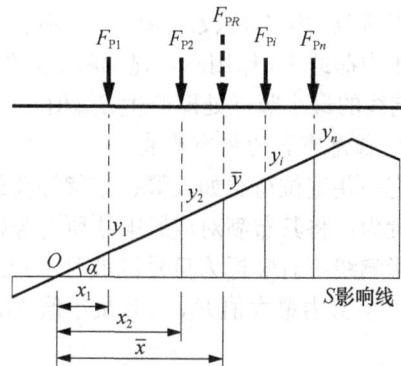

图 8-13

因 $\sum F_{Pi}x_i$ 为各力对 O 点力矩之和，根据合力矩定理，它应等于合力 F_{PR} 对 O 点之矩，即

$$\sum F_{Pi}x_i = F_{PR}\bar{x}$$

故有

$$S = F_{PR}\bar{x}\tan\alpha = F_{PR}\bar{y}$$

$\bar{y}$ 为合力 F_{PR} 所对应的影响线竖标。结论证毕。

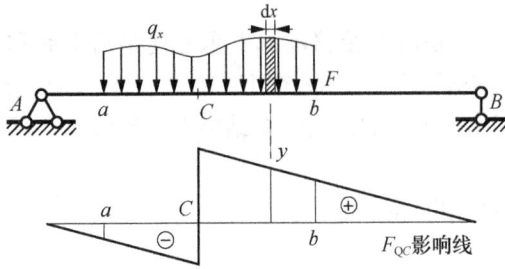

图 8-14

2. 分布荷载作用

如图 8-14 所示，若将分布荷载沿其长度分成许多无穷小的微段，则每一微段 dx 上的荷载 $q_x dx$ 都可作为一集中荷载，区段 ab 内的分布荷载所产生的量值 S 为

$$S = \int_a^b q_x y \, dx$$

若 q_x 为均布荷载 q，则上式成为

$$S = q \int_a^b y \, dx = q A_w \qquad (8-2)$$

A_w 表示影响线在均布荷载范围 ab 内的面积。若在该范围内影响线有正有负，则 A_w 应为正负面积的代数和（图 8-15）。影响线为正的部分 A_w 为正；反之为负。

二、最不利荷载位置

在移动荷载作用下结构上的各种量值均将随荷载的位置而变化，而设计时必须求出各种量值的最大值（包括最大正值和最大负值，最大负值也称最小值），以作为设计的依据。为此，必须先确定使某一量值发生最大（或最小）值的荷载位置，即最不利荷载位置。只要所求量值的最不利荷载位置一经确定，则其最大（最小）值可利用影响线求量值的方法算出。本节将讨论如何利用影响线来确定最不利荷载位置。

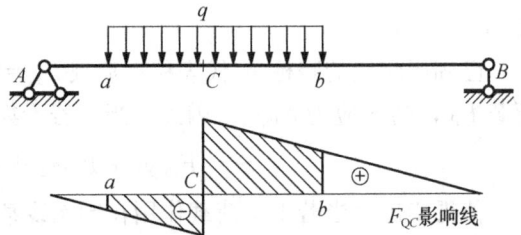

图 8-15

1. 简单集中荷载

当荷载的情况比较简单时，最不利荷载位置凭直观即可确定。例如如图 8-16 所示只有一个集中荷载 F_P 作用时，显然将 F_P 置于 S 影响线的最大竖标处即产生 S_{max}；而将 F_P 置于 S 影响线的最小竖标处即产生 S_{min} 值。

2. 任意布置的均布荷载

有一些定位荷载如人群、堆货等荷载，是可以按任意方式分布的均布荷载。其最不利荷载位置为：将其布满对应影响线所有竖标为正号区域时，可产生最大正量值 S_{max}；将其布满对应影响线所有竖标为负号区域时，则产生最大负量值 S_{min}。例如，图 8-17 中给出了梁截面 C 产生剪力最大值 F_{QCmax} 和最小值 F_{QCmin} 时的最不利荷载分布位置。

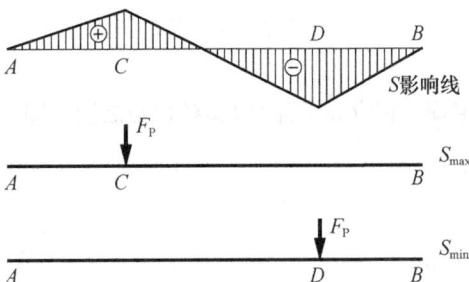

图 8-16

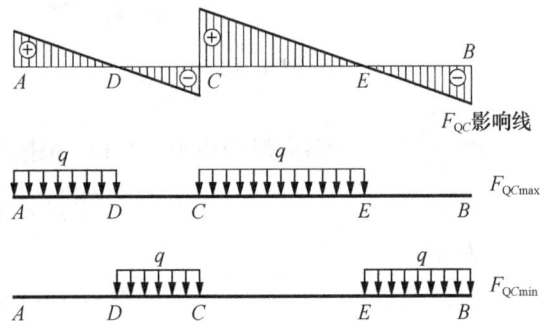

图 8-17

3. 系列集中荷载

有一些移动荷载如汽车、火车等荷载，可以简化为一系列彼此间距不变的系列集中荷载。当系列荷载移动到最不利位置时，所求的量值 S 为最大，也就是说，荷载由该位置不论再向左或再向右移动，S 值都会减小。所以，从讨论量值 S 的增量入手来确定集中荷载的最不利位置。这是仅考虑量值 S 的影响线是三角形分布的情形。

图 8-18 （a）、（b）分别表示一系列间距不变的移动集中荷载和某量值 S 的影响线。有

$$S = F_{P1}y_1 + F_{P2}y_2 + \cdots + F_{Pi}y_i + \cdots + F_{Pn}y_n$$

当荷载系列由左向右移动一小段距离 Δx 时，各集中荷载对应的影响线的竖标将随之改变，其改变量分别为 Δy_1，Δy_2，$\cdots$，Δy_n。于是量值 S 的增量 ΔS 为

$$\Delta S = F_{P1}\Delta y_1 + F_{P2}\Delta y_2 + \cdots + F_{Pi}\Delta y_i + \cdots + F_{Pn}\Delta y_n \tag{8-3}$$

在影响线为同一直线的部分，各竖标的增量应相等。若规定荷载向右移动，Δx 为正值，竖标增大时 Δy 为正，减小时 Δy 为负，则

$$\Delta y_1 = \Delta y_2 = \cdots = \Delta y_i = \Delta x \tan\alpha = \Delta x \frac{h}{a}$$

$$\Delta y_{i+1} = \Delta y_{i+2} = \cdots = \Delta y_n = -\Delta x \tan\beta = -\Delta x \frac{h}{b}$$

于是，ΔS 为

$$\Delta S = (F_{P1} + F_{P2} + \cdots + F_{Pi})\frac{h}{a}\Delta x - [F_{P(i+1)} + F_{P(i+2)} + \cdots + F_{Pn}]\frac{h}{b}\Delta x \tag{8-4}$$

现根据 ΔS 的增减来研究量值 S 取得极值时的荷载位置。由于量值 S 与荷载位置 x 的函数关系表示为折线，根据高等数学的知识，S 的极值应发生在 $\mathrm{d}S/\mathrm{d}x$ 变号的顶点处。若以 ΔS 来判断，则当 ΔS 变号时 S 有极值。那么，究竟荷载处于什么位置才能使 ΔS 变号呢？由式（8-4）分析，当没有任何集中荷载由左边经过影响线的顶点移到右边时，ΔS 保

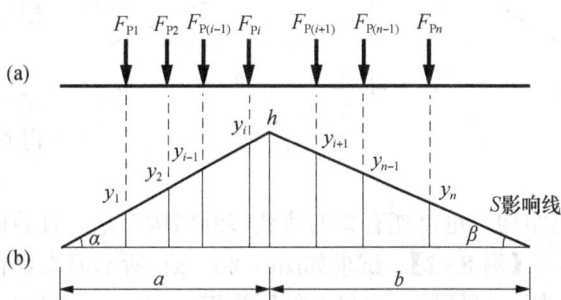

图 8-18

持为常量；当有某个集中荷载由左边过渡到右边时，ΔS 的值要发生变化，但不一定会改变正负号。只有某一集中荷载通过影响线顶点使 ΔS 变号，量值 S 才有极值。这样的荷载称为临界荷载，用 F_{Pcr} 表示。量值 S 产生极大值或极小值（负的极大值）可以这样来判断：

（1）当 ΔS 由大于零变为小于零（或由大于零变为等于零，或由等于零变为小于零）时，S 出现极大值。

（2）当 ΔS 由小于零变为大于零（或由小于零变为等于零，或由等于零变为大于零）时，S 出现极小值。

寻求极大值的判别条件，令 $F_{Pi} = F_{Pcr}$，式（8-4）可写为

$$(F_{P1} + F_{P2} + \cdots + F_{Pcr})\frac{h}{a}\Delta x - [F_{P(cr+1)} + F_{P(cr+2)} + \cdots + F_{Pn}]\frac{h}{b}\Delta x \geqslant 0$$

$$[F_{P1} + F_{P2} + \cdots + F_{P(cr-1)}]\frac{h}{a}\Delta x - [F_{Pcr} + F_{P(cr+1)} + \cdots + F_{Pn}]\frac{h}{b}\Delta x \leqslant 0$$

若以 $\sum F_P^L$ 和 $\sum F_P^R$ 分别表示 F_{Pcr} 以左和 F_{Pcr} 以右荷载之和，则上式可改写为

$$\left.\begin{array}{l} \dfrac{\sum F_P^L + F_{Pcr}}{a} \geqslant \dfrac{\sum F_P^R}{b} \\[3mm] \dfrac{\sum F_P^L}{a} \leqslant \dfrac{F_{Pcr} + \sum F_P^R}{b} \end{array}\right\} \tag{8-5}$$

式（8-5）为三角形影响线临界荷载判别式。对这两个不等式可以这样形象地理解：把临界荷载 F_{Pcr} 归到顶点的哪一边，哪一边的"平均荷载就大些"即临界荷载是"举足轻重"的。

注意：对于直角三角形影响线以及竖标有突变的影响线，判别式（8-5）将不再适用。对于均步荷载跨过三角形影响线顶点的情况，可由 $\mathrm{d}S/\mathrm{d}x=0$ 的条件来确定临界位置，此时有

$$\frac{F_P^L}{a} = \frac{F_P^R}{b} \tag{8-6}$$

即左、右两边的平均荷载应相等，如图 8-19 所示。

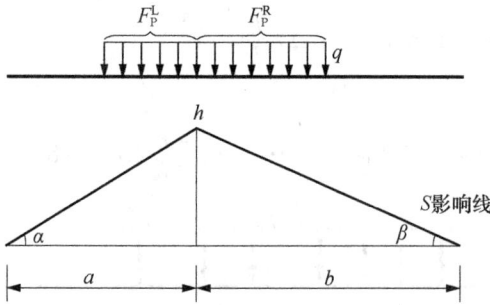

图 8-19

利用临界荷载判别式还需注意以下几点：

（1）判别式（8-5）虽然是假定系列荷载由左向右移动推导出来的，但当荷载移动方向相反时，该式仍然适用。

（2）利用判别式所求出的临界荷载可能不止一个，应分别算出对应的极值，通过比较，得到最大量值。

（3）在荷载移动过程中，可能有的荷载移出结构，也可能有新的荷载移到结构上来。计算时只考虑作用在结构上的荷载。

【例 8-2】 试求如图 8-20（a）所示简支梁在垂直吊车荷载作用下，跨中 C 截面的最大弯矩。已知第一台吊车轮压为 $F_{P1}=F_{P2}=195\text{kN}$，第二台吊车轮压为 $F_{P3}=F_{P4}=325\text{kN}$。

解： 作 M_C 的影响线如图 8-20 所示，并利用式（8-5）判断临界荷载。

当 F_{P2} 作用于 C 点时，有

$$\frac{195+195}{6} < \frac{325 \times 2}{6}$$

$$\frac{195}{6} < \frac{195 + 325 \times 2}{6}$$

故 F_{P2} 不是临界荷载。

当 F_{P3} 作用于 C 点时，F_{P1} 荷载移出结构，因此有

$$\frac{195+325}{6} > \frac{325}{6}$$

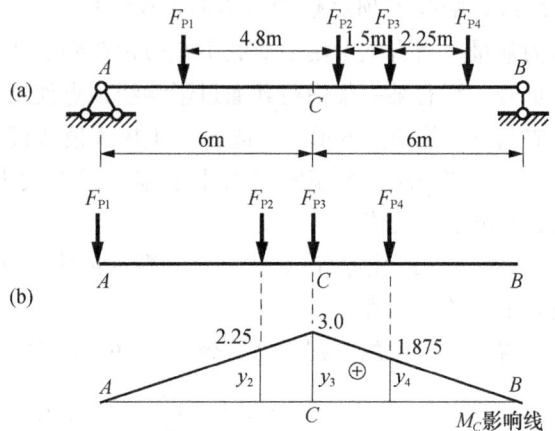

图 8-20

$$\frac{195}{6} < \frac{325+325}{6}$$

故 F_{P3} 是临界荷载。

再经判别，F_{P1} 虽然为临界荷载，但不可能产生 M_C 最大值；F_{P4} 不是临界荷载。

计算 M_C 的最大值 M_{Cmax} 如下

$$M_{Cmax} = 195 \times 2.25 + 325 \times 3 + 325 \times 1.875$$
$$= 2023.13 \text{kN·m}$$

第七节　简支梁的内力包络图和绝对最大弯矩

在设计吊车梁等承受移动荷载的结构时，必须求出各截面上内力的最大值（最大正值和最大负值）。用第六节介绍的确定最不利荷载位置进而求某量值最大值的方法，可以求出简支梁任一截面的最大内力值。如果把梁上各截面内力的最大值按同一比例标在图上，用光滑曲线连接而成，这个图形称为内力包络图。梁的内力包络图有两种：弯矩包络图和剪力包络图。包络图表示各截面内力变化的极限值，是结构设计中的主要依据，在吊车梁和楼盖设计中应用很多。

如图 8-21 所示为一吊车梁，承受两台吊车作用，吊车轮压如图 8-21（a）所示。不计吊车梁自重，现绘制其弯矩包络图。首先将梁分成若干等分 [见图 8-21（a）]，然后利用影响线计算每一分点截面的最大弯矩值，并在图上绘出竖标，最后将各竖标顶点连成一条曲线，得到该梁的弯矩包络图，如图 8-21（b）所示。同理，可利用剪力影响线求出各截面的最大剪力和最小剪力，将最大和最小剪力的竖标顶点分别用曲线连接，就得到该梁的剪力包络图。由于每一截面都将产生相应的最大剪力和最小剪力，故剪力包络图有两根曲线，如图 8-21（c）所示。简支梁的内力包络图与荷载情况有关，吊车的台数、规格不同，同一吊车梁的内力包络图也将不同。

弯矩包络图中的最大竖标是该简支梁各截面的所有最大弯矩中的最大值，称之为绝对最大弯矩。它代表在确定的移动荷载作用下梁内可能出现的弯矩最大值。绝对最大弯矩与两个因素有关，即截面位置的变化和荷载位置的变化，也就是说，截面位置与荷载位置都是未知的。由于事先不能确定绝对最大弯矩所在截面的位置，因此不能按照前述求最不利荷载位置的方法来计算，应从另外的途径进行分析。

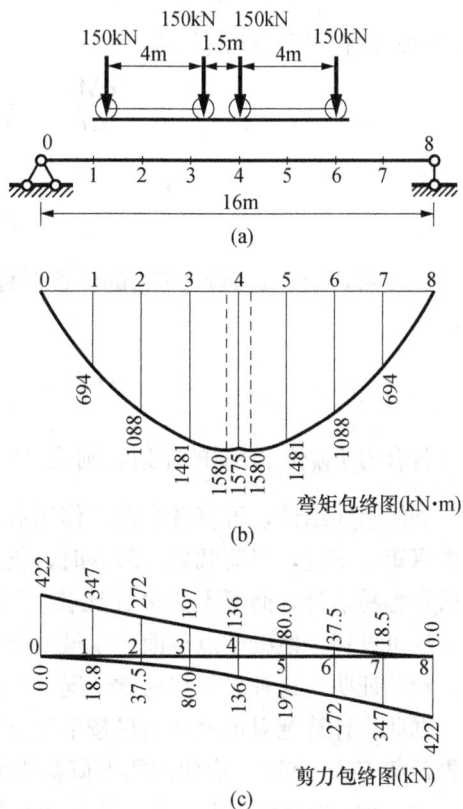

图 8-21

当梁上作用的移动荷载都是集中荷载时，问题可以简化。如图 8-22 所示，已知梁在集中荷载组作用下，无论荷载在任何位置，弯矩图的顶点总是在集中荷载作用点处。因此，可以断定，绝对最大弯矩必定发生在某一集中荷载作用点处的截面上。剩下的问题只是确定它究竟发生在哪一个荷载的作用点处及该点位置。为此，可采取如下办法解决，即先任选一集中荷载，看荷载在什么位置时，该荷载作用点处截面的弯矩达到最大值。然后，按同样方法，分别求出其他各荷载作用点处截面的最大弯矩，再加以比较，即可确定绝对最大弯矩。

现在，首要问题在于，对于任一集中荷载，如何确定荷载在什么位置时，该荷载作用点处截面的弯矩最大且最大值是多少。

如图 8-22 所示，试取某一集中荷载 F_{Pk}，它至左支座 A 的距离为 x，而梁上荷载的合力 F_{PR} 作用线与 F_{Pk} 作用线之间的距离为 a，则左支座反力为

$$F_{RA} = \frac{F_{PR}}{l}(l - x - a)$$

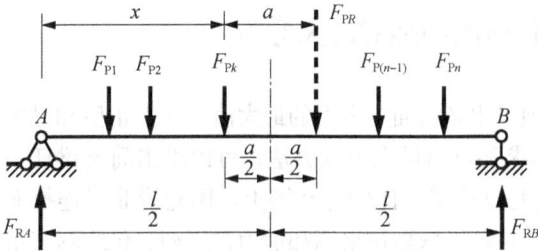

图 8-22

F_{Pk} 作用点截面的弯矩 M_x 为

$$M_x = F_{RA}x - M_L = \frac{F_{PR}}{l}(l - x - a)x - M_L$$

M_L 表示 F_{Pk} 以左梁上荷载对 F_{Pk} 作用点的力矩总和，它是一个与 x 无关的常数。当 M_x 为极大时，根据极值条件

$$\frac{dM_x}{dx} = \frac{F_{PR}}{l}(l - 2x - a) = 0$$

得

$$x = \frac{l}{2} - \frac{a}{2} \tag{8-7}$$

这表明，当 F_{Pk} 与合力 F_{PR} 的位置对称于梁的中点时，F_{Pk} 之下截面的弯矩达到最大值，其值为

$$M_{max} = \frac{F_{PR}}{l}\left(\frac{l}{2} - \frac{a}{2}\right)^2 - M_L \tag{8-8}$$

若合力 F_{PR} 位于 F_{Pk} 的左边，则式（8-7）、式（8-8）中 $\frac{a}{2}$ 前的减号应改为加号。

利用上述结论，可将各个荷载作用点截面的最大弯矩找出，将它们加以比较而得出绝对最大弯矩。不过，当荷载数目较多时，仍然较为烦琐。实际计算时，绝对最大弯矩的临界荷载通常容易估计，而可不必多加比较。因为简支梁的绝对最大弯矩总是发生在梁的中点附近，故可设想，使梁中点截面产生最大弯矩的临界荷载，也就是发生绝对最大弯矩的临界荷载。经验证明，这种设想在通常情况下都是与实际相符的。

据此，计算绝对最大弯矩可按下述步骤进行：首先，确定使梁跨中截面发生最大弯矩的临界荷载 F_{Pk}；其次，应假设梁上荷载的个数并求其合力 F_{PR}；最后，移动荷载组，使 F_{Pk} 与合力 F_{PR} 对称于梁的中点分布，算出此时 F_{Pk} 所在截面的弯矩，即得绝对最大弯矩。

注意：①在荷载移动过程中，有荷载移出简支梁或有新的荷载移到结构上时，应注意查对梁上荷载是否与求合力时相符，如不符，应再行安排，重新计算合力，直至相符。②当假设不同的梁上荷载个数均能实现上述荷载布置时，则应将不同情况下 F_{Pk} 截面的弯矩分别求出，然后选大者为绝对最大弯矩。

【例 8-3】 试求如图8-23所示简支梁的绝对最大弯矩并与跨中截面最大弯矩进行比较。

解： （1）求出使跨中截面 C 发生最大弯矩的临界荷载。绘出 M_C 的影响线，由式（8-5）判别式可知，临界荷载为 120kN，$F_{Pk}=120$kN，如图 8-23（b）所示。

M_C 的最大值为

$$M_{C\max} = 120 \times 3 + 60 \times 1 = 420\text{kN·m}$$

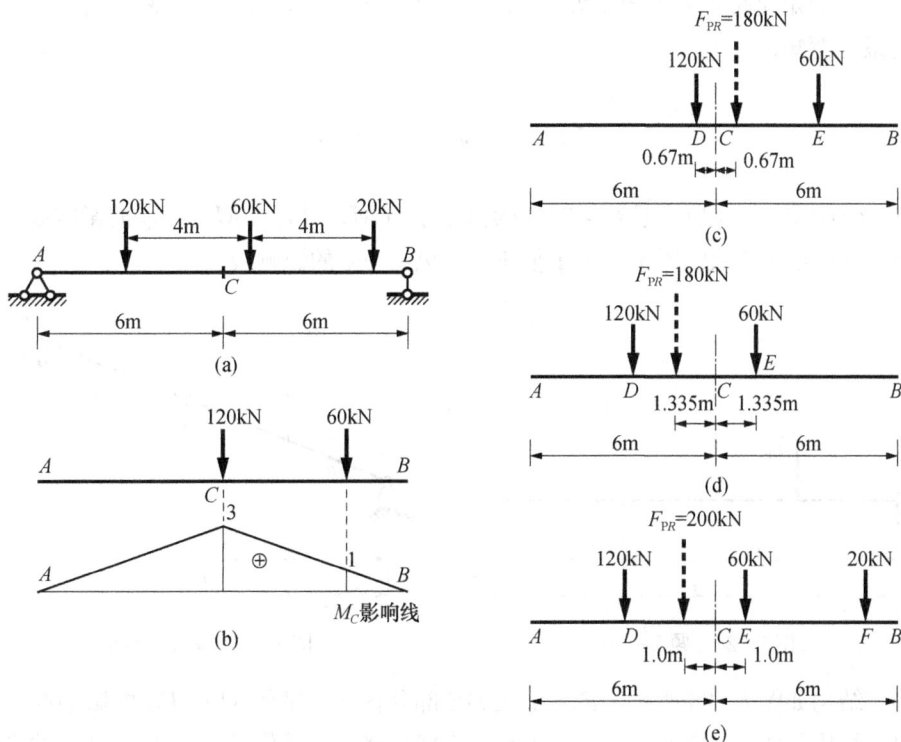

图 8-23

（2）求两个荷载在梁上时，梁的绝对最大弯矩。发生绝对最大弯矩时有两个荷载在梁上，其合力为

$$F_{PR} = 120 + 60 = 180\text{kN}$$

F_{PR} 至临界荷载（120kN）的距离 a 由合力矩定理（以 120kN 作用点为矩心）求得

$$a = \frac{60 \times 4}{180} = \frac{4}{3} = 1.33\text{m}$$

使 F_{Pk} 与 F_{PR} 对称于梁的中点，荷载安排如图 8-23（c）所示，此时梁上荷载与求合力时相符。由式（8-8）算得绝对最大弯矩（即 D 点弯矩）为

$$M_{\max} = \frac{F_{PR}}{l}\left(\frac{l}{2} - \frac{a}{2}\right)^2 - M_L = \frac{180}{12}\left(\frac{12}{2} - \frac{1.33}{2}\right)^2 - 0 = 426.7\text{kN·m}$$

绝对最大弯矩也可发生在 E 点，荷载安排如图 8-23（d）所示，有

$$M_{\max} = \frac{F_{PR}}{l}\left(\frac{l}{2} + \frac{a}{2}\right)^2 - M_L = \frac{180}{12}\left(\frac{12}{2} + \frac{2.67}{2}\right)^2 - 120 \times 4 = 325.93\text{kN·m}$$

（3）求三个荷载在梁上时，梁的绝对最大弯矩。绝对最大弯矩也可能出现在三个荷载都

在梁上的情况，荷载安排如图 8-23（e）所示，此时，绝对最大弯矩发生在 E 点，有

$$M_{\max} = \frac{F_{PR}}{l}\left(\frac{l}{2}+\frac{a}{2}\right)^2 - M_L = \frac{200}{12}\left(\frac{12}{2}+\frac{2}{2}\right)^2 - 120 \times 4 = 336.67\mathrm{kN \cdot m}$$

因此，梁绝对最大弯矩值为

$$M_{\max} = 426.7\mathrm{kN \cdot m}$$

绝对最大弯矩比跨中最大弯矩大 1.6%，在实际工作中，有时可用跨中最大弯矩来近似代替绝对最大弯矩。

习　题

8-1　作如图 8-24 所示悬臂梁结构的指定量值 M_A、F_{QA}、M_C、F_{QC} 的影响线。

8-2　试作如图 8-25 所示斜梁量值 F_{RB}、M_C、F_{QC} 的影响线。

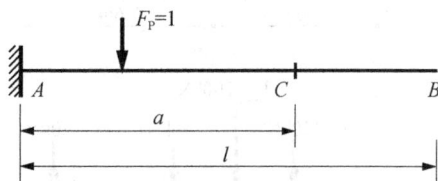

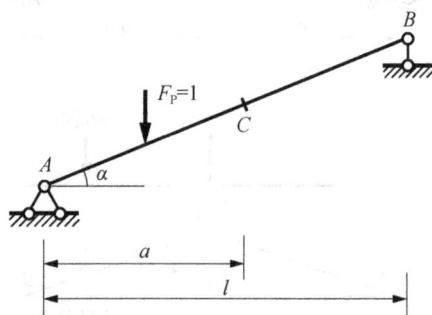

图 8-24　题 8-1 图　　　　　　　　　图 8-25　题 8-2 图

8-3　结构如图 8-26 所示，$F_P=1$ 在 DE 部分移动，试作 M_C、F_{QC} 的影响线。

8-4　结构如图 8-27 所示，$F_P=1$ 在 AE 部分移动，试作 F_{NBC}、M_D、F_{QD} 的影响线。

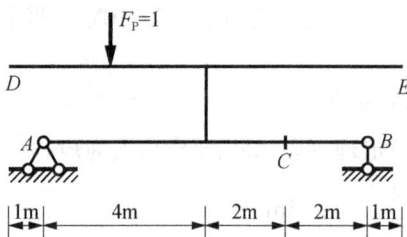

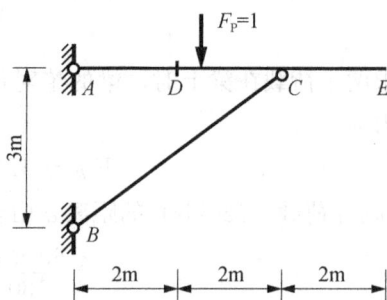

图 8-26　题 8-3 图　　　　　　　　　图 8-27　题 8-4 图

8-5　试作如图 8-28 所示结构中指定量值 F_{RB}、M_C、F_{QC}^L、F_{QC}^R、M_D、F_{QD} 的影响线。

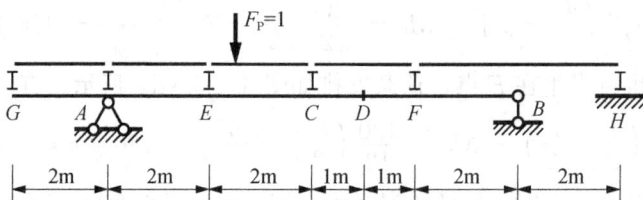

图 8-28　题 8-5 图

8-6　试作如图 8-29 所示多跨静定梁结构中指定量值 F_{RB}、M_K、F_{QK}、M_H、F_{QH} 的影响线。

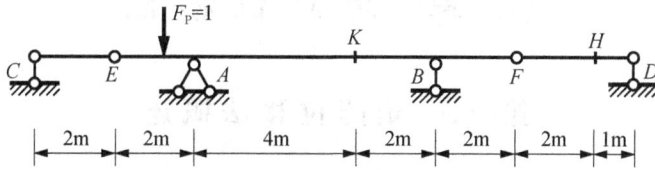

图 8-29　题 8-6 图

8-7　试作如图 8-30 所示桁架中指定各杆的内力的影响线。

8-8　利用影响线求如图 8-31 所示简支梁的支座反力 F_{RA} 和截面 C 的弯矩 M_C。

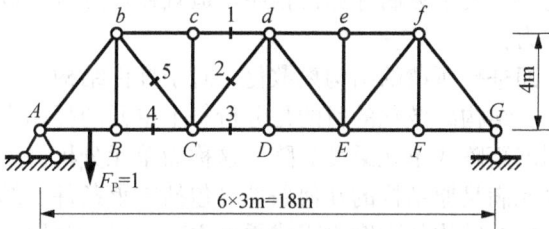

图 8-30　题 8-7 图

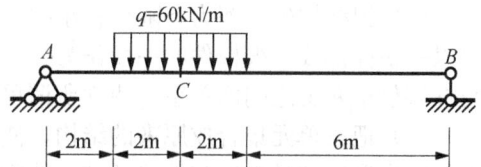

图 8-31　题 8-8 图

8-9　试求如图 8-32 所示简支梁在垂直吊车荷载作用下截面 C 的最大弯矩、最大正剪力和最大负剪力。

8-10　试求如图 8-33 所示简支梁在移动荷载作用下的绝对最大弯矩，并与跨中截面的最大弯矩作比较。

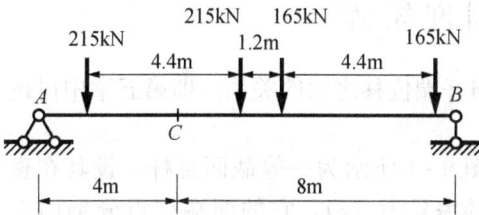

图 8-32　题 8-9 图

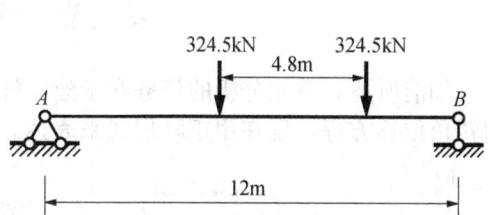

图 8-33　题 8-10 图

第九章　矩　阵　位　移　法

第一节　矩阵位移法概述

前面介绍的力法和位移法都是传统的结构力学基本方法，当计算简图较复杂、基本未知量数目较多时，需建立和求解多元代数方程组，用手工计算将是极为烦琐和困难的。随着电子计算机的出现和广泛应用，适合电算的分析方法——结构矩阵分析得到了迅速的发展。这一方法的基本原理与上述传统方法并无实质的区别，只是在处理手段上采用了矩阵这一数学工具。这是由于矩阵表达式结构紧凑、形式统一，便于编制计算机程序，适宜在计算机上进行自动化运算。杆件结构矩阵分析的基本思路为：

（1）把结构先分解为有限个较小的单元，即进行所谓的结构离散化。对于杆件结构，一般以一根杆件或一根杆件的一段作为一个单元。结构离散化的目的是分析每个单元的杆端力与杆端位移两者之间的关系，建立所谓单元刚度矩阵或单元柔度矩阵。这称为单元分析。

（2）把各单元集合成原来的结构，使各单元满足原结构的几何条件（包括支承条件、结点处的变形连续条件）和平衡条件，从而建立整个结构的刚度方程或柔度方程，以求解原结构的位移和内力。这称为整体分析。

与前面讲过的传统的力法和位移法相对应，在结构矩阵分析中也有矩阵力法和矩阵位移法，当以结构的多余未知力作为基本未知量时，称为矩阵力法（柔度法）；当以结构的结点位移作为基本未知量时，称为矩阵位移法（刚度法）。矩阵位移法的程序简单且通用性强，故应用最广。本章只介绍矩阵位移法。

第二节　单元刚度矩阵

如前所述，单元分析的任务在于建立杆端力与杆端位移之间的关系，即第五章中讨论过的转角位移方程，现在用矩阵形式来表达。

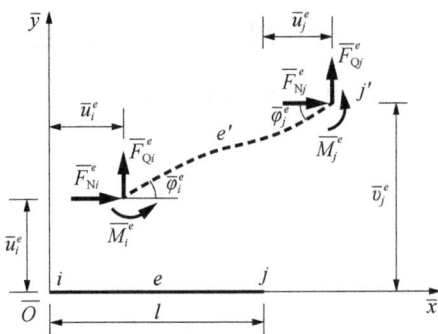

图 9-1

如图 9-1 所示为一等截面直杆，设其在整个结构中的编号为（e），它的两端结点分别用 i、j 表示，取如图 9-1 所示的 $\overline{x}O\overline{y}$ 坐标系，其中 $\overline{x}$ 轴与单元的轴线重合，以 i 为单元的始端，j 为单元的末端，并以由 i 到 j 的方向为正；以 $\overline{x}$ 轴的正向逆时针转 90°为 $\overline{y}$ 轴的正向。这种就某一单元而建立的坐标系称为局部坐标系。

对于平面杆件单元，在一般情况下两端各有三个杆端力，即 i 端的轴力 $\overline{F}_{Ni}^e$、剪力 $\overline{F}_{Qi}^e$ 和弯矩 $\overline{M}_i^e$ 及 j 端的 $\overline{F}_{Nj}^e$、$\overline{F}_{Qj}^e$、$\overline{M}_j^e$（这些符号上面的横线表示它们是局部坐标系中的量值，上标 e 表示它们是属于单元 e 的，下同）；与此相应有六个杆端位移分量，即 $\overline{u}_i^e$、$\overline{v}_i^e$、$\overline{\varphi}_i^e$ 和 $\overline{u}_j^e$、$\overline{v}_j^e$、$\overline{\varphi}_j^e$。它们的正负号采取如下规定：就单元（e）而言，$\overline{u}^e$ 或 $\overline{F}_N^e$ 以沿 $\overline{x}$ 轴的正方向为正；$\overline{v}^e$ 或 $\overline{F}_Q^e$ 以沿 $\overline{y}$ 轴的正方向为正；$\overline{\varphi}^e$ 或 $\overline{M}^e$ 以逆时针方向为正。据

此规定，图9-1中的杆端位移和杆端力都是正的。

就图9-1中的单元（e），建立由单元杆端位移确定杆端力的转换矩阵。为此，可先分别求出由各杆端位移单独引起的杆端力，如图9-2（a）～（f）所示，已知杆件跨度l，截面抗弯刚度EI，轴向刚度EA。然后，根据叠加原理可写出

$$
\left.
\begin{aligned}
\bar{F}_{\mathrm{N}i}^{e} &= \frac{EA}{l}\bar{u}_{i}^{e} - \frac{EA}{l}\bar{u}_{j}^{e} \\[2mm]
\bar{F}_{\mathrm{Q}i}^{e} &= \frac{12EI}{l^{3}}\bar{v}_{i}^{e} + \frac{6EI}{l^{2}}\bar{\varphi}_{i}^{e} - \frac{12EI}{l^{3}}\bar{v}_{j}^{e} + \frac{6EI}{l^{2}}\bar{\varphi}_{j}^{e} \\[2mm]
\bar{M}_{i}^{e} &= \frac{6EI}{l^{2}}\bar{v}_{i}^{e} + \frac{4EI}{l}\bar{\varphi}_{i}^{e} - \frac{6EI}{l^{2}}\bar{v}_{j}^{e} + \frac{2EI}{l}\bar{\varphi}_{j}^{e} \\[2mm]
\bar{F}_{\mathrm{N}j}^{e} &= -\frac{EA}{l}\bar{u}_{i}^{e} + \frac{EA}{l}\bar{u}_{j}^{e} \\[2mm]
\bar{F}_{\mathrm{Q}j}^{e} &= -\frac{12EI}{l^{3}}\bar{v}_{i}^{e} - \frac{6EI}{l^{2}}\bar{\varphi}_{i}^{e} + \frac{12EI}{l^{3}}\bar{v}_{j}^{e} - \frac{6EI}{l^{2}}\bar{\varphi}_{j}^{e} \\[2mm]
\bar{M}_{j}^{e} &= \frac{6EI}{l^{2}}\bar{v}_{i}^{e} + \frac{2EI}{l}\bar{\varphi}_{i}^{e} - \frac{6EI}{l^{2}}\bar{v}_{j}^{e} + \frac{4EI}{l}\bar{\varphi}_{j}^{e}
\end{aligned}
\right\} \tag{9-1}
$$

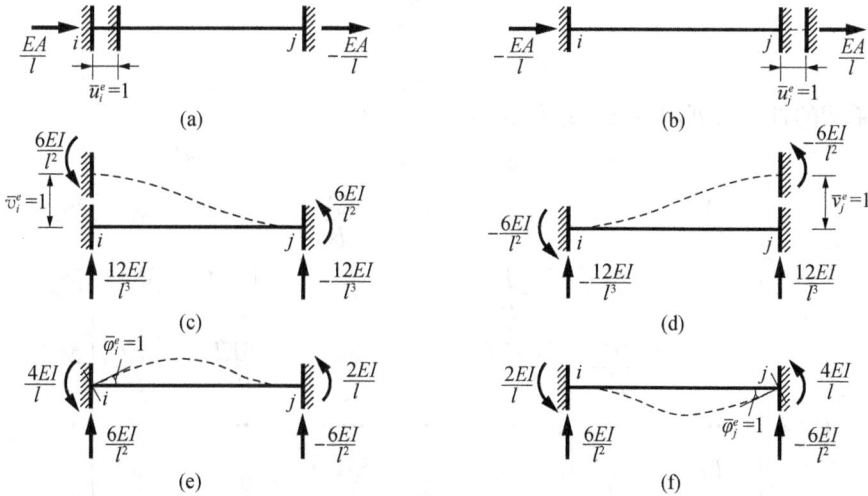

图9-2

写成矩阵形式则有

$$
\begin{bmatrix}
\bar{F}_{\mathrm{N}i}^{e} \\[1mm]
\bar{F}_{\mathrm{Q}i}^{e} \\[1mm]
\bar{M}_{i}^{e} \\[1mm]
\cdots \\[1mm]
\bar{F}_{\mathrm{N}j}^{e} \\[1mm]
\bar{F}_{\mathrm{Q}j}^{e} \\[1mm]
\bar{M}_{j}^{e}
\end{bmatrix}
=
\begin{bmatrix}
\dfrac{EA}{l} & 0 & 0 & \vdots & -\dfrac{EA}{l} & 0 & 0 \\[2mm]
0 & \dfrac{12EI}{l^{3}} & \dfrac{6EI}{l^{2}} & \vdots & 0 & -\dfrac{12EI}{l^{3}} & \dfrac{6EI}{l^{2}} \\[2mm]
0 & \dfrac{6EI}{l^{2}} & \dfrac{4EI}{l} & \vdots & 0 & -\dfrac{6EI}{l^{2}} & \dfrac{2EI}{l} \\[2mm]
\cdots & \cdots & \cdots & \cdots & \cdots & \cdots & \cdots \\[2mm]
-\dfrac{EA}{l} & 0 & 0 & \vdots & \dfrac{EA}{l} & 0 & 0 \\[2mm]
0 & -\dfrac{12EI}{l^{3}} & -\dfrac{6EI}{l^{2}} & \vdots & 0 & \dfrac{12EI}{l^{3}} & -\dfrac{6EI}{l^{2}} \\[2mm]
0 & \dfrac{6EI}{l^{2}} & \dfrac{2EI}{l} & \vdots & 0 & -\dfrac{6EI}{l^{2}} & \dfrac{4EI}{l}
\end{bmatrix}
\begin{bmatrix}
\bar{u}_{i}^{e} \\[1mm]
\bar{v}_{i}^{e} \\[1mm]
\bar{\varphi}_{i}^{e} \\[1mm]
\cdots \\[1mm]
\bar{u}_{j}^{e} \\[1mm]
\bar{v}_{j}^{e} \\[1mm]
\bar{\varphi}_{j}^{e}
\end{bmatrix}
\tag{9-2}
$$

式（9-2）即为单元（e）的刚度方程，可简写成

$$\overline{F}^e = \overline{k}^e \cdot \overline{\delta}^e \tag{9-3}$$

式中

$$\overline{F}^e = \begin{bmatrix} \overline{F}_{Ni}^e \\ \overline{F}_{Qi}^e \\ \overline{M}_i^e \\ \cdots \\ \overline{F}_{Nj}^e \\ \overline{F}_{Qj}^e \\ \overline{M}_j^e \end{bmatrix} \tag{9-4}$$

$$\overline{\delta}^e = \begin{bmatrix} \overline{u}_i^e \\ \overline{v}_i^e \\ \overline{\varphi}_i^e \\ \cdots \\ \overline{u}_j^e \\ \overline{v}_j^e \\ \overline{\varphi}_j^e \end{bmatrix} \tag{9-5}$$

分别称为单元的杆端力列向量和杆端位移列向量，而

$$\overline{k}^e = \begin{array}{ccccccc} \overline{u}_i^e & \overline{v}_i^e & \overline{\varphi}_i^e & \overline{u}_j^e & \overline{v}_j^e & \overline{\varphi}_j^e & \\ \left[\begin{array}{cccccc} \dfrac{EA}{l} & 0 & 0 & \vdots & -\dfrac{EA}{l} & 0 & 0 \\ 0 & \dfrac{12EI}{l^3} & \dfrac{6EI}{l^2} & \vdots & 0 & -\dfrac{12EI}{l^3} & \dfrac{6EI}{l^2} \\ 0 & \dfrac{6EI}{l^2} & \dfrac{4EI}{l} & \vdots & 0 & -\dfrac{6EI}{l^2} & \dfrac{2EI}{l} \\ \cdots & \cdots & \cdots & \cdots & \cdots & \cdots & \cdots \\ -\dfrac{EA}{l} & 0 & 0 & \vdots & \dfrac{EA}{l} & 0 & 0 \\ 0 & -\dfrac{12EI}{l^3} & -\dfrac{6EI}{l^2} & \vdots & 0 & \dfrac{12EI}{l^3} & -\dfrac{6EI}{l^2} \\ 0 & \dfrac{6EI}{l^2} & \dfrac{2EI}{l} & \vdots & 0 & -\dfrac{6EI}{l^2} & \dfrac{4EI}{l} \end{array}\right] & \begin{array}{c} \overline{F}_{Ni}^e \\ \overline{F}_{Qi}^e \\ \overline{M}_i^e \\ \cdots \\ \overline{F}_{Nj}^e \\ \overline{F}_{Qj}^e \\ \overline{M}_j^e \end{array} \end{array} \tag{9-6}$$

$\overline{k}^e$ 称为单元刚度矩阵（简称单刚）。它的行数等于杆端力列向量的分量数，而列数等于杆端位移列向量的分量数，由于杆端力和相应的杆端位移数目相等，故 $\overline{k}^e$ 是方阵。为保证杆端力列向量和杆端位移列向量按规定的顺序排列，可在 $\overline{k}^e$ 的上方注明杆端位移分量，而在右方注明与之一一对应的杆端力分量。显然，单元刚度矩阵中每一元素的物理意义就是当其所在行对应的杆端位移分量等于 1（其余杆端位移分量均为零）时，所引起的其所在行对应的杆端力分量的数值。

单元刚度矩阵有如下重要性质：

（1）对称性，单元刚度矩阵 $\overline{k}^e$ 是一个对称矩阵，其元素 $k_{ij} = k_{ji}$（$i \neq j$）。由反力互等定理可得到证明。

（2）奇异性，单元刚度矩阵 $\bar{k}^e$ 是奇异矩阵，它的元素行列式等于零，即 $|\bar{k}^e|=0$。因此，其逆矩阵不存在。也就是说，如果给定了杆端位移 $\bar{\delta}^e$，由式（9-3）可以确定杆端力 $\bar{F}^e$；但给定了杆端力 $\bar{F}^e$，却不能由式（9-3）反求杆端位移 $\bar{\delta}^e$。从物理概念上来说，由于所讨论的是一个自由单元，两端没有任何支承约束，因此杆件除了由杆端力引起的轴向变形和弯曲变形外，还可以有任意的刚体位移，故由给定的 $\bar{F}^e$ 还不能求得 $\bar{\delta}^e$ 的唯一解，除非增加合适的约束条件。

对于只需考虑轴向杆端位移和轴向杆端力的单元，例如桁架中的杆单元，由式（9-2）可知，其单元刚度方程为

$$\begin{bmatrix} \bar{F}^e_{Ni} \\ \bar{F}^e_{Nj} \end{bmatrix} = \begin{bmatrix} \dfrac{EA}{l} & -\dfrac{EA}{l} \\ -\dfrac{EA}{l} & \dfrac{EA}{l} \end{bmatrix} \begin{bmatrix} \bar{u}^e_i \\ \bar{u}^e_j \end{bmatrix} \tag{9-7}$$

相应的单元刚度矩阵为

$$\bar{k}^e = \begin{matrix} & \bar{u}^e_i \quad\; \bar{u}^e_j & \\ & \begin{bmatrix} \dfrac{EA}{l} & -\dfrac{EA}{l} \\ -\dfrac{EA}{l} & \dfrac{EA}{l} \end{bmatrix} & \begin{matrix} \bar{F}^e_{Ni} \\ \bar{F}^e_{Nj} \end{matrix} \end{matrix} \tag{9-8}$$

式（9-7）和式（9-8）可以看作一般单元在不考虑垂直于杆轴方向杆端线位移和角位移情况下，即 $\bar{v}^e_i = \bar{v}^e_j = \bar{\varphi}^e_i = \bar{\varphi}^e_j = 0$ 时，得出的单元刚度方程和单元刚度矩阵。

此外，为了以后便于进行坐标转换，可以添上零元素的行和列，把它写成 4×4 的矩阵

$$\bar{k}^e = \begin{matrix} & \bar{u}^e_i \quad\;\; \bar{v}^e_i \qquad\;\; \bar{u}^e_j \quad\;\; \bar{v}^e_j & \\ & \begin{bmatrix} \dfrac{EA}{l} & 0 & \vdots & -\dfrac{EA}{l} & 0 \\ 0 & 0 & \vdots & 0 & 0 \\ \cdots & \cdots & \cdots & \cdots & \cdots \\ -\dfrac{EA}{l} & 0 & \vdots & \dfrac{EA}{l} & 0 \\ 0 & 0 & \vdots & 0 & 0 \end{bmatrix} & \begin{matrix} \bar{F}^e_{Ni} \\ \bar{F}^e_{Qi} \\ \cdots \\ \bar{F}^e_{Nj} \\ \bar{F}^e_{Qj} \end{matrix} \end{matrix} \tag{9-9}$$

对于其他特殊的杆件单元，同样可由式（9-2）经过修改得到相应的单元刚度矩阵。

第三节 单元刚度矩阵的坐标转换

上述单元刚度方程和单元刚度矩阵是在局部坐标系 $\overline{xOy}$ 中建立起来的，对于一般杆系结构，分析时所划分的各单元其局部坐标系显然不相同，因此在研究结构的平衡条件和变形协调条件时，必须选定一个统一的坐标系 xOy，称为整体坐标系或结构坐标系。同时，还必须把在局部坐标系中建立的单元刚度矩阵转换为整体坐标系下的单元刚度矩阵。下面介绍坐标变换的方法。

如图 9-3 所示单元（e），$\overline{xOy}$ 为单元坐标系，xOy 为整体坐标系。在单元坐标系 $\overline{xOy}$ 下，单元杆端力可表示为

$$\bar{F}^e = [\bar{F}^e_{Ni} \quad \bar{F}^e_{Qi} \quad \overline{M}^e_i \quad \bar{F}^e_{Nj} \quad \bar{F}^e_{Qj} \quad \overline{M}^e_j]^{\mathrm{T}} \tag{9-10}$$

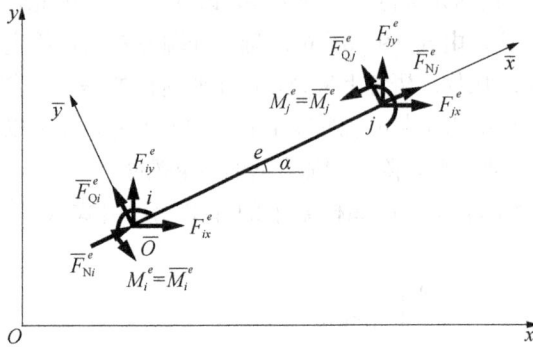

图 9 - 3

在整体坐标系 xOy 下的单元杆端力表示为

$$\boldsymbol{F}^e = \begin{bmatrix} F_{ix}^e & F_{iy}^e & M_i^e & F_{jx}^e & F_{jy}^e & M_j^e \end{bmatrix}^{\mathrm{T}}$$
(9 - 11)

设以 x 轴逆时针转到与 $\bar{x}$ 轴重合时所成的角度 α 为正，由静力等效变换得

$$
\left.
\begin{aligned}
\overline{F}_{Ni}^e &= F_{ix}^e \cos\alpha + F_{iy}^e \sin\alpha \\
\overline{F}_{Qi}^e &= -F_{ix}^e \sin\alpha + F_{iy}^e \cos\alpha \\
\overline{M}_i^e &= M_i^e \\
\overline{F}_{Nj}^e &= F_{jx}^e \cos\alpha + F_{jy}^e \sin\alpha \\
\overline{F}_{Qj}^e &= -F_{jx}^e \sin\alpha + F_{jy}^e \cos\alpha \\
\overline{M}_j^e &= M_j^e
\end{aligned}
\right\}
$$
(9 - 12)

将上式写成矩阵形式，可得

$$
\begin{bmatrix}
\overline{F}_{Ni}^e \\
\overline{F}_{Qi}^e \\
\overline{M}_i^e \\
\overline{F}_{Nj}^e \\
\overline{F}_{Qj}^e \\
\overline{M}_j^e
\end{bmatrix}
=
\begin{bmatrix}
\cos\alpha & \sin\alpha & 0 & 0 & 0 & 0 \\
-\sin\alpha & \cos\alpha & 0 & 0 & 0 & 0 \\
0 & 0 & 1 & 0 & 0 & 0 \\
0 & 0 & 0 & \cos\alpha & \sin\alpha & 0 \\
0 & 0 & 0 & -\sin\alpha & \cos\alpha & 0 \\
0 & 0 & 0 & 0 & 0 & 1
\end{bmatrix}
\begin{bmatrix}
F_{ix}^e \\
F_{iy}^e \\
M_i^e \\
F_{jx}^e \\
F_{jy}^e \\
M_j^e
\end{bmatrix}
$$
(9 - 13)

或简写成

$$\overline{\boldsymbol{F}}^e = \boldsymbol{T}\boldsymbol{F}^e$$
(9 - 14)

其中

$$
\boldsymbol{T} =
\begin{bmatrix}
\cos\alpha & \sin\alpha & 0 & 0 & 0 & 0 \\
-\sin\alpha & \cos\alpha & 0 & 0 & 0 & 0 \\
0 & 0 & 1 & 0 & 0 & 0 \\
0 & 0 & 0 & \cos\alpha & \sin\alpha & 0 \\
0 & 0 & 0 & -\sin\alpha & \cos\alpha & 0 \\
0 & 0 & 0 & 0 & 0 & 1
\end{bmatrix}
$$
(9 - 15)

$\boldsymbol{T}$ 称为坐标变换矩阵。它是一个正交阵，因而有

$$\boldsymbol{T}^{-1} = \boldsymbol{T}^{\mathrm{T}}$$
(9 - 16)

式（9 - 14）表明单元（e）在整体坐标系下的杆端力与在单元局部坐标系下的杆端力之间的变换关系。这一变换关系同样适用于杆端位移，即

$$\overline{\boldsymbol{\delta}}^e = \boldsymbol{T}\boldsymbol{\delta}^e$$
(9 - 17)

其中

$$\boldsymbol{\delta}^e = \begin{bmatrix} u_i^e & v_i^e & \varphi_i^e & u_j^e & v_j^e & \varphi_j^e \end{bmatrix}^{\mathrm{T}}$$
(9 - 18)

称为整体坐标系下的杆端位移列向量。

将式（9 - 14）、式（9 - 17）代入式（9 - 3），有

$$TF^e = \bar{k}^e T\delta^e$$

上式两边左乘 T^{-1}，并考虑到式（9-16），可得

$$F^e = T^T \bar{k}^e T\delta^e \qquad (9-19)$$

令

$$k^e = T^T \bar{k}^e T \qquad (9-20)$$

则有

$$F^e = k^e\delta^e \qquad (9-21)$$

式（9-21）即整体坐标系下单元 (e) 的刚度方程。这里，k^e 就是整体坐标系中的单元刚度矩阵，式（9-20）即为单元刚度矩阵由局部坐标系向整体坐标系转换的公式。

由于以后在整体分析中，是对结构的每个结点分别建立平衡方程，因此为了以后讨论方便，可将式（9-21）按单元的始末端结点 i、j 进行分块，而写成如下形式：

$$\begin{bmatrix} F_i^e \\ F_j^e \end{bmatrix} = \begin{bmatrix} k_{ii}^e & k_{ij}^e \\ k_{ji}^e & k_{jj}^e \end{bmatrix} \begin{bmatrix} \delta_i^e \\ \delta_j^e \end{bmatrix} \qquad (9-22)$$

其中

$$F_i^e = \begin{bmatrix} F_{ix}^e \\ F_{iy}^e \\ M_i^e \end{bmatrix}, \quad F_j^e = \begin{bmatrix} F_{jx}^e \\ F_{jy}^e \\ M_j^e \end{bmatrix}, \quad \delta_i^e = \begin{bmatrix} u_i^e \\ v_i^e \\ \varphi_i^e \end{bmatrix}, \quad \delta_j^e = \begin{bmatrix} u_j^e \\ v_j^e \\ \varphi_j^e \end{bmatrix} \qquad (9-23)$$

分别为始端 i 和末端 j 的杆端力和杆端位移列向量。k_{ii}^e、k_{ij}^e、k_{ji}^e、k_{jj}^e 为单元刚度矩阵 k^e 的四个子块，即

$$k^e = \begin{matrix} & i & j \\ & \begin{bmatrix} k_{ii}^e & k_{ij}^e \\ k_{ji}^e & k_{jj}^e \end{bmatrix} & \begin{matrix} i \\ j \end{matrix} \end{matrix} \qquad (9-24)$$

每个子块都是 3×3 阶方阵。

将式（9-6）、式（9-15）代入式（9-20），可得整体坐标系下的单元刚度矩阵：

$$k^e = \begin{bmatrix} k_{ii}^e & \cdots & k_{ij}^e \\ \vdots & \vdots & \vdots \\ k_{ji}^e & \cdots & k_{jj}^e \end{bmatrix}$$

$$= \begin{bmatrix} \left(\dfrac{EA}{l}c^2 + \dfrac{12EI}{l^3}s^2\right) & \left(\dfrac{EA}{l} - \dfrac{12EI}{l^3}\right)cs & -\dfrac{6EI}{l^2}s & \vdots & \left(-\dfrac{EA}{l}c^2 - \dfrac{12EI}{l^3}s^2\right) & \left(-\dfrac{EA}{l} + \dfrac{12EI}{l^3}\right)cs & -\dfrac{6EI}{l^2}s \\[2mm] \left(\dfrac{EA}{l} - \dfrac{12EI}{l^3}\right)cs & \left(\dfrac{EA}{l}s^2 + \dfrac{12EI}{l^3}c^2\right) & \dfrac{6EI}{l^2}c & \vdots & \left(-\dfrac{EA}{l} + \dfrac{12EI}{l^3}\right)cs & \left(-\dfrac{EA}{l}s^2 - \dfrac{12EI}{l^3}c^2\right) & \dfrac{6EI}{l^2}c \\[2mm] -\dfrac{6EI}{l^2}s & \dfrac{6EI}{l^2}c & \dfrac{4EI}{l} & \vdots & \dfrac{6EI}{l^2}s & -\dfrac{6EI}{l^2}c & \dfrac{2EI}{l} \\[2mm] \cdots & \cdots & \cdots & \cdots & \cdots & \cdots & \cdots \\[2mm] \left(-\dfrac{EA}{l}c^2 - \dfrac{12EI}{l^3}s^2\right) & \left(-\dfrac{EA}{l} + \dfrac{12EI}{l^3}\right)cs & \dfrac{6EI}{l^2}s & \vdots & \left(\dfrac{EA}{l}c^2 + \dfrac{12EI}{l^3}s^2\right) & \left(\dfrac{EA}{l} - \dfrac{12EI}{l^3}\right)cs & \dfrac{6EI}{l^2}s \\[2mm] \left(-\dfrac{EA}{l} + \dfrac{12EI}{l^3}\right)cs & \left(-\dfrac{EA}{l}s^2 - \dfrac{12EI}{l^3}c^2\right) & -\dfrac{6EI}{l^2}c & \vdots & \left(\dfrac{EA}{l} - \dfrac{12EI}{l^3}\right)cs & \left(\dfrac{EA}{l}s^2 + \dfrac{12EI}{l^3}c^2\right) & -\dfrac{6EI}{l^2}c \\[2mm] -\dfrac{6EI}{l^2}s & \dfrac{6EI}{l^2}c & \dfrac{2EI}{l} & \vdots & \dfrac{6EI}{l^2}s & -\dfrac{6EI}{l^2}c & \dfrac{4EI}{l} \end{bmatrix}$$

$$(9-25)$$

式中：$c=\cos\alpha$；$s=\sin\alpha$。

不难看出，上述整体坐标系中的单元刚度矩阵 $\mathbf{k}^e$ 是对称矩阵和奇异矩阵。

对于两端只承受轴力的单元，在整体坐标系中的杆端力和相应的杆端位移列向量分别为

$$\mathbf{F}^e = \begin{bmatrix} \mathbf{F}_i^e \\ \mathbf{F}_j^e \end{bmatrix} = \begin{bmatrix} F_{ix}^e \\ F_{iy}^e \\ F_{jx}^e \\ F_{jy}^e \end{bmatrix}, \quad \boldsymbol{\delta}^e = \begin{bmatrix} \boldsymbol{\delta}_i^e \\ \boldsymbol{\delta}_j^e \end{bmatrix} = \begin{bmatrix} u_i^e \\ v_i^e \\ u_j^e \\ v_j^e \end{bmatrix} \tag{9-26}$$

杆件在局部坐标系中的单元刚度矩阵 $\bar{\mathbf{k}}^e$ 如式（9-9）所示，而坐标转换矩阵

$$\mathbf{T} = \begin{bmatrix} \cos\alpha & \sin\alpha & \vdots & 0 & 0 \\ -\sin\alpha & \cos\alpha & \vdots & 0 & 0 \\ \cdots & \cdots & \vdots & \cdots & \cdots \\ 0 & 0 & \vdots & \cos\alpha & \sin\alpha \\ 0 & 0 & \vdots & -\sin\alpha & \cos\alpha \end{bmatrix} \tag{9-27}$$

将式（9-9）和式（9-27）代入式（9-20），可得轴力杆件的单元刚度矩阵为

$$\mathbf{k}^e = \begin{bmatrix} \mathbf{k}_{ii}^e & \cdots & \mathbf{k}_{ij}^e \\ \vdots & \vdots & \vdots \\ \mathbf{k}_{ji}^e & \cdots & \mathbf{k}_{jj}^e \end{bmatrix} = \frac{EA}{l} \begin{bmatrix} \cos^2\alpha & \cos\alpha\sin\alpha & \vdots & -\cos^2\alpha & -\cos\alpha\sin\alpha \\ \cos\alpha\sin\alpha & \sin^2\alpha & \vdots & -\cos\alpha\sin\alpha & -\sin^2\alpha \\ \cdots & \cdots & \vdots & \cdots & \cdots \\ -\cos^2\alpha & -\cos\alpha\sin\alpha & \vdots & \cos^2\alpha & \cos\alpha\sin\alpha \\ -\cos\alpha\sin\alpha & -\sin^2\alpha & \vdots & \cos\alpha\sin\alpha & \sin^2\alpha \end{bmatrix}$$

$$\tag{9-28}$$

第四节　整体刚度矩阵

本节将讨论矩阵位移法的第二步——整体分析。在计算任何结构时，都应使它满足平衡条件和变形协调条件。矩阵位移法是在单元分析的基础上，利用结构的平衡条件和变形协调条件来获得结构刚度方程的，与此同时也就得出了结构刚度矩阵。研究结构刚度矩阵的形成规律，便可得到直接形成结构刚度矩阵的方法。下面以如图 9-4（a）所示刚架为例来说明。

由于在整体分析中将涉及许多单元及连接它们的结点，现对各单元和结点进行编号，用①、②等表示单元号，用 1、2 等表示结点号，这里支座也视为结点。选取整体坐标系和各单元的局部坐标系如图 9-4（b）所示，各单元的始、末两端 i、j 的结点号码如表 9-1 所示。按式（9-24）表示的各单元刚度矩阵的三个子块为

$$\mathbf{k}^{①} = \begin{matrix} & 1 & 2 \\ \begin{bmatrix} \mathbf{k}_{11}^{①} & \mathbf{k}_{12}^{①} \\ \mathbf{k}_{21}^{①} & \mathbf{k}_{22}^{①} \end{bmatrix} & \begin{matrix} 1 \\ 2 \end{matrix} \end{matrix}, \quad \mathbf{k}^{②} = \begin{matrix} & 2 & 3 \\ \begin{bmatrix} \mathbf{k}_{22}^{②} & \mathbf{k}_{23}^{②} \\ \mathbf{k}_{32}^{②} & \mathbf{k}_{33}^{②} \end{bmatrix} & \begin{matrix} 2 \\ 3 \end{matrix} \end{matrix}, \quad \mathbf{k}^{③} = \begin{matrix} & 3 & 4 \\ \begin{bmatrix} \mathbf{k}_{33}^{③} & \mathbf{k}_{34}^{③} \\ \mathbf{k}_{43}^{③} & \mathbf{k}_{44}^{③} \end{bmatrix} & \begin{matrix} 3 \\ 4 \end{matrix} \end{matrix} \tag{a}$$

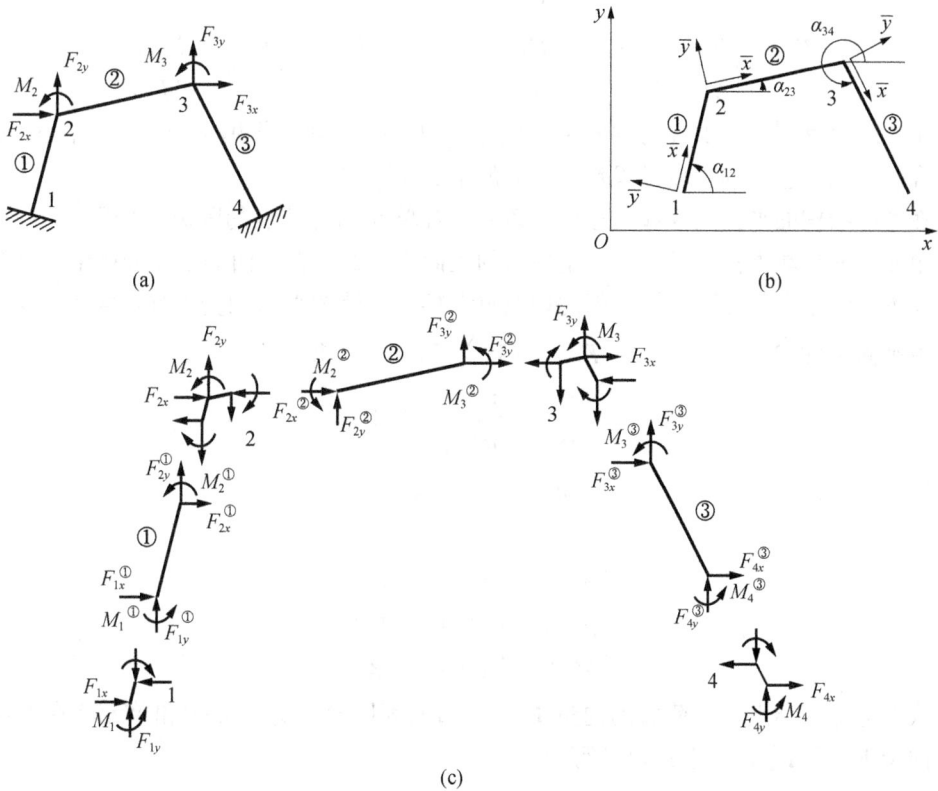

图 9-4

表 9-1 各单元始末端的结点号码

单元	始末端结点编号	
	i	j
①	1	2
②	2	3
③	3	4

在平面刚架中，每个刚结点可能有两个线位移和一个角位移。此刚架有 4 个刚结点，共有 12 个结点位移分量，我们按一定顺序将它们排成一列阵，称为结构的结点位移列向量，即

$$\Delta = \begin{bmatrix} \Delta_1 & \Delta_2 & \Delta_3 & \Delta_4 \end{bmatrix}^{\mathrm{T}}$$

$$\Delta_1 = \begin{bmatrix} u_1 \\ v_1 \\ \varphi_1 \end{bmatrix}, \quad \Delta_2 = \begin{bmatrix} u_2 \\ v_2 \\ \varphi_2 \end{bmatrix}, \quad \Delta_3 = \begin{bmatrix} u_3 \\ v_3 \\ \varphi_3 \end{bmatrix}, \quad \Delta_4 = \begin{bmatrix} u_4 \\ v_4 \\ \varphi_4 \end{bmatrix}$$

这里，Δ_i 代表结点 i 的位移列向量；u_i、v_i 和 φ_i 分别为结点 i 沿结构坐标系 x、y 轴的线位移和角位移，它们分别以沿 x、y 轴的正向和逆时针方向为正。

设刚架上只有结点荷载作用，与结点位移列向量相对应的结点外力（包括荷载和反力）列向量为

$$\boldsymbol{F} = \begin{bmatrix} \boldsymbol{F}_1 & \boldsymbol{F}_2 & \boldsymbol{F}_3 & \boldsymbol{F}_4 \end{bmatrix}^{\mathrm{T}}$$

其中

$$\boldsymbol{F}_1 = \begin{bmatrix} F_{1x} \\ F_{1y} \\ M_1 \end{bmatrix}, \quad \boldsymbol{F}_2 = \begin{bmatrix} F_{2x} \\ F_{2y} \\ M_2 \end{bmatrix}, \quad \boldsymbol{F}_3 = \begin{bmatrix} F_{3x} \\ F_{3y} \\ M_3 \end{bmatrix}, \quad \boldsymbol{F}_4 = \begin{bmatrix} F_{4x} \\ F_{4y} \\ M_4 \end{bmatrix}$$

这里，$\boldsymbol{F}_i$ 代表结点 i 的外力列向量；F_{ix}、F_{iy} 和 M_i 分别为作用于结点 i 的沿 x、y 方向的外力和外力偶，它们的正负号规定与相应的结点位移相同。

现在考虑结构的平衡条件和变形连续条件。各单元和各结点的隔离体如图 9 - 4（c）所示，各单元上的杆端力都是沿着整体坐标系的正向作用的。在前面的单元分析中，已经保证了各单元本身的平衡和变形连续，因此现在只考察结点处的平衡和变形连续条件。以结点 2 为例，由平衡条件 $\sum F_x = 0$、$\sum F_y = 0$ 和 $\sum M = 0$ 可得

$$\left. \begin{aligned} F_{2x} &= F_{2x}^{①} + F_{2x}^{②} \\ F_{2y} &= F_{2y}^{①} + F_{2y}^{②} \\ M_2 &= M_2^{①} + M_2^{②} \end{aligned} \right\}$$

即

$$\begin{bmatrix} F_{2x} \\ F_{2y} \\ M_2 \end{bmatrix} = \begin{bmatrix} F_{2x}^{①} \\ F_{2y}^{①} \\ M_2^{①} \end{bmatrix} + \begin{bmatrix} F_{2x}^{②} \\ F_{2y}^{②} \\ M_2^{②} \end{bmatrix}$$

上式左边即为结点 2 的荷载列向量 $\boldsymbol{F}_2$，右边两列则分别为单元①和单元②在 2 端的杆端力列向量 $\boldsymbol{F}_2^{①}$ 和 $\boldsymbol{F}_2^{②}$，故上式可简写为

$$\boldsymbol{F}_2 = \boldsymbol{F}_2^{①} + \boldsymbol{F}_2^{②} \tag{b}$$

根据式（9 - 22），上述杆端力列向量可以用杆端位移列向量来表示

$$\left. \begin{aligned} \boldsymbol{F}_2^{①} &= \boldsymbol{k}_{21}^{①}\boldsymbol{\delta}_1^{①} + \boldsymbol{k}_{22}^{①}\boldsymbol{\delta}_2^{①} \\ \boldsymbol{F}_2^{②} &= \boldsymbol{k}_{22}^{②}\boldsymbol{\delta}_2^{②} + \boldsymbol{k}_{23}^{②}\boldsymbol{\delta}_3^{②} \end{aligned} \right\} \tag{c}$$

再根据结点处的变形连续条件，有

$$\left. \begin{aligned} \boldsymbol{\delta}_1^{①} &= \boldsymbol{\Delta}_1 \\ \boldsymbol{\delta}_2^{①} &= \boldsymbol{\delta}_2^{②} = \boldsymbol{\Delta}_2 \\ \boldsymbol{\delta}_3^{②} &= \boldsymbol{\Delta}_3 \end{aligned} \right\} \tag{d}$$

将式（c）和式（d）代入式（b），则得到以结点位移表示的结点 2 的平衡方程

$$\boldsymbol{F}_2 = \boldsymbol{k}_{21}^{①}\boldsymbol{\Delta}_1 + (\boldsymbol{k}_{22}^{①} + \boldsymbol{k}_{22}^{②})\boldsymbol{\Delta}_2 + \boldsymbol{k}_{23}^{②}\boldsymbol{\Delta}_3 \tag{e}$$

同理，对于结点 1、3、4 都可以列出类似的方程。把四个结点的方程汇集在一起，可得

$$\left. \begin{aligned} \boldsymbol{F}_1 &= \boldsymbol{k}_{11}^{①}\boldsymbol{\Delta}_1 + \boldsymbol{k}_{12}^{①}\boldsymbol{\Delta}_2 \\ \boldsymbol{F}_2 &= \boldsymbol{k}_{21}^{①}\boldsymbol{\Delta}_1 + (\boldsymbol{k}_{22}^{①} + \boldsymbol{k}_{22}^{②})\boldsymbol{\Delta}_2 + \boldsymbol{k}_{23}^{②}\boldsymbol{\Delta}_3 \\ \boldsymbol{F}_3 &= \boldsymbol{k}_{32}^{②}\boldsymbol{\Delta}_2 + (\boldsymbol{k}_{33}^{②} + \boldsymbol{k}_{33}^{③})\boldsymbol{\Delta}_3 + \boldsymbol{k}_{34}^{③}\boldsymbol{\Delta}_4 \\ \boldsymbol{F}_4 &= \boldsymbol{k}_{43}^{③}\boldsymbol{\Delta}_3 + \boldsymbol{k}_{44}^{③}\boldsymbol{\Delta}_4 \end{aligned} \right\} \tag{9 - 29}$$

写成矩阵形式则为

$$\begin{bmatrix} F_{1x} \\ F_{1y} \\ M_1 \\ \cdots \\ F_{2x} \\ F_{2y} \\ M_2 \\ \cdots \\ F_{3x} \\ F_{3y} \\ M_3 \\ \cdots \\ F_{4x} \\ F_{4y} \\ M_4 \end{bmatrix} = \begin{bmatrix} & \vdots & & \vdots & & \vdots & \\ \boldsymbol{k}_{11}^{①} & & \boldsymbol{k}_{12}^{①} & & \boldsymbol{0} & & \boldsymbol{0} \\ \cdots & \cdots & \cdots & \cdots & \cdots & \cdots & \cdots \\ & \vdots & & \vdots & & \vdots & \\ \boldsymbol{k}_{21}^{①} & & \boldsymbol{k}_{22}^{①} + \boldsymbol{k}_{22}^{②} & & \boldsymbol{k}_{23}^{②} & & \boldsymbol{0} \\ \cdots & \cdots & \cdots & \cdots & \cdots & \cdots & \cdots \\ & \vdots & & \vdots & & \vdots & \\ \boldsymbol{0} & & \boldsymbol{k}_{32}^{②} & & \boldsymbol{k}_{33}^{②} + \boldsymbol{k}_{33}^{③} & & \boldsymbol{k}_{34}^{③} \\ \cdots & \cdots & \cdots & \cdots & \cdots & \cdots & \cdots \\ \boldsymbol{0} & & \boldsymbol{0} & & \boldsymbol{k}_{43}^{③} & & \boldsymbol{k}_{44}^{③} \\ & \vdots & & \vdots & & \vdots & \end{bmatrix} \begin{bmatrix} u_1 \\ v_1 \\ \varphi_1 \\ \cdots \\ u_2 \\ v_2 \\ \varphi_2 \\ \cdots \\ u_3 \\ v_3 \\ \varphi_3 \\ \cdots \\ u_4 \\ v_4 \\ \varphi_4 \end{bmatrix} \qquad (9-30)$$

这就是用结点位移表示的所有结点的平衡方程，它表明了结点外力与结点位移之间的关系，通常称为结构的整体刚度方程。上式可简写为

$$\boldsymbol{F} = \boldsymbol{K}\boldsymbol{\Delta} \qquad (9-31)$$

式中

$$\boldsymbol{K} = \begin{bmatrix} \boldsymbol{K}_{11} & \vdots & \boldsymbol{K}_{12} & \vdots & \boldsymbol{K}_{13} & \vdots & \boldsymbol{K}_{14} \\ \cdots & & \cdots & & \cdots & & \cdots \\ \boldsymbol{K}_{21} & \vdots & \boldsymbol{K}_{22} & \vdots & \boldsymbol{K}_{23} & \vdots & \boldsymbol{K}_{24} \\ \cdots & & \cdots & & \cdots & & \cdots \\ \boldsymbol{K}_{31} & \vdots & \boldsymbol{K}_{32} & \vdots & \boldsymbol{K}_{33} & \vdots & \boldsymbol{K}_{34} \\ \cdots & & \cdots & & \cdots & & \cdots \\ \boldsymbol{K}_{41} & \vdots & \boldsymbol{K}_{42} & \vdots & \boldsymbol{K}_{43} & \vdots & \boldsymbol{K}_{44} \end{bmatrix} = \begin{bmatrix} \boldsymbol{k}_{11}^{①} & \vdots & \boldsymbol{k}_{12}^{①} & \vdots & \boldsymbol{0} & \vdots & \boldsymbol{0} \\ \cdots & & \cdots & & \cdots & & \cdots \\ \boldsymbol{k}_{21}^{①} & \vdots & \boldsymbol{k}_{22}^{①} + \boldsymbol{k}_{22}^{②} & \vdots & \boldsymbol{k}_{23}^{②} & \vdots & \boldsymbol{0} \\ \cdots & & \cdots & & \cdots & & \cdots \\ \boldsymbol{0} & \vdots & \boldsymbol{k}_{32}^{②} & \vdots & \boldsymbol{k}_{33}^{②} + \boldsymbol{k}_{33}^{③} & \vdots & \boldsymbol{k}_{34}^{③} \\ \cdots & & \cdots & & \cdots & & \cdots \\ \boldsymbol{0} & \vdots & \boldsymbol{0} & \vdots & \boldsymbol{k}_{43}^{③} & \vdots & \boldsymbol{k}_{44}^{③} \end{bmatrix}$$

$$(9-32)$$

称为结构的整体刚度矩阵，也称结构的总刚度矩阵（简称总刚）。它的每个子块都是3×3阶方阵，故 $\boldsymbol{K}$ 为 12×12 阶方阵，其中每一元素的物理意义就是当其所在列对应的结点位移分量等于1（其余结点位移分量均为零）时，其所在行对应的结点外力分量所应有的数值。

整体刚度矩阵 $\boldsymbol{K}$ 具有以下特性：

（1）对称性。

（2）奇异性，这是由于未考虑结构的支承约束条件，结构还可以有任意刚体位移，故其结点位移的解答不是唯一的。

现在来分析整体刚度矩阵的组成规律。

对照式（a）和式（9-32），不难看出，只需把每个单元刚度矩阵的四个子块按其两个下标号码逐一填写到整体刚度矩阵中相应的行和列的位置上去，就可得到整体刚度矩阵。简

单地说就是：各单刚子块"对号入座"就形成总刚。一般说来，某单刚子块 k_{ij}^e 应被送到总刚中第 i 行 j 列的位置上去。这种利用单刚子块对号入座而直接形成总刚的方法，称为直接刚度法。

在对号入座时，具有相同下标的各单刚子块，即在总刚中被送到同一位置上的各单刚子块就要叠加；而在没有单刚子块的位置上则为零子块。

为了讨论方便，将主对角线上的子块称为主子块，其余子块称为副子块；同交于一个结点的各杆件称为该结点的相关单元；而两个结点之间有杆件直接相连者称为相关结点。则：

（1）总刚中的主子块 $\boldsymbol{K}_{ii}$ 是由结点 i 的各相关单元的主子块叠加求得，即 $\boldsymbol{K}_{ii} = \sum \boldsymbol{k}_{ii}^e$。

（2）总刚中的副子块 $\boldsymbol{K}_{im}$，当 i、m 为相关结点时即为连接它们的单元的相应副子块，即 $\boldsymbol{K}_{im} = \boldsymbol{k}_{im}^e$；当 i、m 为非相关结点时即为零子块。

【例 9-1】 试求如图 9-5 所示刚架的整体刚度矩阵。各杆材料及截面均相同，$E = 200\text{GPa}$，$I = 32 \times 10^{-5}\text{m}^4$，$A = 1 \times 10^{-2}\text{m}^2$。

解： （1）将各单元、结点编号，各单元始末端的结点编号见表 9-2，并选取整体坐标系和各单元的局部坐标系如图 9-5 所示。

（2）各单元在整体坐标系中的单元刚度矩阵按式（9-25）计算。现将所需有关数据计算如下：

表 9-2　各单元始末端的结点编号

单元	始末端结点编号	
	i	j
①	2	3
②	1	2
③	4	3

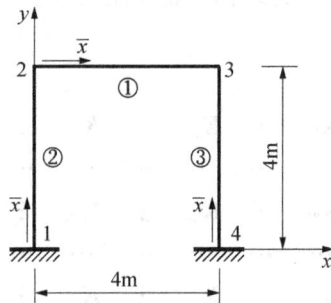

图 9-5

$$\frac{EA}{l} = \frac{(200 \times 10^6) \times (1 \times 10^{-2})}{4} = 500 \times 10^3 \text{kN/m}, \quad \frac{12EI}{l^3} = 12 \times 10^3 \text{kN/m}$$

$$\frac{6EI}{l^2} = 24 \times 10^3 \text{kN}, \quad \frac{4EI}{l} = 64 \times 10^3 \text{kN} \cdot \text{m}, \quad \frac{2EI}{l} = 32 \times 10^3 \text{kN} \cdot \text{m}$$

对于单元①，$\alpha = 0°$，$\cos\alpha = 1$，$\sin\alpha = 0$，可算得

$$\boldsymbol{k}^{①} = \begin{bmatrix} \boldsymbol{k}_{22}^{①} & \vdots & \boldsymbol{k}_{23}^{①} \\ \cdots & \cdots & \cdots \\ \boldsymbol{k}_{32}^{①} & \vdots & \boldsymbol{k}_{33}^{①} \end{bmatrix} = 10^3 \times \begin{bmatrix} 500 & 0 & 0 & \vdots & -500 & 0 & 0 \\ 0 & 12 & 24 & \vdots & 0 & -12 & 24 \\ 0 & 24 & 64 & \vdots & 0 & -24 & 32 \\ \cdots & \cdots & \cdots & \cdots & \cdots & \cdots & \cdots \\ -500 & 0 & 0 & \vdots & 500 & 0 & 0 \\ 0 & -12 & -24 & \vdots & 0 & 12 & -24 \\ 0 & 24 & 32 & \vdots & 0 & -24 & 64 \end{bmatrix}$$

对于单元②和③，$\alpha = 90°$，$\cos\alpha = 0$，$\sin\alpha = 1$，可算得

$$
k^{②}=\begin{bmatrix} k^{②}_{11} & \vdots & k^{②}_{12} \\ \cdots & \cdots & \cdots \\ k^{②}_{21} & \vdots & k^{②}_{22} \end{bmatrix}=k^{③}=\begin{bmatrix} k^{③}_{44} & \vdots & k^{③}_{43} \\ \cdots & \cdots & \cdots \\ k^{③}_{34} & \vdots & k^{③}_{33} \end{bmatrix}=10^{3}\times\begin{bmatrix} 12 & 0 & -24 & \vdots & -12 & 0 & -24 \\ 0 & 500 & 0 & \vdots & 0 & -500 & 0 \\ -24 & 0 & 64 & \vdots & 24 & 0 & 32 \\ \cdots & \cdots & \cdots & \cdots & \cdots & \cdots & \cdots \\ -12 & 0 & 24 & \vdots & 12 & 0 & 24 \\ 0 & -500 & 0 & \vdots & 0 & 500 & 0 \\ -24 & 0 & 32 & \vdots & 24 & 0 & 64 \end{bmatrix}
$$

（3）运用直接刚度法将以上各单刚子块对号入座即得总刚：

$$
K=\begin{bmatrix}
k^{②}_{11} & \vdots & k^{②}_{12} & \vdots & \mathbf{0} & \vdots & \mathbf{0} \\
\cdots & \cdots & \cdots & \cdots & \cdots & \cdots & \cdots \\
k^{②}_{21} & \vdots & k^{②}_{22}+k^{①}_{22} & \vdots & k^{①}_{23} & \vdots & \mathbf{0} \\
\cdots & \cdots & \cdots & \cdots & \cdots & \cdots & \cdots \\
\mathbf{0} & \vdots & k^{①}_{32} & \vdots & k^{①}_{33}+k^{③}_{33} & \vdots & k^{③}_{34} \\
\cdots & \cdots & \cdots & \cdots & \cdots & \cdots & \cdots \\
\mathbf{0} & \vdots & \mathbf{0} & \vdots & k^{③}_{43} & \vdots & k^{③}_{44}
\end{bmatrix}\begin{matrix}1\\ \\2\\ \\3\\ \\4\end{matrix}
$$

$$
=10^{3}\times\begin{bmatrix}
12 & 0 & -24 & \vdots & -12 & 0 & -24 & \vdots & & & & \vdots & & & \\
0 & 500 & 0 & \vdots & 0 & -500 & 0 & \vdots & & \mathbf{0} & & \vdots & & \mathbf{0} & \\
-24 & 0 & 64 & \vdots & 24 & 0 & 32 & \vdots & & & & \vdots & & & \\
\cdots & \cdots & \cdots & \cdots & \cdots & \cdots & \cdots & \cdots & \cdots & \cdots & \cdots & \cdots & \cdots & \cdots & \cdots \\
-12 & 0 & 24 & \vdots & 512 & 0 & 24 & \vdots & -500 & 0 & 0 & \vdots & & & \\
0 & -500 & 0 & \vdots & 0 & 512 & 24 & \vdots & 0 & -12 & 24 & \vdots & & \mathbf{0} & \\
-24 & 0 & 32 & \vdots & 24 & 24 & 128 & \vdots & 0 & -24 & 32 & \vdots & & & \\
\cdots & \cdots & \cdots & \cdots & \cdots & \cdots & \cdots & \cdots & \cdots & \cdots & \cdots & \cdots & \cdots & \cdots & \cdots \\
& & & \vdots & -500 & 0 & 0 & \vdots & 512 & 0 & 24 & \vdots & -12 & 0 & 24 \\
& \mathbf{0} & & \vdots & 0 & -12 & -24 & \vdots & 0 & 512 & -24 & \vdots & 0 & -500 & 0 \\
& & & \vdots & 0 & 24 & 32 & \vdots & 24 & -24 & 128 & \vdots & -24 & 0 & 32 \\
\cdots & \cdots & \cdots & \cdots & \cdots & \cdots & \cdots & \cdots & \cdots & \cdots & \cdots & \cdots & \cdots & \cdots & \cdots \\
& & & \vdots & & & & \vdots & -12 & 0 & -24 & \vdots & 12 & 0 & -24 \\
& \mathbf{0} & & \vdots & & \mathbf{0} & & \vdots & 0 & -500 & 0 & \vdots & 0 & 500 & 0 \\
& & & \vdots & & & & \vdots & 24 & 0 & 32 & \vdots & -24 & 0 & 64
\end{bmatrix}
$$

第五节　边界条件引入和非结点荷载的处理

通过前面的分析可知，整体刚度矩阵是奇异矩阵，其逆矩阵是不存在的，故须将边界支承条件引入整体刚度方程［式（9-31）］，并对非结点荷载进行处理，才能由刚度方程求出位移，从而进一步求出杆端内力及支座反力。

1. 边界条件的引入

对于未发生支座沉降的结点，其位移边界条件由支座的性质决定。例如：对于固定端结点，其 $u=0$、$v=0$、$\varphi=0$；对于固定铰结点，其 $u=0$、$v=0$。对于有支座沉降发生的情况，一般情况下其位移为已知值。

在前面已经建立了如图 9-4 所示刚架的刚度方程即式（9-30），由于结点 1、4 均为固定端，故支承约束条件为

$$
\begin{bmatrix} \boldsymbol{\Delta}_1 \\ \cdots \\ \boldsymbol{\Delta}_4 \end{bmatrix} = \begin{bmatrix} 0 \\ \cdots \\ 0 \end{bmatrix} \tag{9-33}
$$

代入式（9-30），由矩阵的乘法运算可得

$$
\begin{bmatrix} \boldsymbol{F}_2 \\ \cdots \\ \boldsymbol{F}_3 \end{bmatrix} = \begin{bmatrix} \boldsymbol{k}_{22}^① + \boldsymbol{k}_{22}^② & \vdots & \boldsymbol{k}_{23}^② \\ \cdots & \cdots & \cdots \\ \boldsymbol{k}_{32}^② & \vdots & \boldsymbol{k}_{33}^② + \boldsymbol{k}_{33}^③ \end{bmatrix} \begin{bmatrix} \boldsymbol{\Delta}_2 \\ \cdots \\ \boldsymbol{\Delta}_3 \end{bmatrix} \tag{9-34}
$$

和

$$
\begin{bmatrix} \boldsymbol{F}_1 \\ \cdots \\ \boldsymbol{F}_4 \end{bmatrix} = \begin{bmatrix} \boldsymbol{k}_{12}^① & \vdots & 0 \\ \cdots & \cdots & \cdots \\ 0 & \vdots & \boldsymbol{k}_{43}^③ \end{bmatrix} \begin{bmatrix} \boldsymbol{\Delta}_1 \\ \cdots \\ \boldsymbol{\Delta}_4 \end{bmatrix} \tag{9-35}
$$

式（9-34）就是引入支承条件后的结构刚度方程，可简写为

$$
\boldsymbol{F} = \boldsymbol{K\Delta} \tag{9-36}
$$

式（9-36）中的 $\boldsymbol{F}$ 只包括已知结点荷载，$\boldsymbol{\Delta}$ 只包括未知结点位移，此时的矩阵 $\boldsymbol{K}$ 即为从结构的整体刚度矩阵中删去与已知结点位移对应的行和列而得到的。

引入支承条件后，整体刚度矩阵为非奇异矩阵，于是可由式（9-36）解出未知的结点位移 $\boldsymbol{\Delta}$。结点位移一旦求出，便可由单元刚度方程计算各单元的内力。将式（9-21）中的杆端位移 $\boldsymbol{\delta}^e$ 改用单元两端的结点位移 $\boldsymbol{\Delta}^e$ 表示，则整体坐标系中的杆端力计算式为

$$
\boldsymbol{F}^e = \boldsymbol{k}^e \boldsymbol{\Delta}^e \tag{9-37}
$$

再由式（9-14）可求得局部坐标系中的杆端力

$$
\bar{\boldsymbol{F}}^e = \boldsymbol{T} \boldsymbol{F}^e = \boldsymbol{T} \boldsymbol{k}^e \boldsymbol{\Delta}^e \tag{9-38}
$$

2. 非结点荷载的处理

目前所讨论的只是荷载作用在结点上的情况。在实际问题中，不可避免地会遇到非结点荷载。当结构跨间受到非结点荷载作用时，应先按静力等效原则将它移置到邻近的结点上，使其变成仅有结点荷载作用的结构，然后才能进行矩阵位移法分析。

首先，与位移法一样，加上附加链杆和刚臂阻止所有结点的线位移和角位移，此时各单元在非结点荷载作用下有固端力（固端弯矩、固端剪力），附加链杆和刚臂上有附加反力。由结点平衡可知，附加反力的数值等于汇交于该结点的各固端力的代数和。

其次，撤销附加链杆和刚臂，即将上述附加反力反号后作为荷载加于结点上，这些荷载称为原非结点荷载的等效结点荷载。

这样便达到化为仅有结点荷载的目的，下面给出有关计算公式。设某单元 e 在非结点荷载作用下，在其局部坐标系中的固端力为

$$\overline{\boldsymbol{F}}^{\mathrm{F}e} = \begin{bmatrix} \overline{\boldsymbol{F}}_i^{\mathrm{F}e} \\ \cdots \\ \overline{\boldsymbol{F}}_j^{\mathrm{F}e} \end{bmatrix} = \begin{bmatrix} \overline{F}_{\mathrm{N}i}^{\mathrm{F}e} \\ \overline{F}_{\mathrm{Q}i}^{\mathrm{F}e} \\ \overline{M}_i^{\mathrm{F}e} \\ \cdots \\ \overline{F}_{\mathrm{N}j}^{\mathrm{F}e} \\ \overline{F}_{\mathrm{Q}j}^{\mathrm{F}e} \\ \overline{M}_j^{\mathrm{F}e} \end{bmatrix} \tag{9-39}$$

这里，上标中"F"表示固端力。这些固端力可由等直杆单元的固端约束力表（见表 9-3）查出。则在整体坐标系中的固端力应为

$$\boldsymbol{F}^{\mathrm{F}e} = \boldsymbol{T}^{\mathrm{T}} \overline{\boldsymbol{F}}^{\mathrm{F}e} = \begin{bmatrix} \boldsymbol{F}_i^{\mathrm{F}e} \\ \cdots \\ \boldsymbol{F}_j^{\mathrm{F}e} \end{bmatrix} = \begin{bmatrix} F_{ix}^{\mathrm{F}e} \\ F_{iy}^{\mathrm{F}e} \\ M_i^{\mathrm{F}e} \\ \cdots \\ F_{jx}^{\mathrm{F}e} \\ F_{jy}^{\mathrm{F}e} \\ M_j^{\mathrm{F}e} \end{bmatrix} \tag{9-40}$$

将它们反号并对号入座送到荷载列阵中，则成为等效结点荷载。任一结点 i 上的等效结点荷载 $\boldsymbol{F}_{\mathrm{E}i}$（下标中，"E"表示等效）为

$$\boldsymbol{F}_{\mathrm{E}i} = \begin{bmatrix} F_{\mathrm{E}ix} \\ F_{\mathrm{E}iy} \\ M_{\mathrm{E}i} \end{bmatrix} = \begin{bmatrix} -\sum F_{ix}^{\mathrm{F}e} \\ -\sum F_{iy}^{\mathrm{F}e} \\ -\sum M_i^{\mathrm{F}e} \end{bmatrix} = -\sum \overline{\boldsymbol{F}}_i^{\mathrm{F}e} \tag{9-41}$$

再加上直接作用在结点 i 上的荷载 $\boldsymbol{F}_{\mathrm{D}i}$（下标中，"D"表示直接），则 i 点总的结点荷载为

$$\boldsymbol{F}_i = \boldsymbol{F}_{\mathrm{D}i} + \boldsymbol{F}_{\mathrm{E}i} \tag{9-42}$$

$\boldsymbol{F}_i$ 称为结点 i 的综合结点荷载。整个结构的综合结点荷载列阵为

$$\boldsymbol{F} = \boldsymbol{F}_{\mathrm{D}} + \boldsymbol{F}_{\mathrm{E}} \tag{9-43}$$

式中：$\boldsymbol{F}_{\mathrm{D}}$ 是直接结点荷载列阵；$\boldsymbol{F}_{\mathrm{E}}$ 是等效结点荷载列阵。

表 9-3　　　　　　　　等直杆单元的固端约束力（局部坐标系下）表

序号	荷载	固端力	始端 i	末端 j
1		$\overline{F}_{\mathrm{N}}^{\mathrm{F}}$	$-\dfrac{F_1 b}{l}$	$-\dfrac{F_1 a}{l}$
		$\overline{F}_{\mathrm{Q}}^{\mathrm{F}}$	$-\dfrac{F_2 b^2\,(l+2a)}{l^3}$	$-\dfrac{F_2 a^2\,(l+2b)}{l^3}$
		$\overline{M}^{\mathrm{F}}$	$-\dfrac{F_2 ab^2}{l^2}$	$\dfrac{F_2 a^2 b}{l^2}$
2		$\overline{F}_{\mathrm{N}}^{\mathrm{F}}$	$-\dfrac{pa\,(l+b)}{2l}$	$-\dfrac{pa^2}{2l}$
		$\overline{F}_{\mathrm{Q}}^{\mathrm{F}}$	$-\dfrac{qa\,(2l^3-2la^2+a^3)}{2l^3}$	$-\dfrac{qa^3\,(2l-a)}{2l^3}$
		$\overline{M}^{\mathrm{F}}$	$-\dfrac{qa^2\,(6l^2-8la+3a^2)}{12l^2}$	$\dfrac{qa^3\,(4l-3a)}{12l^2}$

序号	荷载	固端力	始端 i	末端 j
3		$\overline{F}_N^F$	0	0
		$\overline{F}_Q^F$	$\dfrac{6mab}{l^3}$	$-\dfrac{6mab}{l^3}$
		$\overline{M}^F$	$\dfrac{mb\,(3a-l)}{l^2}$	$\dfrac{ma\,(3b-l)}{l^2}$
4		$\overline{F}_N^F$	$\dfrac{EA\alpha\,(t_1+t_2)}{2}$	$-\dfrac{EA\alpha\,(t_1+t_2)}{2}$
		$\overline{F}_Q^F$	0	0
		$\overline{M}^F$	$\dfrac{EI\alpha\,(t_2-t_1)}{h}$	$-\dfrac{EI\alpha\,(t_2-t_1)}{h}$

说明：表 9-3 中，杆件截面抗弯刚度为 EI，轴向刚度为 EA，杆件材料线膨胀系数为 α，杆件上下侧温度变化值分别为 t_1 和 t_2。

第六节　矩阵位移法算例

通过上面的讨论，可将矩阵位移法的计算步骤归纳如下：

（1）整理原始数据，对各单元和结点进行编码，并确定每个单元的局部坐标系和结构的整体坐标系。

（2）计算局部坐标系中的单元刚度矩阵。

（3）计算整体坐标系中的单元刚度矩阵。

（4）形成结构整体刚度矩阵。

（5）计算固端力、等效结点荷载及综合结点荷载。

（6）引入支承条件，形成刚度方程。

（7）解算结构刚度方程，求出结点位移。

（8）计算各单元杆端力。

【例 9-2】　接[例 9-1]，刚架受如图 9-6（a）所示荷载作用，试计算刚架内力。

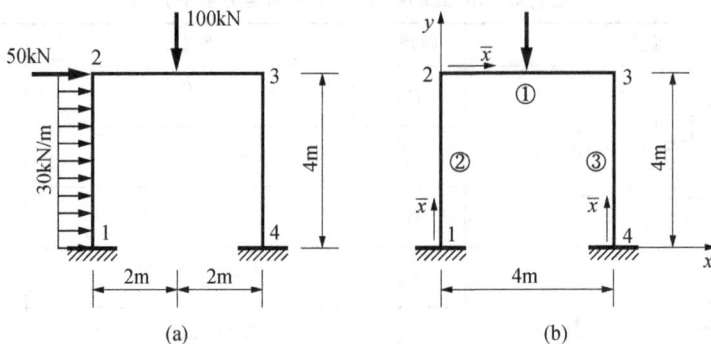

图 9-6

解： 单元、结点编号与坐标系确定同 ［例9-1］，即如图9-6（b）所示。单元刚度矩阵、整体刚度矩阵在 ［例9-1］ 中均已求出。

（1）计算非结点荷载作用下的各单元固端力、等效结点荷载及综合结点荷载。

查表9-3可知，各单元在其局部坐标系中的固端力为

$$\overline{\boldsymbol{F}}^{\text{F}①} = \begin{bmatrix} \overline{\boldsymbol{F}}_2^{\text{F}①} \\ \cdots \\ \overline{\boldsymbol{F}}_3^{\text{F}①} \end{bmatrix} = \begin{bmatrix} \overline{F}_{\text{N2}}^{\text{F}①} \\ \overline{F}_{\text{Q2}}^{\text{F}①} \\ \overline{M}_2^{\text{F}①} \\ \cdots \\ \overline{F}_{\text{N3}}^{\text{F}①} \\ \overline{F}_{\text{Q3}}^{\text{F}①} \\ \overline{M}_3^{\text{F}①} \end{bmatrix} = \begin{bmatrix} 0 \\ 50 \\ 50 \\ \cdots \\ 0 \\ 50 \\ -50 \end{bmatrix}, \quad \overline{\boldsymbol{F}}^{\text{F}②} = \begin{bmatrix} \overline{\boldsymbol{F}}_1^{\text{F}②} \\ \cdots \\ \overline{\boldsymbol{F}}_2^{\text{F}②} \end{bmatrix} = \begin{bmatrix} \overline{F}_{\text{N1}}^{\text{F}②} \\ \overline{F}_{\text{Q1}}^{\text{F}②} \\ \overline{M}_1^{\text{F}②} \\ \cdots \\ \overline{F}_{\text{N2}}^{\text{F}②} \\ \overline{F}_{\text{Q2}}^{\text{F}②} \\ \overline{M}_2^{\text{F}②} \end{bmatrix} = \begin{bmatrix} 0 \\ 60 \\ 40 \\ \cdots \\ 0 \\ 60 \\ -40 \end{bmatrix}, \quad \overline{\boldsymbol{F}}^{\text{F}③} = 0$$

已知式（9-40），并将单元①的 $\alpha=0°$，单元②、③的 $\alpha=90°$代入计算，可得各单元在整体坐标系中的固端力为

$$\boldsymbol{F}^{\text{F}①} = \begin{bmatrix} \boldsymbol{F}_2^{\text{F}①} \\ \cdots \\ \boldsymbol{F}_3^{\text{F}①} \end{bmatrix} = \begin{bmatrix} 1 & 0 & 0 & \vdots & & & \\ 0 & 1 & 0 & \vdots & & 0 & \\ 0 & 0 & 1 & \vdots & & & \\ \cdots & \cdots & \cdots & \cdots & \cdots & \cdots & \cdots \\ & & & \vdots & 1 & 0 & 0 \\ & 0 & & \vdots & 0 & 1 & 0 \\ & & & \vdots & 0 & 0 & 1 \end{bmatrix} \begin{bmatrix} 0 \\ 50 \\ 50 \\ \cdots \\ 0 \\ 0 \\ -50 \end{bmatrix} = \begin{bmatrix} 0 \\ 50 \\ 50 \\ \cdots \\ 0 \\ 50 \\ -50 \end{bmatrix}$$

同理，得

$$\boldsymbol{F}^{\text{F}②} = 0, \quad \boldsymbol{F}^{\text{F}③} = 0$$

由式（9-41）可求出结点2、3上的等效结点荷载为

$$\boldsymbol{F}_{\text{E2}} = -(\boldsymbol{F}_2^{\text{F}①} + \boldsymbol{F}_2^{\text{F}②}) = -\begin{bmatrix} 0 \\ 50 \\ 50 \end{bmatrix} - \begin{bmatrix} -60 \\ 0 \\ -40 \end{bmatrix} = \begin{bmatrix} 60 \\ -50 \\ -10 \end{bmatrix}$$

$$\boldsymbol{F}_{\text{E3}} = -(\boldsymbol{F}_3^{\text{F}①} + \boldsymbol{F}_3^{\text{F}③}) = -\begin{bmatrix} 0 \\ 50 \\ -50 \end{bmatrix} - \begin{bmatrix} 0 \\ 0 \\ 0 \end{bmatrix} = \begin{bmatrix} 0 \\ -50 \\ 50 \end{bmatrix}$$

再由式（9-42）求得综合结点荷载为

$$\boldsymbol{F}_2 = \begin{bmatrix} 50 \\ 0 \\ 0 \end{bmatrix} + \begin{bmatrix} 60 \\ -50 \\ -10 \end{bmatrix} = \begin{bmatrix} 110 \\ -50 \\ -10 \end{bmatrix}, \quad \boldsymbol{F}_3 = \begin{bmatrix} 0 \\ 0 \\ 0 \end{bmatrix} + \begin{bmatrix} 0 \\ -50 \\ 50 \end{bmatrix} = \begin{bmatrix} 0 \\ -50 \\ 50 \end{bmatrix}$$

结构的结点外力列向量为

$$\boldsymbol{F} = \begin{bmatrix} \boldsymbol{F}_1 \\ \cdots \\ \boldsymbol{F}_2 \\ \cdots \\ \boldsymbol{F}_3 \\ \cdots \\ \boldsymbol{F}_4 \end{bmatrix} = \begin{bmatrix} F_{1x} \\ F_{1y} \\ M_1 \\ \cdots \\ F_{2x} \\ F_{2y} \\ M_2 \\ \cdots \\ F_{3x} \\ F_{3y} \\ M_3 \\ \cdots \\ F_{4x} \\ F_{4y} \\ M_4 \end{bmatrix} = \begin{bmatrix} F_{1x} \\ F_{1y} \\ M_1 \\ \cdots \\ 110 \\ -50 \\ -10 \\ \cdots \\ 0 \\ -50 \\ 50 \\ \cdots \\ F_{4x} \\ F_{4y} \\ M_4 \end{bmatrix}$$

（2）引入支承条件，修改整体刚度方程。结构的原始刚度方程为

$$\begin{bmatrix} F_{1x} \\ F_{1y} \\ M_1 \\ \cdots \\ 110 \\ -50 \\ -10 \\ \cdots \\ 0 \\ -50 \\ 50 \\ \cdots \\ F_{4x} \\ F_{4y} \\ M_4 \end{bmatrix} = 10^3 \times \begin{bmatrix} 12 & 0 & -24 & \vdots & -12 & 0 & -24 & \vdots & & & \vdots & & & \\ 0 & 500 & 0 & \vdots & 0 & -500 & 0 & \vdots & & 0 & \vdots & & 0 & \\ -24 & 0 & 64 & \vdots & 24 & 0 & 32 & \vdots & & & \vdots & & & \\ \cdots & \cdots & \cdots & \cdots & \cdots & \cdots & \cdots & \cdots & \cdots & \cdots & \cdots & \cdots & \cdots \\ -12 & 0 & 24 & \vdots & 512 & 0 & 24 & \vdots & -500 & 0 & 0 & \vdots & & \\ 0 & -500 & 0 & \vdots & 0 & 512 & 24 & \vdots & 0 & -12 & 24 & \vdots & & 0 \\ -24 & 0 & 32 & \vdots & 24 & 24 & 128 & \vdots & 0 & -24 & 32 & \vdots & & \\ \cdots & \cdots & \cdots & \cdots & \cdots & \cdots & \cdots & \cdots & \cdots & \cdots & \cdots & \cdots & \cdots & 0 \\ & & & \vdots & -500 & 0 & 0 & \vdots & 512 & 0 & 24 & \vdots & -12 & 0 & 24 \\ & 0 & & \vdots & 0 & -12 & -24 & \vdots & 0 & 512 & -24 & \vdots & 0 & -500 & 0 \\ & & & \vdots & 0 & 24 & 32 & \vdots & 24 & -24 & 128 & \vdots & -24 & 0 & 32 \\ \cdots & \cdots & \cdots & \cdots & \cdots & \cdots & \cdots & \cdots & \cdots & \cdots & \cdots & \cdots & \cdots \\ & & & \vdots & & & & \vdots & -12 & 0 & -24 & \vdots & 12 & 0 & -24 \\ & 0 & & \vdots & & 0 & & \vdots & 0 & -500 & 0 & \vdots & 0 & 500 & 0 \\ & & & \vdots & & & & \vdots & 24 & 0 & 32 & \vdots & -24 & 0 & 64 \end{bmatrix} \begin{bmatrix} u_1 \\ v_1 \\ \varphi_1 \\ \cdots \\ u_2 \\ v_2 \\ \varphi_2 \\ \cdots \\ u_3 \\ v_3 \\ \varphi_3 \\ \cdots \\ u_4 \\ v_4 \\ \varphi_4 \end{bmatrix}$$

结点 1、4 为固定端，故已知

$$\boldsymbol{\Delta}_1 = \begin{bmatrix} u_1 \\ v_1 \\ \varphi_1 \end{bmatrix} = \begin{bmatrix} 0 \\ 0 \\ 0 \end{bmatrix}, \quad \boldsymbol{\Delta}_4 = \begin{bmatrix} u_4 \\ v_4 \\ \varphi_4 \end{bmatrix} = \begin{bmatrix} 0 \\ 0 \\ 0 \end{bmatrix}$$

在整体刚度矩阵中删去与上述零位移对应的行和列，同时在结点位移列向量和结点外力列向量中删去相应的行，便得到修改后的结构刚度方程为

$$
\begin{bmatrix} 110 \\ -50 \\ -10 \\ \cdots \\ 0 \\ -50 \\ 50 \end{bmatrix} = 10^3 \times \begin{bmatrix} 512 & 0 & 24 & \vdots & -500 & 0 & 0 \\ 0 & 512 & 24 & \vdots & 0 & -12 & 24 \\ 24 & 24 & 128 & \vdots & 0 & -24 & 32 \\ \cdots & \cdots & \cdots & \cdots & \cdots & \cdots & \cdots \\ -500 & 0 & 0 & \vdots & 512 & 0 & 24 \\ 0 & -12 & -24 & \vdots & 0 & 512 & -24 \\ 0 & 24 & 32 & \vdots & 24 & -24 & 128 \end{bmatrix} \begin{bmatrix} u_2 \\ v_2 \\ \varphi_2 \\ \cdots \\ u_3 \\ v_3 \\ \varphi_3 \end{bmatrix}
$$

（3）解方程，求得未知结点位移为

$$
\begin{bmatrix} u_2 \\ v_2 \\ \varphi_2 \\ \cdots \\ u_3 \\ v_3 \\ \varphi_3 \end{bmatrix} = 10^{-6} \times \begin{bmatrix} 6318 \\ -23.38 \\ -1164 \\ \cdots \\ 6194 \\ -176.6 \\ -508.4 \end{bmatrix}
$$

（4）计算各单元杆端力。

单元①为

$$
\bar{\boldsymbol{F}}^{①} = \bar{\boldsymbol{F}}^{F①} + \boldsymbol{T}\boldsymbol{k}^{①}\boldsymbol{\Delta}^{①} = \bar{\boldsymbol{F}}^{F①} + \boldsymbol{T}\boldsymbol{k}^{①}\begin{bmatrix} \boldsymbol{\Delta}_2 \\ \cdots \\ \boldsymbol{\Delta}_3 \end{bmatrix}
$$

$$
= \begin{bmatrix} 0 \\ 50 \\ 50 \\ \cdots \\ 0 \\ 50 \\ -50 \end{bmatrix} + \boldsymbol{T} \times 10^3 \times \begin{bmatrix} 500 & 0 & 0 & \vdots & -500 & 0 & 0 \\ 0 & 12 & 24 & \vdots & 0 & -12 & 24 \\ 0 & 24 & 64 & \vdots & 0 & 24 & 32 \\ \cdots & \cdots & \cdots & \cdots & \cdots & \cdots & \cdots \\ -500 & 0 & 0 & \vdots & 500 & 0 & 0 \\ 0 & -12 & -24 & \vdots & 0 & 12 & -24 \\ 0 & 24 & 32 & \vdots & 0 & 24 & 64 \end{bmatrix} \times 10^{-6} \times \begin{bmatrix} 6318 \\ -23.38 \\ -1164 \\ \cdots \\ 6194 \\ -176.6 \\ -508.4 \end{bmatrix}
$$

$$
= \begin{bmatrix} 0 \\ 50 \\ 50 \\ \cdots \\ 0 \\ 50 \\ -50 \end{bmatrix} + \begin{bmatrix} 1 & 0 & 0 & \vdots & & & \\ 0 & 1 & 0 & \vdots & & 0 & \\ 0 & 0 & 1 & \vdots & & & \\ \cdots & \cdots & \cdots & \cdots & \cdots & \cdots & \cdots \\ & & & \vdots & 1 & 0 & 0 \\ & 0 & & \vdots & 0 & 1 & 0 \\ & & & \vdots & 0 & 0 & 1 \end{bmatrix} \begin{bmatrix} 62.0 \\ -38.3 \\ -87.1 \\ \cdots \\ -62.0 \\ 38.3 \\ -66.1 \end{bmatrix} = \begin{bmatrix} 62.0 \\ 11.7 \\ -37.1 \\ \cdots \\ -62.0 \\ 88.3 \\ -116.1 \end{bmatrix}
$$

单元②为

$$\overline{F}^{②}=\overline{F}^{F②}+Tk^{②}\Delta^{②}=\overline{F}^{F②}+Tk^{②}\begin{bmatrix}\Delta_1\\ \cdots \\ \Delta_2\end{bmatrix}$$

$$=\begin{bmatrix}0\\60\\40\\\cdots\\0\\60\\-40\end{bmatrix}+T\times10^3\times\begin{bmatrix}12 & 0 & -24 & \vdots & -12 & 0 & -24\\0 & 500 & 0 & \vdots & 0 & -500 & 0\\-24 & 0 & 64 & \vdots & 24 & 0 & 32\\\cdots & \cdots & \cdots & \vdots & \cdots & \cdots & \cdots\\-12 & 0 & 24 & \vdots & 12 & 0 & 24\\0 & -500 & 0 & \vdots & 0 & 500 & 0\\-24 & 24 & 32 & \vdots & 24 & 0 & 64\end{bmatrix}\times10^{-6}\times\begin{bmatrix}0\\0\\0\\\cdots\\6318\\-23.38\\-1164\end{bmatrix}$$

$$=\begin{bmatrix}0\\60\\40\\\cdots\\0\\60\\-40\end{bmatrix}+\begin{bmatrix}0 & 1 & 0 & \vdots & & \\-1 & 0 & 0 & \vdots & & 0\\0 & 0 & 1 & \vdots & & \\\cdots & \cdots & \cdots & \vdots & \cdots & \cdots & \cdots\\& & & \vdots & 0 & 1 & 0\\0 & & & \vdots & -1 & 0 & 0\\& & & \vdots & 0 & 0 & 1\end{bmatrix}\begin{bmatrix}-47.9\\11.7\\114.4\\\cdots\\47.9\\-11.7\\77.1\end{bmatrix}=\begin{bmatrix}11.7\\107.9\\154.4\\\cdots\\-11.7\\12.1\\37.1\end{bmatrix}$$

单元③为

$$\overline{F}^{③}=\overline{F}^{F③}+Tk^{③}\Delta^{③}=\overline{F}^{F③}+Tk^{③}\begin{bmatrix}\Delta_4\\ \cdots \\ \Delta_3\end{bmatrix}$$

$$=\begin{bmatrix}0\\0\\0\\\cdots\\0\\0\\0\end{bmatrix}+T\times10^3\times\begin{bmatrix}12 & 0 & -24 & \vdots & -12 & 0 & -24\\0 & 500 & 0 & \vdots & 0 & -500 & 0\\-24 & 0 & 64 & \vdots & 24 & 0 & 32\\\cdots & \cdots & \cdots & \vdots & \cdots & \cdots & \cdots\\-12 & 0 & 24 & \vdots & 12 & 0 & 24\\0 & -500 & 0 & \vdots & 0 & 500 & 0\\-24 & 24 & 32 & \vdots & 24 & 0 & 64\end{bmatrix}\times10^{-6}\times\begin{bmatrix}0\\0\\0\\\cdots\\6194\\-176.6\\-508.4\end{bmatrix}$$

$$=\begin{bmatrix}0 & 1 & 0 & \vdots & & \\-1 & 0 & 0 & \vdots & & 0\\0 & 0 & 1 & \vdots & & \\\cdots & \cdots & \cdots & \vdots & \cdots & \cdots & \cdots\\& & & \vdots & 0 & 1 & 0\\0 & & & \vdots & -1 & 0 & 0\\& & & \vdots & 0 & 0 & 1\end{bmatrix}\begin{bmatrix}-62.1\\88.3\\132.4\\\cdots\\62.1\\-88.3\\116.1\end{bmatrix}=\begin{bmatrix}88.3\\62.1\\132.4\\\cdots\\-88.3\\-62.1\\116.1\end{bmatrix}$$

刚架的弯矩图如图 9-7 所示。

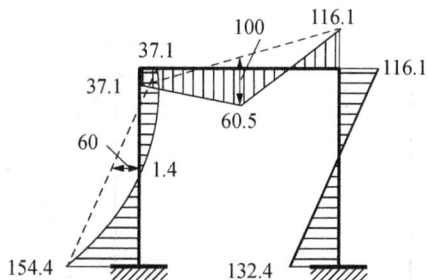

图 9 - 7

习 题

9-1 试对如图 9-8 所示刚架的结点和单元进行编号，并以子块的形式写出结构的总刚。各杆件长度为 l，抗弯刚度 EI 为常数。

9-2 试以子块形式写出如图 9-9 所示刚架总刚中的下列子块：K_{55}、K_{58}、K_{53}、K_{12}。各杆件长度为 l，抗弯刚度 EI 为常数。

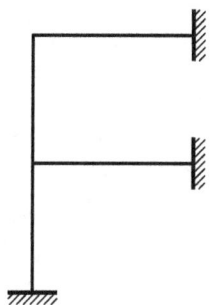

图 9-8 题 9-1 图

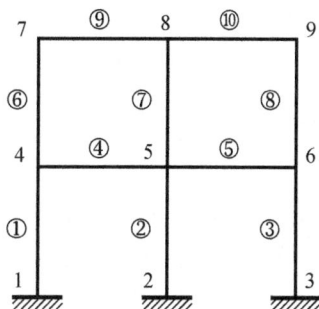

图 9-9 题 9-2 图

9-3 试用矩阵位移法计算如图 9-10 所示连续梁的内力。EI 为常数。

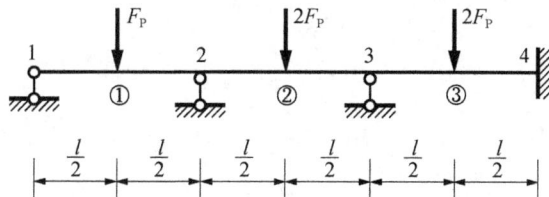

图 9-10 题 9-3 图

9-4 试用矩阵位移法计算如图 9-11 所示刚架的内力。EI 为常数。

9-5 如图 9-12 所示桁架各杆 EA 相同，试用矩阵位移法计算其内力。

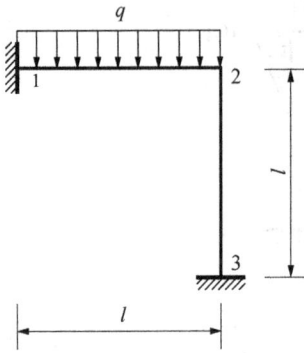

图 9-11 题 9-4 图

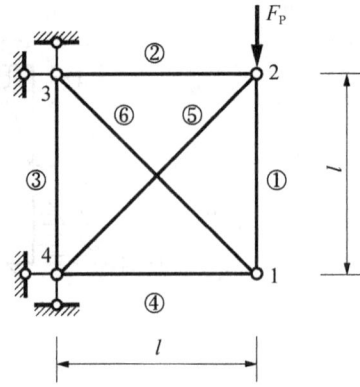

图 9-12 题 9-5 图

第十章　结构的动力计算

第一节　结构动力计算概述

一、结构动力计算的特点

以前内容中，所研究的结构只承受静力荷载，属于结构静力学范围。本章主要研究动力荷载作用下结构的动位移和动内力等的计算原理和方法。所谓动力荷载，是指大小、方向或作用位置随时间而变化。如果只从荷载本身性质来看，绝大多数实际荷载都属于动荷载。但如果从荷载对结构所产生的影响来看，动荷载可分为两种，其一，荷载虽然随时间变化，但变化很慢，荷载对结构产生的影响与静荷载相比相差甚微，此时结构计算仍可按静力荷载作用下的结构计算问题来对待。其二，荷载随时间迅速变化，荷载对结构产生的影响与静荷载相比相差甚大，即荷载作用下引起的结构的加速度较大，由此产生的惯性力不容忽视，在这种情况下，结构计算问题属于动力计算问题。

与静力问题相比，在进行动力计算时，除了需要考虑惯性力外，还要取时间作为自变量。在动力问题中，内力与荷载不能构成静力平衡；但根据达朗培尔原理，则可以将动力问题转化为静力问题，只要于某一时刻在结构上加入假想的质点惯性力作为外力，结构即在形式上处于平衡状态。这样，就可应用静力学的原理和方法计算结构在该时刻的内力和位移。这里应指出，动力计算中的平衡是一种形式上的平衡，是一种动平衡，它有两个特点，第一，在所考虑的力系中包括惯性力；第二，考虑的是瞬间平衡，荷载、内力等都是时间的函数。

结构在动力荷载作用下发生振动。若起振之后再无外力的激振作用，则这种振动称为自由振动。反之，若结构在振动时经常受外部动力荷载（或称为干扰力）的作用，即称为强迫振动。例如，安装在楼板上的电动机在转动期间所引起的楼板振动即属于强迫振动。

由于动力荷载作用使结构产生的内力和位移，称为动内力和动位移，它们都是时间的函数。动内力和动位移统称为动力反应。学习结构的动力计算，就是要掌握强迫振动时动力反应的计算原理和方法，确定它们随时间改变的规律，从而求出它们的最大值以作为设计的依据。但是，结构的动力反应与结构本身的动力特性有密切关系，而在分析自由振动时所得到的结构的自振频率、振型和阻尼参数等正是反映结构动力特性的指标。因此，分析自由振动体系成为计算动力反应的前提和准备。在以后的讨论中，按照由易到难的顺序，先研究单自由度体系的自由振动及强迫振动，再进一步研究多自由度和无限自由度体系的振动问题。

二、动力荷载的种类

工程实际中经常遇到的动力荷载主要有以下几类：

（1）周期荷载。这类荷载随时间发生周期性变化。周期荷载中最简单且最常见的是简谐荷载，这种荷载随时间的变化规律可用正弦或余弦函数表示。当有旋转机件的设备安置于结构上时，由于质量有偏心而产生的离心力，它对结构的作用即属于此种荷载，荷载形式如图10-1所示，这种荷载通常也称为振动荷载。

（2）冲击荷载。这类荷载作用于结构的时间很短，荷载值急剧增大或急剧减小，它对结构的作用主要取决于它的冲量。如锻锤对基础的碰撞及各种爆炸荷载都属于这种荷载，荷载形式如图 10 - 2 所示。

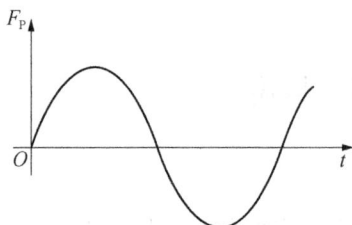

图 10 - 1

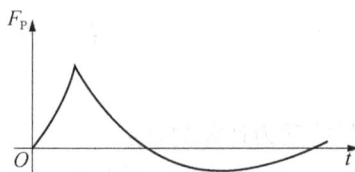

图 10 - 2

（3）地震荷载。地震时由于建筑物基础的运动而引起结构的振动，由此而产生的惯性力即为地震荷载。

（4）脉动风压。实测资料表明，在一次大风过程中，当风力最强时，结构某一高度处的风压围绕其平均值变化。因此，可以将它分解为稳定风压和脉动风压。稳定风压对一般结构的作用可看作是静力荷载；而脉动风压则不同，它对高耸柔性的结构来说，其动力作用可以是相当大的，应看作动力荷载。

从荷载能否确定的角度看，动力荷载又可分为确定性荷载与非确定性荷载两大类。确定性动力荷载的变化规律是完全可以确知的，无论这种变化是周期或非周期的，是简单还是复杂的，都可用确定性函数来描述。上述间谐性周期荷载和冲击荷载都属于此类。这类荷载也称为非随机荷载，而非确定性荷载则常称为随机荷载。非确定性荷载随时间的变化规律预先不能确定，而是一种随机过程。它虽然不能表示为时间的确定性函数，但受统计性规律的制约，需要用概率和数理统计的知识来加以分析，得出某些共同的规律，并以此作为设计结构的依据。上述地震荷载和脉动风压都是重要的随机荷载。

本章主要研究振动荷载下结构的动力计算问题。需要指出的是，一种荷载是否作为动力荷载并不是一成不变的，它与结构本身的动力特性有关。上面谈到，脉动风压对高耸柔性结构的动力作用不同于对一般结构。某种荷载对一些结构可以看作静力荷载，而对另一些结构则需看作动力荷载。一般说来，当振动荷载的周期为结构的自振周期五倍以上时，动力作用较小，这时的动力荷载可以看作静载以简化计算。

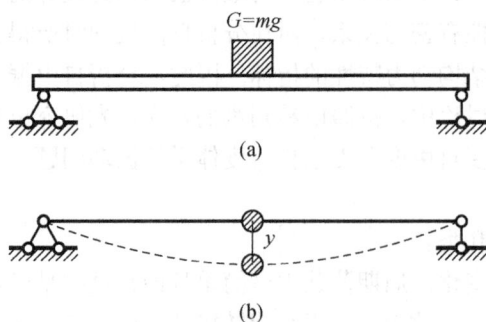

图 10 - 3

三、结构的自由度

前面已经指出，动力问题的特点是需要考虑质点的惯性力。所以在选取动力计算的计算简图时，必须考虑质量的分布情况并计算质点的位移。在动力计算中，总是以质点的位移作为基本未知量。所以，结构上全部质点有几个独立的位移，就有几个独立的未知量。例如如图 10 - 3 所示简支梁在跨中固定着一个质量较大的物体，如果梁本身的自重较小而可略去，并把重物简化为一个集中质点，则得到如图

10-3（b）所示的计算简图。如果不考虑质点 m 的转动和梁轴的伸缩，则质点 m 的位置只用一个参数 y 就能确定。

结构在振动过程中，确定全部质点于某一时刻的位置所需要的独立几何参变量的数目，称为该结构振动的自由度，这些独立的几何参变量称为结构的几何坐标。在进行结构动力计算时，首先就要确定结构的自由度和选择适当的几何坐标。

在确定结构振动的自由度时，应注意不能根据结构有几个集中质点就判定它有几个自由度，而应该由确定质点位置所需的独立参数数目来确定。例如如图 10-4（a）所示结构，在绝对刚性的杆件上附有三个集中质点，它们的位置只需一个参数，即杆件的转角 α 便能确定，故其自由度为 1。又如如图 10-4（b）所示简支梁上附有三个集中质量，若忽略梁本身的质量，又不考虑梁的轴向变形和质点的转动，则其自由度为 3，因为尽管梁的变形曲线可以有无限多种形式，但其上三个质点的位置却只需由挠度 y_1、y_2、y_3 就可确定。又如如图 10-4（c）所示刚架虽然有一个集中质点，但其位置需由水平位移 y_1 和竖直位移 y_2 两个独立参数才能确定，因此自由度为 2。

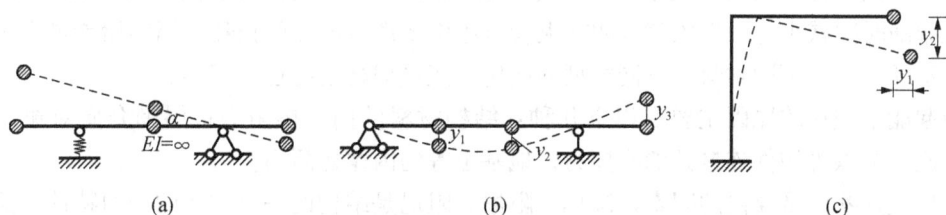

图 10-4

在确定刚架的自由度时，仍引用受弯直杆上任意两点之间的距离保持不变的假定。根据这个假定并加入最少数量的链杆以限制刚架上所有质点的位置，则该刚架的自由度数目即等于所加入链杆的数目。例如如图 10-5（a）所示刚架上有四个集中质点，它最少需加入三根链杆便可限制其全部质点的位置［如图 10-5（b）所示］，故其自由度为 3。由此可见，自由度的数目不仅不完全取决于质点的数目，而且也与结构是否静定或超静定无关。如果考虑到质点的转动惯性，则相应地还要增加控制转动的约束，才能确定自由度数。

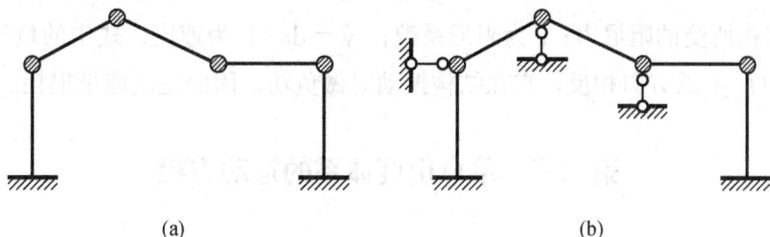

图 10-5

以上是对于具有离散质点的情况而言的。但是，实际结构中，质量的分布总是比较复杂的，一切结构都具有分布质量。例如如图 10-6 所示一简支梁，其分布质量集度为 m，若将梁分为无限多个微段 dx，则梁有无限多个质

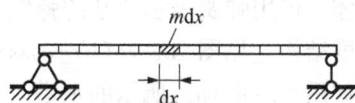

图 10-6

量为 $m\mathrm{d}x$ 的质点，而要完全确定这些质点的位置，就需要用无限多个几何坐标。所以，该结构有无限多个自由度。

由以上几个例子可以看出：确定结构的自由度与体系是否静定或超静定并无关系，而且自由度数目也不一定就是质点的数目，既可以比它多，也可以比它少。结构的自由度与计算要求精度有很大关系，如果完全按实际结构计算，情况会变得非常复杂，因此，常常针对某些具体问题，把实际结构简化成单个或多个自由度的结构进行计算。结构简化的方法很多，以上只介绍了集中质量法。经过简化后，结构上只有若干个质点。这种做法比较简单而且物理意义明确，最为常用。此外尚有其他方法，因已超出本书范围，故不再介绍。

四、体系振动的衰减现象

与静力问题比较，在分析某些动力问题时，除了必须考虑质点的惯性力外，还需考虑振动体系的另一种重要动力特性的力——阻尼力。实际上，结构在自由振动时，振幅随时间逐渐减小，直至最后振幅为零时振动停止。这种现象称为自由振动的衰减。

因为在振幅位置结构的变形速度为零，所以振幅位置的变形能即代表体系的全部机械能。振幅随时间减小这一现象就表明在振动过程中要产生能量的损耗。当初始能量完全耗尽时，振动即终止。不同材料、不同类型的结构，能量损耗情况也不相同。

引起能量损耗的原因主要有以下几种：结构材料的内摩擦阻力；周围介质对振动的阻力；支座、节点等构件连接处的摩擦力；地基土等的内摩擦阻力。

将以上这些能量耗散的因素，统称为阻尼。阻尼是结构的一个重要的动力特性。关于阻尼因素的本质，目前研究的还很不够；另外，对一个结构来说，往往同时存在几种不同性质的阻尼因素，这就使数学表达更加困难，因而不得不采用简化的阻尼模型。因为在分析动力问题时，常常要先建立结构的运动方程，为了能反映运动过程中的能量损耗，在建立运动方程时，除了动力荷载、惯性力等以外，还需引入一个造成能量损耗的力，也就是阻尼力。

关于阻尼力的问题，有几种不同的阻尼理论。现只介绍其中一种最为广泛的理论，即粘滞阻尼理论（也称伏伊特理论）。这种理论假定，阻尼力与体系振动时的变形速度成正比，方向和运动方向相反。即

$$F_c = -c\dot{y} \tag{10-1}$$

式中：F_c 为结构所受的阻尼力；c 为阻尼系数；$\dot{y} = \mathrm{d}y/\mathrm{d}t$ 为速度。式中的负号表示阻尼力的方向恒与速度 $\dot{y}$ 的方向相反，它在结构振动时做负功，因而造成能量损耗。

第二节 单自由度体系的运动方程

建筑结构很多可以当作单自由度结构来研究，而所得结果基本上仍能反映其实际的动力性质。如图 10-7（a）所示的块式基础，它支承在弹性地基上，做竖向振动。如将基础作为刚体，可用弹簧表示地基的弹性，用一个集中质量代表基础的质量，这样，即简化为一单自由度结构［见图 10-7（b）］，对应的单自由度弹簧-质点计算模型如图 10-7（c）所示。又如如图 10-8（a）所示的水塔，其顶部水箱质量远大于支承部分的质量，因此，可以略去支架的质量，这样，仅认为在其顶端有一只能做水平运动的质点，可简化为如图 10-8（b）所示的直立悬臂梁在顶端支承集中质量的单自由度结构，其计算模型如图 10-8（c）所示。

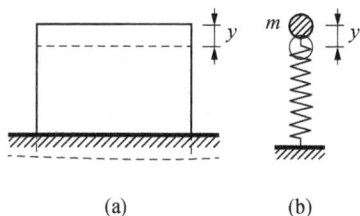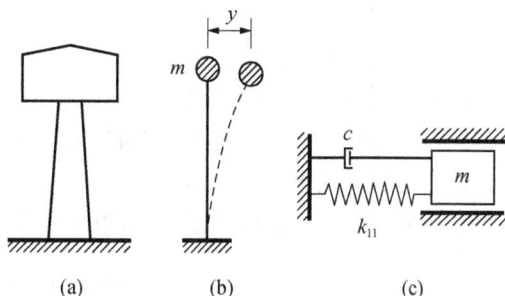

图 10 - 7   图 10 - 8

对于单自由度体系计算模型［见图 10 - 7（c）、图 10 - 8（c）］，设质点的质量为 m，模型中两光滑侧面的约束说明质点只能上下（或左右）移动。忽略弹簧的质量，设弹簧发生单位位移所需施加的静力为 k_{11}；而在单位静力作用下，设弹簧产生的位移为 δ_{11}。故 k_{11} 和 δ_{11} 分别称为弹簧的刚度系数和柔度系数；两者之间有以下关系

$$k_{11} = \frac{1}{\delta_{11}} \tag{10 - 2}$$

为了体现阻尼的存在，可在模型中加入一阻尼器，其阻尼系数为 c。

在动力问题中，由于影响位移大小的惯性力是以未知位移对时间的二阶导数来表达的，因此，一般先建立结构的运动微分方程（简称运动方程），再用它分析结构的运动状态。根据达朗培尔原理，假想地加上惯性力后，结构即在形式上处于平衡状态（常称为动力平衡），这时，问题的实质虽仍属动力学的，但可应用静力学的方法进行分析，所求得的位移和内力等都是时间的函数。

现建立单自由度体系在振动荷载 $F_P(t)$ 作用下的运动方程。在如图 10-9（a）所示的弹簧质点模型中，设 y 表示块的总位移（包括质点的静位移 y_s 和动位移 y_d），并以向下为正，速度和加速度也以向下为正。

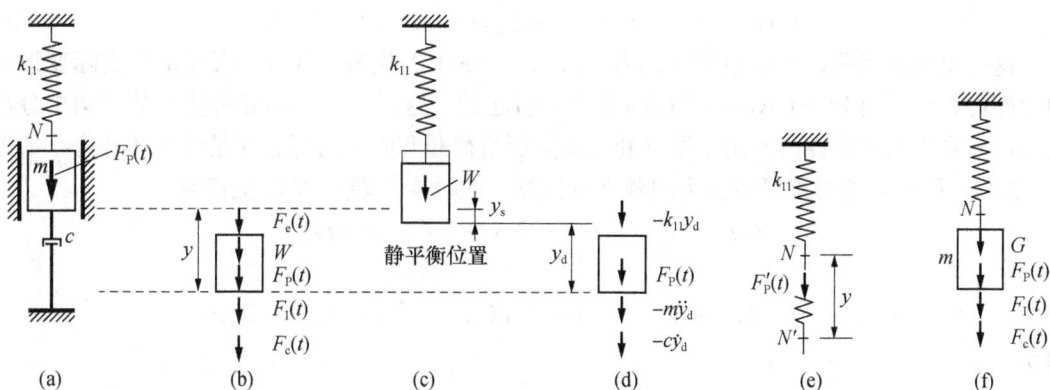

图 10 - 9

一、列动力平衡方程（刚度方程）

取图 10 - 9（a）中的质点为隔离体，如图 10 - 9（b）所示，设质点在某一时刻 t 的总位移为 y，作用于质点上的力有（各力皆以指向 y 的正方向为正）：

（1）重力 G。

（2）振动荷载 $F_P(t)$。

（3）弹簧对质点的作用力 $F_e(t)$。

$F_e(t)$ 的实际方向永远与位移的方向相反，具有使质点返回原处的作用，又称弹性恢复力，$F_e(t)$ 与 y 之间的关系为 $F_e(t) = -k_{11}y$。

（4）阻尼力 $F_c(t)$，按照粘滞阻尼理论，取

$$F_c(t) = -\frac{\mathrm{d}y}{\mathrm{d}t} = -c\,\dot{y}$$

负号表示阻尼力的方向与速度的方向相反。

（5）惯性力 $F_I(t)$，有

$$F_I(t) = -m\frac{\mathrm{d}^2 y}{\mathrm{d}t^2} = -m\,\ddot{y} \tag{10-3}$$

负号表示惯性力的方向与加速度的方向相反。

由动力平衡方程得

$$G + F_P(t) + F_e(t) + F_c(t) + F_I(t) = 0$$

$$m(\ddot{y}_s + \ddot{y}_d) + c(\dot{y}_s + \dot{y}_d) + k_{11}(y_s + y_d) = G + F_P(t) \tag{a}$$

如图 10-9（c）所示，由于质点静位移 y_s 与重力 G 的关系为 $G = k_{11}y_s$，此外，由于 y_s 不随时间改变，而有 $\dot{y}_s = 0$ 和 $\ddot{y}_s = 0$。因此有

$$m\,\ddot{y}_d + c\,\dot{y}_d + k_{11}y_d = F_P(t) \tag{b}$$

这与如图 10-9（d）所示的力平衡状态是一致的，该式就是所求动位移的振动方程。

二、列位移方程（柔度方程）

在列位移方程时，应以弹簧为研究对象，分析它与质点连接点的位移。设在某一时刻 t，弹簧的端点 N 承受的力为 $F'_e(t)$ ［见图 10-9（e）］，它使 N 点产生位移 $y(t)$。

按作用力与反作用力的关系，有 $F'_e(t) = -F_e(t)$，再根据上述的动力平衡方程可得

$$F'_e(t) = -F_e(t) = G + F_P(t) + F_c(t) + F_I(t) \tag{c}$$

这一关系式表明，可以用 $W + F_P(t) + F_c(t) + F_I(t)$ 代替 $F'_e(t)$，而弹簧的实际变形和内力即可看作是由 $W + F_P(t) + F_c(t) + F_I(t)$ 引起的。这样，可以不必将质块从结构中分离出来，而将质点的惯性力作用于质点处，连同所给荷载和阻尼力都看作是弹簧的外力，如图 10-9（f）所示，这样即可按静力问题进行计算，此时弹簧端点 N 的位移为

$$y(t) = \delta_{11}[F_I(t) + F_c(t) + G + F_P(t)]$$

或

$$y_s + y_d = -\delta_{11}m(\ddot{y}_s + \ddot{y}_d) - \delta_{11}c(\dot{y}_s + \dot{y}_d) + \delta_{11}G + \delta_{11}F_P(t)$$

由于

$$y_s = \delta_{11}G, \quad \dot{y}_s = 0, \quad \ddot{y}_s = 0$$

故上式可改写为

$$y_d = -\delta_{11}m\,\ddot{y}_d - \delta_{11}c\,\dot{y}_d + \delta_{11}F_P(t)$$

$$\delta_{11}m\,\ddot{y}_d + \delta_{11}c\,\dot{y}_d + y_d = \delta_{11}F_P(t) \tag{d}$$

这也就是所求动位移的运动方程。若将 $\delta_{11} = 1/k_{11}$ 代入式（d）并整理，式（d）即变为式（b）。

式（d）和式（b）表明，在建立结构的运动方程时，若以静平衡位置作为计算位移的起点，则所得动位移的微分方程便与重力无关。以后采取这种作法，并且为了方便，在式（d）和式（b）中略去表示动位移的附标"d"，而将公式写成

$$m\ddot{y} + c\dot{y} + k_{11}y = F_{P}(t) \qquad\qquad (10-4)$$

$$\delta_{11}m\ddot{y} + \delta_{11}c\dot{y} + y = \delta_{11}F_{P}(t) \qquad\qquad (10-5)$$

应该指出，根据这两个方程得到的位移为动位移，将它与静位移叠加，才能求得总位移。

对于如图 10-9 所示质点做水平运动的情况，由于重力 G 并不在运动方向产生静位移，因此动位移也就是总位移。

第三节　单自由度体系的自由振动

单自由度体系的动力分析虽然比较简单，但是非常重要。因为很多实际的动力问题常可按单自由度体系进行计算，或进行初步的估算，而且，单自由度体系的动力分析是多自由度体系动力分析的基础。

一、无阻尼自由振动

在式（10-4）中，当 $F_{P}(t)=0$，且 $c=0$ 时，则为单自由度体系不考虑阻尼时的自由振动方程，写成

$$m\ddot{y} + k_{11}y = 0 \qquad\qquad (10-6)$$

令

$$\omega^2 = \frac{k_{11}}{m} \qquad\qquad (a)$$

式中：ω 为单自由度体系的自振频率。则式（10-6）可写成

$$\ddot{y} + \omega^2 y = 0 \qquad\qquad (10-7)$$

式（10-7）是一个二阶常系数的齐次微分方程，其通解形式为

$$y(t) = A_1\cos\omega t + A_2\sin\omega t \qquad\qquad (b)$$

取 y 对时间 t 的一阶导数，则得质点在任一时刻的速度为

$$\dot{y}(t) = -\omega A_1\sin\omega t + \omega A_2\cos\omega t \qquad\qquad (c)$$

式（c）中的待定常数 A_1 和 A_2 可由振动的初始条件来确定。当 $t=0$ 时，质点的初始位移为 y_0，初始速度为 $\dot{y}_0$，即 $y(0)=y_0$，$\dot{y}(0)=\dot{y}_0$。由此解出

$$A_1 = y_0, \quad A_2 = \frac{\dot{y}_0}{\omega}$$

因此

$$y = y_0\cos\omega t + \frac{\dot{y}_0}{\omega}\sin\omega t \qquad\qquad (10-8)$$

由上式可见，结构的自由振动是由两部分所组成，一部分是单独由初始位移 y_0 引起的，质点按 $y_0\cos\omega t$ 的规律振动，如图 10-10（a）所示。另一部分是单独由初始速度引起的，质点按 $\dfrac{\dot{y}_0}{\omega}\sin\omega t$ 的规律振动，如图 10-10（b）所示。

式（10-8）还可写成

$$y(t) = A\sin(\omega t + \varphi) \qquad\qquad (10-9)$$

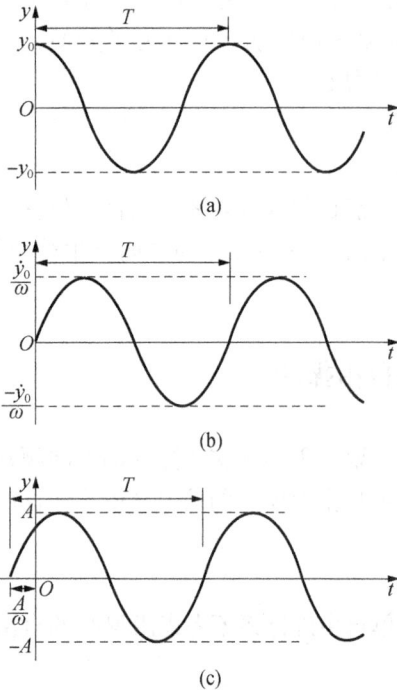

图 10 - 10

其图形如图 10 - 10（c）所示，可见，这种振动是简谐振动。其中 A 称为振幅，φ 称为初始相位角。参数 A、φ 与初始条件 y_0、$\dot{y}_0$ 之间的关系如下。

由式（10 - 9）得

$$y(t) = A\sin\varphi\cos\omega t + A\cos\varphi\sin\omega t$$

再与式（10 - 8）比较，即得

$$y_0 = A\sin\varphi, \quad \frac{\dot{y}_0}{\omega} = A\cos\varphi \quad (10 - 10)$$

或

$$A = \sqrt{y_0^2 + \frac{\dot{y}^2}{\omega^2}}, \quad \tan\varphi = \frac{y_0}{\dot{y}_0/\omega} \quad (10 - 11)$$

由式（10 - 9）不难看出，图 10 - 9（a）中的质点将在其静平衡位置上下往复做简谐振动，由于未考虑阻尼的影响，结构在自由振动开始时所具有的能量不会耗散，因此，运动将持续不断。由于 $\sin\omega t$ 和 $\cos\omega t$ 都是周期性函数，它们每经历一定时间就出现相同的数值，若给时间 t 一个增量 $T = 2\pi/\omega$，则位移 y 和速度 $\dot{y}$ 的数值均不变，故 T 称为周期，单位为 s。周期的倒数 $1/T$ 表示每秒钟内所完成的振动次数，用 f 表示，也称为工程频率，其单位为 s^{-1} 或 Hz。$\omega = 2\pi/T$ 即为 2πs 内完成的振动次数，称为角频率或圆频率，又简称频率，其单位为 rad/s。ω 的值可由式（a）确定，即用下列任一式均可确定

$$\omega = \sqrt{\frac{k_{11}}{m}} = \sqrt{\frac{1}{m\delta_{11}}} = \sqrt{\frac{g}{G\delta_{11}}} = \sqrt{\frac{g}{\Delta_{st}}} \quad (10 - 12)$$

式中：g 表示重力加速度；Δ_{st} 表示由于重力 mg 所产生的静力位移。由此可见，计算单自由度结构的自振频率 ω 时，需算出刚度系数 k_{11} 或柔度系数 δ_{11} 或位移 Δ_{st}，代入式（10 - 12）即可求得。一般来讲，若结构是静定结构，用 $\omega = \sqrt{\dfrac{1}{m\delta_{11}}}$ 较为简单；若结构是超静定结构，则用 $\omega = \sqrt{\dfrac{k_{11}}{m}}$ 较为简单。

由上述分析可以看出结构自振周期（或自振频率）的一些重要性质：

（1）自振周期与结构的质量和结构的刚度有关，而且只与这两者有关，与外界的干扰因素无关。干扰力的大小只能影响振幅的大小，而不能影响结构自振周期的大小。

（2）自振周期与质量的平方根成正比，质量越大，则周期越大（频率 f 越小）；自振周期与刚度的平方根成反比，刚度越大，则周期越小（频率越大）。因此，改变结构的自振周期，只能从改变结构的质量或刚度着手。

（3）自振周期是结构动力性能的一个很重要的数量标志。两个外表相似的结构，若周期相差很大，则动力性能相差很大；反之，两个外表看来并不相同的结构，若其自振周期相似，则在动荷载作用下其动力性能基本一致。由于地震中常发现这样的现象，因此自振周期

的计算十分重要。

【例 10 - 1】　如图10 - 11 所示为一等截面简支梁，截面抗弯刚度为 EI，跨度为 l。在梁的跨度中点有一个集中质量 m。如果忽略梁本身的质量，试求梁的自振周期 T 和圆频率 ω。

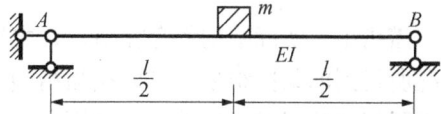

图 10 - 11

解：这是一个单自由度结构，对于简支梁跨中质量的竖向振动来说，柔度系数为

$$\delta_{11} = \frac{l^3}{48EI}$$

由式（10 - 12）得

$$\omega = \sqrt{\frac{1}{m\delta_{11}}} = \sqrt{\frac{48EI}{ml^3}}$$

$$T = \frac{2\pi}{\omega} = 2\pi\sqrt{\frac{ml^3}{48EI}}$$

【例 10 - 2】　如图10 - 12 （a）所示为一门式刚架，柱的截面惯性矩为 I_1，横梁弯曲刚度 $EI = \infty$，抗拉刚度 $EA = \infty$，横梁与负荷的总质量为 m，柱的质量可以忽略不计。求刚架的水平自振频率。

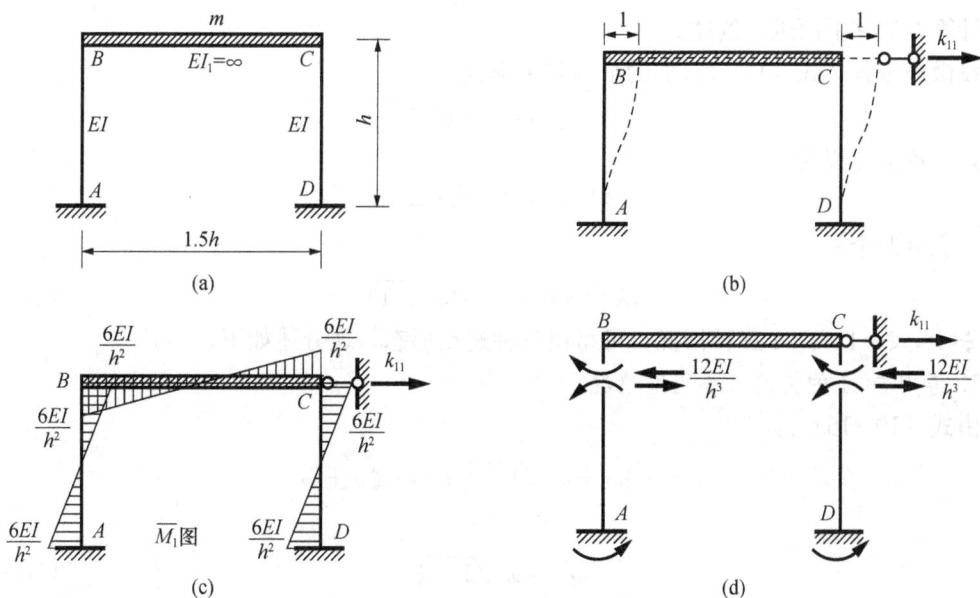

(a)

(b)

(c)

(d)

图 10 - 12

解：这是一个单自由度结构，横梁上各质点的水平位移相等。

使结构［见图10 - 12 （b）］发生单位水平位移，得 $\overline{M}_1$ 图［见图10 - 12 （c）］，列剪力平衡方程［见图10 - 12 （d）］得

$$k_{11} = 24\frac{EI}{h^3}$$

代入式（10 - 12）得

$$\omega = \sqrt{\frac{k_{11}}{m}} = \sqrt{\frac{24EI}{mh^3}}$$

需指出，实际结构都存在阻尼，之所以要分析无阻尼的情况，一方面是因为按这种理想情况所得到的某些结果，可以相当精确地反映实际结构的一些动力特性；另一方面是可以与考虑阻尼的情况进行比较，以便更好地了解阻尼的作用。

二、有阻尼的自由振动

在式（10-4）中，当 $F_P(t) = 0$ 时，即得单自由度体系考虑阻尼时的自由振动方程，写为

$$m\ddot{y} + c\dot{y} + k_{11}y = 0 \tag{10-13}$$

上式可改写为

$$\ddot{y} + 2\xi\omega\dot{y} + \omega^2 y = 0 \tag{10-14}$$

其中

$$\omega = \sqrt{\frac{k_{11}}{m}}$$

$$\xi = \frac{c}{2m\omega} \tag{10-15}$$

式中：ω 是单自由度体系自振的圆频率；ξ 是阻尼比，表示阻尼的一个主要参数，其物理意义及计算方法在下面进行阐述。

设微分方程 [式（10-14）] 的解为如下形式

$$y(t) = Ce^{\lambda t}$$

并且，其特征方程为

$$\lambda^2 + 2\xi\omega\lambda + \omega^2 = 0$$

特征方程有两个根

$$\lambda = \omega(-\xi \pm \sqrt{\xi^2 - 1}) \tag{10-16}$$

根据 $\xi < 1$，$\xi = 1$，$\xi > 1$ 三种情况，可得出三种运动形态，现分述如下。

1. 考虑 $\xi < 1$ 的情况（小阻尼情况）

由式（10-16）得

$$\lambda = -\xi\omega \pm \omega\sqrt{1 - \xi^2}\,i = -\xi\omega \pm i\omega'$$

其中

$$\omega' = \omega\sqrt{1 - \xi^2} \tag{10-17}$$

此时，微分方程 [式（10-14）] 的解为

$$y = e^{-\xi\omega t}(C_1\cos\omega't + C_2\sin\omega't)$$

再引入初始条件，即得

$$y = e^{-\xi\omega t}\left(y_0\cos\omega't + \frac{\dot{y}_0 + \xi\omega y_0}{\omega'}\sin\omega't\right) \tag{10-18}$$

上式可写成

$$y = Ce^{-\xi\omega t}\sin(\omega't + \varphi) \tag{10-19}$$

其中

$$C = \sqrt{y_0^2 + \frac{(\dot{y}_0 + \xi\omega y_0)^2}{\omega'^2}}$$

$$\tan\varphi = \frac{y_0\omega'}{\dot{y}_0 + \xi\omega y_0}$$

由式（10-18）或式（10-19）可画出小阻尼体系自由振动时的 y-t 曲线，如图 10-13 所示。这是一条逐渐衰减的波动曲线。可以看出，在小阻尼体系中阻尼对自振频率和振幅的影响。当质点小阻尼自由振动到 t_k 时刻时，质点振动到了第 k 个数值为正的振幅位置，对应的振幅值为 y_k。时间经过一个周期 T' 后，质点振动到了第 $k+1$ 个数值为正的振幅位置，对应的振幅值为 y_{k+1}。

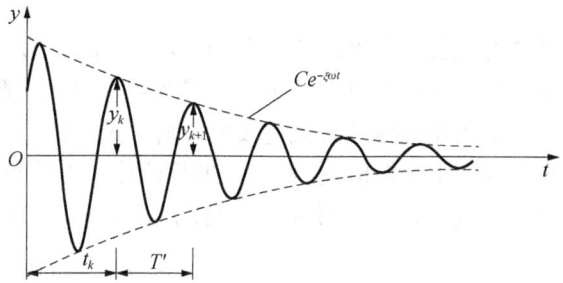

图 10-13

下面分析阻尼对自振频率和振幅的影响。首先看阻尼对自振频率的影响，在式（10-19）中，ω' 是小阻尼结构的自振圆频率。有阻尼和无阻尼的自振圆频率 ω' 和 ω 之间的关系由式（10-17）给出。由此可知，在 $\xi < 1$ 的小阻尼情况下，ω' 恒小于 ω，而且 ω' 随 ξ 值的增大而减小。此外，在通常情况下，ξ 是一个小数。对一般的建筑结构来说，ξ 的值很小，在 0.01～0.1，因此有阻尼频率 ω' 和无阻尼频率 ω 相差不大。在实际计算中，可近似地取 $\omega' = \omega$。

其次看阻尼对振幅的影响。在式（10-19）中，振幅为 $Ce^{-\xi\omega t}$，由此看出，由于阻尼的影响，振幅随时间而逐渐衰减。还可看出，经过一个周期 T' 后（$T' = 2\pi/\omega'$），相邻两个振幅 y_{k+1} 与 y_k 的比值为

$$\frac{y_{k+1}}{y_k} = \frac{e^{-\xi\omega(t_k + T')}}{e^{-\xi\omega t_k}} = e^{-\xi\omega t'}$$

ξ 值越大，则衰减速度越快。由上式进一步推导得

$$\ln\frac{y_k}{y_{k+1}} = \xi\omega t' = \xi\omega\frac{2\pi}{\omega} \approx 2\pi\xi$$

所以

$$\xi \approx \frac{1}{2\pi} \cdot \ln\frac{y_k}{y_{k+1}} \tag{10-20}$$

$\ln\dfrac{y_k}{y_{k+1}}$ 为振幅的对数递减量。利用上式可根据实测所得的位移-时间曲线中的两个相邻振幅来计算 ξ 值。

2. 考虑 $\xi = 1$ 的情况

此时由式（10-16）得

$$\lambda = -\omega$$

因此，微分方程的解为

$$y = (C_1 + C_2 t)e^{-\omega t}$$

上式表明结构不再具有在静平衡位置上下振动的性质。

综合以上的讨论可知：当 $\xi < 1$ 时，结构在自由反应中是会引起振动的；而当阻尼增大

到 $\xi=1$ 时，结构在自由反应中将不再引起振动，这时的阻尼常数称为临界阻尼常数，用 c_c 表示。在式（10-15）中令 $\xi=1$，即得临界阻尼常数为

$$c_c = 2m\omega = 2\sqrt{mk} \tag{10-21}$$

由式（10-15）和式（10-21）得

$$\xi = \frac{c}{c_c} \tag{10-22}$$

参数 ξ 表示阻尼常数 c 与临界阻尼参数 c_c 的比值，称为阻尼比。阻尼比 ξ 是反映阻尼情况的基本参数，它的数值可以通过实测得到。如在小阻尼结构中，若测得两个相邻振幅值与 y_k 和 y_{k+1}，得出振幅的对数递减量，则由式（10-20）即可计算出阻尼比 ξ 的数值。同理，阻尼比 ξ 也可用振幅值 y_k 和 y_{k+n} 进行计算。当质点小阻尼自由振动到 t_k 时刻时，质点对应的振幅值为 y_k，时间经过 n 个周期 nT' 后，质点对应的振幅值为 y_{k+n}。则阻尼比 ξ 计算如下

$$\ln\frac{y_k}{y_{k+n}} = \xi\omega nT' = \xi\omega n\frac{2\pi}{\omega}$$

$$\xi = \frac{1}{2\pi n}\frac{\omega'}{\omega}\ln\frac{y_k}{y_{k+n}}$$

式中：n 为质点从振幅 y_k 位置振动到振幅 y_{k+n} 位置所经过的周期个数。

当 $\omega' \approx \omega$ 时，有

$$\xi \approx \frac{1}{2\pi n}\cdot\ln\frac{y_k}{y_{k+n}} \tag{10-23}$$

对于 $\xi>1$ 的情形，为大阻尼情况，结构在大阻尼自由振动的反应中仍不会出现振动现象，由于在实际问题中很少遇到这种情况，故不做进一步讨论。

第四节　单自由度体系的强迫振动

这里只讨论单自由度体系在简谐荷载作用下的强迫振动问题。简谐荷载可以用 $F_P\sin\theta t$ 或 $F_P\cos\theta t$ 表示，它们通常是由机械转动所产生的离心力的分量。其最大值 F_P 称为荷载振幅，θ 称为荷载圆频率，即离心力旋转的角速度。之所以研究简谐荷载，是因为它比较常见，而且按照三角函数的运算规律，一般周期性荷载，都可以等同于多个简谐荷载的叠加。以下讨论简谐力 $F_P\sin\theta t$ 的情况，其分析方法同样适用于 $F_P\cos\theta t$ 的情况，并可得同样结论。

首先讨论有阻尼的情况，根据本章第二节内容，单自由度结构在简谐荷载 $F_P\sin\theta t$ 作用下的运动方程为

$$m\ddot{y} + c\dot{y} + k_{11}y = F_P\sin\theta t$$

$$\ddot{y} + 2\xi\omega\dot{y} + \omega^2 y = \frac{F_P}{m}\sin\theta t \tag{10-24}$$

式中：ξ 为阻尼比。上式的通解可以分成两部分

$$y = \bar{y} + y^*$$

齐次解 $\bar{y}$ 为

$$\bar{y} = e^{-\xi\omega t}(C_1\cos\omega't + C_2\sin\omega't)$$

现在用待定系数法求特解 y^*。设

$$y^* = D_1\cos\theta t + D_2\sin\theta t$$

则

$$\dot{y}^* = -D_1\theta\sin\theta t + D_2\theta\cos\theta t$$

$$\ddot{y}^* = -D_1\theta^2\cos\theta t - D_2\theta^2\sin\theta t$$

将它们代入方程［式（10-24）］并整理，分别令等号两侧 $\cos\theta t$ 和 $\sin\theta t$ 的相应系数相等，得

$$(\omega^2 - \theta^2)D_1 + 2\xi\omega\theta D_2 = 0$$

$$-2\xi\omega\theta D_1 + (\omega^2 - \theta^2)D_2 = \frac{F_P}{m}$$

由以上两式可以解出

$$D_1 = -\frac{F_P}{m}\frac{2\xi\omega\theta}{(\omega^2 - \theta^2)^2 + 4(\xi\omega)^2\theta^2}$$

$$D_2 = \frac{F_P}{m}\frac{\omega^2 - \theta^2}{(\omega^2 - \theta^2)^2 + 4(\xi\omega)^2\theta^2}$$

若将特解 y^* 改写为

$$y^* = A\sin(\theta t - \varphi)$$

则

$$A = \sqrt{D_1^2 + D_2^2} = \frac{F_P}{m\sqrt{(\omega^2 - \theta^2)^2 + 4(\xi\omega)^2\theta^2}} \tag{10-25}$$

$$\tan\varphi = \frac{2\xi\omega\theta}{\omega^2 - \theta^2} \tag{10-26}$$

将以上特解 y^* 与齐次解 $\bar{y}$ 相加，即得方程［式（10-24）］的解为

$$y = \mathrm{e}^{-\xi\omega t}(C_1\cos\omega't + C_2\sin\omega't) + \frac{F_P}{m\sqrt{(\omega^2 - \theta^2)^2 + 4\xi^2\omega^2\theta^2}}\sin(\theta t - \varphi)$$

其中常数 C_1、C_2 由初始条件确定。

设两个初始条件为：$t=0$ 时，$y=y_0$、$\dot{y}=\dot{y}_0$，则通解可改写为

$$y = \mathrm{e}^{-\xi\omega t}y_0\cos\omega't + \mathrm{e}^{-\xi\omega t}\left(\frac{\dot{y}_0}{\omega'} + \frac{\xi\omega}{\omega'}y_0\right)\sin\omega't + \mathrm{e}^{-\xi\omega t}\frac{F_P\sin\varphi}{m\sqrt{(\omega^2 - \theta^2)^2 + 4\xi^2\omega^2\theta^2}}\cos\omega't$$

$$- \mathrm{e}^{-\xi\omega t}\frac{F_P\left(-\xi\dfrac{\omega}{\omega'}\sin\varphi + \dfrac{\theta}{\omega'}\cos\varphi\right)}{m\sqrt{(\omega^2 - \theta^2)^2 + 4\xi^2\omega^2\theta^2}}\sin\omega't + \frac{F_P}{m\sqrt{(\omega^2 - \theta^2)^2 + 4\xi^2\omega^2\theta^2}}\sin(\theta t - \varphi)$$

$$\tag{10-27}$$

在式（10-27）中，第一、二项是由初始条件决定的自由振动，当 y_0、$\dot{y}_0$ 全为零时，这两项即不存在；第三、四项也是频率为 ω' 的自由振动，但与初始条件无关，是伴随干扰力的作用而产生的，称为伴生自由振动；这四项都含有因子 $\mathrm{e}^{-\xi\omega t}$，所以随时间的增长，都将很快衰减。第五项是不随时间衰减而按干扰力的频率进行的振动，称为纯强迫振动或稳态强迫振动。人们把振动开始的一段时间内几种振动同时存在的阶段称为过渡阶段；而把后面只剩下纯强迫振动的阶段称为平稳阶段。通常过渡阶段比较短，因而在实际问题中平稳阶段比较重要，故一般只着重讨论纯强迫振动，即式（10-27）除去前四项，这样可得

$$y = \frac{F_P}{m\sqrt{(\omega^2 - \theta^2)^2 + 4\xi^2\omega^2\theta^2}}\sin(\theta t - \varphi) \tag{10-28}$$

下面分别就考虑和不考虑阻尼两种情况来讨论。

1. 不考虑阻尼的纯强迫振动

此时因 $\xi=0$（$c=0$），由式（10-28）可知纯强迫振动位移方程为

$$y = \frac{F_P}{m(\omega^2 - \theta^2)}\sin\theta t \qquad (10\text{-}29)$$

因此，最大的动力位移（即振幅）为

$$A = \frac{F_P}{m(\omega^2 - \theta^2)} = \frac{1}{1-\dfrac{\theta^2}{\omega^2}}\frac{F_P}{m\omega^2}$$

因为 $\omega^2=\dfrac{k_{11}}{m}=\dfrac{1}{m\delta_{11}}$，所以 $m\omega^2=\dfrac{1}{\delta_{11}}$，代入上式，得

$$A = \frac{1}{1-\dfrac{\theta^2}{\omega^2}}F_P\delta_{11} = \frac{1}{1-\dfrac{\theta^2}{\omega^2}}y_{st} = \mu_D y_{st} \qquad (10\text{-}30)$$

$y_{st}=F_P\delta_{11}$ 表示将振动荷载的幅值 F_P 作为静力荷载作用于结构上时所引起的静力位移，而

$$\mu_D = \frac{1}{1-\dfrac{\theta^2}{\omega^2}} = \frac{A}{y_{st}} \qquad (10\text{-}31)$$

为最大的动力位移与静力位移之比值，称为位移动力系数。由上述公式可知，当 $\theta<\omega$ 时，μ_D 为正，动力位移与动力荷载同向；当 $\theta>\omega$ 时，μ_D 为负，动力位移与动力荷载反向。由式（10-31）可知，动力系数随比值 θ/ω 而变化。当干扰力的频率 θ 接近于结构的自振频率 ω 时，动力系数就迅速增大，当二者无限接近时，理论上动力系数 μ_D 将成为无穷大，此时内力和位移都将无限增加。对结构来说，这种情形是危险的，在 $\theta=\omega$ 时所发生的振动现象称为共振。实际上由于阻尼的存在，共振时内力和位移虽然很大，但并不会趋于无穷大，尽管如此，内力和位移之值过大也是十分不利的，因此在设计中应尽量避免发生共振。

2. 考虑阻尼的纯强迫振动

利用 $m\omega^2=\dfrac{1}{\delta_{11}}$ 和 $y_{st}=F_P\delta_{11}$，式（10-28）可以写成

$$y = \frac{y_{st}}{\sqrt{\left(1-\dfrac{\theta^2}{\omega^2}\right)^2 + \dfrac{4\xi^2\theta^2}{\omega^2}}}\sin(\theta t-\varphi) \qquad (10\text{-}32)$$

因此，振幅为

$$A = \frac{1}{\sqrt{\left(1-\dfrac{\theta^2}{\omega^2}\right)^2 + \dfrac{4\xi^2\theta^2}{\omega^2}}}y_{st} = \mu_D y_{st} \qquad (10\text{-}33)$$

其中

$$\mu_D = \frac{1}{\sqrt{\left(1-\dfrac{\theta^2}{\omega^2}\right)^2 + \dfrac{4\xi^2\theta^2}{\omega^2}}} \qquad (10\text{-}34)$$

为考虑阻尼的动力系数。由式（10-33）可知，振幅大小除与干扰力的幅值有关外，与放大系数 μ_D 也有密切关系。而由式（10-34）可知，放大系数则由干扰力频率、结构的自振频

率及阻尼等所决定。图 10-14 中给出了动力系数 μ_D 与 θ/ω 值的关系曲线。

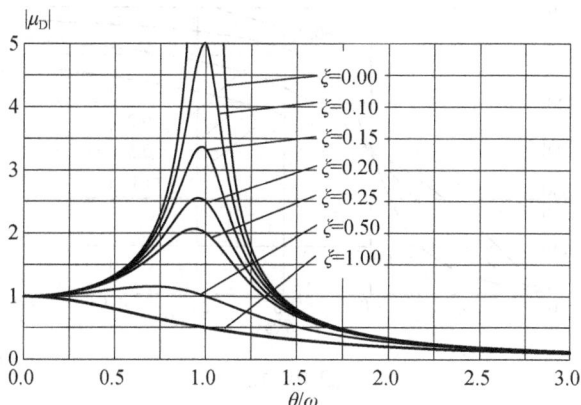

图 10-14

下面讨论 θ/ω 值不同的几种情况：

（1）$\theta \ll \omega$。此时，$(\theta/\omega)^2$ 值接近于零，μ_D 值则略大于 1，这相当于结构刚度极大，或荷载随时间变化极为缓慢的情况。极限情形为 $\omega=\infty$ 或 $\theta=0$，则 $\mu_D=1$，这就意味着结构为刚体或荷载并不随时间而改变，因此也就不存在振动问题。由式（10-34）还可看出，此时根号内的第二项也接近于零，这表明阻尼对放大系数和振幅的影响很小。

（2）$\theta \gg \omega$。此时，$(\theta/\omega)^2$ 远大于 1，而式（10-34）中根号内的第二项又远小于第一项，所以 μ_D 值很小并可认为与阻尼无关。当 θ 远大于 ω 以致 $\mu_D \approx 0$ 时，结构可看作处于静止状态。

（3）$\theta \rightarrow \omega$。$(\theta/\omega)^2$ 接近于 1，即干扰力频率接近结构自振频率，动力系数 μ_D 迅速增大。当 $\theta/\omega=1$ 时，由于存在阻尼，μ_D 虽然不能成为无限大，但仍有很大的值，此时结构处于共振状态。此时，动力系数为

$$\mu_D = \frac{1}{2\xi} \tag{10-35}$$

式（10-35）和图 10-14 表明，在靠近共振点范围内，阻尼比 ξ 的数值对动力系数及振幅的大小有决定性的影响。通常将区间 $0.75 < \theta/\omega < 1.25$ 称为共振区。在共振区内，阻尼因素不能忽略，而且对 ξ 值应该力求精确，因为若 ξ 值有较小差异时，μ_D 值将会有明显的改变。在共振区外，为了简化，可以不考虑阻尼影响，这样偏于安全。

下面讨论位移和振动荷载之间的相位关系。

由式（10-26）可以看出，相位角 φ 是阻尼比 ξ 和比值 θ/ω 的函数，它们之间的关系如图 10-15 所示。在不存在阻尼（$\xi=0$）的理想情况下，若 $\theta/\omega<1$，则 $\varphi=0$，这表示位移与荷载或同时达到最大值或同时为零，即二者是同相位的。若 $\theta/\omega>1$，则 $\varphi=\pi$，这表示当荷载由零到最大值时，位移则由零到最小值，即二者是反相位的。

在考虑阻尼的情况下，荷载与位移之间的相位差则永远不等于零。若 $\theta/\omega<1$，则 $0<\varphi<\frac{\pi}{2}$；若 $\theta/\omega>1$，则 $\frac{\pi}{2}<\varphi<\pi$；当 $\theta/\omega=1$ 时，则 $\varphi=\frac{\pi}{2}$。就是说，只要阻尼存在，结构的振动位移就总是滞后于振动荷载。

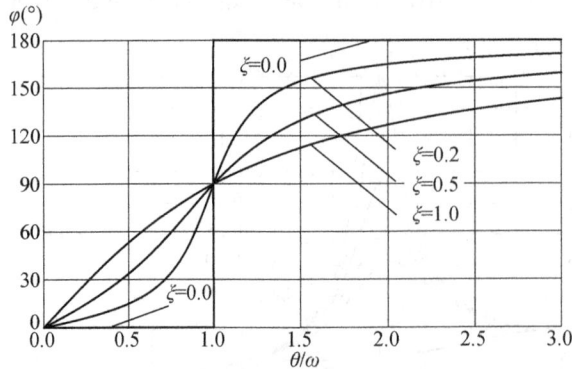

图 10 - 15

【例 10 - 3】 重力 $G=35$kN 的发电机置于简支梁的中点上（见图 10 - 16），梁的自重不计，并知梁的惯性矩 $I=8.8\times10^{-5}$ m^4，$E=210$GPa，发电机转动时其离心力的垂直分力为 $F_\mathrm{P}\sin\theta t$，且 $F_\mathrm{P}=10$kN。若不考虑阻尼，试求当发电机每分钟的转数为 $n=500$r/min 时，梁的最大弯矩和挠度。

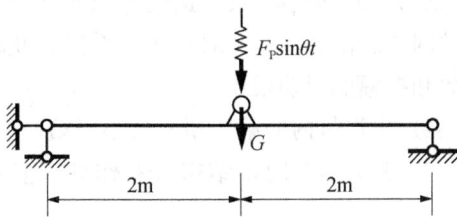

图 10 - 16

解： 在发电机的重力作用下，梁中点的最大静力位移为

$$\Delta_\mathrm{st}=\frac{Gl^3}{48EI}=\frac{35\times10^3\times4^3}{48\times210\times10^9\times8.8\times10^{-5}}$$
$$=2.53\times10^{-3}\mathrm{m}$$

由单自由度频率公式 [见式 (10 - 12)] 得

$$\omega=\sqrt{\frac{g}{\Delta_\mathrm{st}}}=\sqrt{\frac{9.81}{2.53\times10^{-3}}}=62.3\mathrm{s}^{-1}$$

干扰力的频率为

$$\theta=\frac{2\pi n}{60}=\frac{2\times3.14\times500}{60}=52.3\mathrm{s}^{-1}$$

根据式 (10 - 31) 可求动力系数为

$$\mu_\mathrm{D}=\frac{1}{1-\dfrac{\theta^2}{\omega^2}}=\frac{1}{1-\dfrac{52.3^2}{62.3^2}}=3.4$$

故知由此干扰力影响所产生的内力和位移等于静力影响的 3.4 倍。据此求得梁中点的最大弯矩为

$$M_\mathrm{max}=M_G+\mu_\mathrm{D}M_\mathrm{st}^\mathrm{P}=\frac{35\times4}{4}+\frac{3.4\times10\times4}{4}=69\mathrm{kN\cdot m}$$

M_st^P 为在干扰力幅值作用下，在梁中点产生的静弯矩。

梁中点最大挠度为

$$y_\mathrm{max}=\Delta_\mathrm{st}+\mu_\mathrm{D}y_\mathrm{st}^\mathrm{P}=\frac{Gl^3}{48EI}+\mu_\mathrm{D}\frac{Pl^3}{48EI}=\frac{(35+3.4\times10)\times10^3\times4^3}{48\times210\times10^9\times8.8\times10^{-5}}=4.98\mathrm{mm}$$

y_st^P 为在干扰力幅值作用下，在梁中点产生的静位移。

以上的分析都是干扰力 $F_\mathrm{P}(t)$ 直接作用在质点 m 上的情形。在实际问题中，也可能有

干扰力 $F_P(t)$ 不直接作用在质点上的情况。例如如图 10-17（a）所示的简支梁，集中质量 m 在点 1 处，而干扰力 $F_P(t)$ 则作用在点 2 处。建立质点 m 的振动方程时，用柔度法较简便，现讨论如下。

设单位力作用在点 1 时使点 1 产生的位移为 δ_{11}，单位力作用在点 2 时使点 1 产生的位移为 δ_{12}，分别如图 10-17（b）、（c）所示。

若在任一时刻质点 m 处的位移为 y，则作用在质点 m 上的惯性力为 $-m\ddot{y}$，在惯性力 $-m\ddot{y}$ 和干扰力 $F_P(t)$ 共同作用下，如图 10-17（d）所示，质点 m 的位移为

$$y = \delta_{11}(-m\ddot{y}) + \delta_{12}F_P(t)$$

即

$$m\ddot{y} + k_{11}y = \frac{\delta_{12}}{\delta_{11}}F_P(t) \qquad (10-36)$$

这就是当干扰力不直接作用在质点上时，质点 m 的振动微分方程。由此可见，对于这种情况，本节前面导出的各个计算公式都是适用的，只不过要将公式中的 $F_P(t)$ 用 $\dfrac{\delta_{12}}{\delta_{11}}F_P(t)$ 来代替。

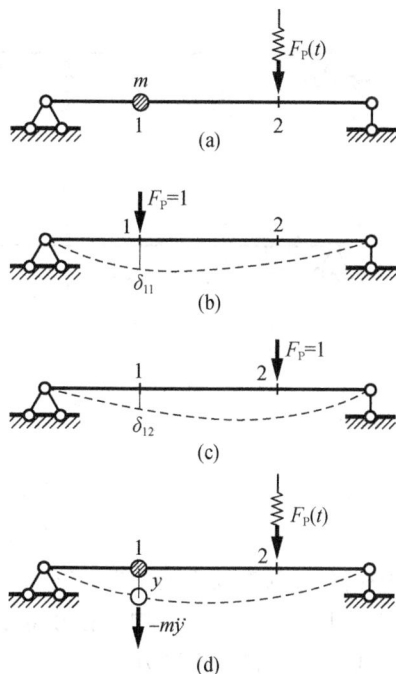

图 10-17

第五节 多自由度体系的自由振动

在进行结构的动力分析时，为了保证所得结果的可靠性，有时需要选取较为复杂的计算简图，按多自由度体系进行计算。本节内容即为分析多自由度体系的自由振动问题，在分析中，不考虑阻尼的影响。通过第四节对单自由度体系的分析已经看到，阻尼对自振频率的影响很小。对于多自由度体系也有类似情况。下面先讨论两个自由度体系，然后再推广到多自由度体系。

一、两个自由度体系的自由振动

1. 运动方程的建立

设有一两个自由度体系如图 10-18（a）所示，两个质点的质量分别为 m_1、m_2，梁的自重略去不计。设两个质点的位移分别为 $y_1(t)$ 和 $y_2(t)$，它们都从静平衡位置量起并以向下为正。与单自由度体系一样，下面通过列位移方程或列动力平衡方程来建立两个自由度体系的运动方程。

（1）列位移方程（柔度方程）。将惯性力 $-m_1\ddot{y}_1$ 和 $-m_2\ddot{y}_2$ 分别作用在质点 1、2 处，如图 10-18（b）所示。由于在自由振动时，梁在任一时刻 t 的位移等于惯性力所产生的静位移。这样，利用叠加原理，有

$$\left. \begin{aligned} y_1 &= \delta_{11}(-m_1\ddot{y}_1) + \delta_{12}(-m_2\ddot{y}_2) \\ y_2 &= \delta_{21}(-m_1\ddot{y}_1) + \delta_{22}(-m_2\ddot{y}_2) \end{aligned} \right\} \qquad (a)$$

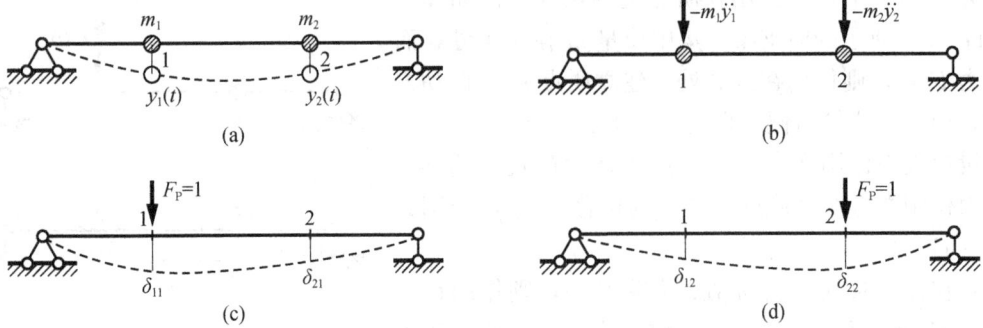

图 10-18

或

$$\left.\begin{array}{r}\delta_{11}m_1\ \ddot{y}_1+\delta_{12}m_2\ \ddot{y}_2+y_1 = 0\\ \delta_{21}m_1\ \ddot{y}_1+\delta_{22}m_2\ \ddot{y}_2+y_2 = 0\end{array}\right\}\qquad(10-37)$$

式中：δ_{ij} 称为柔度影响系数，它表示沿 y_j 方向施加单位力时，在 y_i 方向所产生的位移［见图 10-18（c）、（d）］。由位移互等定理知 $\delta_{ij}=\delta_{ji}$。利用列位移方程求解的方法称为柔度法，式（10-37）称为柔度方程。

（2）列动力平衡方程（刚度方程）。列动力平衡方程时，可按照类似第六章位移法的步骤来处理。对于如图 10-18（a）所示的两质点结构体系，在质点 1、2 处沿位移方向加入附加链杆以阻止两个质点的位移，则在 1、2 质点惯性力 $-m_1\ddot{y}_1$ 和 $-m_2\ddot{y}_2$ 的作用下，各链杆反力即等于 $m_1\ddot{y}_1$ 和 $m_2\ddot{y}_2$，如图 10-19（a）所示。然后上下移动链杆，使梁的 1、2 质点发生与实际情况相同的位移 $y_1(t)$ 和 $y_2(t)$［见图 10-19（b）］时，附加链杆上的反力为 F_{R1} 和 F_{R2}。若不考虑质点所受的阻尼力，则将上述如图 10-19（a）、（b）所示两情况叠加，各附加链杆上的总反力应等于零，由此可分别列出两个质点的动力平衡方程。

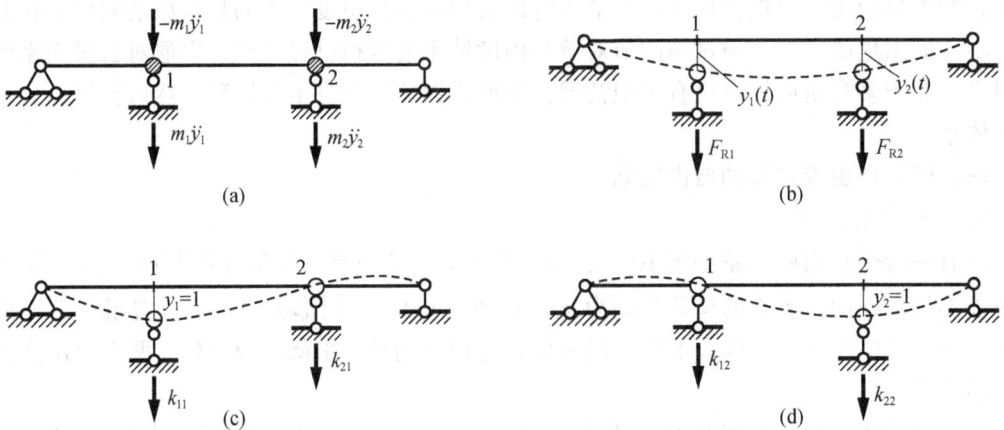

图 10-19

$$\left.\begin{array}{r}m_1\ddot{y}_1+F_{R1} = 0\\ m_2\ddot{y}_2+F_{R2} = 0\end{array}\right\}\qquad\text{(b)}$$

而 F_{R1} 和 F_{R2} 的大小取决于结构的刚度和质点的位移值，由叠加原理，可以写成

$$\left.\begin{array}{l} F_{R1} = k_{11}y_1 + k_{12}y_2 \\ F_{R2} = k_{21}y_1 + k_{22}y_2 \end{array}\right\} \tag{c}$$

式中：各 k_{ij} 称为刚度影响系数，它表示由于链杆 j 发生单位位移（其余链杆的位移为零）在链杆 i 中所引起的反力，物理意义见图 10-19（c）、（d）。由反力互等定理，知 $k_{ij} = k_{ji}$。将式（c）代入式（b）即得

$$\left.\begin{array}{l} k_{11}y_1 + k_{12}y_2 + m_1\ddot{y}_1 = 0 \\ k_{21}y_1 + k_{22}y_2 + m_2\ddot{y}_2 = 0 \end{array}\right\} \tag{10-38}$$

列动力平衡方程求解的方法称为刚度法，式（10-38）就是按刚度法建立的两个自由度无阻尼结构的自由振动微分方程，也称刚度方程。

2. 按刚度法求解频率和振型

设式（10-38）的解为

$$\left.\begin{array}{l} y_1(t) = A_1\sin(\omega t + \varphi) \\ y_2(t) = A_2\sin(\omega t + \varphi) \end{array}\right\} \tag{d}$$

式（d）所表示的运动具有以下特点：第一，在振动过程中，两个质点具有相同的频率 ω 和相同的相位角 φ，A_1 和 A_2 是位移幅值。第二，在振动过程中，两个质点的位移在数值上随时间而变化，但二者的比值始终保持不变，即

$$\frac{y_1(t)}{y_2(t)} = \frac{A_1}{A_2} = 常数$$

这种结构位移形状保持不变的振动形式可称为主振型或振型。

将式（d）代入式（10-38），消去公因子 $\sin(\omega t + \varphi)$ 后，得

$$\left.\begin{array}{l} (k_{11} - \omega^2 m_1)A_1 + k_{12}A_2 = 0 \\ k_{21}A_1 + (k_{22} - \omega^2 m_2)A_2 = 0 \end{array}\right\} \tag{10-39}$$

上式为 A_1、A_2 的齐次方程，方程中，$A_1 = A_2 = 0$ 虽然是方程的解，但它实际上对应于没有发生振动的静止状态。为了得到 A_1、A_2 不全为零的解答，应使方程组［式（10-39）］的系数行列式为零，即

$$D = \begin{vmatrix} k_{11} - \omega^2 m_1 & k_{12} \\ k_{21} & k_{22} - \omega^2 m_2 \end{vmatrix} = 0 \tag{10-40}$$

式（10-40）称为频率方程或特征方程，用它可求出频率 ω。

将上式展开并整理得

$$(\omega^2)^2 - \left(\frac{k_{11}}{m_1} + \frac{k_{22}}{m_2}\right)\omega^2 + \frac{k_{11}k_{22} - k_{12}k_{21}}{m_1 m_2} = 0$$

上式是关于 ω^2 的二次方程，由此可解出 ω^2 的两个根为

$$\omega^2 = \frac{1}{2}\left(\frac{k_{11}}{m_1} + \frac{k_{22}}{m_2}\right) \pm \sqrt{\left[\frac{1}{2}\left(\frac{k_{11}}{m_1} + \frac{k_{22}}{m_2}\right)\right]^2 - \frac{k_{11}k_{22} - k_{12}k_{21}}{m_1 m_2}} \tag{10-41}$$

可以证明这两个根都是正值。由此可见，具有两个自由度的结构共有两个自振频率，其中较小的一个，设以 ω_1 表示，称为第一频率或基本频率；另一个以 ω_2 表示，称为第二频率。求出自振频率 ω_1、ω_2 之后，再来确定它们各自相应的振型。将第一频率 ω_1 代入式（10-39）。由于行列式 $D = 0$，方程组中的两个方程是线性相关的，实际上只有一个独立的方程。由式

（10 - 39）的任一个方程可求出比值 A_2/A_1，这个比值用 ρ_1 表示，ρ_1 所确定的振动形式就是与第一频率 ω_1 相对应的振型，称为第一振型或基本振型，公式如下

$$\rho_1 = \frac{A_2^{(1)}}{A_1^{(1)}} = \frac{\omega_1^2 m_1 - k_{11}}{k_{12}} \tag{10 - 42}$$

这里 $A_1^{(1)}$、$A_2^{(1)}$ 分别表示第一振型中质点 1、2 的振幅。将 ω_2 代入式（10 - 39），可以求得 A_2/A_1 的另一个比值 ρ_2。这个比值 ρ_2 所确定的另一个振动形式称为第二振型。

$$\rho_2 = \frac{A_2^{(2)}}{A_1^{(2)}} = \frac{\omega_2^2 m_1 - k_{11}}{k_{12}} \tag{10 - 43}$$

这里 $A_1^{(2)}$、$A_2^{(2)}$ 分别表示第二振型中质点 1、2 的振幅。

3. 按柔度法求解

若用柔度法求解，推导过程与上相似，因此不再复述，只给出主要公式。

对于两个自由度结构，关于位移幅值 A_1、A_2 的齐次方程为

$$\left.\begin{array}{l} \left(m_1\delta_{11} - \dfrac{1}{\omega^2}\right)A_1 + m_2\delta_{12}A_2 = 0 \\[2mm] m_1\delta_{21}A_1 + \left(m_2\delta_{22} - \dfrac{1}{\omega^2}\right)A_2 = 0 \end{array}\right\} \tag{10 - 44}$$

频率方程为

$$D = \begin{vmatrix} \left(m_1\delta_{11} - \dfrac{1}{\omega^2}\right) & m_2\delta_{12} \\[3mm] m_1\delta_{21} & \left(m_2\delta_{22} - \dfrac{1}{\omega^2}\right) \end{vmatrix} = 0 \tag{10 - 45}$$

将上式展开并整理得

$$m_1 m_2 (\delta_{11}\delta_{22} - \delta_{12}^2)(\omega^2)^2 - (m_1\delta_{11} + m_2\delta_{22})\omega^2 + 1 = 0$$

令

$$\lambda = \frac{1}{\omega^2} \tag{10 - 46}$$

式（10 - 46）可写成

$$\lambda^2 - (\delta_{11}m_1 + \delta_{22}m_2)\lambda + (\delta_{11}\delta_{22} - \delta_{12}^2)m_1 m_2 = 0$$

由此得出 λ 的两个根为

$$\lambda = \frac{1}{2}(\delta_{11}m_1 + \delta_{22}m_2) \pm \frac{1}{2}\sqrt{(\delta_{11}m_1 + \delta_{22}m_2)^2 - 4(\delta_{11}\delta_{22} - \delta_{12}^2)m_1 m_2} \tag{10 - 47}$$

从而可以解出两个自振频率 ω_1、ω_2。然后求得结构的主振型为

$$\rho_1 = \frac{A_2^{(1)}}{A_1^{(1)}} = \frac{1/\omega_1^2 - \delta_{11}m_1}{\delta_{12}m_2} \tag{10 - 48}$$

$$\rho_2 = \frac{A_2^{(2)}}{A_1^{(2)}} = \frac{1/\omega_2^2 - \delta_{11}m_1}{\delta_{12}m_2} \tag{10 - 49}$$

多自由度体系如果按某个主振型自由振动时，由于它的振动形式保持不变，因此这个多自由度体系实际上是像一个单自由度体系那样在振动。多自由度体系能够按某个主振型自由振动的条件是：初始位移和初始速度应当与此主振型相对应。

在一般情况下，两个自由度体系的自由振动可看作是两种频率及其主振型的组合振动，即

$$y_1(t) = A_1^{(1)} \sin(\omega_1 t + \varphi_1) + A_1^{(2)} \sin(\omega_2 t + \varphi_2) \Big\}$$
$$y_2(t) = A_2^{(1)} \sin(\omega_1 t + \varphi_1) + A_2^{(2)} \sin(\omega_2 t + \varphi_2) \Big\}$$

$$(10 - 50)$$

式（10-50）就是运动方程［式（10-37）和式（10-38）］的全解。其中两对待定常数 φ_1 和 φ_2 可由初始条件来确定。

【例 10-4】　如图10-20（a）所示简支梁在跨度的 $1/3$ 处有两个大小相等的集中质量 m，试分析其自由振动。设梁的自重略去不计，EI 为常数。

解： 按柔度法计算。

（1）计算柔度系数 δ_{ij}

$$\delta_{11} = \delta_{22} = \frac{4}{243} \frac{l^3}{EI}$$

$$\delta_{12} = \delta_{21} = \frac{7}{486} \frac{l^3}{EI}$$

（2）计算自振频率：将上面得到的各 δ_{ij} 值和 m 值代入式（10-47），求得

$$\lambda_1 = \frac{1}{\omega_1^2} = \frac{5}{162} \frac{ml^3}{EI}, \lambda_2 = \frac{1}{\omega_2^2} = \frac{1}{486} \frac{ml^3}{EI}$$

于是得

$$\omega_1 = 5.69 \sqrt{\frac{EI}{ml^3}}, \omega_2 = 22 \sqrt{\frac{EI}{ml^3}}$$

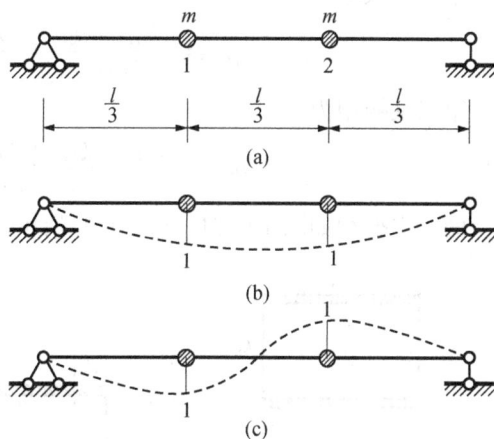

图 10 - 20

（3）分析主振型

$$\rho_1 = \frac{1/\omega_1^2 - \delta_{11} m_1}{\delta_{12} m_2} = \left(\frac{5}{162} \frac{ml^3}{EI} - \frac{4}{243} \frac{ml^3}{EI} \right) \times \frac{486}{7} \frac{EI}{ml^3} = 1$$

这表明结构按第一频率振动时，两质点始终保持同向且相等的位移，其振型是正对称的，如图 10-20（b）所示。同理，由式（10-49）求得第二振型为

$$\rho_2 = \frac{1/\omega_2^2 - \delta_{11} m_1}{\delta_{12} m_2} = -1$$

可见，按第二频率振动时，两质点的位移是等值反向的，振型为反对称形状，如图 10-20（c）所示。由此例得出，若结构的刚度和质量分布都是对称的，则其主振型不是正对称便是反对称的。

【例 10-5】　如图10-21（a）所示两层刚架，其横梁为无限刚性。设质量集中在楼层上，第一、二层的质量分别为 m_1、m_2。层间侧移刚度分别为 k_1、k_2，即层间产生单位相对侧移时所需施加的力，如图 10-21（b）所示。试求刚架水平振动时的自振频率和主振型。

解： 由图 10-21（c）（d）可求出结构的刚度系数如下

$$k_{11} = k_1 + k_2, \quad k_{21} = -k_2, \quad k_{12} = -k_2, \quad k_{22} = k_2$$

将刚度系数代入式（10-41）并展开得

$$(k_1 + k_2 - \omega^2 m_1)(k_2 - \omega^2 m_2) - k_2^2 = 0$$

分两种情况讨论：

（1）当 $m_1 = m_2 = m$，$k_1 = k_2 = k$ 时，有

$$(2k - \omega^2 m)(k - \omega^2 m) - k^2 = 0$$

由此求得两个频率为

$$\omega_1^2 = \frac{3-\sqrt{5}}{2}\frac{k}{m} = 0.38197\frac{k}{m}, \quad \omega_2^2 = \frac{3+\sqrt{5}}{2}\frac{k}{m} = 2.61803\frac{k}{m}$$

$$\omega_1 = 0.61803\sqrt{\frac{k}{m}}, \quad \omega_2 = 1.61803\sqrt{\frac{k}{m}}$$

求主振型时，可由式（10-42）和式（10-43）求得振幅比值，从而绘出振型图。

第一主振型为

$$\rho_1 = \frac{\omega_1^2 m_1 - k_{11}}{k_{12}} = \frac{2k - 0.38197k}{k} = 1.618$$

第二主振型为

$$\rho_1 = \frac{\omega_2^2 m_1 - k_{11}}{k_{12}} = \frac{2k - 2.61803k}{k} = -0.618$$

两个主振型如图 10-21（e）、（f）所示。

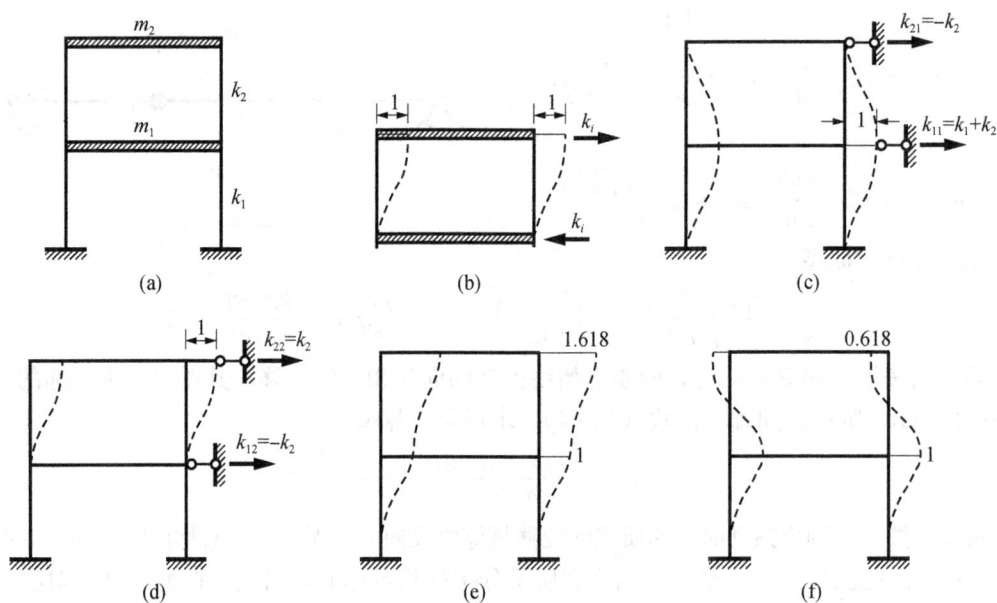

图 10-21

（2）当 $m_1 = nm_2$，$k_1 = nk_2$ 时，有

$$[(n+1)k_2 - \omega^2 nm_2](k_2 - \omega^2 m_2) - k_2^2 = 0$$

由此求得

$$\omega_1^2 = \frac{1}{2}\left[\left(2+\frac{1}{n}\right) - \sqrt{\frac{4}{n}+\frac{1}{n^2}}\right]\frac{k_2}{m_2}, \quad \omega_2^2 = \frac{1}{2}\left[\left(2+\frac{1}{n}\right) + \sqrt{\frac{4}{n}+\frac{1}{n^2}}\right]\frac{k_2}{m_2}$$

代入式（10-42）和式（10-43），求出主振型为

$$\rho_1 = \frac{1}{2} + \sqrt{n+\frac{1}{4}}, \quad \rho_2 = \frac{1}{2} - \sqrt{n+\frac{1}{4}}$$

如 $n=90$ 时，有

$$\rho_1 = \frac{10}{1}, \qquad \rho_2 = -\frac{9}{1}$$

由上可见，当上部质量和刚度很小时，顶部位移很大。在建筑结构中，这种因顶部质量和刚度突然变小，在振动中引起顶部位移很大的现象，有时称为鞭梢效应。地震灾害调查中发现，屋顶的小阁楼、女儿墙等附属结构物破坏严重，就是因为顶部质量和刚度的突变，由鞭梢效应引起的结果。

二、多自由度体系的自由振动

现在讨论多自由度体系的自由振动并采用矩阵表示形式。

1. 运动方程

设有一简支梁如图 10-22 所示，其上 n 个点处的集中质量分别为 m_1，m_2，$\cdots$，m_i，$\cdots$，m_n，梁的自重不计。这是一具有 n 个自由度的体系。以 y_1，y_2，$\cdots$，y_i，$\cdots$，y_n 分别代表这些质点自静平衡位置量起的位移。它们便是结构的 n 个几何坐标。

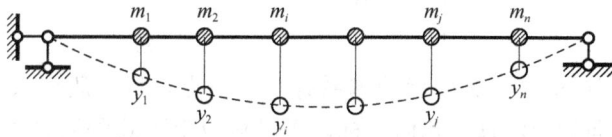

图 10-22

（1）列动力平衡方程（刚度法）。参照对两个自由度体系列动力平衡方程的做法，将式（10-38）加以扩展，即得 n 个自由度结构的动力平衡方程为

$$\left. \begin{array}{l} m_1 \ddot{y}_1 + k_{11}y_1 + k_{12}y_2 + \cdots + k_{1i}y_i + \cdots + k_{1n}y_n = 0 \\ m_2 \ddot{y}_2 + k_{21}y_1 + k_{22}y_2 + \cdots + k_{2i}y_i + \cdots + k_{2n}y_n = 0 \\ \qquad\qquad\qquad\qquad \vdots \\ m_i \ddot{y}_i + k_{i1}y_1 + k_{i2}y_2 + \cdots + k_{ii}y_i + \cdots + k_{in}y_n = 0 \\ \qquad\qquad\qquad\qquad \vdots \\ m_n \ddot{y}_n + k_{n1}y_1 + k_{n2}y_2 + \cdots + k_{ni}y_i + \cdots + k_{nn}y_n = 0 \end{array} \right\} \qquad (10-51)$$

写成矩阵形式，为

$$M\ddot{Y} + KY = 0 \qquad (10-52)$$

式（10-51）或式（10-52）就是按刚度法建立的多自由度体系的无阻尼自由振动微分方程。

现将其中各矩阵说明如下

$$Y = [y_1\, y_2 \cdots y_i \cdots y_n]^{\mathrm{T}} \qquad (10-53)$$

Y 为一 $n \times 1$ 阶的位移列阵，常称为位移向量。

$$\ddot{Y} = [\ddot{y}_1\, \ddot{y}_2 \cdots \ddot{y}_i \cdots \ddot{y}_n]^{\mathrm{T}} \qquad (10-54)$$

$\ddot{Y}$ 称为加速度向量。

$$K = \begin{bmatrix} k_{11} & k_{12} & \cdots & k_{1i} & \cdots & k_{1n} \\ k_{21} & k_{22} & \cdots & k_{2i} & \cdots & k_{2n} \\ \vdots & \vdots & & \vdots & & \vdots \\ k_{i1} & k_{i2} & \cdots & k_{ii} & \cdots & k_{in} \\ \vdots & \vdots & & \vdots & & \vdots \\ k_{n1} & k_{n2} & \cdots & k_{ni} & \cdots & k_{nn} \end{bmatrix} \qquad (10\text{-}55)$$

K 是刚度矩阵，它的各个元素即上述的刚度影响系数。根据反力互等定理，有 $k_{ij}=k_{ji}$，故 K 是一 $n \times n$ 阶的对称方阵。

$$M = \begin{bmatrix} m_1 & & & & & \\ & m_2 & & & 0 & \\ & & \ddots & & & \\ & & & m_i & & \\ & 0 & & & \ddots & \\ & & & & & m_n \end{bmatrix} \qquad (10\text{-}56)$$

M 是质量矩阵。如图 10-22 所示的体系有 n 个质点，每个质点只能沿一个方向运动。在计算中即以这个方向的线位移为几何坐标，于是得以上形式的质量矩阵，即 M 为一对角矩阵，对角线上的第 i 个元素就是质点 i 的质量 m_i。这是因为质点 i 沿几何坐标 y_i 方向的加速度，只可能在该方向产生惯性力 $-m_i\ddot{y}_i$，从而只在相应的附加链杆内引起反力 $m_i\ddot{y}_i$。假使不符合上述条件，质量矩阵即不能用式（10-56）表示。例如某个质点有两个几何坐标 y_i、y_{i+1}，则在对角线上的第 i 个和第 $i+1$ 个元素即都是该质点的质量。此外，有时 M 还不是对角矩阵。

（2）列位移方程（柔度法）。参照对两个自由度体系列位移方程的做法，将式（10-37）加以扩展，即得 n 个自由度体系的位移方程

$$\left.\begin{array}{l} y_1 + \delta_{11}m_1\ddot{y}_1 + \delta_{12}m_2\ddot{y}_2 + \cdots + \delta_{1i}m_i\ddot{y}_i + \cdots + \delta_{1n}m_n\ddot{y}_n = 0 \\ y_2 + \delta_{21}m_1\ddot{y}_1 + \delta_{22}m_2\ddot{y}_2 + \cdots + \delta_{2i}m_i\ddot{y}_i + \cdots + \delta_{2n}m_n\ddot{y}_n = 0 \\ \qquad\qquad\qquad\qquad\qquad \vdots \\ y_i + \delta_{i1}m_1\ddot{y}_1 + \delta_{i2}m_2\ddot{y}_2 + \cdots + \delta_{ii}m_i\ddot{y}_i + \cdots + \delta_{in}m_n\ddot{y}_n = 0 \\ \qquad\qquad\qquad\qquad\qquad \vdots \\ y_n + \delta_{n1}m_1\ddot{y}_1 + \delta_{n2}m_2\ddot{y}_2 + \cdots + \delta_{ni}m_i\ddot{y}_i + \cdots + \delta_{nn}m_n\ddot{y}_n = 0 \end{array}\right\} \qquad (10\text{-}57)$$

写成矩阵形式，有

$$\begin{bmatrix} y_1 \\ y_2 \\ \vdots \\ y_i \\ \vdots \\ y_n \end{bmatrix} + \begin{bmatrix} \delta_{11} & \delta_{12} & \cdots & \delta_{1i} & \cdots & \delta_{1n} \\ \delta_{21} & \delta_{22} & \cdots & \delta_{2i} & \cdots & \delta_{2n} \\ \vdots & \vdots & & \vdots & & \vdots \\ \delta_{i1} & \delta_{i2} & & \delta_{ii} & & \delta_{in} \\ \vdots & \vdots & & \vdots & & \vdots \\ \delta_{n1} & \delta_{n2} & & \delta_{ni} & & \delta_{nn} \end{bmatrix} \begin{bmatrix} m_1 & & & & & \\ & m_2 & & & 0 & \\ & & \ddots & & & \\ & & & m_i & & \\ & 0 & & & \ddots & \\ & & & & & m_n \end{bmatrix} \begin{bmatrix} \ddot{y}_1 \\ \ddot{y}_2 \\ \vdots \\ \ddot{y}_i \\ \vdots \\ \ddot{y}_n \end{bmatrix} = \begin{bmatrix} 0 \\ 0 \\ \vdots \\ 0 \\ \vdots \\ 0 \end{bmatrix}$$

或简写成

$$Y + \delta M \ddot{Y} = 0 \qquad (10\text{-}58)$$

式中：$\boldsymbol{\delta}$ 为结构的柔度矩阵，根据位移互等定理，它也是对称矩阵。

式（10-57）或式（10-58）就是按柔度法建立的多自由度体系的无阻尼自由振动微分方程。

若对式（10-58）左乘以 $\boldsymbol{\delta}^{-1}$，则有

$$\boldsymbol{\delta}^{-1}\boldsymbol{Y} + \boldsymbol{M}\ddot{\boldsymbol{Y}} = \boldsymbol{0}$$

因为柔度矩阵和刚度矩阵互为逆阵，即 $\boldsymbol{\delta}^{-1} = \boldsymbol{K}$，所以式（10-58）与式（10-52）实质相同。一般而言，当结构是静定结构时，宜采用柔度法；当结构为超静定结构时，刚度系数比柔度系数较易求得，宜采用刚度法。

2. 求解频率和主振型

以下主要讨论按刚度法建立的振动微分方程的求解。参照两个自由度体系的情况，设式（10-51）有以下特解

$$y_i = A_i \sin(\omega t + \varphi) \quad (i = 1, 2, \cdots, n) \tag{e}$$

即设所有质点都按同一频率同一相位作同步简谐振动，但各质点的振幅值各不相同。将式（e）代入式（10-51）并消去公因子 $\sin(\omega t + \varphi)$ 可得

$$(\boldsymbol{K} - \omega^2 \boldsymbol{M})\boldsymbol{A} = \boldsymbol{0} \tag{10-59}$$

式中

$$\boldsymbol{A} = (A_1 \quad A_2 \quad \cdots \quad A_n)^{\mathrm{T}}$$

$\boldsymbol{A}$ 为振幅列向量。

式（10-59）为振幅 A_1，A_2，$\cdots$，A_n 的齐次方程，称为振幅方程组。当 A_1，A_2，$\cdots$，A_n 全为零时该式满足，但体系处于不振动状态。只有当 A_1，A_2，$\cdots$，A_n 不全为零时，体系才能振动，此时方程组的系数行列式等于零，即

$$|\boldsymbol{K} - \omega^2 \boldsymbol{M}| = \boldsymbol{0} \tag{10-60}$$

式（10-60）就是 n 个自由度体系的频率方程。将行列式展开，可得到一个含 ω^2 的 n 次代数方程，由此可得出 ω^2 的 n 个正实根，从而得出 n 个自振频率 ω_1，ω_2，$\cdots$，ω_n，若按它们的数值由小到大依次排列，则分别称为第一、第二、$\cdots$、第 n 频率，并总称为结构自振的频谱。

将 n 个自振频率中的任一个 ω_k 代入式（e），即得特解为

$$y_i^{(k)} = A_i^{(k)} \sin(\omega_k t + \varphi_k) \quad (i = 1, 2, \cdots, n) \tag{10-61}$$

此时各质点按同一频率 ω_k 做同步简谐振动，但各质点的位移相互间的比值

$$y_1^{(k)} : y_2^{(k)} : \cdots : y_n^{(k)} = A_1^{(k)} : A_2^{(k)} : \cdots : A_n^{(k)}$$

将不随时间而变化，就是说在任何时刻结构的振动都保持同一形状，整个结构就像一个单自由度体系一样在振动。人们把多自由度体系按任一自振频率 ω_k 进行的简谐振动称为主振动，而其相应的特定振动形式称为主振型或简称振型。

将 ω_k 值代回振幅方程 [式（10-59）] 中得

$$(\boldsymbol{K} - \omega_k^2 \boldsymbol{M})\boldsymbol{A}^{(k)} = 0 \quad (k = 1, 2, \cdots, n) \tag{10-62}$$

由于其系数行列式必须为零，所以上式 n 个方程中只有 $(n-1)$ 个是独立的，因而不能求得 $A_1^{(k)}$，$A_2^{(k)}$，$\cdots$，$A_n^{(k)}$ 的确定值，但可确定各质点振幅间的相对比值，这便确定了振型。

式（10-62）中的

$$\boldsymbol{A}^{(k)} = (A_1^{(k)} \quad A_2^{(k)} \quad \cdots \quad A_i^{(k)} \quad \cdots \quad A_n^{(k)})^{\mathrm{T}}$$

称为振型向量。通常可假设第一个元素的 $A_1^{(k)} = 1$，然后求出相应其余各元素的值，这样相

应的振型成为规准化振型。

一个体系有 n 个自由度，便有 n 个自振频率，相应地有 n 个主振型，它们都是振动微分方程的特解。这些主振动的线性组合，就构成了振动微分方程的通解

$$y_i = A_i^{(1)} \sin(\omega_1 t + \varphi_1) + A_i^{(2)} \sin(\omega_2 t + \varphi_2) + \cdots + A_i^{(n)} \sin(\omega_n t + \varphi_n)$$

$$= \sum_{k=1}^{n} A_i^{(k)} \sin(\omega_k t + \varphi_k) \tag{10 - 63}$$

即在一般情况下，各质点的振动将是由 n 个不同频率的主振动分量叠加而成。各主振动分量的振幅 $A_i^{(k)}$ 及初相角 φ_k 将取决于初始条件。这样，在式（10 - 63）中，n 个 $A_i^{(k)}$ 再加上 n 个初相角 φ_k，共有 $2n$ 个待定常数，它们可由 n 个质点的初位移和初速度共 $2n$ 个初始条件确定。显然，初始条件不同，$A_i^{(k)}$ 及 φ_k 值将随之不同。然而自振频率和振型却与初始条件无关，并且与外因干扰也无关。由式（10 - 60）可知，自振频率和振型只取决于结构的质量分布和刚度系数，因而它们反映着结构本身固有的动力特性。在多自由度体系的动力计算中，确定自振频率及振型将是首要任务，多自由度体系自振频率不止一个，其个数与自由度的个数相等。自振频率可由频率方程（特征方程）求出。每个自振频率有自己相应的主振型。

3. 按柔度法求解

以上是按刚度法求解。若按柔度法求解，推导过程与前相似。也可以利用柔度矩阵与刚度矩阵互为逆阵的关系，将前述求频率和振型的公式加以变换即可。用 $\boldsymbol{\delta}$ 左乘式（10 - 59）得

$$(\boldsymbol{I} - \omega^2 \boldsymbol{\delta} \boldsymbol{M}) \boldsymbol{A} = \boldsymbol{0}$$

即

$$\left(\boldsymbol{\delta} \boldsymbol{M} - \frac{1}{\omega^2} \boldsymbol{I} \right) \boldsymbol{A} = \boldsymbol{0} \tag{10 - 64}$$

式中：$\boldsymbol{I}$ 为单位矩阵，该公式是按柔度法求解的振幅方程。因 $\boldsymbol{A}$ 不能全为零，故可得频率方程为

$$\left| \boldsymbol{\delta} \boldsymbol{M} - \frac{1}{\omega^2} \boldsymbol{I} \right| = \boldsymbol{0} \tag{10 - 65}$$

将其展开，可解出 $\frac{1}{\omega^2}$ 的 n 个正实根，从而得出 n 个自振频率 ω_1，ω_2，$\cdots$，ω_n。再将它们逐一代回振幅方程（10 - 64）得

$$\left(\boldsymbol{\delta} \boldsymbol{M} - \frac{1}{\omega_k^2} \boldsymbol{I} \right) \boldsymbol{A}^{(k)} = \boldsymbol{0} \quad (k = 1, 2, \cdots, n) \tag{10 - 66}$$

便可确定相应的主振型。

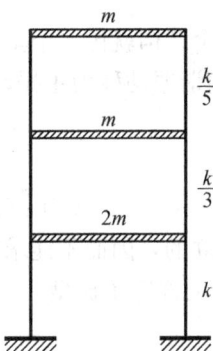

图 10 - 23

【例 10 - 6】 如图 10 - 23 所示三层刚架，刚架的质量都集中在楼板上，刚度可视为无穷大，各层的侧移刚度（即该层柱子上、下端发生单位相对位移时，该层各柱剪力之和）分别为 k、$k/3$、$k/5$。试求该刚架的自振频率和主振型。

解：（1）求自振频率。结构的自由度为 3，以各层的水平位移为几何坐标。频率方程为

$$|\boldsymbol{K} - \omega^2 \boldsymbol{M}| = \boldsymbol{0}$$

首先建立刚度矩阵和质量矩阵。在各楼层处加水平链杆，并分别使各楼层产生一单位位移，由各层的剪力平衡条件，可以求得各刚度影响系数如图 10 - 24（a）、（b）、（c）所示。于是得刚度矩阵为

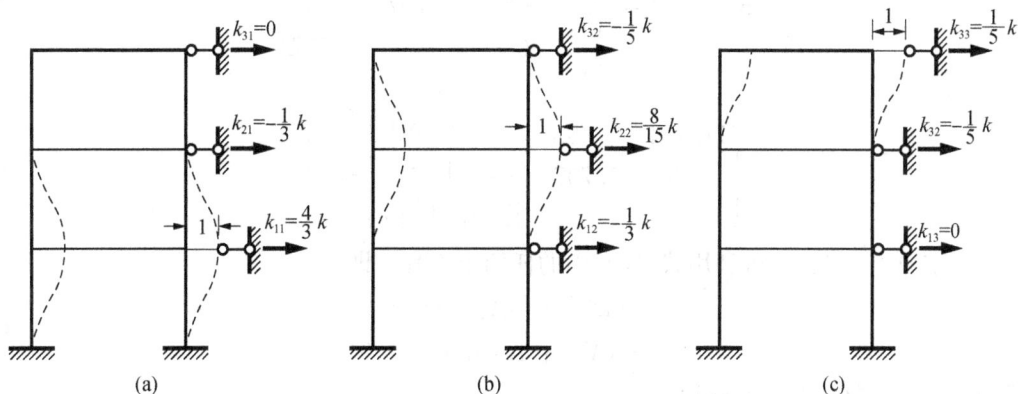

图 10 - 24

$$K = \begin{bmatrix} k_{11} & k_{12} & k_{13} \\ k_{21} & k_{22} & k_{23} \\ k_{31} & k_{32} & k_{33} \end{bmatrix} = \frac{k}{15} \begin{bmatrix} 20 & -5 & 0 \\ -5 & 8 & -3 \\ 0 & -3 & 3 \end{bmatrix} \tag{a}$$

质量矩阵为

$$M = \begin{bmatrix} m_1 & 0 & 0 \\ 0 & m_2 & 0 \\ 0 & 0 & m_3 \end{bmatrix} = m \begin{bmatrix} 2 & 0 & 0 \\ 0 & 1 & 0 \\ 0 & 0 & 1 \end{bmatrix} \tag{b}$$

设

$$\eta = \frac{15m}{k}\omega^2 \tag{c}$$

则

$$K - \omega^2 M = \frac{k}{15} \begin{bmatrix} 20-2\eta & -5 & 0 \\ -5 & 8-\eta & -3 \\ 0 & -3 & 3-\eta \end{bmatrix} \tag{d}$$

将式（d）代入频率方程，展开得

$$2\eta^3 - 42\eta^2 + 225\eta - 225 = 0 \tag{e}$$

解出得 η 的三个根为

$$\eta_1 = 1.293, \quad \eta_2 = 6.680, \quad \eta_3 = 13.027$$

由式（c）得

$$\omega_1^2 = 0.0862 \frac{k}{m}, \quad \omega_2^2 = 0.4453 \frac{k}{m}, \quad \omega_3^2 = 0.8685 \frac{k}{m}$$

因此，三个自振频率为

$$\omega_1 = 0.2936 \sqrt{\frac{k}{m}}, \quad \omega_2 = 0.6673 \sqrt{\frac{k}{m}}, \quad \omega_3 = 0.9319 \sqrt{\frac{k}{m}}$$

（2）求主振型。主振型由式（10-62）来确定。在规准化振型中设第一个元素 $A_1^{(i)}=1$。先求第一主振型。将 $\eta_1=1.293$ 代入式（d），得

$$\boldsymbol{K}-\omega_1^2\boldsymbol{M}=\frac{k}{15}\begin{bmatrix}17.414 & -5 & 0 \\ -5 & 6.707 & -3 \\ 0 & -3 & 1.707\end{bmatrix} \tag{f}$$

即

$$\begin{bmatrix}17.414 & -5 & 0 \\ -5 & 6.707 & -3 \\ 0 & -3 & 1.707\end{bmatrix}\begin{bmatrix}A_1^{(1)} \\ A_2^{(1)} \\ A_3^{(1)}\end{bmatrix}=\begin{bmatrix}0 \\ 0 \\ 0\end{bmatrix} \tag{g}$$

为了求 $A_2^{(1)}$、$A_3^{(1)}$，可利用式（g）中的任两个方程，即

$$\left.\begin{array}{l}17.414A_1^{(1)}-5A_2^{(1)}+0=0 \\ 0-3A_2^{(1)}+1.707A_3^{(1)}=0\end{array}\right\} \tag{h}$$

由于 $A_1^{(1)}=1$，根据式（h）解得

$$A_2^{(1)}=3.483$$
$$A_3^{(1)}=6.121$$

所以

$$\boldsymbol{A}^{(1)}=(1\quad 3.483\quad 6.121)^{\mathrm{T}}$$

求第二、第三规准化振型。仿照以上作法可得

$$\boldsymbol{A}^{(2)}=(1\quad 1.328\quad -1.082)^{\mathrm{T}}$$
$$\boldsymbol{A}^{(3)}=(1\quad -1.211\quad 0.362)^{\mathrm{T}}$$

三个振型的形状如图 10-25 所示。

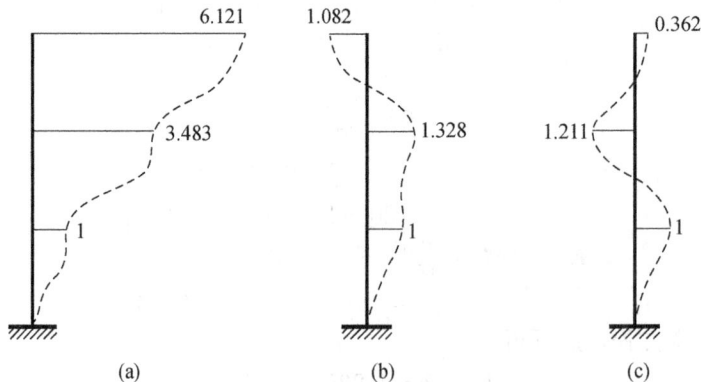

图 10-25

三、频率计算的近似法

由以上讨论可知，随着体系自由度的增多，计算自振频率的工作量也随之加大。在许多工程实际问题中，较为重要的通常只是体系前几个较低的自振频率。这是因为频率越高，则振动速度越大，因而介质的阻尼影响也就越大，相应于高频率的振动形式也就越不易出现。基于这种原因，可以采用近似法计算结构体系的较低频率。常用的频率计算的近似方法有集中质量法和能量法。

集中质量法：在第一节讨论动力计算简图时已提到此方法。将结构中的分布质量换成集中质量，则结构即由无限自由度换成单自由度或多自由度，从而使自振频率的计算得到简化。关于质量的集中方法有很多种，最简单的是根据静力等效原则，使集中后的重力与原来的重力互为静力等效。例如每段分布质量可按杠杆原理换成位于两端的集中质量。这种方法的优点是简便灵活，可用于求梁、拱、刚架、桁架等各类结构的较低自振频率和相应主振型。

能量法：体系在振动时，具有两种形式的能量，一种是由于具有质量和速度而构成的动能，另一种是由于体系变形而存储的应变能。此外，由于干扰力的作用而不断地输入能量，而由于克服阻尼影响则不断消耗能量。体系就是在这些能量变化过程中进行振动的。根据能量守恒原理，可以求得结构体系的自振频率和相应主振型。

四、主振型的正交性

对于同一体系来说，它的不同的两个固有振型之间，存在着一个重要的特性，即主振型的正交性。在分析体系的动力反应时，常用到这个特性。

设 ω_i 和 ω_j 分别为如图 10-22 所示的 n 个自由度结构的任意两个自振频率，与这两个频率相应的振型分别如图 10-26（a）、（b）所示，并且在图中标出了两个振型向量 $\boldsymbol{A}^{(i)}$ 和 $\boldsymbol{A}^{(j)}$ 的各个元素。当体系按某一频率作简谐振动时，该频率与相应的振型向量应满足式（10-59），即

$$(\boldsymbol{K} - \omega^2 \boldsymbol{M})\boldsymbol{A} = \boldsymbol{0}$$

可改写为

$$\boldsymbol{K}\boldsymbol{A} = \omega^2 \boldsymbol{M}\boldsymbol{A}$$

对于如图 10-26（a）、（b）所示的两种状态，可得

$$\boldsymbol{K}\boldsymbol{A}^{(i)} = \omega_i^2 \boldsymbol{M}\boldsymbol{A}^{(i)} \tag{a}$$

$$\boldsymbol{K}\boldsymbol{A}^{(j)} = \omega_j^2 \boldsymbol{M}\boldsymbol{A}^{(j)} \tag{b}$$

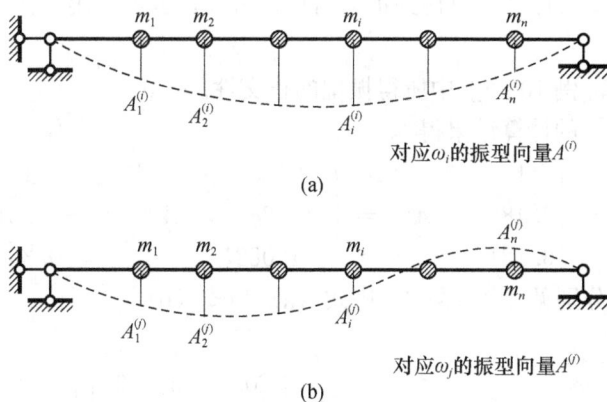

对应 ω_i 的振型向量 $\boldsymbol{A}^{(i)}$

(a)

对应 ω_j 的振型向量 $\boldsymbol{A}^{(j)}$

(b)

图 10-26

对式（a）两边左乘以 $\boldsymbol{A}^{(j)}$ 的转置矩阵 $(\boldsymbol{A}^{(j)})^{\mathrm{T}}$，对式（b）两边左乘以 $(\boldsymbol{A}^{(i)})^{\mathrm{T}}$，则有

$$(\boldsymbol{A}^{(j)})^{\mathrm{T}}\boldsymbol{K}\boldsymbol{A}^{(i)} = \omega_i^2 (\boldsymbol{A}^{(j)})^{\mathrm{T}}\boldsymbol{M}\boldsymbol{A}^{(i)} \tag{c}$$

$$(\boldsymbol{A}^{(i)})^{\mathrm{T}}\boldsymbol{K}\boldsymbol{A}^{(j)} = \omega_j^2 (\boldsymbol{A}^{(i)})^{\mathrm{T}}\boldsymbol{M}\boldsymbol{A}^{(j)} \tag{d}$$

对（d）式两边转置，由于 $\boldsymbol{K}$ 和 $\boldsymbol{M}$ 均为对称矩阵，故 $\boldsymbol{K}^{\mathrm{T}} = \boldsymbol{K}$，$\boldsymbol{M}^{\mathrm{T}} = \boldsymbol{M}$，有

$$(\boldsymbol{A}^{(j)})^{\mathrm{T}}\boldsymbol{K}\boldsymbol{A}^{(i)} = \omega_j^2 (\boldsymbol{A}^{(j)})^{\mathrm{T}}\boldsymbol{M}\boldsymbol{A}^{(i)} \qquad (e)$$

将式（c）与式（e）相减得

$$(\omega_i^2 - \omega_j^2)(\boldsymbol{A}^{(j)})^{\mathrm{T}}\boldsymbol{M}\boldsymbol{A}^{(i)} = \boldsymbol{0}$$

因 $\omega_i \neq \omega_j$，于是应有

$$(\boldsymbol{A}^{(j)})^{\mathrm{T}}\boldsymbol{M}\boldsymbol{A}^{(i)} = 0 \, (i \neq j) \qquad (10\text{-}67)$$

同理，则有

$$(\boldsymbol{A}^{(j)})^{\mathrm{T}}\boldsymbol{K}\boldsymbol{A}^{(i)} = 0 \, (i \neq j) \qquad (10\text{-}68)$$

式（10-67）和式（10-68）分别表明不同主振型对于质量矩阵和刚度矩阵的正交特性。振型的正交性是体系动力学的一个重要概念，除上述推导过程外，还可以利用功的互等定理予以推导，此处从略。下面简单地叙述一下它的物理意义。设 $\boldsymbol{A}^{(i)}$ 和 $\boldsymbol{A}^{(j)}$ 分别为一多自由度体系的两个振型向量，体系分别按这两个振型作简谐振动时的位移表达式可记为

$$\boldsymbol{Y}^{(i)} = \boldsymbol{A}^{(i)}\sin(\omega_i t + \varphi_i)$$

$$\boldsymbol{Y}^{(j)} = \boldsymbol{A}^{(j)}\sin(\omega_j t + \varphi_j)$$

在某一时刻 t，相应于振型 $\boldsymbol{A}^{(i)}$ 自由振动的各质点处的惯性力为 $\omega_i^2 \boldsymbol{M}\boldsymbol{A}^{(i)}\sin(\omega_i t + \varphi_i)$。

在时间段 $\mathrm{d}t$ 内，相应于振型 $\boldsymbol{A}^{(j)}$ 自由振动的各质点位移为

$$\frac{\mathrm{d}\boldsymbol{Y}^{(j)}}{\mathrm{d}t}\mathrm{d}t = \omega_j \boldsymbol{A}^{(j)}\cos(\omega_j t + \varphi_j)\mathrm{d}t$$

因此，在时间段 $\mathrm{d}t$ 内，振型 i 的惯性力在振型 j 的位移上所做功为

$$\mathrm{d}\boldsymbol{T} = \omega_i^2 \omega_j (\boldsymbol{A}^{(j)})^{\mathrm{T}}\boldsymbol{M}\boldsymbol{A}^{(i)}\sin(\omega_i t + \varphi_i)\cos(\omega_j t + \varphi_j)\mathrm{d}t \qquad (10\text{-}69)$$

由正交关系式（10-67）可知，$\mathrm{d}\boldsymbol{T} = 0$。故表明体系按某一振型振动时，在振动过程中其惯性力不会在其他振型上做功。这样它的能量便不会转移到别的振型上去，从而激起按其他振型的振动，因此，各振型可以单独出现。

振型正交性是体系本身所固有而与外干扰无关的一种特性。后面将会看到，利用这一特性，多自由度体系的动力计算可以得到很大简化。另外，也可利用它作为检查所得振型是否正确的一个准则。

【例 10-7】 验算［例 10-6］中所得振型的正交性。

解： 由［例 10-6］的计算结果得

$$\boldsymbol{A}^{(1)} = \left\{ \begin{matrix} 1 \\ 3.483 \\ 6.121 \end{matrix} \right\}, \quad \boldsymbol{A}^{(2)} = \left\{ \begin{matrix} 1 \\ 1.328 \\ -1.082 \end{matrix} \right\}, \quad \boldsymbol{A}^{(3)} = \left\{ \begin{matrix} 1 \\ -1.211 \\ 0.362 \end{matrix} \right\}$$

刚度矩阵和质量矩阵分别见［例 10-6］中式（a）和式（b）。

验算 $(\boldsymbol{A}^{(1)})^{\mathrm{T}}\boldsymbol{K}\boldsymbol{A}^{(2)}$

$$(\boldsymbol{A}^{(1)})^{\mathrm{T}}\boldsymbol{K}\boldsymbol{A}^{(2)} = \begin{bmatrix} 1 & 3.483 & 6.121 \end{bmatrix} \frac{k}{15} \begin{bmatrix} 20 & -5 & 0 \\ -5 & 8 & -3 \\ 0 & -3 & 3 \end{bmatrix} \left\{ \begin{matrix} 1 \\ 1.328 \\ -1.082 \end{matrix} \right\}$$

$$= \frac{k}{15} \begin{bmatrix} 1 & 3.483 & 6.121 \end{bmatrix} \left\{ \begin{matrix} 13.36 \\ 8.87 \\ -7.23 \end{matrix} \right\} = \frac{k}{15} \times (-0.00062) \approx 0$$

验算 $(\boldsymbol{A}^{(2)})^{\mathrm{T}}\boldsymbol{M}\boldsymbol{A}^{(3)}$

$$(\boldsymbol{A}^{(2)})^{\mathrm{T}}\boldsymbol{MA}^{(3)}=\begin{bmatrix}1 & 1.328 & -1.082\end{bmatrix}m\begin{bmatrix}2 & 0 & 0\\0 & 1 & 0\\0 & 0 & 1\end{bmatrix}\begin{Bmatrix}1\\-1.211\\0.362\end{Bmatrix}$$

$$=m\begin{bmatrix}1 & 1.328 & -1.082\end{bmatrix}\begin{Bmatrix}2\\-1.211\\0.362\end{Bmatrix}=m\times(0.000108)\approx0$$

再验算其他正交性要求，也能满足。

第六节　多自由度体系在简谐荷载作用下的强迫振动

与单自由度体系一样，在动力荷载作用下多自由度体系的强迫振动开始也存在一个过渡阶段，但由于实际上阻尼的存在，不久即进入平稳阶段，下面叙述只讨论平稳阶段的纯强迫振动。对于动力荷载，本节研究体系承受简谐荷载，且各荷载的频率和相位都相同的情况。

由于阻尼力的机理相当复杂，如何恰当地计算它对体系的动力反应的影响，有些问题有待进一步研究，因此，这里不再考虑阻尼因素。在简谐荷载作用下，设不考虑阻尼影响，应用直接法进行动力计算很方便。下面介绍多自由度体系在简谐荷载作用下强迫振动的运动方程的建立。

在分析强迫振动时，采取一般常用的列动力平衡方程的做法。这时，与上一节建立自由振动的运动方程不同的是还要加上动力荷载的作用。下面只介绍干扰力均作用在质点处的情况。

如图 10-27（a）所示为一具有 n 个集中质量 m_1，m_2，…，m_i，…，m_n 的结构，它承受动力荷载 $F_{P1}(t)$，$F_{P2}(t)$，…，$F_{Pi}(t)$，…，$F_{Pn}(t)$。在时刻 t，各质点的位移为 $y_1(t)$，$y_2(t)$，…，$y_i(t)$，…，$y_n(t)$。和上节作法相同，先在各质点处加入附加链杆阻止所有质点的位移，如图 10-27（b）所示，则在各质点的惯性力 $-m_i\ddot{y}_i$ 和动力荷载 $F_{Pi}(t)$ 作用下，各链杆的反力即等于 $m_i\ddot{y}_i-F_{Pi}(t)$。然后移动链杆，使结构的 n 个质点产生与实际情况相同的位移 $y_1(t)$，$y_2(t)$，…，$y_i(t)$，…，$y_n(t)$［见图 10-27（c）］，此时各链杆上所需施加的力为 F_{Ri}。若不考虑各质点所受的阻尼力，则将上述两种情况即图 10-27（b）和图 10-27（c）叠加，各附加链杆的总反力应等于零。因此，可对每个质点列出其动力平衡方程。以质点 m_i 为例，有

$$m_i\ddot{y}_i-F_{Pi}(t)+F_{Ri}=0 \tag{a}$$

而 F_{Ri} 的大小取决于结构的刚度和质点的位移值，由叠加原理，可以写成

$$F_{Ri}=k_{i1}y_1+k_{i2}y_2+\cdots+k_{ii}y_i+\cdots+k_{ij}y_j+\cdots+k_{in}y_n \tag{b}$$

其物理意义与如图 10-19（c）、（d）所示的两个质点相类似。将式（b）代入式（a）得

$$m_i\ddot{y}_i+k_{i1}y_1+k_{i2}y_2+\cdots+k_{ii}y_i+\cdots+k_{ij}y_j+\cdots+k_{in}y_n=F_{Pi}(t)$$

写成矩阵形式，得

$$\boldsymbol{M}\ddot{\boldsymbol{Y}}+\boldsymbol{K}\boldsymbol{Y}=\boldsymbol{F}_P(t) \tag{10-70}$$

其中 $\boldsymbol{M}$、$\boldsymbol{K}$、$\boldsymbol{Y}$、$\ddot{\boldsymbol{Y}}$ 的意义和组成同前。

$$\boldsymbol{F}_P(t)=\begin{bmatrix}F_{P1(t)} & F_{P2(t)} & \cdots & F_{Pi(t)} & \cdots & F_{Pn(t)}\end{bmatrix}^{\mathrm{T}}$$

设各干扰力为简谐力，且频率 θ 和相位都相同，则在稳态阶段，各质点也按频率 θ 做简谐振动，于是有

$$\boldsymbol{F}_P(t)=\boldsymbol{F}_P\sin\theta t \tag{c}$$

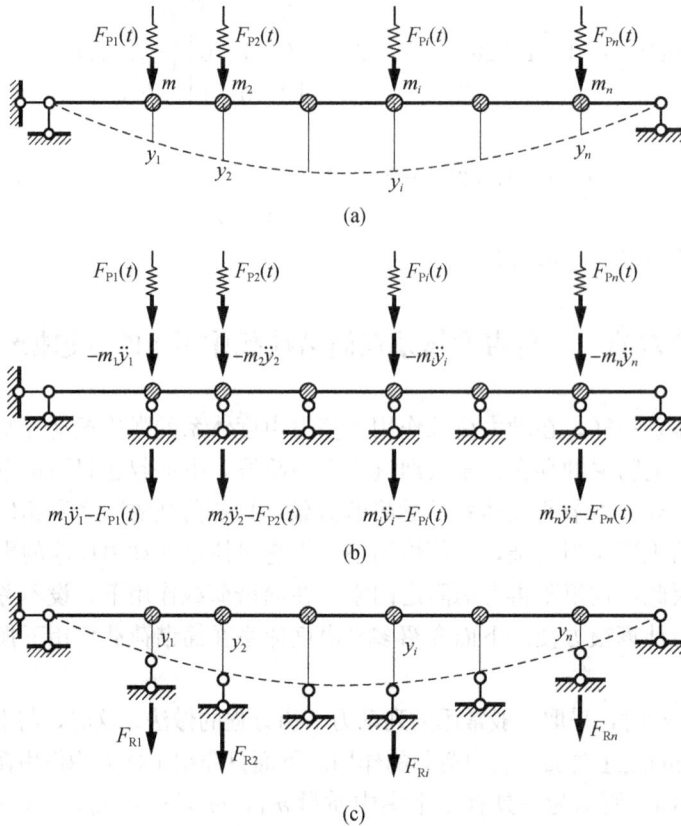

图 10-27

$$Y = A\sin\theta t \tag{d}$$

式中

$$A = \begin{bmatrix} A_1 & A_2 & \cdots & A_i & \cdots & A_n \end{bmatrix}^{\mathrm{T}}$$

$$F_{\mathrm{P}} = \begin{bmatrix} F_{\mathrm{P1}} & F_{\mathrm{P2}} & \cdots & F_{\mathrm{P}i} & \cdots & F_{\mathrm{P}n} \end{bmatrix}^{\mathrm{T}}$$

A、F_{P} 分别为与 n 个几何坐标相应的位移幅值向量与荷载幅值向量。将式（d）代入式（10-70）并消去 $\sin\theta t$ 得

$$(K - \theta^2 M)A = F_{\mathrm{P}} \tag{10-71}$$

式（10-71）的系数行列式可用 D_0 表示，即

$$D_0 = |K - \theta^2 M| \tag{e}$$

若 $D_0 \neq 0$，则由式（10-71）便可得出各质点的振幅值。然后代入式（d）即得各质点的位移方程，并可求得各质点的惯性力

$$F_{\mathrm{I}} = -M\ddot{Y} = \theta^2 MA\sin\theta t = F_{\mathrm{I}}^0 \sin\theta t \tag{f}$$

F_{I} 是惯性力向量，$F_{\mathrm{I}}^0 = \theta^2 MA$ 为惯性力幅值向量，利用此关系又可将式（10-71）改写为

$$(KM^{-1} - \theta^2 I)F_{\mathrm{I}}^0 = \theta^2 F_{\mathrm{P}} \tag{10-72}$$

I 是单位矩阵。由上式即可直接求解惯性力幅值。前已指出，由于位移、惯性力均与干扰力同时达到最大值，因此可将惯性力和干扰力的最大值当作静力荷载作用于结构，以计算最大动力位移和内力。

式（e）中，若 $D_0=0$，由多自由度结构自由振动的频率方程［式（10-60）］得知，若 $\theta=\omega$，则 $D_0=0$，这时，式（10-71）的位移解趋于无穷大。由此看出，当荷载频率 θ 与结构的任一自振频率 ω_i 相等时，就可能出现共振现象。一般动荷载作用下，n 个自由度结构可以出现 n 个共振点，各对应一个自振频率。

对于两个自由度结构，在动力荷载作用下的振动方程为

$$\left.\begin{array}{l} m_1\ddot{y}_1+k_{11}y_1+k_{12}y_2=F_{P1}\sin\theta t \\ m_2\ddot{y}_2+k_{21}y_1+k_{22}y_2=F_{P2}\sin\theta t \end{array}\right\} \tag{10-73}$$

上式中，质点 m_1 承受简谐荷载 $F_{p1}\sin\theta t$ 作用，质点 m_2 承受简谐荷载 $F_{p2}\sin\theta t$ 作用，F_{p1} 和 F_{P2} 为各自的荷载振幅，θ 称为荷载圆频率。式（10-73）为一非齐次线性常微分方程组，其通解所包含的自由振动部分由于阻尼作用将很快衰减掉。现只讨论在达到稳态阶段后所余下的纯强迫振动，即按频率 θ 做简谐振动的部分，设它的表达式为

$$y_1(t)=A_1\sin\theta t,\quad y_2(t)=A_2\sin\theta t \tag{g}$$

将式（g）代入式（10-73），消去公因子 $\sin\theta t$ 并整理，得

$$\left.\begin{array}{l}(k_{11}-m_1\theta^2)A_1+k_{12}A_2=F_{P1} \\ k_{21}A_1+(k_{22}-m^2\theta^2)A_2=F_{P2}\end{array}\right\}$$

解得位移幅值为

$$A_1=\frac{\begin{vmatrix} F_{P1} & k_{12} \\ F_{P2} & k_{22}-m_2\theta^2 \end{vmatrix}}{\begin{vmatrix} k_{11}-m_1\theta^2 & k_{12} \\ k_{21} & k_{22}-m_2\theta^2 \end{vmatrix}} \tag{10-74}$$

$$A_2=\frac{\begin{vmatrix} k_{11}-m_1\theta^2 & F_{P1} \\ k_{21} & F_{P2} \end{vmatrix}}{\begin{vmatrix} k_{11}-m_1\theta^2 & k_{12} \\ k_{21} & k_{22}-m_2\theta^2 \end{vmatrix}} \tag{10-75}$$

将式（10-74）、式（10-75）的位移幅值代入式（g），即得任意时刻 t 的位移。

式（10-74）和式（10-75）的分母写成矩阵形式为

$$|\boldsymbol{K}-\theta^2\boldsymbol{M}|$$

与频率方程［式（10-60）］比较，可以看出，当 $\theta\to\omega_1$ 或 $\theta\to\omega_2$ 时，式（10-74）和式（10-75）的分母趋近于零。因此，若结构上作用的荷载并非某种特殊荷载，不能使式（10-74）和式（10-75）的分子也恰好为零，则振幅 A_1、A_2 将趋于无限大。实际上，由于阻尼的存在，振幅虽然不可能达到无限大，但仍是很大的。由此可知，在一般荷载下，两个自由度结构可以有两个共振点，各对应一个自振频率。

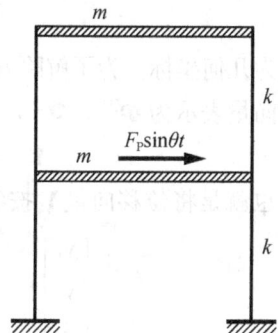

图 10-28

【例 10-8】　如图 10-28 所示两层刚架，其横梁为无限刚性。设质量集中在楼层上，第一、二层的质量均为 m，层间侧移刚度均为 k，现刚架在底层横梁上作用简谐荷载 $F_P(t)=F_P\sin\theta t$，试求第一、二层横梁的振幅 A_1、A_2。

解：刚度系数为

$$k_{11} = 2k, \quad k_{12} = k_{21} = -k, \quad k_{22} = k$$

荷载幅值为

$$F_{P1} = F_P, \quad F_{P2} = 0$$

代入式（10-74）和式（10-75）即得

$$A_1 = \frac{\begin{vmatrix} F_{P1} & k_{12} \\ F_{P2} & k_{22} - m_2\theta^2 \end{vmatrix}}{\begin{vmatrix} k_{11} - m_1\theta^2 & k_{12} \\ k_{21} & k_{22} - m_2\theta^2 \end{vmatrix}} = \frac{F_P(k - m\theta^2)}{(2k - \theta^2 m)(k - \theta^2 m) - k^2}$$

$$A_2 = \frac{\begin{vmatrix} k_{11} - m_1\theta^2 & F_{P1} \\ k_{21} & F_{P2} \end{vmatrix}}{\begin{vmatrix} k_{11} - m_1\theta^2 & k_{12} \\ k_{21} & k_{22} - m_2\theta^2 \end{vmatrix}} = \frac{kF_P}{(2k - \theta^2 m)(k - \theta^2 m) - k^2}$$

第七节　振型分解法

一、正则坐标

在以上的讨论中，采用了质点的位移作为坐标即几何坐标。这样，对于 n 个自由度体系所得到的 n 个运动方程，一般都包含一个以上的未知质点位移，即这些方程互相耦联，因此必须联立求解。从矩阵角度来看，对于只有集中质量的体系，质量矩阵 M 是对角矩阵，但刚度矩阵 K 一般不是对角矩阵，因此方程组是耦联的。当体系受到任意动力荷载时，求解联立微分方程组是很困难的。下面将看到，通过适当的坐标变换，将几何坐标换成同样数目的其他适当的坐标，即可将联立方程组变为若干独立的方程，而使每个方程只含有一个未知数，这样，即可分别独立求解，从而使计算得到简化。正则坐标就是满足这样条件的坐标。通过正则坐标变换，利用主振型的正交性，多自由度体系的动力计算问题将简化为若干单自由度体系的计算问题。

前面所建立的多自由度体系的振动微分方程，是以各质点的位移 y_1，y_2，$\cdots$，y_n 为对象来求解的，位移向量

$$\boldsymbol{Y} = \begin{pmatrix} y_1 & y_2 & \cdots & y_i & \cdots & y_n \end{pmatrix}^\mathrm{T}$$

称为几何坐标。为了解除方程组的耦联，可进行如下的坐标变换：将体系已规准化的 n 个主振型向量表示为 $\boldsymbol{\Phi}^{(1)}$，$\boldsymbol{\Phi}^{(2)}$，$\cdots$，$\boldsymbol{\Phi}^{(n)}$ 并作为基底，把几何坐标 $\boldsymbol{Y}$ 表示为基底的线性组合，即

$$\boldsymbol{Y} = \alpha_1\boldsymbol{\Phi}^{(1)} + \alpha_2\boldsymbol{\Phi}^{(2)} + \cdots + \alpha_i\boldsymbol{\Phi}^{(k)} + \cdots + \alpha_n\boldsymbol{\Phi}^{(n)} \tag{10-76}$$

这也就是将位移向量 $\boldsymbol{Y}$ 按各主振型进行分解。上式的展开形式为

$$\begin{bmatrix} y_1 \\ y_2 \\ \vdots \\ y_i \\ \vdots \\ y_n \end{bmatrix} = \alpha_1 \begin{bmatrix} \Phi_1^{(1)} \\ \Phi_2^{(1)} \\ \vdots \\ \Phi_i^{(1)} \\ \vdots \\ \Phi_n^{(1)} \end{bmatrix} + \alpha_2 \begin{bmatrix} \Phi_1^{(2)} \\ \Phi_2^{(2)} \\ \vdots \\ \Phi_i^{(2)} \\ \vdots \\ \Phi_n^{(2)} \end{bmatrix} + \cdots + \alpha_i \begin{bmatrix} \Phi_1^{(k)} \\ \Phi_2^{(k)} \\ \vdots \\ \Phi_i^{(k)} \\ \vdots \\ \Phi_n^{(k)} \end{bmatrix} + \cdots + \alpha_n \begin{bmatrix} \Phi_1^{(n)} \\ \Phi_2^{(n)} \\ \vdots \\ \Phi_i^{(n)} \\ \vdots \\ \Phi_n^{(n)} \end{bmatrix}$$

$$= \begin{bmatrix} \Phi_1^{(1)} & \Phi_1^{(2)} & \cdots & \Phi_1^{(k)} & \cdots & \Phi_1^{(n)} \\ \Phi_2^{(1)} & \Phi_2^{(2)} & \cdots & \Phi_2^{(k)} & \cdots & \Phi_2^{(n)} \\ \vdots & \vdots & \ddots & \vdots & & \vdots \\ \Phi_i^{(1)} & \Phi_i^{(2)} & & \Phi_i^{(k)} & & \Phi_i^{(n)} \\ \vdots & \vdots & & \vdots & \ddots & \vdots \\ \Phi_n^{(1)} & \Phi_n^{(2)} & \cdots & \Phi_n^{(k)} & \cdots & \Phi_n^{(n)} \end{bmatrix} \begin{bmatrix} \alpha_1 \\ \alpha_2 \\ \vdots \\ \alpha_i \\ \vdots \\ \alpha_n \end{bmatrix} \tag{10-77}$$

可简写为 $$\boldsymbol{Y} = \boldsymbol{\Phi\alpha} \tag{10-78}$$

这样就把几何坐标 $\boldsymbol{Y}$ 变换成数目相同的另一组新坐标

$$\boldsymbol{\alpha} = (\alpha_1 \quad \alpha_2 \quad \cdots \quad \alpha_i \quad \cdots \quad \alpha_n)^{\mathrm{T}}$$

$\boldsymbol{\alpha}$ 称为正则坐标。

$$\boldsymbol{\Phi} = (\boldsymbol{\Phi}^{(1)} \quad \boldsymbol{\Phi}^{(2)} \quad \cdots \quad \boldsymbol{\Phi}^{(k)} \quad \cdots \quad \boldsymbol{\Phi}^{(n)}) \tag{10-79}$$

$\boldsymbol{\Phi}$ 称为主振型矩阵，它就是几何坐标和正则坐标之间的转换矩阵。

二、按振型分解法计算强迫振动

1. 正则坐标方程的推导

前面导出了多自由度体系的无阻尼强迫振动的动力平衡方程，见式（10-70），即

$$\boldsymbol{M}\ddot{\boldsymbol{Y}} + \boldsymbol{K}\boldsymbol{Y} = \boldsymbol{F}_{\mathrm{P}}(t)$$

将式（10-78）及其导数 $\ddot{\boldsymbol{Y}} = \boldsymbol{\Phi}\ddot{\boldsymbol{\alpha}}$ 代入式（10-70）得

$$\boldsymbol{M}\boldsymbol{\Phi}\ddot{\boldsymbol{\alpha}} + \boldsymbol{K}\boldsymbol{\Phi}\boldsymbol{\alpha} = \boldsymbol{F}_{\mathrm{P}}(t)$$

将上式左乘 $\boldsymbol{\Phi}^{\mathrm{T}}$，得到

$$\boldsymbol{\Phi}^{\mathrm{T}}\boldsymbol{M}\boldsymbol{\Phi}\ddot{\boldsymbol{\alpha}} + \boldsymbol{\Phi}^{\mathrm{T}}\boldsymbol{K}\boldsymbol{\Phi}\boldsymbol{\alpha} = \boldsymbol{\Phi}^{\mathrm{T}}\boldsymbol{F}_{\mathrm{P}}(t) \tag{10-80}$$

利用主振型的正交性，很容易证明上式中的 $\boldsymbol{\Phi}^{\mathrm{T}}\boldsymbol{M}\boldsymbol{\Phi}$ 和 $\boldsymbol{\Phi}^{\mathrm{T}}\boldsymbol{K}\boldsymbol{\Phi}$ 都是对角矩阵。证明如下，由矩阵的乘法得

$$\boldsymbol{\Phi}^{\mathrm{T}}\boldsymbol{M}\boldsymbol{\Phi} = \begin{bmatrix} (\boldsymbol{\Phi}^{(1)})^{\mathrm{T}} \\ (\boldsymbol{\Phi}^{(2)})^{\mathrm{T}} \\ \vdots \\ (\boldsymbol{\Phi}^{(n)})^{\mathrm{T}} \end{bmatrix} \boldsymbol{M}(\boldsymbol{\Phi}^{(1)} \quad \boldsymbol{\Phi}^{(2)} \quad \cdots \quad \boldsymbol{\Phi}^{(n)})$$

$$= \begin{bmatrix} (\boldsymbol{\Phi}^{(1)})^{\mathrm{T}}\boldsymbol{M}\boldsymbol{\Phi}^{(1)} & (\boldsymbol{\Phi}^{(1)})^{\mathrm{T}}\boldsymbol{M}\boldsymbol{\Phi}^{(2)} & \cdots & (\boldsymbol{\Phi}^{(1)})^{\mathrm{T}}\boldsymbol{M}\boldsymbol{\Phi}^{(n)} \\ (\boldsymbol{\Phi}^{(2)})^{\mathrm{T}}\boldsymbol{M}\boldsymbol{\Phi}^{(1)} & (\boldsymbol{\Phi}^{(2)})^{\mathrm{T}}\boldsymbol{M}\boldsymbol{\Phi}^{(2)} & \cdots & (\boldsymbol{\Phi}^{(2)})^{\mathrm{T}}\boldsymbol{M}\boldsymbol{\Phi}^{(n)} \\ \vdots & \vdots & & \vdots \\ (\boldsymbol{\Phi}^{(n)})^{\mathrm{T}}\boldsymbol{M}\boldsymbol{\Phi}^{(1)} & (\boldsymbol{\Phi}^{(n)})^{\mathrm{T}}\boldsymbol{M}\boldsymbol{\Phi}^{(2)} & \cdots & (\boldsymbol{\Phi}^{(n)})^{\mathrm{T}}\boldsymbol{M}\boldsymbol{\Phi}^{(n)} \end{bmatrix} \tag{a}$$

由正交关系即式（10-67）可知，上式右端矩阵中所有非主对角线上的元素均为零，即 $(\boldsymbol{\Phi}^{(i)})^{\mathrm{T}}\boldsymbol{M}\boldsymbol{\Phi}^{(j)} = 0$ $(i \neq j)$，因而只剩下主对角线上的元素。令

$$\overline{M}_i = (\boldsymbol{\Phi}^{(i)})^{\mathrm{T}}\boldsymbol{M}\boldsymbol{\Phi}^{(i)} \tag{10-81}$$

称为相应于第 i 个主振型的广义质量。于是式（a）矩阵可写成

$$\boldsymbol{\Phi}^{\mathrm{T}}\boldsymbol{M}\boldsymbol{\Phi} = \begin{bmatrix} \overline{M}_1 & & & 0 \\ & \overline{M}_2 & & \\ & & \ddots & \\ 0 & & & \overline{M}_n \end{bmatrix} = \overline{\boldsymbol{M}} \tag{10-82}$$

$\overline{M}$ 称为广义质量矩阵，它是一个对角矩阵。

同理，可以证明 $\boldsymbol{\Phi}^{\mathrm{T}}\boldsymbol{K}\boldsymbol{\Phi}$ 也是对角矩阵，可将其写为

$$\boldsymbol{\Phi}^{\mathrm{T}}\boldsymbol{K}\boldsymbol{\Phi} = \begin{bmatrix} \overline{K}_1 & & & 0 \\ & \overline{K}_2 & & \\ & & \ddots & \\ 0 & & & \overline{K}_n \end{bmatrix} = \overline{\boldsymbol{K}} \qquad (10-83)$$

其中，对角线上的任一元素为

$$\overline{K}_i = (\boldsymbol{\Phi}^{(i)})^{\mathrm{T}}\boldsymbol{K}\boldsymbol{\Phi}^{(i)} \qquad (10-84)$$

称为相应于第 i 个主振型的广义刚度，$\overline{\boldsymbol{K}}$ 称为广义刚度矩阵。

将式（10-80）右端记为 $\overline{\boldsymbol{F}}_{\mathrm{P}}(t)$，即

$$\overline{\boldsymbol{F}}_{\mathrm{P}}(t) = \boldsymbol{\Phi}^{\mathrm{T}}\boldsymbol{F}_{\mathrm{P}}(t) = \begin{bmatrix} (\boldsymbol{\Phi}^{(1)})^{\mathrm{T}}\boldsymbol{F}_{\mathrm{P}}(t) \\ (\boldsymbol{\Phi}^{(2)})^{\mathrm{T}}\boldsymbol{F}_{\mathrm{P}}(t) \\ \vdots \\ (\boldsymbol{\Phi}^{(n)})^{\mathrm{T}}\boldsymbol{F}_{\mathrm{P}}(t) \end{bmatrix} = \begin{bmatrix} \overline{F}_{\mathrm{P}1}(t) \\ \overline{F}_{\mathrm{P}2}(t) \\ \vdots \\ \overline{F}_{\mathrm{P}n}(t) \end{bmatrix} \qquad (10-85)$$

其中，任一元素

$$\overline{F}_{\mathrm{P}i}(t) = (\boldsymbol{\Phi}^{(i)})^{\mathrm{T}}\boldsymbol{F}_{\mathrm{P}}(t) \qquad (10-86)$$

称为相应于第 i 个主振型的广义荷载，$\overline{\boldsymbol{F}}_{\mathrm{P}}(t)$ 则称为广义荷载向量。

由前第 5 节，将 $\boldsymbol{A}$ 换为 $\boldsymbol{\Phi}$，即

$$(\boldsymbol{\Phi}^{(j)})^{\mathrm{T}}\boldsymbol{K}\boldsymbol{\Phi}^{(i)} = \omega_i^2 (\boldsymbol{\Phi}^{(j)})^{\mathrm{T}}\boldsymbol{M}\boldsymbol{\Phi}^{(i)}$$

令 $j=i$，将式（10-81）和式（10-84）代入可得

$$\overline{K}_i = \omega_i^2 \overline{M}_i$$

或写成

$$\omega_i = \sqrt{\frac{\overline{K}_i}{\overline{M}_i}} \qquad (10-87)$$

这就是自振频率与广义刚度和广义质量间的关系式，它与单自由度体系的频率公式具有相似的形式。

根据上述推导，式（10-80）成为

$$\overline{\boldsymbol{M}}\ddot{\boldsymbol{\alpha}} + \overline{\boldsymbol{K}}\boldsymbol{\alpha} = \overline{\boldsymbol{F}}(t) \qquad (10-88)$$

由于 $\overline{\boldsymbol{M}}$ 和 $\overline{\boldsymbol{K}}$ 都是对角矩阵，故此时方程组已解除耦联，而成为 n 个独立方程

$$\overline{M}_i\ddot{\alpha}_i + \overline{K}_i\alpha_i = \overline{F}_i(t) \quad (i = 1, 2, \cdots, n) \qquad (\mathrm{b})$$

由式（b）可得

$$\ddot{\alpha}_i + \omega_i^2\alpha_i = \frac{\overline{F}_i(t)}{\overline{M}_i} \quad (i = 1, 2, \cdots, n) \qquad (10-89)$$

2. 求正则坐标微分方程的解

由于式（10-89）与单自由度体系的强迫振动方程式（10-24）略去阻尼后的形式相同，因而可按同样方法求解。方程 ［式（10-89）］ 的解可用杜哈梅积分求得，在初位移和初速度为零的情况下，有

$$\alpha_i(t) = \frac{1}{\overline{M}_i\omega_i} \int_0^t \overline{F}_{\mathrm{P}i}(\tau)\sin\omega_i(t-\tau)\mathrm{d}\tau \quad (i = 1, 2, \cdots, n) \qquad (10-90)$$

这样，就把 n 个自由度体系的计算问题简化为 n 个单自由度计算问题。在分别求得各正则坐标 α_1，α_2，$\cdots$，α_n 的解答之后，再代入式（10 - 76）或式（10 - 78）即可得到各几何坐标 y_1，y_2，$\cdots$，y_n。以上解法的关键之处在于将位移 Y 分解为各主振型的叠加，故称为振型分解法或振型叠加法。

3. 按振型分解法计算动力反应的步骤

综上所述，可将振型分解法计算动力反应的步骤归纳如下：

（1）在自由振动下，根据计算简图计算各刚度系数，形成刚度矩阵和质量矩阵。然后求得自振频率 ω_i 和振型 $\boldsymbol{\Phi}^{(i)}(i=1,2,\cdots,n)$。

（2）按下式计算各广义质量和广义荷载

$$\overline{M}_i = (\boldsymbol{\Phi}^{(i)})^{\mathrm{T}} \boldsymbol{M} \boldsymbol{\Phi}^{(i)}$$

$$\overline{F}_{\mathrm{P}i}(t) = (\boldsymbol{\Phi}^{(i)})^{\mathrm{T}} \boldsymbol{F}_{\mathrm{P}}(t)$$

（3）建立正则坐标的振动微分方程并求解

$$\ddot{\alpha}_i + \omega_i^2 \alpha_i = \frac{\overline{F}_i(t)}{M_i} \quad (i = 1,2,\cdots,n)$$

与单自由度问题一样求解，得到 α_1，α_2，$\cdots$，α_n。

（4）计算几何坐标。由坐标变换

$$Y = \boldsymbol{\Phi} \boldsymbol{\alpha}$$

求出各质点位移 y_1，y_2，$\cdots$，y_n，这里需指出，在一般荷载作用下，任一时刻的位移主要是由相应于前几个振型的分量所组成，而高振型的影响则较小。因此，在按上式计算时，可根据所需要的精度计算到某个振型为止，更高振型即不予考虑。

（5）求出位移后，可计算其他动力反应（加速度、惯性力、动内力等）。

习　题

10 - 1　试确定如图 10 - 29 所示各结构的振动自由度。各集中质点略去其转动惯量；杆件质量除注明者外略去不计；杆件轴向变形忽略不计。

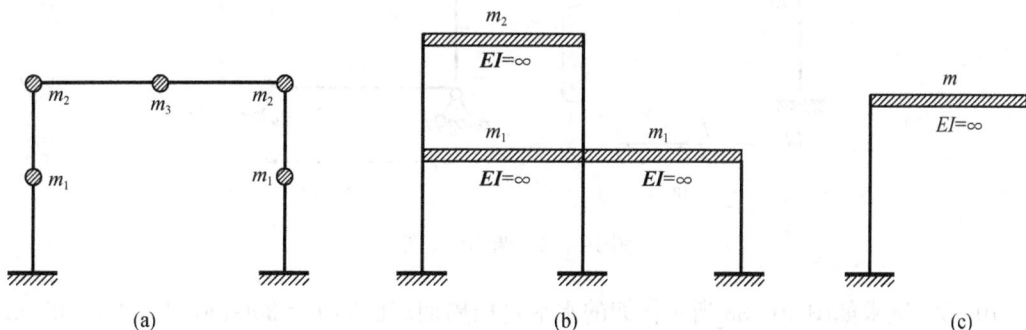

图 10 - 29　题 10 - 1 图

10 - 2　试列出如图 10 - 30 所示结构的振动方程，不计阻尼。

10 - 3　一等截面梁跨长为 l，集中质量 m 位于梁的中点。试按如图 10 - 31 所示四种支承情况分别求自振频率，并分析支承情况对自振频率的影响。

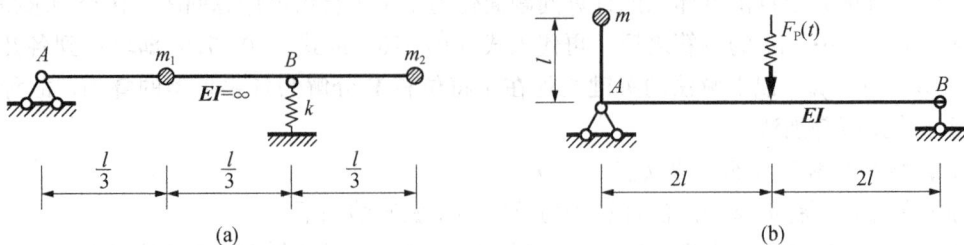

图 10-30 题 10-2 图

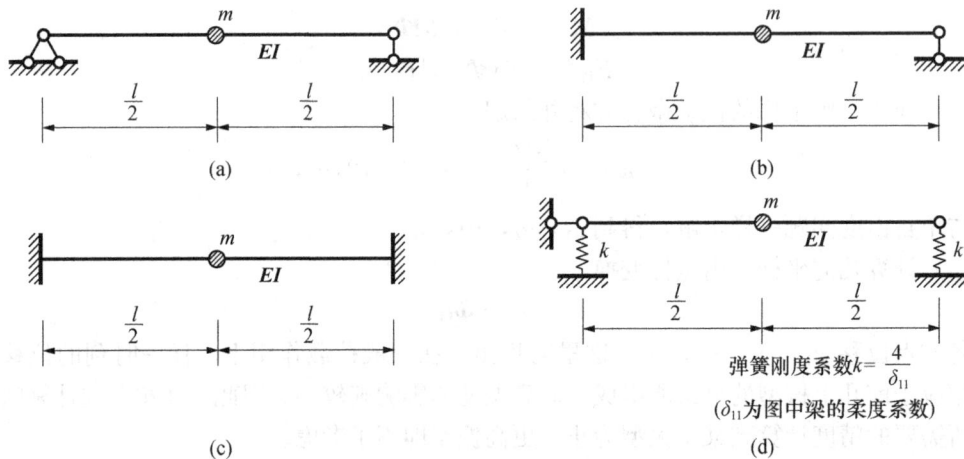

图 10-31 题 10-3 图

10-4 试求如图 10-32 所示各结构的自振频率。略去杆件自重及阻尼影响。

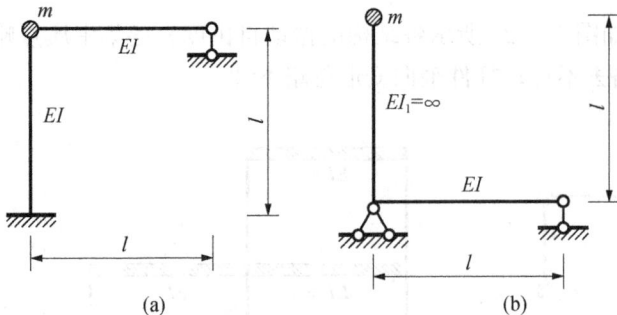

图 10-32 题 10-4 图

10-5 试求如图 10-33 所示排架的水平自振周期。已知 $E=30\text{GPa}$，$I_1=20\times10^4\,\text{cm}^4$，$I_2=10\times10^5\,\text{cm}^4$，柱的质量已简化到顶部，与屋盖重合在一起，总重 20kN。

10-6 试求如图 10-34 所示刚架侧移振动时的自振频率和周期。横梁的刚度可视为无穷大，重力为 $mg=200\text{kN}$（柱的重力已集中到横梁处，不需另加考虑），$g=9.81\text{m/s}^2$，柱的 $EI=5\times10^4\,\text{kN}\cdot\text{m}^2$。

10-7 在题 10-6 中，若初始位移为 10mm，初始速度为 0.1m/s。试求振幅值和 $t=1\text{s}$

时的位移值。

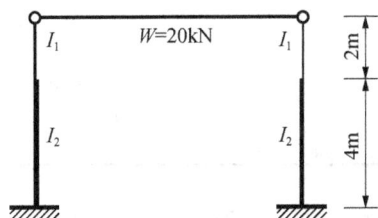

图 10-33 题 10-5 图

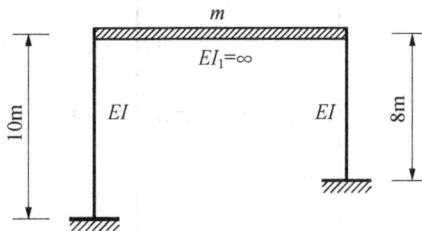

图 10-34 题 10-6 图

10-8 在题 10-6 中若阻尼比 $\xi = 0.05$，试求自振频率及周期。又若初始位移 $y_0 = 10\text{mm}$，初始速度 $\dot{y}_0 = 0.1\text{m/s}$，求 $t = 1\text{s}$ 时的位移是多少？

10-9 如图 10-35 所示，两根长 4m 的工字钢梁并排放置，在中点处装置一台电动机，将梁的质量集中于中点，且与电动机的质量合并后的总质量为 $m = 320\text{kg}$。电动机转速为 1200r/min。由于转动部分有偏心，在转动时引起离心惯性力，其幅值为 $F_P = 300\text{N}$。已知 $E = 200\text{GPa}$，一根梁的 $I = 2.5 \times 10^3 \text{cm}^4$，梁高为

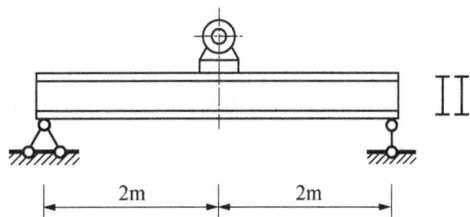

图 10-35 题 10-9 图

20cm。试求强迫振动时梁中点的振幅、最大总挠度及梁截面的最大正应力。设略去阻尼的影响。

10-10 测得某结构在自由振动时，经过 10 个周期后振幅降为原来的 5%。试求阻尼比和在简谐干扰力作用下共振时的动力系数。

10-11 试求如图 10-36 所示梁的自振频率和主振型，梁的自重略去不计，EI 为常数。

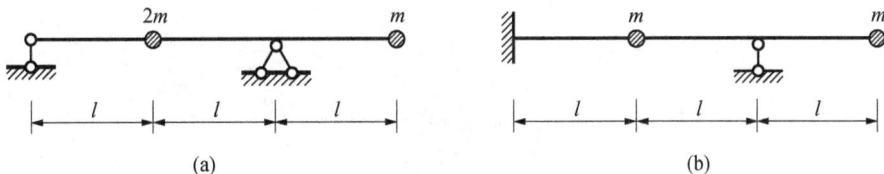

图 10-36 题 10-11 图

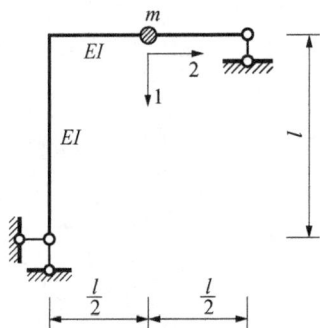

图 10-37 题 10-12 图

10-12～10-13 试求如图 10-37、图 10-38 所示刚架的自振频率和主振型。

10-14 如图 10-39 所示悬臂梁上装有两个发电机，现将梁的部分质量也分别集中于 C、D 两点使梁简化为两个自由度的结构。设 C、D 点质量各为 300kg，梁截面惯性矩为 $I = 2.4 \times 10^4 \text{cm}^4$，弹性模量 $E = 210\text{GPa}$。发电机振动力最大值为 $F_P = 5\text{kN}$，试求当 C 点发电机不开动而 D 点发电机在每分钟转动次数为 500 次时梁的动力弯矩图。梁自重可略去。

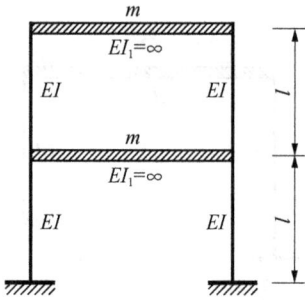

图 10 - 38　题 10 - 13 图

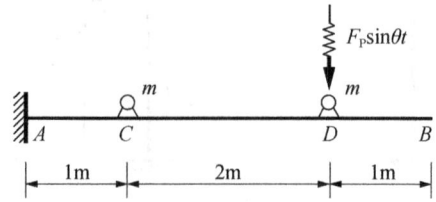

图 10 - 39　题 10 - 14 图

第十一章　结构的极限荷载

第一节　结构极限荷载概述

前几章讨论了结构的内力计算问题。但不论用什么方法以及对哪种结构，都假定结构是弹性的。也就是说，在使结构产生变形的荷载全部卸除以后，结构仍将恢复原来的形状，没有残余变形。此外，还假定材料服从虎克定律，即应力和应变成正比。两者合在一起称为线性弹性。由材料力学可知，塑性材料（或称延性材料，如钢材）或是脆性材料（如铸铁）的物体，在应力未达到比例极限以前，都近似符合上述情况。以此为根据的材料应力和变形计算，通常称为弹性分析。利用弹性分析的结果，以许用应力为依据来确定截面的尺寸或进行强度验算，这就是弹性设计采用的方法。

对于塑性材料的结构，尤其是超静定的结构，在最大应力到达屈服极限，甚至某一局部进入塑性阶段时，结构并没有破坏，也就是说，并没有耗尽全部承载能力。弹性分析没有考虑材料超过屈服极限以后结构的这一部分承载力，因而弹性设计是不够经济合理的。

在塑性设计中，首先要确定结构破坏时所能承担的荷载（即极限荷载），也就是结构开始破坏瞬时的荷载值，或者说塑性变形将开始无限制地增长时的荷载值。为了确定结构的极限荷载，必须考虑材料的塑性变形，进行结构的塑性分析。

在结构塑性分析中，为了计算的简化，通常假设材料为理想塑性材料，其应力-应变 σ-ε 关系如图 11-1 所示。在应力 σ 到达屈服极限 σ_y 之前，应力-应变关系为线性关系，材料处于弹性阶段，即 $\sigma = E\varepsilon$，如图 11-1 中 OA 段所示。当应力到达屈服极限后，材料进入塑性流动阶段，如对结构继续加载，应力不再增加，而应变可继续增大，如图 11-1 中 AB 段所示。若在到达 C 点后，对结构卸载，则应力和应变将同时成比例地减少，其比值仍为 E，如图 11-1 中 CD 段所示，这里 $CD \parallel OA$。此时，材料的性质又恢复为弹性的。由此看到，材料在加载与卸载时的情形不同：加载时是弹塑性的，卸载时是弹性的。还可以看到，在经历塑性变形之后，应力与应变之间不再存在单值对应关系，要得到塑性问题的解，需要追踪全部受力变形过程。由于以上原因，结构的弹塑性计算比弹性计算要复杂一些。

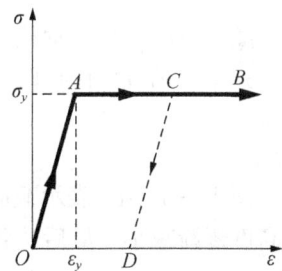

图 11-1

在本章中对结构弹塑性变形的发展过程不作全面的分析，而只是讨论梁和刚架的极限荷载，因而可用更简便的方法解决问题。

第二节　极限弯矩、塑性铰、破坏机构

以如图 11-2 所示的矩形截面梁为例，说明一些基本概念，该矩形截面梁材料为理想弹塑性材料，且处于纯弯曲状态。

假设弯矩作用在对称平面内，随着弯矩的增大，梁的各部分逐渐由弹性阶段过渡到塑性阶段。实验表明，无论在哪一阶段，梁弯曲变形时的平面假定都是成立的。各阶段截面应力的变化过程如图 11-3 所示。其中图 11-3（b）表示截面处于弹性阶段。这个阶段结束的标志是最外纤维处的应力到达屈服极限 σ_y，此时的弯矩为

$$M_y = \frac{bh^2}{6}\sigma_y \qquad (11-1)$$

称为弹性极限弯矩，或称为屈服弯矩。

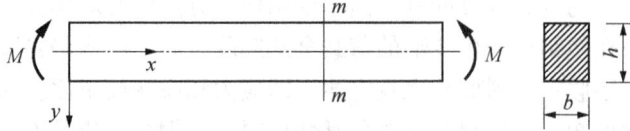

图 11-2

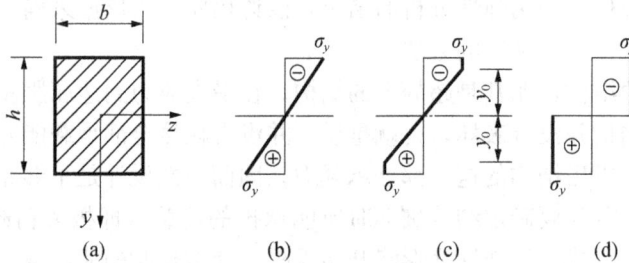

图 11-3

图 11-3（c）表示截面处于弹塑性阶段。这时截面在靠外部分形成塑性区，其应力为常数，$\sigma = \sigma_y$；在截面内部（$|y| \leqslant y_0$）仍为弹性区，称为弹性核，其应力为直线分布，$\sigma = \sigma_y \dfrac{y}{y_0}$。

图 11-3（d）表示截面达到塑性流动阶段，在弹塑性阶段中，随着 M 的增大，弹性核的高度逐渐减小，最后达到极限情形 $y_0 \rightarrow 0$。此时相应的弯矩为

$$M_u = \frac{bh^2}{4}\sigma_y \qquad (11-2)$$

由式（11-1）和式（11-2）看出，对于矩形截面，极限弯矩 M_u 为弹性极限的 1.5 倍。

$$\alpha = \frac{M_u}{M_y} = 1.5$$

α 为极限弯矩与弹性极限弯矩之比，称为截面形状系数，α 与梁的截面形状有关，是一个大于 1.0 的数值。其值越大，表明截面按极限弯矩 M_u 确定的承载力越大。所以，按极限弯矩设计能充分发挥材料的潜力。

圆形截面 $\alpha = \dfrac{16}{3\pi} = 1.7$；

工字形截面 $\alpha \approx 1.15$。

当截面达到塑性流动阶段时，在极限弯矩值保持不变的情况下，两个无限靠近的相邻截面可以产生有限的相对转角，这种现象与带铰的截面相似。因此，当截面弯矩达到极限弯矩

时，这种截面可以称为塑性铰。结构中出现一个塑性铰，就相当于结构中丧失一个几何约束。塑性铰和普通铰的区别在于：普通铰不能承受弯矩，而塑性铰则能承受弯矩（极限弯矩），但在荷载减小后，由于减载时应力增量与应变增量仍保持直线关系，截面仍恢复其弹性性质，塑性铰即消失，也就是，塑性铰只能沿弯矩增大方向发生有限的相对转角；若沿相反方向变形，则截面立即恢复其弹性刚度而不再具有铰的性质。因此，塑性铰是单向铰，而普通铰则为双向铰，它的两侧可以沿两个方向发生相对转动。

以上是就矩形截面进行讨论的。对于其他的截面形式，也可得出类似的结果。如图 11-4（a）所示为只有一个对称轴的截面，下面指出其在不同阶段对应的应力分布情况。

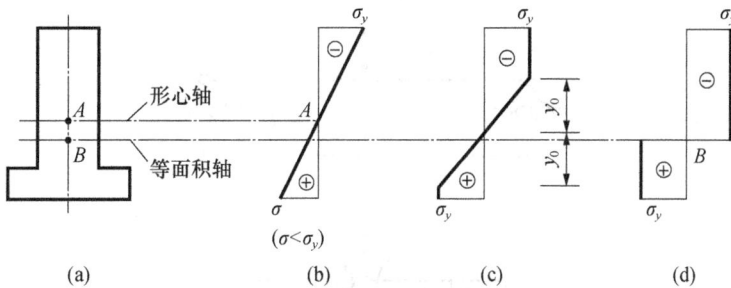

图 11-4

（1）在弹性阶段，应力为直线分布，中性轴通过截面的形心，如图 11-4（b）所示。

（2）在弹塑性阶段，中性轴的位置将随弯矩的大小而变化，如图 11-4（c）所示。

（3）在塑性流动阶段，如图 11-4（d）所示，受拉区和受压区的应力均为常量（$+\sigma_y$ 和 $-\sigma_y$），根据平衡条件，截面法向应力之和应等于零，由此得

$$A_1 = A_2$$

这里 A_1 和 A_2 分别为截面受拉区和受压区的面积。由此可见，塑性流动阶段的中性轴应平分截面面积，此时可求得极限弯矩为

$$M_u = \sigma_y(S_1 + S_2) \tag{11-3}$$

这里 S_1 和 S_2 分别为面积 A_1 和 A_2 对等面积轴的静矩。

现在讨论梁在横向荷载下的弯曲问题，材料仍假设为理想弹塑性材料。通常，剪力对梁的承载能力的影响很小，可以忽略不计，因而前面梁在纯弯曲情况下，导出的截面弹性极限弯矩 M_y 和极限弯矩 M_u 的结果，在横向荷载下仍可采用。下面仍按照由弹性阶段到弹塑性阶段最后达到极限状态的过程进行讨论。

在加载初期，各个截面的弯矩均不超过弹性极限弯矩 M_y。在继续加载直到某个截面的弯矩首先达到 M_y 时，弹性阶段便告终结，此时的荷载称为弹性极限荷载 F_{Py}。

当荷载超过 F_{Py} 时，在梁中即形成塑性区。

随着荷载的增大，塑性区逐渐扩大。最后，在某截面处，弯矩首先达到极限值，形成塑性铰。对静定梁来说，此时结构已变为机构，挠度可以任意增大，承力已无法再增加。这种状态称为极限状态，此时的荷载称为极限荷载，用 F_{Pu} 表示。梁的极限荷载可根据塑性铰截面的弯矩等于极限值的条件，利用平衡方程或虚功原理求出。

【例 11-1】　如图 11-5（a）所示的矩形截面简支梁，在跨中承受集中荷载作用，试求

极限荷载 F_{Pu}。

解： 由 M 图可知跨中截面的弯矩最大，在极限荷载作用下，塑性铰将在跨中截面形成，这里弯矩达到极限值 M_u，如图 11 - 5（b）所示。由静力平衡条件，有

$$M_u = \frac{F_{Pu}l}{4}$$

因此

$$F_{Pu} = \frac{4M_u}{l}$$

此时，简支梁的塑性区分布如图 11 - 5（c）所示。

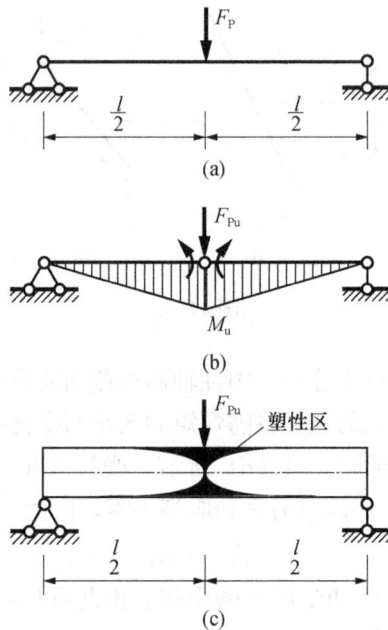

图 11 - 5

第三节　单跨超静定梁的极限荷载

对结构进行塑性分析的主要目的就是要确定它的极限荷载。这时，由于在结构的某些部分形成了塑性铰而使结构成为一破坏机构，变形将继续增大，而荷载值则保持不变。从前面讨论中得知，在静定梁中，只要有一个截面出现塑性铰，梁就成为机构，从而丧失承载能力以致破坏。超静定梁由于具有多余约束，因此必须有足够多的塑性铰出现，才能使其变为机构，从而丧失承载能力以致破坏，这是与静定梁不同的。

下面以如图 11 - 6（a）所示的等截面梁为例，说明超静定梁由弹性阶段到弹塑性阶段，直至极限状态的过程，并说明如何确定极限荷载。

梁在弹性阶段的弯矩图可按计算超静定的方法求得，如图 11 - 6（b）所示，在固定端截面 A 处弯矩最大。

当荷载增大到一定值时，A 端弯矩首先达到极限值 M_u，并出现塑性铰。此时，梁成为在 A 端作用有已知弯矩 M_u，并在跨中承受荷载 F_P 的简支梁，因而问题转化为静定的，其

弯矩图根据平衡条件即可求出［见图 11 - 6 (c)］，但此时梁并未破坏，它仍是几何不变的，承载能力尚未达到极限值。若荷载继续增大，A 端弯矩将保持不变，最后跨中截面 C 的弯矩也达到极限值 M_u，从而该截面也形成塑性铰。这样，梁成为几何可变的机构［见图 11 - 6 (e)］，也就是达到了极限状态。此时的弯矩图按平衡条件可作出，如图 11 - 6 (d) 所示。由此可得

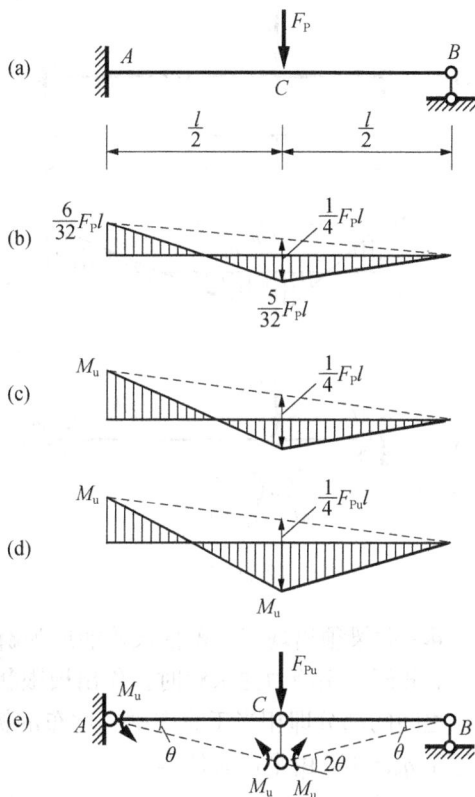

$$\frac{F_{Pu}l}{4} - \frac{1}{2}M_u = M_u$$

由此求得极限荷载

$$F_{Pu} = \frac{6M_u}{l}$$

由以上讨论可以看出，极限荷载的计算实际上无需考虑弹塑性变形的发展过程，只要确定了结构最后的破坏机构的形式，便可由平衡条件求出极限荷载，此时问题已成为静定的。对于超静定梁，只需使破坏机构中各塑性铰处的弯矩都等于极限荷载，并据此按静力平衡条件作出弯矩图，即可确定极限荷载。这种利用静力平衡条件确定极限荷载的方法称为静力法。

图 11 - 6

此外，计算极限荷载的问题既然是平衡问题，因此可以利用虚功原理来求得极限荷载，这就是机动法。如在图 11 - 6 (e) 中，设机构沿荷载正方向产生任意微小的虚位移，由前知识可知，外力虚功等于变形虚功，于是有

$$F_{Pu} \times \frac{l}{2}\theta = M_u \times \theta + M_u \times 2\theta$$

这里略去了微小的弹性变形，故在等式右边内力所做的变形虚功中只有各塑性铰处的极限弯矩在其相对转角上所做的功。由上式可得

$$F_{Pu} = \frac{6M_u}{l}$$

可见，机动法的计算结果与上述静力法的计算结果相同。应该指出，超静定结构的极限荷载不受温度变化、支座移动等因素的影响。这些因素只影响结构变形的发展过程，而不影响极限荷载的数值。

下面再举两个例子说明单跨超静定梁极限荷载的计算。

【例 11 - 2】　试求如图 11 - 7 (a) 所示两端固定的等截面梁的极限荷载。

解：此梁须出现三个塑性铰才能成为瞬变体系而进入极限状态。由于最大负弯矩发生在两固端截面 A、B 处，而最大正弯矩发生在截面 C 处，故塑性铰必定出现在此三个截面。用静力法求解时，作出极限状态的弯矩图如图 11 - 7 (b) 所示，由平衡条件得

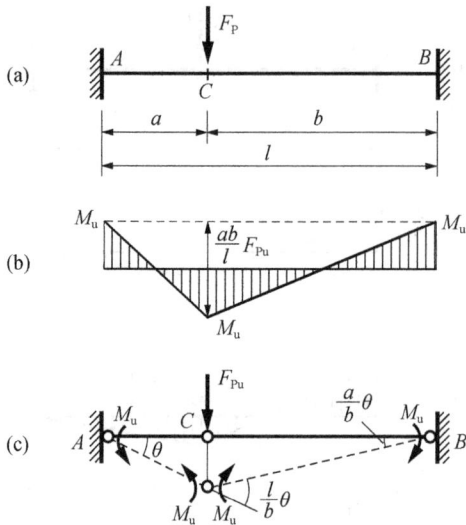

图 11 - 7

$$\frac{F_{Pu}ab}{l} = M_u + M_u$$

因此得

$$F_{Pu} = \frac{2l}{ab}M_u$$

若用机动法求解，作出机构的虚位移图如图 11 - 7（c）所示，根据虚位移原理可得

$$F_{Pu} \times a\theta = M_u \times \theta + M_u \times \frac{l}{b}\theta + M_u \times \frac{a}{b}\theta$$

可得

$$F_{Pu} = \frac{2l}{ab}M_u$$

结果与静力法相同。

【例 11 - 3】　如图11 - 8（a）所示两端固定的等截面梁 AB，承受均布荷载 q，设正负弯矩的极限值都等于 M_u，试求极限荷载 q_u。

解： 此梁须出现三个塑性铰才能成为瞬变体系而进入极限状态，塑性铰应出现在 A、B、C 三个截面。用静力法求解时，作出极限状态的弯矩图如图 11 - 8（b）所示，虚线 ab 和抛物线之间的部分即相当于简支梁在均布的极限荷载 q_u 作用下的弯矩图，它在跨中的最大竖标等于 $q_ul^2/8$。由平衡条件得

$$\frac{q_ul^2}{8} - M_u = M_u$$

由此得

$$q_u = \frac{16}{l^2}M_u$$

若用机动法计算，如图 11 - 8（c）所示梁的破坏机构中，根据虚位移原理可得

$$M_u \times \theta + M_u \times 2\theta + M_u \times \theta = 2\int_0^{l/2} q_u\theta x \cdot \mathrm{d}x$$

得

$$4M_u\theta = \frac{1}{4}q_ul^2\theta$$

即

$$q_u = \frac{16}{l^2}M_u$$

两种方法计算结果相同。

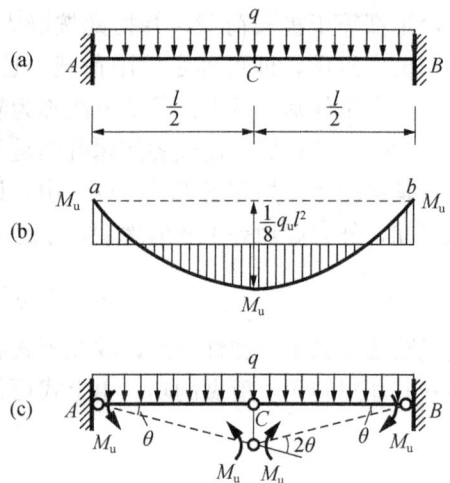

图 11 - 8

第四节　比例加载的一般定理

所谓比例加载是指所有荷载彼此都保持固定的比例，整个荷载可用一个荷载参数 F_P 来表示，即所有荷载组成一个广义力，而且荷载参数 F_P 只单调增加而不出现卸载现象。由上

节的例题可以看到，当结构只有一种可能的破坏形式时，直接确定其极限荷载并不困难。但若结构可能有很多种破坏形式时，就需要判别哪一种是实际的破坏形式，以便确定极限荷载。为此，可以应用以下有关确定极限荷载的几个定理。

在下述几个定理中，假定作用在结构上的所有荷载都按一定的比例增加，即所谓比例加载的情况。

与弹性分析时一样，在进行塑性分析时，也假定结构的变形很小，从而可以按照未变形的状态考虑各力之间的平衡。在以下的讨论中，还略去了对极限弯矩影响较小的剪力和轴力的作用。

首先，指出结构的极限状态下所应满足的几个条件：

（1）机构条件：当荷载达到极限值时，结构上必须有足够数目的截面，其弯矩达到极限弯矩值，即结构中已形成足够数目的塑性铰，而使结构变为一破坏机构。

（2）内力局限条件（也称屈服条件）：当荷载到达极限值时，结构上各个截面的弯矩都不能超过其极限值，即 $-M_u \leqslant M \leqslant M_u$。

（3）平衡条件：当荷载达到极限值时，作用在结构整体上或任一局部上所有的力都必须保持平衡。

为了便于讨论，以下将满足机构条件和平衡条件的荷载（不一定满足屈服条件），称为可破坏荷载；将满足屈服条件和平衡条件的荷载（不一定满足机构条件），称为可接受荷载。由于极限状态必须同时满足上述三个条件，因此可知极限荷载既是可破坏荷载又是可接受荷载。

现给出确定极限荷载的三个定理：

（1）上限定理（或称极小定理）。这个定理可以表述为：对于一比例加载作用下的给定结构，按照任一可能的破坏机构，由平衡条件所求得的荷载，即为可破坏荷载。可破坏荷载将大于或等于极限荷载。换种方式，这一定理也可以表述为：各可破坏荷载中的最小值就是极限荷载的上限值。

（2）下限定理（或称极大定理）。这个定理可以表述为：对于一比例加载作用下的给定结构，按照任一静力可能而又安全的弯矩分布所求得的荷载，即为可接受荷载。可接受荷载将小于或等于极限荷载。换种方式，这一定理也可以表述为：各可接受荷载中的最大值就是极限荷载的下限值。

（3）单值定理（或称唯一性定理）。将以上两个定理综合在一起就得到这一定理。它可以表述为：对于一比例加载作用下的给定结构，如荷载既是可破坏荷载，同时又是可接受荷载，则此荷载即为极限荷载。这一定理也可表述为：对于一比例加载作用下的给定结构，同时满足机构条件、屈服条件和平衡条件的荷载也就是极限荷载。

根据上限定理和下限定理，一方面可用来得出极限荷载的近似解，并给出精确解的上下限范围；另一方面也可用来寻求极限荷载的精确解。例如，如果可以完备地列出结构的各种可能的破坏机构，那么，从相应的各种可破坏荷载中取出其极小者便得到极限荷载的精确解。

唯一性定理可配合试算法来求极限荷载，要每次选择一种破坏机构，并验算相应的可破坏荷载是否也是可接受荷载。经过几次试算后，若能找到一种情况同时满足平衡条件、机构条件和屈服条件，则根据唯一性定理，由此便得到极限荷载。

第五节　连续梁的极限荷载

确定连续梁的极限荷载时，主要由机动法先计算出极限荷载的上限值；然后采用试算法，验算与上限值相应的弯矩分布是否满足屈服条件，如果满足，这一荷载就是极限荷载。

一、机动法

机动法在前几节已有介绍。机动法是以上限定理为依据的，要确定某一给定结构的极限荷载时，首先假定各种可能的破坏机构，而后根据平衡条件分别计算相应的荷载，此种情况利用虚位移原理比较简便。这些荷载都将大于或等于极限荷载，而其中的最小值就是极限荷载的上限值。

现在讨论连续梁破坏机构的可能形式。设梁在每一跨度内为等截面，但各跨的截面可以彼此不同。又设荷载的作用方向彼此相同，并按比例增加。在上述情况下可以证明：连续梁只可能在各跨独立形成破坏机构，而不可能由相邻几跨联合形成一个破坏机构。事实上，若荷载同为向下作用，则每跨内的最大负弯矩只可能在跨度两端出现，因此，对于等截面梁来说，负塑性铰只可能在两端出现，故每跨内为等截面的连续梁，只可能在各跨内独立形成破坏机构。

下面以如图 11-9 (a) 所示的两跨等截面连续梁为例进行说明。设两跨截面的极限弯矩都等于 M_u，荷载 F_P 为比例加载，试求其极限值 F_{Pu}。

假定 4 种破坏机构分别如图 11-9 (b)、(c)、(d)、(e) 所示。现分别计算相应的荷载。

(1) 机构 1：虚位移图如图 11-9 (b) 所示，只 BC 跨发生破坏，虚位移是刚体位移，根据虚位移原理，构成平衡的所有外力在对应的虚位移上做功之和应等于零，得

$$F_P \times l\theta - M_u \times \theta - M_u \times 2\theta = 0$$

故

$$F_P = 3\frac{M_u}{l}$$

根据上限定理，F_P 应大于或等于极限荷载 F_{Pu}。

(2) 机构 2：如图 11-9 (c) 所示，只 AB 跨发生破坏，同理可得

$$F_P \times 2l\theta - M_u \times 3\theta - M_u \times 2\theta = 0$$

$$F_P = 2.5\frac{M_u}{l}$$

(3) 机构 3：假设虚位移图如图 11-9 (d) 所示，在两跨联合形成破坏。机构中，D 处塑性铰向上移动，说明该塑性铰是由负弯矩所产生，即 D 处的弯矩值应为负，为最小值。

现在设荷载以向下为正。取梁轴为 x 轴，以向右为正；并将集中荷载看作为梁上分布于很小一段的均布荷载 q 之和。这样根据已知的关系式

$$\frac{\mathrm{d}^2 M}{\mathrm{d}x^2} = -q$$

可知，因为 $q>0$，所以 $\frac{\mathrm{d}^2 M}{\mathrm{d}x^2}<0$，说明，$M$ 图曲线为一向上凹的曲线，这样，则此处弯矩值为最大值。这与假定的虚位移图的破坏形式不相符，故说明机构 3 不是可能的破坏机构。

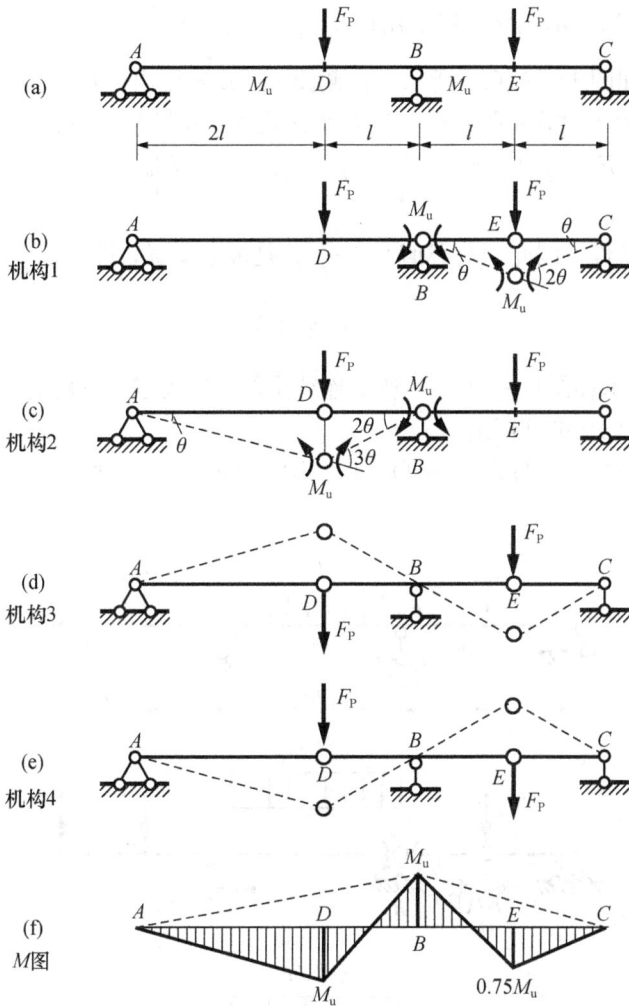

图 11 - 9

同理，机构 4 ［见图 11 - 9（e）］也是不可能的破坏机构。

（4）极限荷载的上限值：比较由机构 1 和机构 2 所得的结果，其中最小值 $2.5\dfrac{M_u}{l}$ 就是极限荷载 F_{Pu} 的上限值。

注意，若连续梁在各个跨度内，荷载的作用方向有所不同，荷载也按比例增加，则连续梁可能在各跨独立形成破坏机构，也可能由相邻几跨联合形成破坏机构。

通过上例可将机动法求极限荷载的步骤归纳如下：确定可能出现塑性铰的各个位置；选择各种可能的破坏机构；利用虚位移原理求各相应的荷载，其最小值就是极限荷载的上限值。

二、试算法

试算法是以单值定理为依据的，可以检验某个荷载是否同时为可破坏荷载和可接受荷载，来确定极限荷载。一般说来，与计算可接受荷载相比，求结构的可破坏荷载较为简便。因此，可以先用机动法求极限荷载的上限值，然后验算与这一荷载相应的弯矩分布是否满足屈服条件，如果满足，这一荷载也就是极限荷载。

对于如图 11-9 所示的例题，以上用机动法得出极限荷载的上限值为 $2.5\dfrac{M_u}{l}$，现在绘出

与其相应的弯矩图如图 11-9（f）所示。在截面 D、B 处已出现塑性铰，在这两处的弯矩

分别为 M_u 和 $-M_u$，为了验算屈服条件，只需计算截面 E 的弯矩，其值为

$$M_E = \frac{F_P \times 2l}{4} - \frac{M_u}{2} = \frac{1}{4} \times 2.5\frac{M_u}{l} \times 2l - \frac{M_u}{2} = 0.75M_u < M_u$$

可见满足屈服条件，因此，荷载值 $2.5\dfrac{M_u}{l}$ 就是极限荷载，即

$$F_{Pu} = 2.5\frac{M_u}{l}$$

【例 11-4】 试求如图 11-10（a）所示连续梁的极限荷载。每跨为等截面梁，各跨的极限弯矩在图 11-10（a）中已标出。

解： 找出 3 种破坏机构分别如图 11-10（b）、（c）、（d）所示，分别计算相应的破坏荷载。

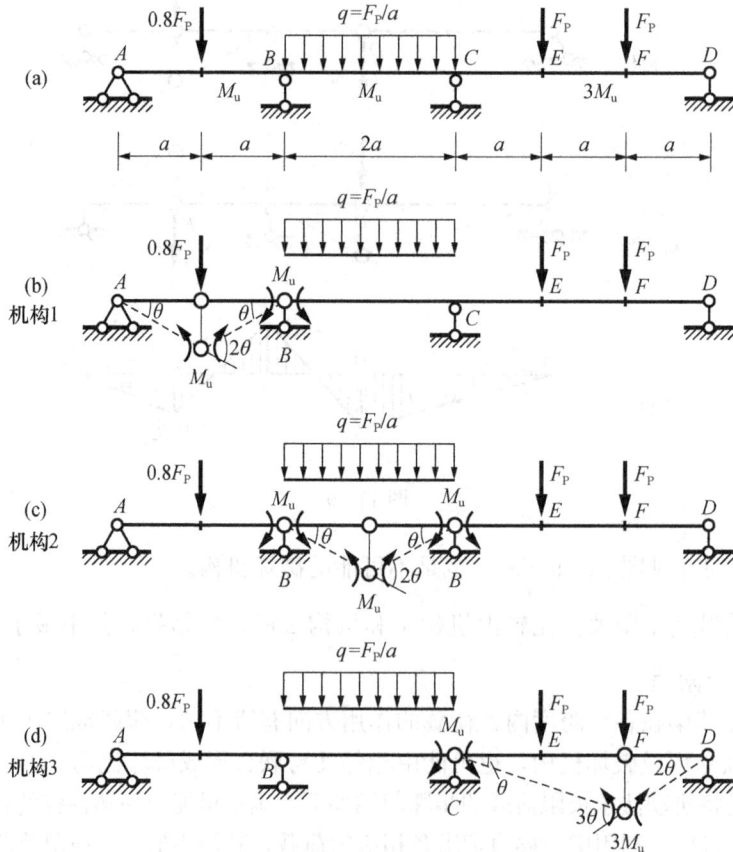

图 11-10

机构 1，AB 跨破坏，如图 11-10（b）所示

$$0.8F_P \times a\theta = M_u \times 2\theta + M_u \times \theta$$

所以

$$F_P = \frac{3.75M_u}{a}$$

机构2，BC 跨破坏，如图 11 - 10（c）所示：

由对称可知，最大正弯矩的塑性铰出现在跨度中点。注意到均布荷载所做虚功等于其集度乘虚位移图的面积，有

$$\left(\frac{1}{2} \times \frac{F_P}{a} \times 2a\right) \times a\theta = M_u \times \theta + M_u \times 2\theta + M_u \times \theta$$

所以

$$F_P = \frac{4M_u}{a}$$

机构3，CD 跨破坏，如图 11 - 10（d）所示：

由弯矩图形状可知最大正弯矩在截面 F 处，故塑性铰出现在 C、F 两点。注意 C 支座处截面有突变，极限弯矩应取其两侧的较小值。有

$$F_P \times a\theta + F_P \times 2a\theta = M_u \times \theta + 3M_u \times 3\theta$$

所以

$$F_P = \frac{3.33M_u}{a}$$

比较以上结果，可知第三跨 CD 跨首先破坏，所以极限荷载为

$$F_{Pu} = \frac{3.33M_u}{a}$$

第六节　简单刚架的极限荷载

现在应用确定极限荷载的定理讨论简单刚架极限荷载的计算问题，刚架一般同时承受弯矩、剪力和轴力，前已指出，剪力对极限弯矩的影响较小可略去，由于轴力的存在，极限弯矩的数值也将减小，因此这里暂不考虑轴力和剪力对极限荷载的影响。

刚架是由若干根杆件连接而成的，只要在刚架上形成足够数目的塑性铰，就导致其整体或局部成为机构，从而丧失承载能力而导致破坏。计算刚架的极限荷载时，首先要确定破坏机构可能的形式。例如如图 11 - 11（a）所示刚架，各杆分别为等截面杆，由弯矩图的形状可知，塑性铰只可能在 A、B、C（下侧），E（下侧），D 3 个截面处出现。但此刚架为 3 次超静定，故只要出现 4 个塑性铰或在一直杆上出现 3 个塑性铰即成为破坏机构。因此，有多种可能的破坏形式〔见图 11 - 11（b）、（c）、（d）、（e）〕。以下先用机构法求解刚架临界荷载的上限值。

（1）机构1，如图 11 - 11（b）所示：横梁 CE 上出现 3 个塑性铰而成为瞬变体系，根据虚位移原理可得

$$2F_P a\theta = M_u\theta + 2M_u \times 2\theta + M_u\theta$$

得

$$F_P = 3\frac{M_u}{a}$$

（2）机构2，如图 11 - 11（c）所示：刚架分别在 A、C、E、B 4 个截面处出现塑性铰，

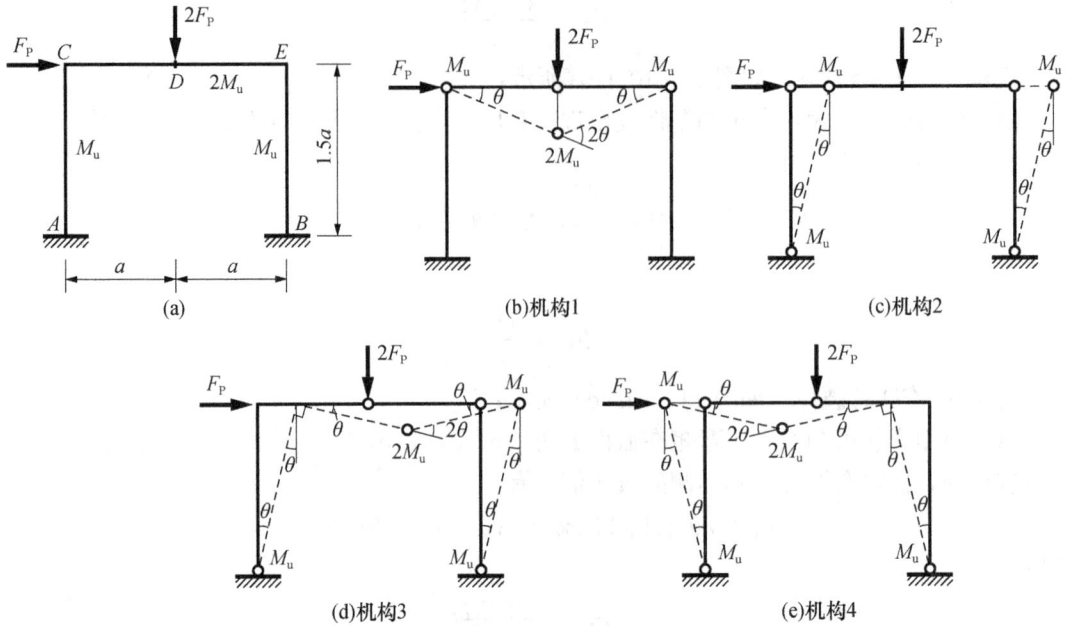

图 11 - 11

各杆仍为直线，整个刚架侧移从而成为瞬变体系，有

$$F_P \times 1.5a\theta = 4M_u\theta$$

得

$$F_P = 2.67\frac{M_u}{a}$$

（3）机构 3，如图 11 - 11（d）所示：刚架分别在 A、D、E、B 4 个截面处出现塑性铰，横梁转折，刚架也侧移，此时刚结点 C 处两杆夹角仍保持直角，又因位移微小，故 C 和 E 点水平位移相等。据此可确定虚位移图中的几何关系，有

$$F_P \times 1.5a\theta + 2F_P a\theta = M_u\theta + 2M_u \times 2\theta + M_u \times 2\theta + M_u\theta$$

得

$$F_P = 2.29\frac{M_u}{a}$$

（4）机构 4，如图 11 - 11（e）所示：刚架发生虚位移时设右柱向左转动，则 D 点竖直位移向下使较大的荷载 $2F_P$ 做正功。此时，刚架向左侧移，故作用在 C 点的水平荷载做负功。于是有

$$2F_P a\theta - F_P \times 1.5a\theta = M_u\theta + M_u \times 2\theta + 2M_u \times 2\theta + M_u\theta$$

得

$$F_P = 16\frac{M_u}{a}$$

经分析可知，再无其他可能的机构，比较上述各结果，其中最小值 $2.29\dfrac{M_u}{a}$ 就是该刚架极限荷载的上限值。

（5）极限荷载的确定。用试算法确定极限荷载。

首先选择机构 2，求出其相应的荷载为 $F_P=2.67\dfrac{M_u}{a}$（计算同上）。然后作弯矩图如图 11‑12（a）所示，两柱的 M 图先绘出，横梁的 M 图用叠加法绘出，可知 D 点处弯矩为

$$M_D=\frac{M_u-M_u}{2}+\frac{2F_P\times 2a}{4}=2.67M_u>2M_u$$

可见，不满足内力局限条件，这种破坏形式是不可能的。

选择机构 3，求出其相应的荷载为 $F_P=2.29\dfrac{M_u}{a}$（计算同上）。由各塑性铰处之弯矩等于极限弯矩，可绘出右柱和横梁右半段的弯矩图［见图 11‑12（b）］，设结点 C 处两杆端弯矩为 M_C（内侧受拉），由横梁弯矩图的叠加法有

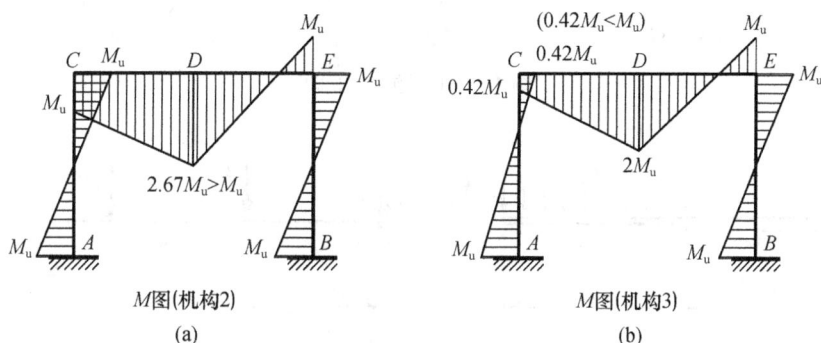

图 11‑12

$$\frac{M_u-M_C}{2}+2M_u=\frac{2F_P\times 2a}{4}=F_P a=2.29M_u$$

于是得

$$M_C=0.42M_u<M_u$$

这样，便可绘出全部弯矩图，并可见满足屈服条件，所以极限荷载为

$$F_{Pu}=2.29\frac{M_u}{a}$$

在上述分析计算中，机构 1 称为梁机构，机构 2 称为侧移机构，梁机构和侧移机构统称为基本机构，机构 3 为机构 1 和机构 2 的组合，故称为组合机构，机构 4 则最不可能产生。

习　题

11‑1　验证：（a）圆形截面的极限弯矩为 $M_u=\sigma_y\dfrac{D^3}{6}$；（b）环形截面的极限弯矩为 $M_u=\sigma_y\dfrac{D^3}{6}\Big[1-\Big(1-\dfrac{2t}{D}\Big)^3\Big]$。式中：$D$ 为圆截面直径或环形截面外径；t 为环形截面厚度；σ_y 为材料屈服应力。

2 L50×50×5

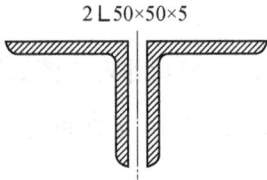

11-2 求如图 11-13 所示两角钢截面的极限弯矩 M_u，设材料的屈服应力为 σ_y。

11-3 试求如图 11-14 所示静定梁的极限荷载，$M_u=300kN \cdot m$。

11-4 试求如图 11-15 所示阶梯形变截面梁的极限荷载。

11-5 试求如图 11-16 所示单跨超静定梁的极限荷载。

图 11-13 题 11-2 图

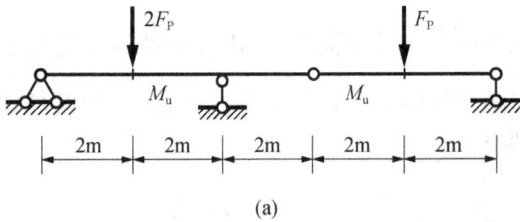

(a)

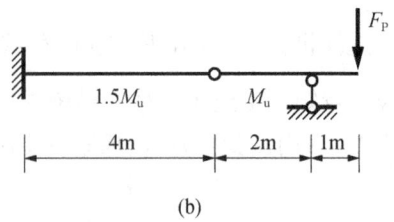

(b)

图 11-14 题 11-3 图

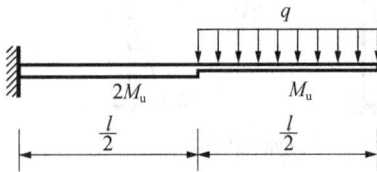

图 11-15 题 11-4 图

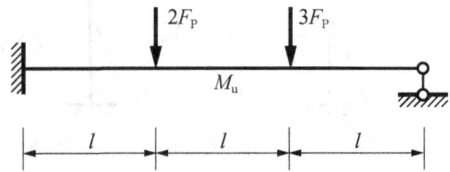

图 11-16 题 11-5 图

11-6 试求如图 11-17 所示连续梁的极限荷载，其中 $q=F_P/1m$，各跨截面的极限弯矩均为 M_u。

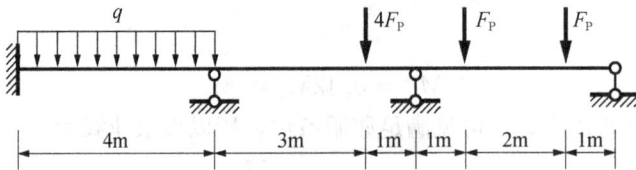

图 11-17 题 11-6 图

11-7 试求如图 11-18 所示刚架的极限荷载，$M_u=90kN \cdot m$。

11-8 试求如图 11-19 所示刚架的极限荷载。

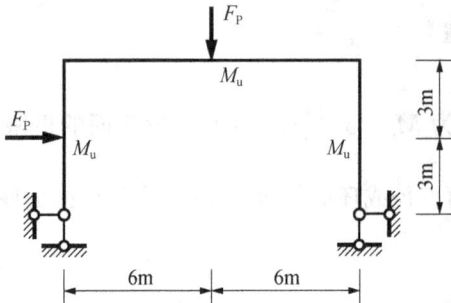

图 11-18 题 11-7 图

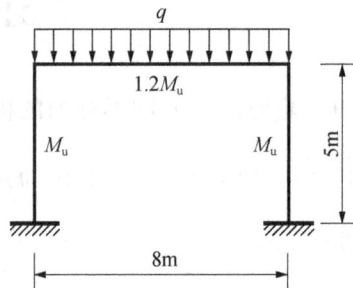

图 11-19 题 11-8 图

第十二章　结构的稳定计算

第一节　结构稳定计算概述

为了保证结构安全有效地承受荷载，结构设计时，除了进行强度和刚度计算之外，还必须对结构的稳定性进行验算。换言之，对结构内力和位移，必须在稳定平衡的状态下进行计算。

结构的平衡状态有三种不同的情况：稳定平衡状态、不稳定平衡状态和随遇平衡状态。为说明这三种状态，现考察一刚性小球处于不同形状光滑面上的情况。如图 12-1 所示，如果小球由于受到某种微小干扰而偏离其平衡位置，处于凹面上的小球将重新回到原来的平衡位置，这种平衡形式称为稳定平衡［见图 12-1（a）］；处于凸面上的小球将远离原来的平衡位置继续运动，这种平衡形式称为不稳定平衡［见图 12-1（b）］；处于平面上的小球将位于新的平衡位置，这种平衡形式称为随遇平衡［见图 12-1（c）］。它是介于稳定平衡与不稳定平衡之间的一种临界状态。

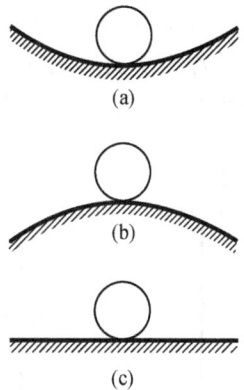

图 12-1

设某结构在荷载作用下处于稳定平衡状态，由于后来荷载逐渐增大，结构的原始平衡状态开始发生变化，由稳定平衡状态转变为不稳定平衡状态。此时，结构可能在结构抗力未达到充分发挥之前，就因变形迅速增大而丧失承载力。这种现象称为丧失原有工作状态的稳定性，简称失稳。其相应的荷载称为结构的临界荷载。

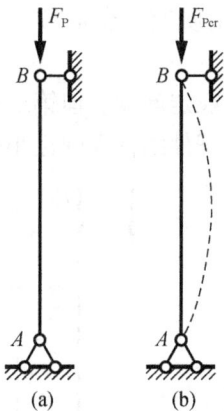

图 12-2

结构失稳有两种基本形式。现以如图 12-2（a）所示的压杆为例进行说明。图中杆件为中心受压两端铰支的理想直杆，其上端沿轴线作用压力 F_P。当 F_P 较小时，压杆保持直线平衡状态，此时若有任何外界干扰使杆件弯曲，当干扰消失后，压杆将恢复到原有直线平衡位置。当 F_P 增大到某一特定的数值 F_{Pcr} 时，若由于某种原因使杆件发生微小弯曲，则在使其弯曲的原因消失之后，杆件将不能回到原来的直线平衡位置，而是在弯曲位置上维持新的平衡形式，如图 12-2（b）所示，此时压杆的直线平衡形式已开始成为不稳定的，出现了平衡形式的分支，即此时压杆既可以具有原来只受轴力的直线平衡形式，也可以具有新的同时受压和受弯的弯曲平衡形式。一般称这种现象为压杆丧失了第一类稳定性，或称分支点失稳。此时压杆处于临界状态，与此状态相应的荷载 F_{Pcr} 称为临界荷载。F_{Pcr} 是使结构原有平衡形式保持稳定的最大荷载，也是使结构产生新的平衡形式的最小荷载。如果荷载继续增加，压杆将迅速继续弯曲而导致破坏。

第一类失稳的现象也可能在其他结构中出现。例如，承受径向静水压力的圆弧拱，承受竖向荷载作用的刚架以及薄壁工字梁等，这几种失稳状态如图 12-3 所示。

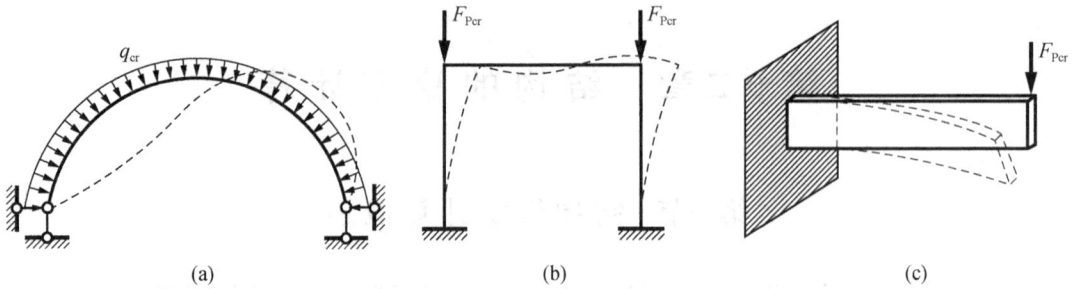

图 12 - 3

综上所述，丧失第一类稳定性的特征是：结构的平衡形式即内力和变形状态发生质的突变，原有平衡形式成为不稳定的，同时出现新的有质的区别的平衡形式。也就是说，结构在临界状态时，平衡形式具有二重性。

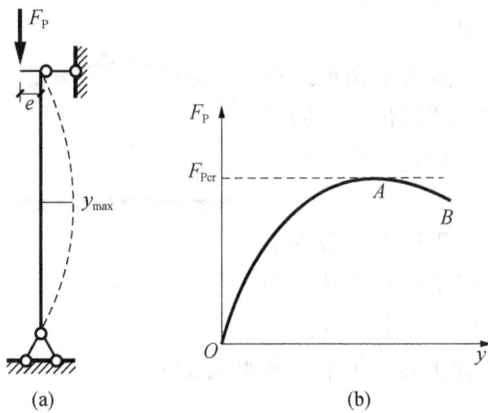

图 12 - 4

除上述失稳情况外，结构还有另一种失稳形式。如图 12-4（a）所示，由塑性材料制成的偏心受压直杆，不论 F_P 值如何，杆件一开始就处于同时受压和受弯的状态。当 F_P 达到临界值以前，荷载加大，则杆件的挠度增大；荷载不加大，杆件的挠度也不会增大。当 F_P 达到临界荷载 F_{Pcr}（比上述中心受压直杆的临界荷载小）后，即使荷载不增加甚至减小，挠度仍继续增加，如图 12-4（b）所示。这种现象称为结构丧失第二类稳定性，或称为极值点失稳。丧失第二类稳定性的特征是：平衡形式并不发生质变，变形按原有形式迅速增长，以致使结构丧失承载能力。

工程中的结构实际上不可能处于理想的中心受压状态，均属第二类稳定问题。但第二类稳定性问题涉及材料的塑性变形，比较复杂，因此本章仅限于讨论简单杆件结构在弹性小变形范围内的第一类稳定性问题。

稳定计算的中心问题在于确定临界荷载，确定临界荷载最基本的方法是静力法和能量法。它们分别应用静力平衡条件和以能量形式表示的平衡条件，根据结构失稳时可具有原来的和新的两种平衡形式，即平衡的二重性出发，通过寻求结构在新的形式下能维持平衡的荷载，从而确定临界荷载。

在稳定计算中，需涉及结构稳定的自由度的概念。这里的自由度指为确定结构失稳时所有可能的变形状态所需的独立参数数目。如图 12-5（a）所示，支承在抗

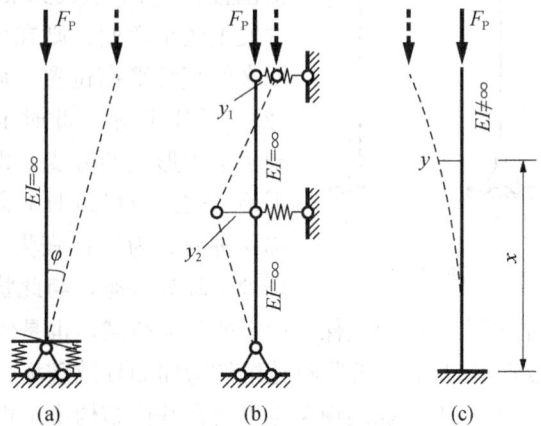

图 12 - 5

转弹簧上的刚性压杆，为了确定其失稳时所有可能的变形状态，仅需一个独立参数 θ，故此结构只有一个自由度；如图 12-5（b）所示结构则需两个独立参数 y_1 和 y_2，因此具有两个自由度；如图 12-5（c）所示的弹性压杆，则需无限多个独立参数 y，故有无限多个自由度。

第二节　计算临界荷载的静力法

用静力法计算临界荷载，应假设结构处于平衡状态，根据临界状态的静力特征，即平衡形式的二重性，应用静力平衡条件，寻求结构在新的形式下能维持平衡的荷载，其最小值即为临界荷载。

一、单自由度结构

如图 12-6（a）所示单自由度结构，刚性压杆下端抗转弹簧的刚度系数为 k，设压杆偏离竖直位置时，仍处于平衡状态，由平衡条件 $\sum M_A = 0$ 得出

$$F_P l \sin\varphi - k\varphi = 0 \tag{a}$$

当位移很小时，认为 $\sin\varphi = \varphi$，故式（a）可近似写为

$$(F_P l - k)\varphi = 0 \tag{b}$$

当 $\varphi = 0$ 时，上式满足，此时为对应于结构原有的直线平衡状态；而新的平衡形式，则要求 $\varphi \neq 0$，因此，φ 的系数应等于零，即

$$F_P l - k = 0 \tag{c}$$

这就是结构不仅在原有形式下而且在新的形式下也能维持平衡的条件。它反映了结构失稳时平衡形式的二重性。因此，将式（c）称为稳定方程或特征方程。由式（c）可得出临界荷载为

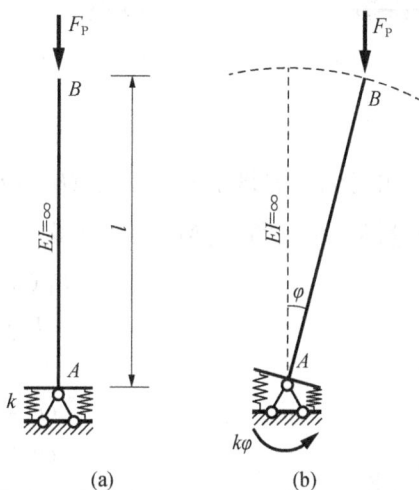

图 12-6

$$F_{Pcr} = \frac{k}{l} \tag{d}$$

由式（b）可看出，当 $F_P = F_{Pcr}$ 时，无法确定 φ 的大小，即无论 φ 为任何数值，平衡方程（b）均成立，结构此时处于所谓随遇平衡状态。但实际上这是由于近似假定 $\sin\varphi = \varphi$ 造成的假象，若采用精确的方程，由（a）得出

$$F_P = \frac{k\varphi}{l \sin\varphi} \tag{e}$$

当 $\varphi \neq 0$ 时，荷载 F_P 与 φ 的数值仍然是一一对应的，当不涉及失稳后的位移计算而只求结构的临界荷载时，其值为能维持结构新的平衡的最小荷载，因此 $F_{Pcr} = k/l$，这与采用近似方程求得的结果相同。

二、两个自由度的结构

如图 12-7（a）所示结构，可以判断该结构具有两个稳定自由度，两抗移弹性支座的刚度系数（发生单位线位移所需的力）均为 k，试求结构的临界荷载。

假设结构的临界平衡状态如图 12-7（b）所示，设失稳时 A、B 点的位移分别为 y_1 和

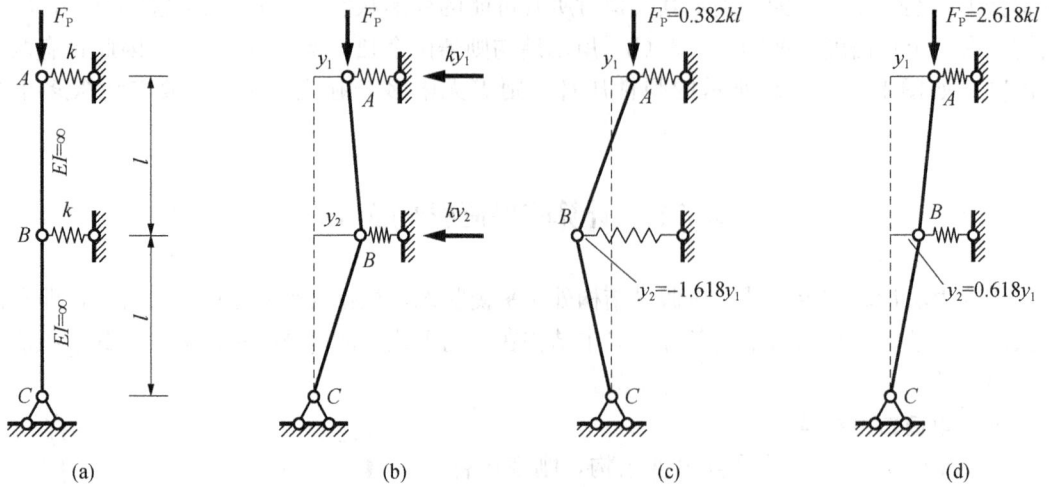

图 12 - 7

y_2。由于位移是微小的，因此 AB、BC 在竖直方向的投影长度仍可近似看作是 l。由平衡条件 $\sum M_B = 0$ 和 $\sum M_C = 0$ 可得

$$\left.\begin{array}{l} F_P(y_2 - y_1) + ky_1 l = 0 \\ -F_P y_1 + 2ky_1 l + ky_2 l = 0 \end{array}\right\}$$

即

$$\left.\begin{array}{l} (kl - F_P)y_1 + F_P y_2 = 0 \\ (2kl - F_P)y_1 + kl y_2 = 0 \end{array}\right\} \tag{f}$$

此方程为关于 y_1 和 y_2 的线性齐次方程。当 y_1 和 y_2 都等于零时，结构状态对应于原有的直线平衡形式。而临界状态时，y_1、y_2 不全为零，则应有

$$\begin{vmatrix} (kl - F_P) & F_P \\ (2kl - F_P) & kl \end{vmatrix} = 0 \tag{g}$$

展开得

$$F_P{}^2 - 3klF_P + (kl)^2 = 0 \tag{h}$$

式（g）或式（h）即为该结构的稳定方程，解得

$$F_P = \frac{3 \pm \sqrt{5}}{2} kl = \begin{cases} 2.618kl \\ 0.382kl \end{cases}$$

应取最小者为临界荷载

$$F_{Pcr} = 0.382kl$$

现在进一步讨论结构失稳的形式。式（f）为关于 y_1、y_2 的线性齐次方程，故不能求得 y_1、y_2 的确定解答，但可由其中任何一式求得 y_1、y_2 的比值。

若将 $F_P = \dfrac{3 - \sqrt{5}}{2} kl$ 代入式（f），可得

$$\frac{y_2}{y_1} = \frac{1 - \sqrt{5}}{3 - \sqrt{5}} = -1.618$$

相应的位移形式如图 12-7（c）所示。将 $F_\mathrm{P}=\dfrac{3+\sqrt{5}}{2}kl$ 代入式（f），可得

$$\frac{y_2}{y_1}=\frac{1+\sqrt{5}}{3+\sqrt{5}}=0.618$$

相应的位移形式如图 12-7（d）所示。图 12-7（d）只是理论上存在，实际上在此之前结构必先以图 12-7（c）的形式失稳。

　　总结上述两种情况，对于具有 n 个自由度的结构，则可对新的平衡形式列出 n 个平衡方程，它们是关于 n 个独立参数的齐次方程。由于这 n 个参数不全为零，因此其系数行列式 D 应等于零的条件便可建立稳定方程，有

$$D=0 \tag{12-1}$$

　　此稳定方程有 n 个根，即有 n 个特征荷载，其中最小者为临界荷载。

三、无限自由度结构

　　对于无限自由度结构，用静力法确定临界荷载的步骤仍与上述相同，即首先假设结构已处于新的平衡形式，列出其平衡方程，不过此时平衡方程不是代数方程而是微分方程。求解此微分方程，并利用边界条件得到一组与未知常数数目相同的齐次方程，为了获得非零解应使其系数行列式 D 等于零而建立稳定方程。此时，稳定方程为超越方程，有无穷多个根，因而有无穷多个特征荷载值，其中最小者为临界荷载，相应地，变形曲线形式也有无穷多个，对应于临界荷载的曲线形式为临界状态的弯曲平衡形式。

　　例如如图 12-8（a）所示的结构，一端固定，另一端铰支的等截面中心受压弹性直杆，杆件的弯曲刚度 EI 为常数，试求该结构的临界荷载。

　　1. 确定平衡方程

　　取如图 12-8（a）所示的坐标系，设其已处于新的曲线平衡形式，则其任一截面的弯矩 M_x 为

$$M_x-F_\mathrm{P}y-F_\mathrm{R}(l-x)=0$$

式中：F_R 是上端支座的反力。利用小变形情况下挠曲线近似微分方程，在图示坐标系下，有

$$M_x=-EIy'' \tag{12-2}$$

根据上两式

$$EIy''=-F_\mathrm{P}y-F_\mathrm{R}(l-x)$$

即

$$y''+\frac{F_\mathrm{P}}{EI}y=-\frac{F_\mathrm{R}}{EI}(l-x)$$

令

$$\alpha^2=\frac{F_\mathrm{P}}{EI} \tag{12-3}$$

则有

$$y''+\alpha^2 y=-\alpha^2\frac{F_\mathrm{R}}{F_\mathrm{P}}(l-x)$$

上式微分方程为平衡方程，它是一个二阶常系数非齐次线性微分方程。此微分方程的解为

$$y = A\cos\alpha x + B\sin\alpha x - \frac{F_R}{F_P}(l-x) \tag{i}$$

式 (i) 中 A、B 为待定积分常数，$\dfrac{F_R}{F_P}$ 也是未知的。

2. 利用边界条件确定稳定方程

利用边界条件，当 $x=0$ 时，$y=0$；当 $x=0$ 时，$y'=0$；当 $x=l$ 时，$y=0$。

将它们分别代入式 (i)，可得关于 A、B、$\dfrac{F_R}{F_P}$ 的齐次方程组为

$$\left.\begin{aligned} A - l\frac{F_R}{F_P} &= 0 \\ \alpha B + \frac{F_R}{F_P} &= 0 \\ A\cos\alpha l + B\sin\alpha l &= 0 \end{aligned}\right\} \tag{j}$$

当 $A=B=\dfrac{F_R}{F_P}=0$ 时，上式满足，此时各点的位移 y 均等于零，这对应于原有的直线平衡形式。对于新的弯曲平衡形式，则要求 A、B、$\dfrac{F_R}{F_P}$ 不全为零。于是，上述方程组的系数行列式应等于零，即稳定方程为

$$\begin{vmatrix} 1 & 0 & -l \\ 0 & \alpha & 1 \\ \cos\alpha l & \sin\alpha l & 0 \end{vmatrix} = 0$$

展开整理得

$$\tan\alpha l = \alpha l$$

此稳定方程为一超越方程。

3. 求解稳定方程，得出临界荷载

此超越方程可用试算法并配合以图解法求解。图 12-8 (b) 绘出了 $y_1 = \alpha l$ 和 $y_2 = \tan\alpha l$ 的函数曲线，它们的交点的横坐标即为方程的根。因交点有无穷多个，故方程有无穷多个根。由图 12-8 (b) 可见，最小正根 αl 在 $\dfrac{3}{2}\pi \approx 4.7$ 的左侧附近，其准确数值可由试算法求得。具体内容见表 12-1。

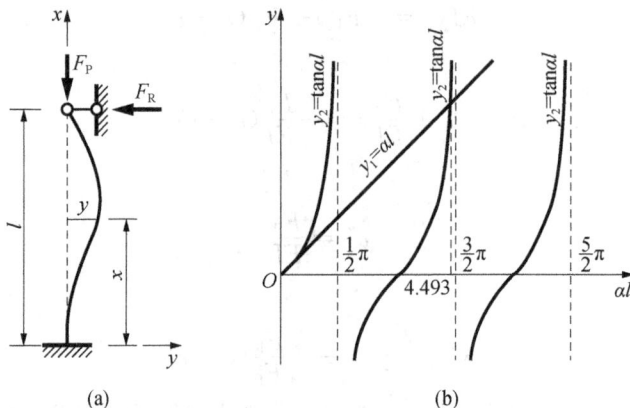

(a)   (b)

图 12-8

表 12 - 1 试 算 法 求 最 小 正 根

αl	$\tan \alpha l$	$\alpha l - \tan \alpha l$
4.500	4.637	-0.137
4.400	3.096	1.304
4.490	4.422	0.068
4.491	4.443	0.048
4.492	4.464	0.028
4.493	4.485	0.008
4.494	4.506	-0.012

所以

$$\alpha l = 4.493$$

将其代入式（12 - 3），求得临界荷载为

$$F_{Pcr} = \alpha^2 EI = \left(\frac{4.493}{l}\right)^2 EI = \frac{20.19}{l^2} EI$$

上式可写为

$$F_{Pcr} = \frac{20.19}{l^2} EI = \frac{\pi^2 EI}{(0.7l)^2}$$

在材料力学中，曾将弹性直杆的最小临界荷载的表达式统一写成

$$F_{Pcr} = \frac{\pi^2 EI}{(\mu l)^2}$$

式中：μ 为计算长度系数，$\mu l = l_0$ 为计算长度，对于上述约束条件下的弹性直杆，有 $\mu = 0.7$，$l_0 = 0.7l$，这与材料力学中所得的结果相同。

现在来分析一下上述受压杆在临界状态下的挠曲线的形状问题。因式（j）中，三个未知常数 A、B、F_R/F_P 的系数行列式为零，式（j）中的三个方程只有两个是独立的，这样利用此式只能得到 A、B、F_R/F_P 的相对值而不能确定出一条唯一的挠曲线。这意味着，在临界荷载下存在有任意多个弯曲形式相同而幅度不同的弯曲平衡状态，换言之，此时，杆件处于"随遇平衡"。但应注意这是在杆件处于微弯状态的前提下利用了挠曲线的近似微分方程而得出的，若按大挠度理论建立方程，便得不出这种结果了。这里需指出，结构稳定问题只是根据大挠度理论才能得出精确的结论，但从实际来看，第一类失稳应用小挠度理论也能计算出正确的临界荷载值，不过要注意它的某些结论的局限性。

第三节 弹性支座等截面直杆的稳定

在工程结构中，常遇到具有弹性支座的压杆。例如，在计算排架、刚架等结构的稳定问题时，为研究其中某一杆件的稳定性，常将与它相连的各杆对其作用简化为弹性支座。例如，如图 12 - 9（a）所示结构，其稳定问题可简化为柱 AB 的稳定问题，而柱 CD、横梁 BC 对柱 AB 的作用可用柱顶 B 处的弹性抗移支座来代替。显然，由于弹性支座的作用，柱 AB 的稳定性和临界荷载要高于 B 端为自由端时的情况。其弹簧抗移刚度应由使结构 B 端产生单位侧移时需要的力来确定。

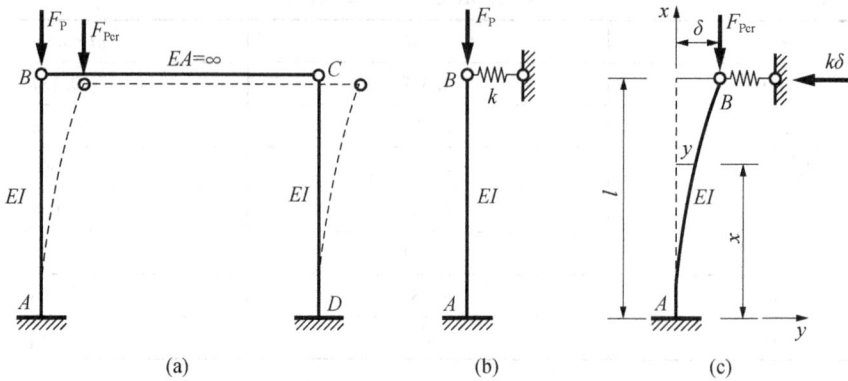

图 12 - 9

根据前几章知识，AB 作为一竖直悬臂梁，在单位水平力作用于其自由端 B 处时，B 点的水平位移为

$$\delta = \frac{l^3}{3EI}$$

所以弹簧抗移刚度为

$$k = \frac{1}{\delta} = \frac{3EI}{l^3} \tag{12 - 4}$$

如图 12 - 10（a）所示刚架，AB 杆上端铰支，下端不能移动而可转动，但其转动要受到 BC 杆的弹性约束，这可以用一个抗转弹簧来表示，这两个等值反向的弹簧力形成一个与转动方向相反的力偶矩，从而对 AB 杆的转动起抵抗作用，因此，这种支座称为弹性抗转支座，如图 12 - 10（b）所示。抗转弹簧的刚度应由使结构其余部分即 BC 梁的 B 端发生单位转角时所需的力矩来确定，方法如图 12 - 10（c）所示。

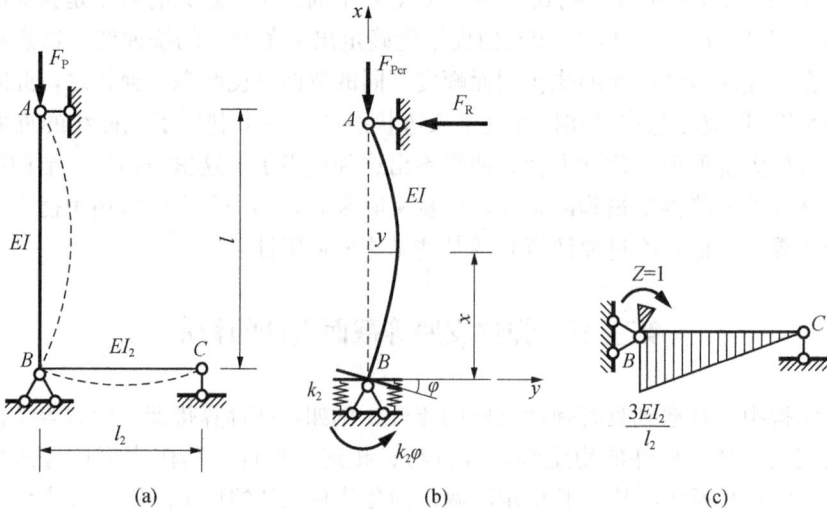

图 12 - 10

$$k_2 = \frac{3}{l_2} \frac{EI_2}{l_2} \tag{12-5}$$

下面讨论用静力法计算这类压杆临界荷载的方法。

1. 一端固定、另一端为弹性抗移支座

假设结构处于临界平衡状态时如图 12-9（c）所示，杆件在新的弯曲平衡形式下，任一截面的弯矩为

$$M_x = -F_P(\delta - y) + k\delta(l-x)$$

上式中，δ 为弹性支承端 B 处的水平位移；k 为弹簧抗移刚度系数，利用小变形情况下挠曲线近似微分方程，在图示坐标系下，有

$$M_x = -EIy''$$

所以，失稳时弹性曲线的微分方程为

$$EIy'' = F_P(\delta - y) - k\delta(l-x)$$

或

$$EIy'' + F_P y = F_P\delta - k\delta(l-x)$$

令 $\alpha^2 = \dfrac{F_P}{EI}$，则上述微分方程的通解为

$$y = A\cos\alpha x + B\sin\alpha x + \delta\left[1 - \frac{k}{F_P}(l-x)\right]$$

利用边界条件，当 $x=0$ 时，$y=0$；当 $x=0$ 时，$y'=0$；当 $x=l$ 时，$y=\delta$。

将它们分别代入平衡微分方程，可得关于 A、B、δ 的齐次方程组为

$$\left.\begin{array}{l} A + \delta\left(1 - \dfrac{k}{F_P}l\right) = 0 \\[2mm] B\alpha + \delta\dfrac{k}{F_P} = 0 \\[2mm] A\cos\alpha l + B\sin\alpha l = 0 \end{array}\right\}$$

对于新的弯曲平衡形式，A、B、δ 不全为零，故上述方程组的系数行列式应等于零，即

$$\begin{vmatrix} 1 & 0 & 1 - \dfrac{k}{\alpha^2 EI}l \\[3mm] 0 & \alpha & \dfrac{k}{\alpha^2 EI} \\[3mm] \cos\alpha l & \sin\alpha l & 0 \end{vmatrix} = 0$$

展开整理，得稳定方程为

$$\tan\alpha l = \alpha l - \frac{\alpha^3 EI}{k} \tag{12-6}$$

将式（12-4）代入上式，然后利用图解法及试算法，可解出上述特征方程的值，αl 的最小值为 $\alpha l = 2.20$，由此进一步得出临界荷载为

$$F_{Pcr} = \alpha^2 EI = 4.84\frac{EI}{l^2}$$

2. 一端铰支、另一端为弹性抗转支座

这种压杆支承情况如图 12-10（b）所示，杆件在新的弯曲平衡形式下，任一截面的弯矩为

$$M_x = F_P y + F_R(l-x)$$

边界条件为：当 $x=0$ 时，$y=0$；当 $x=0$ 时，$y'=\varphi$；当 $x=l$ 时，$y=0$。

最后得稳定方程为

$$\tan\alpha l = \alpha l \, \frac{1}{1+(\alpha l)^2 \dfrac{EI}{k_2 l}} \tag{12-7}$$

先根据式（12-5）得到弹簧的抗转刚度，然后采用图解法或试算法求得 αl 的最小值，进而计算出临界荷载。

3. 一端自由、另一端为弹性抗转支座

在如图 12-11（a）所示刚架中，竖杆 AB 化为一端自由、另一端为弹性抗转支座的压杆 [如图 12-11（b）所示]，其中，竖杆 AB 在新的弯曲平衡形式下，任一截面的弯矩为

$$M_x = -F_P(\delta - y)$$

边界条件为：当 $x=0$ 时，$y=0$；当 $x=0$ 时，$y'=\varphi=\dfrac{F_P\delta}{k_3}$；当 $x=l$ 时，$y=\delta$。

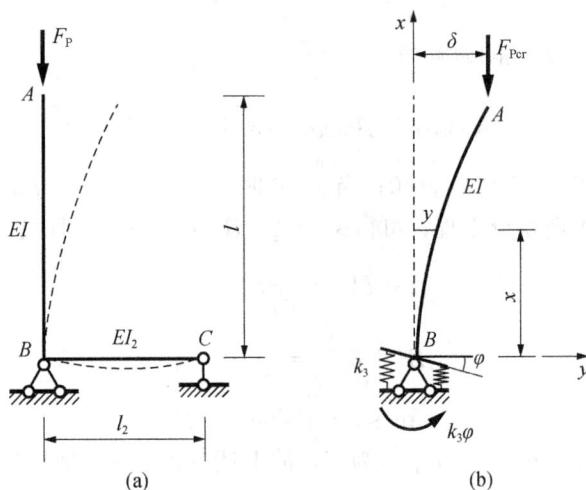

图 12-11

最后得稳定方程为

$$\alpha l \tan\alpha l = \frac{k_3 l}{EI} \tag{12-8}$$

【例 12-1】 求如图12-12（a）所示刚架的临界荷载。

解：此为对称刚架承受对称荷载，故其失稳形式为正对称或反对称，如图 12-12（b）或（d）所示，现分别计算如下。

（1）正对称失稳。取半个结构计算 [见图 12-12（c）]，立柱为下端铰支、上端弹性固定的压杆，与图 12-10（b）所示情况相同，而弹性固定端的抗转刚度系数为

$$k_2 = i_2 = \frac{2EI}{l/2} = \frac{4EI}{l}$$

将 k_2 代入式（12-7），得稳定方程为

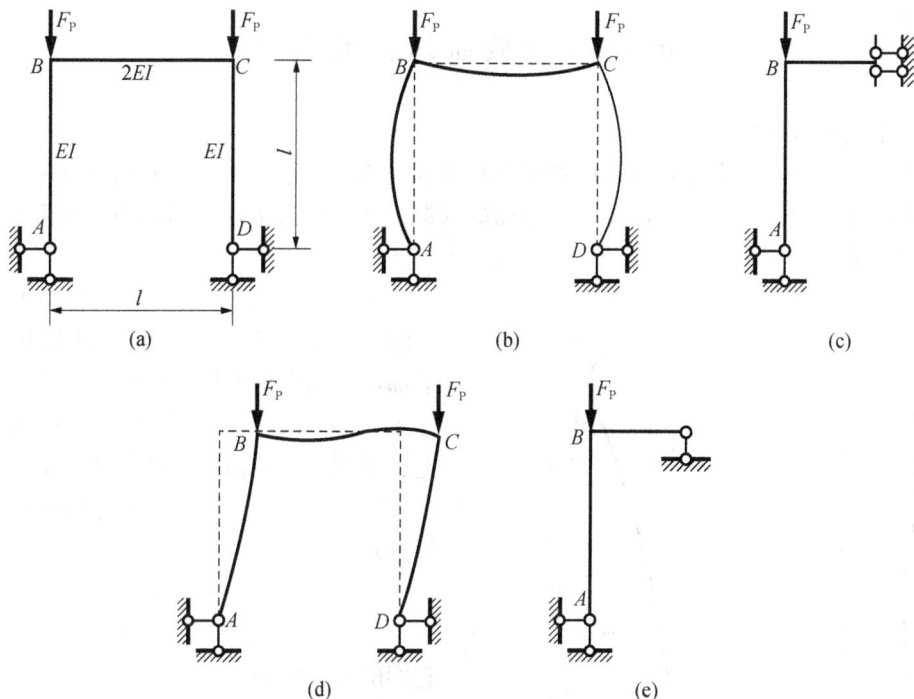

图 12 - 12

$$\tan\alpha l = \alpha l \, \frac{1}{1 + \dfrac{(\alpha l)^2}{4}}$$

然后用试算法解得其最小正根为 $\alpha l = 3.83$，故临界荷载为

$$F_{Pcr} = \alpha^2 EI = 14.67 \frac{EI}{l^2}$$

（2）反对称失稳。取半个结构计算，如图 12 - 12（e）所示，压杆上端为弹性固定，上、下两端有相对侧移而无水平反力，故实际上与图 12 - 11（b）的情况相同，弹性固定端的抗转刚度系数为

$$k_3 = 3i_2 = 3 \times \frac{2EI}{l/2} = \frac{12EI}{l}$$

代入式（12 - 8），得稳定方程为

$$\alpha l \tan\alpha l = 12$$

然后用试算法解得其最小正根为 $\alpha l = 1.45$，故临界荷载为

$$F_{Pcr} = \alpha^2 EI = \frac{(1.45)^2 EI}{l^2} = \frac{2.10EI}{l^2}$$

比较两个临界荷载，可见反对称失稳的 F_{Pcr} 值较小，故实际的临界荷载应为反对称情况下的临界荷载。本例实际上在计算之前即可判断出反对称失稳的临界荷载较小。因为正对称时的 F_{Pcr} 值显然应大于两端铰支压杆的临界荷载 $\dfrac{\pi^2 EI}{l^2}$；而反对称时的 F_{Pcr} 值则显然应小于一端固定另一端自由的压杆的临界荷载 $\dfrac{\pi^2 EI}{4l^2}$，故知结构必先以反对称形式失稳。

第四节 变截面压杆的稳定

一、变截面压杆的稳定

在工程结构中，为充分发挥构件的受力特性或为满足构造、使用等方面的要求，也常采用变截面杆件，此类杆件同样存在稳定方面的问题。本节只讨论建筑结构中经常遇到的阶形柱的稳定问题。

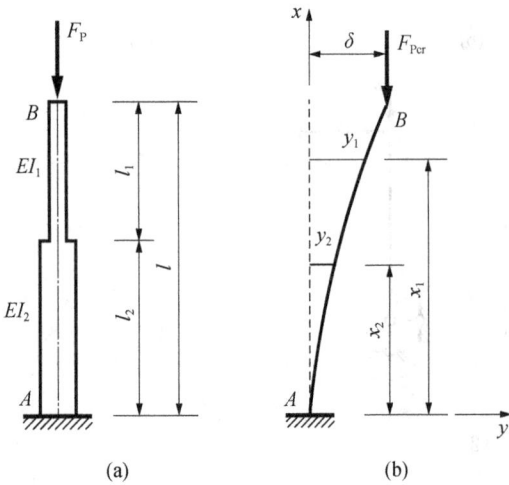

图 12-13

如图 12-13（a）所示一单阶直杆，下端固定上端自由，其上部弯曲刚度为 EI_1，下部弯曲刚度为 EI_2，杆端 B 处沿杆轴方向作用一集中荷载 F_P。若以 y_1、y_2 分别表示上、下两部分在新的平衡形式下的挠度［见图 12-13（b）］，则这两部分的平衡微分方程分别为

$$EI_1 y_1'' + F_P y_1 = F_P \delta$$
$$EI_2 y_2'' + F_P y_2 = F_P \delta$$

它们的解分别为

$$y_1 = A_1 \cos\alpha_1 x + B_1 \sin\alpha_1 x + \delta$$
$$y_2 = A_2 \cos\alpha_2 x + B_2 \sin\alpha_2 x + \delta$$

式中

$$\alpha_1 = \sqrt{\frac{F_P}{EI_1}}, \quad \alpha_2 = \sqrt{\frac{F_P}{EI_2}} = \frac{1}{\sqrt{\nu}}\alpha_1$$

令

$$\nu = I_2/I_1$$

以上平衡方程的解中共有 A_1、B_1、A_2、B_2 和 δ 5 个未知常数。根据已知边界条件：

(1) 当 $x=0$，$y_2=0$；

(2) 当 $x=0$，$y_2'=0$；

(3) 当 $x=l_2$，$y_1=y_2$；

(4) 当 $x=l_2$，$y_1'=y_2'$；

(5) 当 $x=l$，$y_1=\delta$。

由边界条件（1）（2）可得 $A_2=-\delta$，$B_2=0$，故 y_2 表达式可写成

$$y_2 = \delta(1 - \cos\alpha_2 x)$$

将边界条件（3）（4）（5）代入上式和前面 y_1 的表达式，可得如下齐次方程组

$$\left. \begin{array}{l} A_1 \cos\alpha_1 l_2 + B_1 \sin\alpha_1 l_2 + \delta\cos\alpha_2 l_2 = 0 \\ A_1 \alpha_1 \sin\alpha_1 l_2 - B_1 \alpha_1 \cos\alpha_1 l_2 + \delta\alpha_2 \sin\alpha_2 l_2 = 0 \\ A_1 \cos\alpha_1 l + B_1 \sin\alpha_1 l = 0 \end{array} \right\}$$

上式是关于 A_1、B_1 和 δ 的线性齐次方程组，当 A_1、B_1 和 δ 不全为零时，其系数行列式为零，得

$$\begin{vmatrix} \cos\alpha_1 l_2 & \sin\alpha_1 l_2 & \cos\alpha_2 l_2 \\ \sin\alpha_1 l_2 & -\cos\alpha_1 l_2 & \dfrac{1}{\sqrt{\nu}}\sin\alpha_2 l_2 \\ \cos\alpha_1 l & \sin\alpha_1 l & 0 \end{vmatrix} = 0$$

展开以上行列式并整理得如下形式的稳定方程

$$\tan\alpha_1 l_1 \cdot \tan\alpha_2 l_2 = \frac{\alpha_1}{\alpha_2} = \sqrt{\nu} \qquad (12\text{-}9)$$

上式当给出 ν 值和 l_1/l_2 时可以求解，并进而得出临界荷载 F_{Pcr}。

对于单阶柱在柱顶及截面突变处均沿轴线作用集中荷载的情形，如图 12-14 所示，在新的平衡形式下弹性曲线的微分方程与单阶柱情形相类似，由类似的推导过程可得其稳定方程为

$$\tan\alpha_1 l_1 \cdot \tan\alpha_2 l_2 = \frac{\alpha_1}{\alpha_2} \cdot \frac{F_{P1}+F_{P2}}{F_{P1}} \qquad (12\text{-}10)$$

式中

$$\alpha_1 = \sqrt{\frac{F_{P1}}{EI_1}} \qquad (12\text{-}11)$$

$$\alpha_2 = \sqrt{\frac{F_{P1}+F_{P2}}{EI_2}} \qquad (12\text{-}12)$$

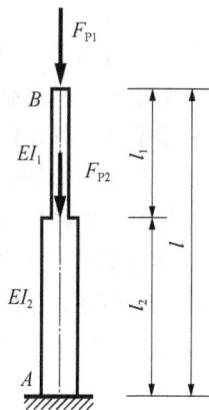

图 12-14

当给出比值 $\nu = I_2/I_1$、F_{P1}/F_{P2} 及 l_1/l_2 时，上述稳定方程可以求解，然后得出临界荷载。

【例 12-2】 试计算如图 12-14 所示单阶柱的临界荷载。已知：$l_1 = l_2 = \dfrac{l}{2}$，$I_1 = I$，$I_2 = 2I$，$F_{P1} = F_P$，$F_{P2} = 3F_P$。

解：由式（12-11）可得

$$\alpha_1 = \sqrt{\frac{F_{P1}}{EI_1}} = \sqrt{\frac{F_P}{EI}} = \alpha, \qquad \alpha_2 = \sqrt{\frac{F_{P1}+F_{P2}}{EI_2}} = \sqrt{\frac{4F_P}{2EI}} = \sqrt{2}\alpha$$

设

$$\alpha_1 l_1 = \frac{\alpha l}{2} = u, \qquad \alpha_2 l_2 = \sqrt{2}\alpha\,\frac{l}{2} = \sqrt{2}u$$

将以上各值代入稳定方程［式（12-10）］并整理，得

$$\tan u \tan \sqrt{2}u = 2.8284$$

用试算法求解，得

$$u \approx 0.8434, \qquad F_{Pcr} = 4u^2 \frac{EI}{l^2} = 2.8453 \frac{EI}{l^2}$$

二、剪力对临界荷载的影响

在以上各节各种类型杆件的稳定计算中，确定临界荷载时只考虑了弯矩的影响。在建立弹性曲线的微分方程时，主要考虑弯矩对变形的影响，同时剪力对变形也有影响，只是在稳定计算中，剪力的影响很小，通常可略去不计。

第五节   计算临界荷载的能量法

对于比较复杂的情形，用静力法确定体系的临界荷载往往比较困难。例如挠曲线微分方程是变系数的，难以积分成有限形式；或结构的边界条件较为复杂，以致根据它们导出的特征方程不易求解。对于这些情况，采用能量法进行近似计算则较方便。

用能量法确定临界荷载，就是以结构失稳时平衡的二重性为依据，应用以能量形式表示的平衡条件，寻求结构在新的形式下能维持平衡的荷载，其中最小者为临界荷载。

本章第一节如图 12-1 所示的三种不同情况的刚性小球。当小球处于凹面内的平衡状态时，若由于某种作用，小球偏离平衡位置，其重心位置升高从而势能增加。作用取消后，小球在重力作用下又将回到原来位置，故此种平衡状态是稳定的，相应地平衡状态时势能为极小值。当小球处于凸面顶点的平衡状态时，相应的势能为极大。如图 12-1（c）所示的情况，不论有任何偏离，小球都处于平衡状态，其势能不会发生变化。

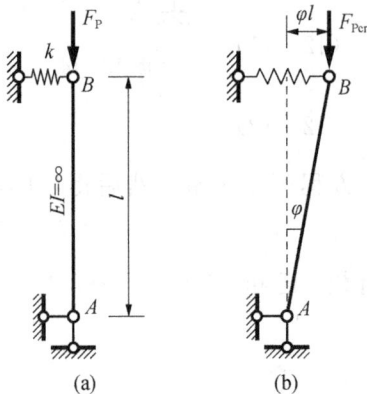

图 12-15

上述能量特征同样适用于弹性体系。如图 12-15 （a）所示，AB 为一刚性杆件，B 端为弹性抗移支座，其弹簧刚度系数为 k。临界状态时该压杆的平衡形式如图 12-15（b）所示，现在来建立此体系在临界状态时的能量准则。它与上述小球同属单自由度体系，但不同的是：除荷载的势能外，在总势能中尚应计入体系的变形能。设以 ΔU 代表体系由原来的平衡状态转变到一邻近的新的平衡状态的变形能的增量，ΔV 代表外力 F_P 的势能的增量，$\Delta \Pi$ 则代表体系总势能的增量，有

$$\Delta \Pi = \Delta U + \Delta V$$

此外，ΔT 为外力 F_P 在这个过程中所做的功，即外力功的增量，有

$$\Delta V = -\Delta T$$

因此，上式可写成

$$\Delta \Pi = \Delta U - \Delta T$$

与上述小球的能量特征相类比，可知，若

$$\Delta \Pi > 0 \text{ 或 } \Delta U > \Delta T$$

则表明结构的总势能增加，结构趋向于恢复到原来的平衡位置，即原平衡状态是稳定的。若

$$\Delta \Pi < 0 \text{ 或 } \Delta U < \Delta T$$

则表明结构的原平衡状态是不稳定的。若

$$\Delta \Pi = 0 \text{ 或 } \Delta U = \Delta T \tag{12-13}$$

则结构处于由稳定平衡向不稳定平衡过渡的随遇平衡状态，即临界状态，根据该状态下的能量特征来计算临界荷载。

以图 12-15 为例，假设临界状态时直杆的平衡形式如图 12-15（b）所示，杆件转动 φ 角，B 处弹簧伸长 φl，则荷载 F_P 向下移动距离

$$e = l(1 - \cos\varphi)$$

因 $\cos\varphi = 1 - \dfrac{\varphi^2}{2!} + \dfrac{\varphi^4}{4!} - \cdots$，考虑到转角 φ 值微小，可只取前两项，代入后得

$$e = \frac{l\varphi^2}{2}$$

因此，荷载所做功的增量 ΔT 为

$$\Delta T = F_{P}e = \frac{F_{P}l\varphi^2}{2}$$

整个结构变形能的增量 ΔU 为

$$\Delta U = \frac{1}{2}k\,(l\varphi)^2$$

在临界状态，根据式（12-13），可得

$$\frac{1}{2}k\,(l\varphi)^2 = \frac{1}{2}F_{P}l\varphi^2$$

因此，临界荷载 $F_{Pcr} = kl$。

现在就弹性直杆稳定问题导出其临界荷载的计算公式。对于线性变形体系，通常直杆以弯曲变形为主，若只考虑其弯曲变形能的增量，由已学知识，可知

$$\Delta U = \frac{1}{2}\sum\int\frac{M^2}{EI}\mathrm{d}s \tag{12-14}$$

上式中 M 为体系偏离原来平衡位置时杆件中所产生的附加弯矩。因 $M = -EIy''$，并以杆轴为 x 轴，则上式可改写成

$$\Delta U = \frac{1}{2}\sum\int EI\,(y'')^2\mathrm{d}x \tag{12-15}$$

对于作用在结点并沿杆轴方向的荷载，当杆件由直线形式的平衡状态变为曲线形式的平衡状态时，外力功的增量为

$$\Delta T = \sum F_{Pi}e_i \tag{12-16}$$

上式中 e_i 为沿 F_{Pi} 方向荷载作用点的位移，它等于杆长 l_i 与弹性曲线在杆轴上投影之差（见图 12-16）。取结构中某一杆件的微段 $\mathrm{d}x$ 来研究，如图 12-17 所示，在弹性曲线上与之相应的微段为 $\mathrm{d}s$（可看成直线段）。设两者的夹角为 θ，由于夹角 θ 值微小，因此，可以认为，$\mathrm{d}s = \mathrm{d}x$，$\mathrm{d}s$ 在铅直方向的投影为 $\mathrm{d}x\cos\theta$，故微段原长 $\mathrm{d}x$ 与此投影 $\mathrm{d}x\cos\theta$ 之差为

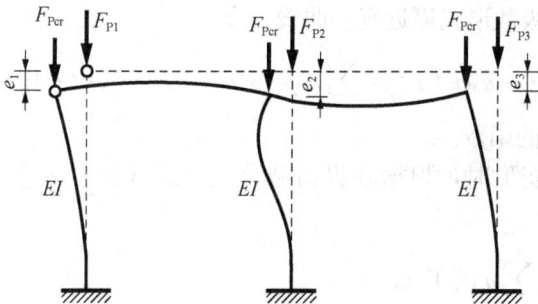

图 12-16

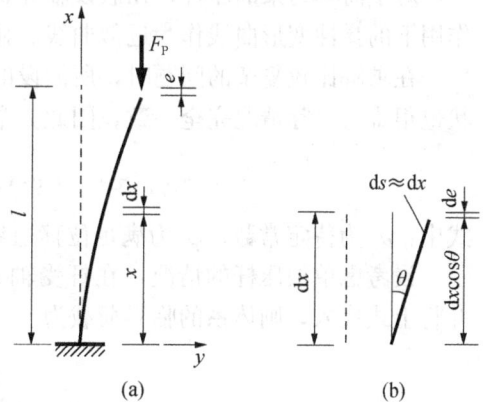

图 12-17

$$de = dx - dx\cos\theta = (1 - \cos\theta)dx$$

考虑到 θ 值微小，又可取 $\theta = \tan\theta = y'$，故当略去高阶微量后，上式可写成

$$de = \frac{1}{2}\theta^2 dx = \frac{1}{2}(y')^2 dx$$

将上式沿杆长积分，得单根杆件的位移表达式为

$$e = \int_0^l de = \frac{1}{2}\int_0^l (y')^2 dx$$

将上式代入式（12-16），即得外力功的增量

$$\Delta T = \frac{1}{2}\sum F_P \int (y')^2 dx \tag{12-17}$$

利用式（12-15）、式（12-17）分别求出体系的变形能和外力功的增量后，根据弹性体系的临界状态方程，即可求得体系的临界荷载值。

对于单根压杆，根据式（12-15）、式（12-17），式（12-13）可写成

$$\int_0^l EI(y'')^2 dx = F_{Pcr}\int_0^l (y')^2 dx$$

由此得临界荷载的计算公式

$$F_{Pcr} = \frac{\int_0^l EI(y'')^2 dx}{\int_0^l (y')^2 dx} \tag{12-18}$$

按上式确定临界荷载，首先必须知道曲线的方程 $y = f(x)$，即结构失稳时的弯曲变形形式。但是，杆件在失稳时，其临界状态的变形曲线事先并不知道，因此，通常只能假设一条近似的弹性曲线，然后按式（12-18）来确定临界荷载，当然以此求得的临界荷载值肯定是近似的。

假设的弹性曲线必须满足边界条件和各杆件之间的连接条件。当它越接近于真实变形形式时，按能量法求得的临界荷载值也越准确。如果所假设的弹性曲线与真实变形形式相一致，所得的解就是临界荷载的精确值。通常，用能量法计算的结果总是大于临界荷载的准确值，因为我们假设的弹性曲线很难和真实的变形曲线相一致，这种作法相当于在原来的体系上增加了约束使其按照所假设的弹性曲线变形，因此增大了抵抗失稳的能力，从而提高了临界荷载值。

对于简单约束的压杆，在假设临界状态的变形曲线时，通常可选取杆件在某一横向荷载作用下的弹性变形曲线作为近似曲线。显然，它满足所有边界条件。

在求解比较复杂的问题时，所假设的弹性曲线方程式常常难于满足全部边界条件，其形状也很难与实际情况完全一致，因此，常采用级数形式逼近真实曲线。设

$$y = a_1\varphi_1(x) + a_2\varphi_2(x) + \cdots + a_n\varphi_n(x) = \sum_{i=1}^n a_i\varphi_i(x) \tag{12-19}$$

式中：a_i 为待定常数；φ_i 为满足位移边界条件的函数。

设考虑单根压杆的情况，在杆受轴力 F_P 变形时，根据临界荷载公式 [式（12-18）]，并将上式代入，则体系的临界荷载为

$$F_{Pcr} = \frac{\int_0^l EI\left(\sum_{i=1}^n a_i\varphi_i''\right)^2 dx}{\int_0^l \left(\sum_{i=1}^n a_i\varphi_i'\right)^2 dx} \tag{12-20}$$

为了便于书写，将上式写成 $F_{Pcr}=A/B$，即

$$A = \int_0^l EI \big(\sum_{i=1}^n a_i\varphi_i''\big)^2 \mathrm{d}x$$

$$B = \int_0^l \big(\sum_{i=1}^n a_i\varphi_i'\big)^2 \mathrm{d}x$$

选择参数 a_i（$i=1,2,3,\cdots,n$）使得 F_{Pcr} 最小，则有

$$\frac{\partial F_{Pcr}}{\partial a_1}=0, \frac{\partial F_{Pcr}}{\partial a_2}=0, \cdots, \frac{\partial F_{Pcr}}{\partial a_n}=0$$

因 $A-F_{Pcr}B=0$，则

$$\left.\begin{aligned}
\frac{\partial A}{\partial a_1} - F_{Pcr}\frac{\partial B}{\partial a_1} &= 0\\
\frac{\partial A}{\partial a_2} - F_{Pcr}\frac{\partial B}{\partial a_2} &= 0\\
&\vdots\\
\frac{\partial A}{\partial a_n} - F_{Pcr}\frac{\partial B}{\partial a_n} &= 0
\end{aligned}\right\} \tag{12-21}$$

因为 A 和 B 表达式中所含待定常数 a_i 是二次的，故式（12-21）为关于 a_i 的线性齐次方程组。在临界状态下，a_i 不全为零，所以方程组的系数行列式等于零，由此可得稳定方程 $D=0$，满足 $D=0$ 的最小值即为临界荷载 F_{Pcr}。上述方法称为瑞利-里兹法。为了计算方便，在表 12-2 中给出了某些等截面直杆几种常用的函数 φ_i 的表达式。下面通过一个简单例题来说明上述计算方法。

表 12-2　　　某些等截面直杆几种常用的函数 φ_i 表达式

压杆形状	φ_i 表达式（$i=1,2,3,\cdots$）	压杆形状	φ_i 表达式（$i=1,2,3,\cdots$）
	a) $\varphi_i = \sin\dfrac{i\pi x}{l}$。 b) $\varphi_i = \begin{cases} x(l-x)\dfrac{i+1}{2} & (i=1,3,5,\cdots)\\ x^2(l-x)\dfrac{i}{2} & (i=2,4,6,\cdots)\end{cases}$		a) $\varphi_i = 1-\cos\dfrac{2(2i-1)\pi x}{l}$。 b) $\varphi_i = x^{i+1}(l-x)^{i+1}$
	$\varphi_i = 1-\cos\dfrac{(2i-1)\pi x}{2l}$		$\varphi_i = x^{i+1}(l-x)$

注：每一个表达式中 i 的取值如无特别说明，均按 $i=1$、2、3 等取值。

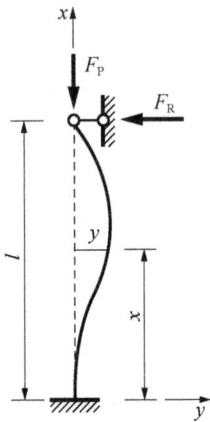

图 12 - 18

【**例 12 - 3**】 试用能量法计算如图12 - 18［第二节图 12 - 8（a）］所示杆件的临界荷载。

解： 根据表 12 - 2，$\varphi_i = x^{i+1}(l-x)$，并只取前两项，即

$$y(x) = a_1\varphi_1(x) + a_2\varphi_2(x) = a_1x^2(l-x) + a_2x^3(l-x)$$

作为近似的弹性曲线。有

$$\varphi_1' = 2lx - 3x^2,\ \varphi_1'' = 2l - 6x, \varphi_2' = 3lx^2 - 4x^3,\ \varphi_2'' = 6lx - 12x^2$$

则

$$A = EI\int_0^l (a_1\varphi_1'' + a_2\varphi_2'')^2 \mathrm{d}x$$

$$= EI(4l^3a_1^2 + 8l^4a_1a_2 + 4.8l^5a_2^2)$$

$$B = \int_0^l (a_1\varphi_1' + a_2\varphi_2')^2 \mathrm{d}x$$

$$= 0.1333l^5a_1^2 + 0.2l^6a_1a_2 + 0.0857l^7a_2^2$$

将 A、B 值代入式（12 - 20）并整理，得

$$\left. \begin{array}{l} (8EI - 0.2666l^2F_P)a_1 + (8EIl - 0.2l^3F_P)a_2 = 0 \\ (8EI - 0.2l^2F_P)a_1 + (9.6EIl - 0.1714l^3F_P)a_2 = 0 \end{array} \right\}$$

$$\begin{vmatrix} (8EI - 0.2666l^2F_P) & (8EIl - 0.2l^3F_P) \\ (8EI - 0.2l^2F_P) & (9.6EIl - 0.1714l^3F_P) \end{vmatrix} = 0$$

展开并整理，可得

$$F_P^2 - 128\left(\frac{EI}{l^2}\right)F_P + 2240\left(\frac{EI}{l^2}\right)^2 = 0$$

解此方程，最小值为临界荷载

$$F_{P\mathrm{cr}} = 20.93\frac{EI}{l^2}$$

同上节中用静力法求出的精确值 $F_{P\mathrm{cr}} = 20.19\dfrac{EI}{l^2}$ 相比较，偏大 3.6%。

为了提高计算精度，可以继续增加 a_i 的数目，但参数多了会使计算工作量大幅度增加，在一般情况下，仅取级数的前几项即能达到工程精度要求。

习　题

12 - 1～12 - 3　如图 12 - 19～图 12 - 21 所示结构各杆刚度均为无穷大，k 为抗移弹性支座的刚度系数（发生单位位移所需的力）。试用静力法确定其临界荷载。

12 - 4　试用静力法求如图 12 - 22 所示压杆的稳定方程，并求其临界荷载。

12 - 5　如图 12 - 23 所示结构在丧失稳定时变形曲线如虚线所示，试用静力法计算其临界荷载。

12 - 6　写出如图 12 - 24 所示结构丧失稳定时的特征方程。

12 - 7　试计算如图 12 - 25 所示阶形压杆的临界荷载。

12 - 8　试用能量法计算如图 2 - 19、图 12 - 20 所示结构的临界荷载。

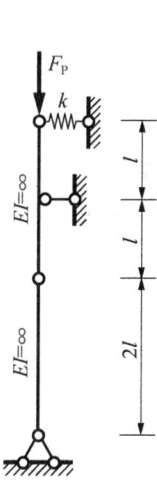

图 12-19 题 12-1 图

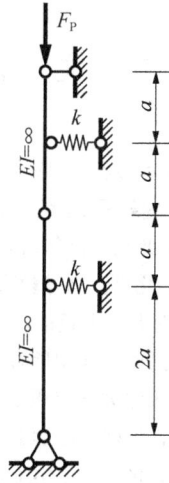

图 12-20 题 12-2 图

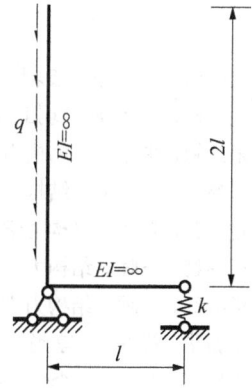

图 12-21 题 12-3 图

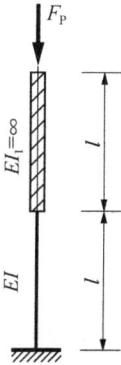

图 12-22 题 12-4 图

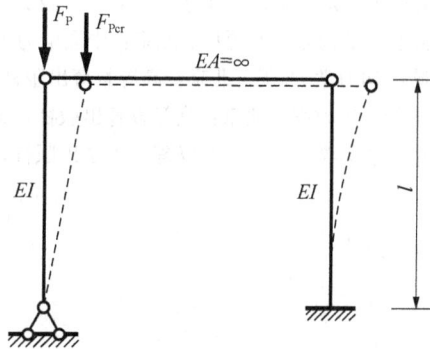

图 12-23 题 12-5 图

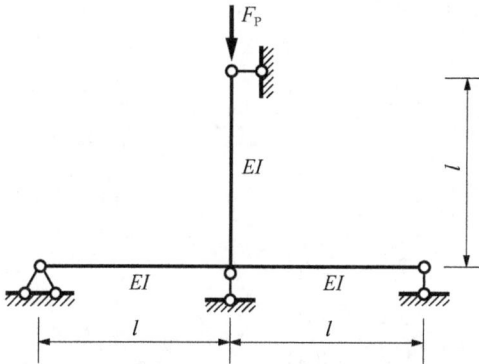

图 12-24 题 12-6 图

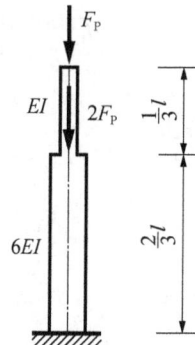

图 12-25 题 12-7 图

参 考 文 献

[1] 龙驭球，包世华，袁驷．结构力学Ⅰ——基本教程．2版．北京：高等教育出版社，2018.

[2] 龙驭球，包世华，袁驷．结构力学Ⅱ——专题教程．4版．北京：高等教育出版社，2018.

[3] 朱慈勉，张伟平．结构力学（上册）．3版．北京：高等教育出版社，2016.

[4] 朱慈勉，张伟平．结构力学（下册）．3版．北京：高等教育出版社，2016.

[5] 赵才其，赵玲．结构力学．3版．南京：东南大学出版社，2022.

[6] 毕继红，王晖．结构力学（上册）．天津：天津大学出版社，2016.

[7] 毕继红，王晖．结构力学（下册）．天津：天津大学出版社，2016.

[8] 王新华，贾红英，李悦．结构力学（上册）．北京：化学工业出版社，2010.

[9] 王新华，贾红英，李悦．结构力学（下册）．北京：化学工业出版社，2010.

[10] 张永胜．结构力学．北京：中国电力出版社，2013.

[11] 孙训方，方孝淑，关来泰．材料力学（Ⅰ）．6版．北京：高等教育出版社，2019.

[12] 孙训方，方孝淑，关来泰．材料力学（Ⅱ）．6版．北京：高等教育出版社，2019.

[13] 赵芳芳，盖迪．结构力学习题集．北京：中国电力出版社，2017.

[14] 单建．趣味结构力学．2版．北京：高等教育出版社，2015.

[15] 曾攀．有限元基础教程．北京：高等教育出版社，2012.

[16] 包世华．结构动力学．武汉：武汉理工大学出版社，2017.

习 题 答 案

第一章 习 题 答 案

略。

第二章 习 题 答 案

2-1　无多余约束的几何不变体系。

2-2　无多余约束的几何不变体系。

2-3　无多余约束的几何不变体系。

2-4　有一个多余约束的几何不变体系。

2-5　无多余约束的几何不变体系。

2-6　无多余约束的几何不变体系。

2-7　无多余约束的几何不变体系。

2-8　无多余约束的几何不变体系。

2-9　无多余约束的几何不变体系。

2-10　瞬变体系，有一个多余约束。

2-11　无多余约束的几何不变体系。

2-12　无多余约束的几何不变体系。

2-13　无多余约束的几何不变体系。

2-14　无多余约束的几何不变体系。

2-15　有一个多余约束的几何不变体系。

2-16　有一个多余约束的几何不变体系。

2-17　瞬变体系，有一个多余约束。

第三章 习 题 答 案

3-1　图 3-38 （a）：$F_{RAy}=15\text{kN}$（↑），$M_B=40\text{kN}\cdot\text{m}$（上侧受拉），$F_{QBA}=-25\text{kN}$。

　　　　图 3-38 （b）：$F_{RAy}=20\text{kN}$（↑），$M_B=40\text{kN}\cdot\text{m}$（上侧受拉），$F_{QBA}=-40\text{kN}$。

3-2　图 3-39 （a）：$F_{RAy}=\dfrac{1}{2}ql$（↑），$F_{RAx}=0$，$F_{QAB}=\dfrac{1}{2}ql\cos\alpha$，$F_{NAB}=-\dfrac{1}{2}ql\sin\alpha$。

　　　　图 3-39 （b）：$F_{RAy}=ql\left(1-\dfrac{1}{2}\cos^2\alpha\right)$（↑），$F_{RAx}=\dfrac{1}{2}ql\cos\alpha\sin\alpha$（→），$F_{QBA}=$

　　　$-\dfrac{1}{2}ql\cos\alpha$，$F_{NAB}=-ql\sin\alpha$。

3-3 图 3-40（a）：$F_{RA}=\dfrac{80}{3}$kN（↑），$F_{RB}=\dfrac{280}{3}$kN（↑），$M_B=80$kN·m（上侧受拉），$F_{QAB}=\dfrac{80}{3}$kN。

图 3-40（b）：$F_{RA}=20$kN（↑），$F_{RF}=10$kN（↑），$M_E=40$kN·m（上侧受拉），$F_{QAB}=20$kN，杆件 AB 跨中弯矩等于 40 kN·m（下侧受拉）。

3-4 $x=\dfrac{2-\sqrt{2}}{4}l$。

3-5 （a）～（f）均为错，正确弯矩图略。

3-6 图 3-43（a）：$M_{BC}=160$kN·m（上侧受拉），$M_{AB}=240$kN·m（左侧受拉），$F_{QAB}=40$kN，$F_{NAB}=-40$kN。

图 3-43（b）：$F_{RA}=20$kN（↑），$M_{BA}=80$kN·m（右侧受拉），$F_{QAB}=40$kN，$F_{NAB}=-20$kN，杆件 BC 跨中弯矩等于 80 kN·m（下侧受拉）。

图 3-43（c）：$F_{RD}=6$kN（↓），$F_{RA}=24$kN（←），$M_{BD}=24$kN·m（上侧受拉），$M_{BA}=48$kN·m（右侧受拉），$F_{QAB}=24$kN，$F_{QBA}=0$kN（各杆轴力为 0kN），杆件 AB 跨中弯矩等于 36 kN·m（右侧受拉）。

图 3-43（d）：$F_{RC}=30$kN（↑），$F_{RB}=0$kN，$F_{QAD}=30$kN，$M_{DA}=0$kN·m，$F_{NCD}=30$kN，杆件 AD 跨中弯矩等于 60 kN·m（下侧受拉）。

图 3-43（e）：$F_{RAy}=120$kN（↑），$F_{RAx}=60$kN（→），$M_{DA}=240$kN·m（左侧受拉），$M_{EB}=240$kN·m（右侧受拉），$F_{QAD}=-60$kN，$F_{NAD}=-120$kN。

图 3-43（f）：$F_{RAy}=40$kN（↓），$F_{RAx}=30$kN（←），$M_{DA}=120$kN·m（右侧受拉），$M_{EB}=120$kN·m（右侧受拉），$F_{QAD}=30$kN，$F_{NAD}=40$kN。

3-7 图 3-44（a）：$F_{RBy}=\dfrac{2}{3}qa$（↑），$F_{RBx}=\dfrac{2}{3}qa$（←），$M_{DA}=\dfrac{2}{3}qa^2$（右侧受拉），$M_{EB}=\dfrac{2}{3}qa^2$（右侧受拉），杆件 AD 跨中弯矩等于 $\dfrac{5}{6}qa^2$（右侧受拉）。

图 3-44（b）：$F_{RA}=0$kN，$M_D=80$kN·m（上侧受拉），$M_{DF}=320$kN·m（左侧受拉）。

图 3-44（c）：$F_{RAy}=60$kN（↑），$F_{RAx}=\dfrac{32}{3}$kN（→），$M_{DA}=64$kN·m（左侧受拉），杆件 DC 跨中弯矩等于 8 kN·m（下侧受拉）。

图 3-44（d）：$F_{RAy}=F_P$（↑），$F_{RAx}=\dfrac{1}{2}F_P$（←），$M_{FA}=\dfrac{1}{2}F_Pa$（右侧受拉），$M_{FD}=\dfrac{1}{2}F_Pa$（左侧受拉）。

3-8 $F_{QK}=18.3$kN，$F_{NK}=-68.3$kN，$M_K=29$kN·m（上侧受拉）。

3-9 $F_{RAy}=100$kN（↑），$F_{RAx}=125$kN（→），$M_D=125$kN·m（下侧受拉），$M_E=0$kN·m。

3-10 图 3-47（a）有 4 根零杆。图 3-47（b）有 5 根零杆。图 3-47（c）有 7 根零杆。图 3-47（d）有 6 根零杆。

3-11 下弦杆轴力为 $\dfrac{1}{2}F_P$；上弦杆（水平杆）轴力为 $-F_P$。

3 - 12 图 3 - 49（a）：$F_{Na}=200\sqrt{2}$kN，$F_{Nb}=0$kN。

图 3 - 49（b）：$F_{Na}=-\dfrac{\sqrt{2}}{2}F_P$，$F_{Nb}=-F_P$。

图 3 - 49（c）：$F_{Na}=-50$kN，$F_{Nb}=25\sqrt{2}$kN。

图 3 - 49（d）：$F_{Na}=0$，$F_{Nb}=\dfrac{\sqrt{2}}{2}F_P$。

3 - 13 图 3 - 50（a）：$F_{RAy}=60$kN（↑），$F_{NDF}=160$kN，$M_F=135$kN·m（上侧受拉）。

图 3 - 50（b）：$F_{RAy}=40$kN（↓），$F_{NCF}=-60$kN，杆件 CE 跨中弯矩等于 20 kN·m（下侧受拉）。

第四章 习 题 答 案

4 - 1 图 4 - 28（a）：$F_{RB}=25$kN（↑），$M_B=20$kN·m（上侧受拉），$F_{QB}^l=-15$kN。

图 4 - 28（b）：$F_{QD}=10$kN，$M_D=20$kN·m（上侧受拉）。

4 - 2 图 4 - 29（a）：$\theta_{AB}=\dfrac{ql^3}{12EI}$（↲ ↳）。

图 4 - 29（b）：$\Delta_{Bh}=\dfrac{qR^4}{2EI}$（←）。

4 - 3 图 4 - 30（a）：$\Delta_{Cv}=\dfrac{ql^4}{8EI}$（↓）。

图 4 - 30（b）：$\Delta_{Ch}=\dfrac{2320}{3EI}$（→），$\Delta_{Cv}=\dfrac{1760}{EI}$（↓）。

图 4 - 30（c）：$\Delta_{Ch}=\dfrac{1920}{EI}$（→），$\varphi_B=\dfrac{800}{3EI}$（↲）。

图 4 - 30（d）：$\Delta_{Dh}=\dfrac{F_P l^3}{3EI}$（→），$\varphi_E=\dfrac{F_P l^2}{6EI}$（↲）。

图 4 - 30（e）：$\Delta_{Fv}=\dfrac{280}{3EI}$（↓）。

4 - 4 $\Delta_{Ch}=(1+2\sqrt{2})\dfrac{F_P a}{EA}$（→）。

4 - 5 $\Delta_{ABh}=\dfrac{3ql^4}{2EI}$（→←），$\theta_{AB}=\dfrac{7ql^3}{3EI}$（↲ ↳）。

4 - 6 $\varphi_{BC}=\dfrac{c}{2l}$（↲）。

4 - 7 $\Delta_{Ch}=b$（→）。

4 - 8 $\Delta_{Cv}=160\alpha\left(1+\dfrac{2}{h}\right)$（↑）。

4 - 9 $M_B=\dfrac{3}{32}F_P l$（上侧受拉），$M_D=\dfrac{13}{64}F_P l$（下侧受拉）。

第五章 习 题 答 案

5 - 1 图 5 - 33（a）：1次超静定。

图 5 - 33（b）：6 次超静定。

其他略。

5 - 2　图 5 - 34（a）：$M_A = -\dfrac{3F_P l}{16}$（上侧受拉），$M_C = \dfrac{5F_P l}{32}$（下侧受拉），$F_{QBC} = -\dfrac{5F_P}{16}$。

图 5 - 34（b）：$M_A = \dfrac{ql^2}{16}$（下侧受拉），$M_B = \dfrac{ql^2}{8}$（上侧受拉），$F_{QAB} = -\dfrac{3ql}{16}$。

5 - 3　图 5 - 35（a）：$M_{AC} = \dfrac{ql^2}{28}$（右侧受拉），$M_{CB} = \dfrac{ql^2}{14}$（上侧受拉），$F_{QAC} = -\dfrac{3ql}{28}$，

$F_{QBC} = -\dfrac{3ql}{7}$，$F_{NAC} = -\dfrac{4ql}{7}$，$F_{NCB} = -\dfrac{3ql}{28}$。

图 5 - 35（b）：$M_{AC} = ql^2$（右侧受拉），$M_{CD} = 2ql^2$（上侧受拉），$F_{QAC} = -\dfrac{3ql}{4}$，

$F_{QCD} = 3ql$，$F_{NAC} = -3ql$，$F_{NCD} = -\dfrac{3ql}{4}$。

5 - 4　$F_{NAC} = 58.824\text{kN}$，$F_{NBD} = -61.176\text{kN}$。

5 - 5　$M_{AD} = 248.89\text{kN} \cdot \text{m}$（左侧受拉），$M_{BE} = 104.37\text{kN} \cdot \text{m}$（左侧受拉），$M_{CG} =$
52.14kN·m（左侧受拉）。

5 - 6　$M_C = \dfrac{3}{52}F_P l$（上侧受拉），$F_{NCD} = -\dfrac{10}{13}F_P$。

5 - 7　$M_{CB} = \dfrac{3750\alpha EI}{7l}$（上侧受拉），$M_{BC} = \dfrac{2220\alpha EI}{7l}$（上侧受拉），$F_{QBC} = \dfrac{1530\alpha EI}{7l^2}$，$F_{NBC} =$
$-\dfrac{3750\alpha EI}{7l^2}$。

5 - 8　（1）$M_{AC} = 102.6\text{kN} \cdot \text{m}$（左侧受拉），$M_{CA} = 14.4\text{kN} \cdot \text{m}$（左侧受拉），$M_{EB} =$
14.4kN·m（左侧受拉），$M_{BE} = 73.8\text{kN} \cdot \text{m}$（右侧受拉）。

（2）$\Delta_{Dv} = 36.2\text{mm}$（↓），$\Delta_{Fh} = 41.2\text{mm}$（←）。

5 - 9　图 5 - 41（a）：$M_{DC} = \dfrac{ql^2}{24}$（上侧受拉），杆件 DC 跨中弯矩等于 $\dfrac{ql^2}{12}$（下侧受拉）。

图 5 - 41（b）：$M_{DA} = \dfrac{64}{7}\text{kN} \cdot \text{m}$（上侧受拉），$M_{DB} = \dfrac{16}{7}\text{kN} \cdot \text{m}$（右侧受拉），

$M_{BD} = \dfrac{16}{7}\text{kN} \cdot \text{m}$（右侧受拉）。

第六章　习　题　答　案

6 - 1　图 6 - 24（c）：4 个线位移。

图 6 - 24（d）：2 个线位移。

其他略。

6 - 2　图 6 - 25（a）：$M_{AB} = \dfrac{3ql^2}{28}$（上侧受拉），$M_B = \dfrac{ql^2}{28}$（上侧受拉）。

图 6 - 25（b）：$M_{AB} = \dfrac{4}{3}\text{kN} \cdot \text{m}$（上侧受拉），$M_B = \dfrac{22}{3}\text{kN} \cdot \text{m}$（上侧受拉），$M_{CB}$

$=\dfrac{49}{3}$kN·m（上侧受拉）。

6-3 图 6-26（a）：$M_{BA}=20$kN·m（上侧受拉），$M_{BD}=20$kN·m（左侧受拉），
$M_{DB}=10$kN·m（右侧受拉），$F_{QBD}=-7.5$kN，$F_{NBD}=-10$kN。

图 6-26（b）：$M_{AC}=\dfrac{10}{7}$kN·m（左侧受拉），$M_{CA}=\dfrac{20}{7}$kN·m（右侧受拉），

$M_{DC}=\dfrac{100}{7}$kN·m（上侧受拉），$M_{DB}=\dfrac{60}{7}$kN·m（左侧受拉），$M_{ED}=\dfrac{340}{7}$kN·m

（上侧受拉），$F_{QAC}=\dfrac{15}{14}$kN，$F_{QBD}=-\dfrac{45}{14}$kN。

图 6-26（c）：$M_{AD}=\dfrac{11}{56}$kN·m（左侧受拉），$M_{BE}=\dfrac{7}{56}$kN·m（左侧受拉），

$M_{CF}=\dfrac{1}{14}$kN·m（左侧受拉）。

图 6-26（d）：$M_{AB}=112.5$kN·m（左侧受拉），$M_{DC}=67.5$kN·m（左侧受拉）。

第七章 习 题 答 案

7-1 图 7-14（a）：$M_{AB}=\dfrac{8}{3}$kN·m（上侧受拉），$M_B=\dfrac{44}{3}$kN·m（上侧受拉），F_{QAB}
$=14$kN，$F_{QCB}=44.5$kN。

图 7-14（b）：$M_{BA}=5$kN·m（下侧受拉），$M_{BC}=50$kN·m（上侧受拉）。

图 7-14（c）：$M_C=18.60$kN·m（上侧受拉），$M_D=31.18$kN·m（上侧受拉），
$M_E=36.70$kN·m（上侧受拉）。

7-2 图 7-15（a）：$M_{AB}=2.12$kN·m（左侧受拉），$M_{DC}=6.43$kN·m（右侧受拉），
$M_{EC}=72.86$kN·m（上侧受拉）。

图 7-15（b）：$M_{EB}=3.75$kN·m（右侧受拉），$M_{BC}=27.5$kN·m（上侧受拉）。

7-3 $M_{BA}=32.34$kN·m（上侧受拉），$M_{BC}=30.94$kN·m（上侧受拉），$M_{EB}=0.71$kN·m
（左侧受拉）。

第八章 习 题 答 案

8-1 M_A 的影响线：直线，A 点的值（纵坐标）是 0，B 点的值（纵坐标）是$-l$。

F_{QA} 的影响线：直线，A 点的值是 1，B 点的值是 1。

M_C 的影响线：AC 段为 0，C 点的值是 0，B 点的值是$-(l-a)$。

F_{QC} 的影响线：AC 段为 0，C 点的值是 1，B 点的值是 1。

8-2 F_{RB} 的影响线：A 点的值是 0，B 点的值是 1。

M_C 的影响线：A 点的值是 0，C 点的值是$\dfrac{a(l-a)}{l}$，B 点的值是 0。

F_{QC} 的影响线：A 点的值是 0，C 点以左的值是$\dfrac{a}{l}\cos\alpha$，C 点以右的值是$\dfrac{l-a}{l}\cos\alpha$，

B 点的值是 0。

8-3　　M_C 的影响线：$\dfrac{x}{4}$（以 A 点为坐标原点）。

F_{QC} 的影响线：$-\dfrac{x}{8}$（以 A 点为坐标原点）。

8-4　　F_{NBC} 的影响线：A、D、C、E 点的值依次分别为 0、$-\dfrac{5}{6}$、$-\dfrac{5}{3}$、$-\dfrac{5}{2}$。

M_D 的影响线：A、D、C、E 点的值依次分别为 0、1、0、-1。

F_{QD} 的影响线：A、D 左、D 右、C、E 点的值依次分别为 0、$-\dfrac{1}{2}$、$\dfrac{1}{2}$、0、$-\dfrac{1}{2}$。

8-5　　F_{RB} 的影响线：G、A、F、B、H 点的值依次分别为 $-\dfrac{1}{4}$、0、$\dfrac{3}{4}$、$\dfrac{3}{8}$、0。

F_{QC}^{L} 的影响线：G、A、E、C、F、B、H 点的值依次分别为 $\dfrac{1}{4}$、0、$-\dfrac{1}{4}$、$\dfrac{1}{2}$、$\dfrac{1}{4}$、$\dfrac{1}{8}$、0。

F_{QC}^{R} 的影响线：G、A、E、C、F、B、H 点的值依次分别为 $\dfrac{1}{4}$、0、$-\dfrac{1}{4}$、$-\dfrac{1}{2}$、$\dfrac{1}{4}$、$\dfrac{1}{8}$、0。

M_D 的影响线：G、A、C、F、B、H 点的值依次分别为 $-\dfrac{3}{4}$、0、$\dfrac{3}{2}$、$\dfrac{5}{4}$、$\dfrac{5}{8}$、0。

其他量值略。

8-6　　F_{RB} 的影响线：C、E、A、B、F、D 点的值依次分别为 0、$-\dfrac{1}{3}$、0、1、$\dfrac{4}{3}$、0。

M_K 的影响线：C、E、A、K、B、F、D 点的值依次分别为 0、$-\dfrac{2}{3}$、0、$\dfrac{4}{3}$、0、$-\dfrac{4}{3}$、0。

F_{QH} 的影响线：CF 段是 0，F、H 左、H 右、D 点的值依次分别为 0、$-\dfrac{2}{3}$、$\dfrac{1}{3}$、0。

其他量值略。

8-7　　F_{N1} 的影响线：A、C、G 点的值依次分别为 0、-1、0。

F_{N3} 的影响线：A、D、G 点的值依次分别为 0、$\dfrac{9}{8}$、0。

F_{N5} 的影响线：A、B、C、G 点的值依次分别为 0、$-\dfrac{5}{24}$、$\dfrac{5}{6}$、0。

其他量值略。

8 - 8 $F_{RA}=160kN$，$M_C=520kN \cdot m$（下侧受拉）。

8 - 9 $M_{Cmax}=1079.3kN \cdot m$，$F_{QCmax}=269.8kN$，$F_{QCmin}=-55.7kN$。

8 - 10 $M_{max}=1246.08kN \cdot m$，跨中截面的最大弯矩等于 $1168.2kN \cdot m$。

第九章 习 题 答 案

9 - 1   单元号从上到下依次排列，结点号从左向右、从上到下依次排列：

$$K=\begin{bmatrix} k_{11}^{①}+k_{11}^{②} & k_{12}^{①} & k_{13}^{①} & 0 & 0 \\ k_{21}^{②} & k_{22}^{②} & 0 & 0 & 0 \\ k_{31}^{①} & 0 & k_{33}^{③}+k_{34}^{③}+k_{33}^{③} & k_{34}^{③} & k_{35}^{③} \\ 0 & 0 & k_{43}^{③} & k_{44}^{③} & 0 \\ 0 & 0 & k_{53}^{④} & 0 & k_{55}^{④} \end{bmatrix}$$

9 - 2 $k_{55}=k_{55}^{②}+k_{55}^{④}+k_{55}^{⑤}+k_{55}^{⑦}$，$k_{58}=k_{58}^{⑦}$，$k_{53}=0$，$k_{12}=0$。

9 - 3 $M_2=\dfrac{45F_P l}{208}$（上侧受拉），$M_3=\dfrac{27F_P l}{104}$（上侧受拉），$M_4=\dfrac{51F_P l}{208}$（上侧受拉）。

9 - 4 $M_1=\dfrac{5ql^2}{48}$（上侧受拉），$M_{21}=\dfrac{ql^2}{24}$（上侧受拉），$M_3=\dfrac{ql^2}{48}$（左侧受拉）。

9 - 5 $F_{N12}=-0.442F_P$，$F_{N23}=0.588F_P$，$F_{N31}=0.625F_P$。

第十章 习 题 答 案

10 - 1   图 10 - 29（a）：4。图 10 - 29（b）：2。图 10 - 29（c）：2。

10 - 2   图 10 - 30（a）：$m_1\ddot{\alpha}+9m_2\ddot{\alpha}+4k\alpha=0$。

       图 10 - 30（b）：$m\ddot{y}+\dfrac{3EI}{5l^3}y-\dfrac{3}{5}F_P(t)=0$。

10 - 3   图 10 - 31（a）：$\omega=\sqrt{\dfrac{48EI}{ml^3}}$。

       图 10 - 31（b）：$\omega=\sqrt{\dfrac{768EI}{ml^3}}$。

       图 10 - 31（c）：$\omega=\sqrt{\dfrac{192EI}{ml^3}}$。

       图 10 - 31（d）：$\omega=\sqrt{\dfrac{128EI}{ml^3}}$。

10 - 4   图 10 - 32（a）：$\omega=\sqrt{\dfrac{48EI}{7ml^3}}$。

       图 10 - 32（b）：$\omega=\sqrt{\dfrac{3EI}{ml^3}}$。

10 - 5 $T=0.1053s$。

10 - 6 $\omega=7.67s^{-1}$，$T=0.819s$。

10 - 7 $A=10.085mm$，$y_{(t=1)}=3.11mm$。

10 - 8　$\omega=7.66\text{s}^{-1}$，$T=0.820\text{s}$。

10 - 9　$A_{\max}=0.54\text{mm}$，$\sigma_{\max}=81\times10^{-5}\text{N/m}^2$。

10 - 10　$\mu_\text{D}=10.49$。

10 - 11　图 10 - 36（a）：$\omega_1=0.931\sqrt{\dfrac{EI}{ml^3}}$，$\omega_2=2.352\sqrt{\dfrac{EI}{ml^3}}$，$\rho_1=\dfrac{1}{0.305}$，$\rho_2=-\dfrac{1}{1.1638}$。

图 10 - 36（b）：$\omega_1=1.073\sqrt{\dfrac{EI}{ml^3}}$，$\omega_2=5.130\sqrt{\dfrac{EI}{ml^3}}$，$\rho_1=0.208$，$\rho_2=-4.772$。

10 - 12　$\omega_1=1.218\sqrt{\dfrac{EI}{ml^3}}$，$\omega_2=8.60\sqrt{\dfrac{EI}{ml^3}}$，$\rho_1=-\dfrac{1}{0.1602}$，$\rho_2=\dfrac{0.1602}{1}$。

10 - 13　$\omega_1=3.028\sqrt{\dfrac{EI}{ml^3}}$，$\omega_2=7.927\sqrt{\dfrac{EI}{ml^3}}$，$\rho_1=0.618$，$\rho_2=-1.62$。

10 - 14　$M_{AC}=0.197F_\text{P}$（上侧受拉），$M_{CA}=0.116F_\text{P}$（上侧受拉）。

第十一章　习　题　答　案

11 - 1　略。

11 - 2　$M_\text{u}=10838\sigma_\text{y}$。

11 - 3　图 11 - 14（a）：$F_\text{Pu}=200\text{kN}$。

图 11 - 14（b）：$F_\text{Pu}=225\text{kN}$。

11 - 4　$q_\text{u}=\dfrac{4M_\text{u}}{l^2}$。

11 - 5　$F_\text{Pu}=\dfrac{M_\text{u}}{2l}$。

11 - 6　$F_\text{Pu}=\dfrac{2M_\text{u}}{3}$。

11 - 7　$F_\text{Pu}=\dfrac{2M_\text{u}}{3}$。

11 - 8　$q_\text{u}=0.275M_\text{u}$。

第十二章　习　题　答　案

12 - 1　$F_\text{Pcr}=\dfrac{kl}{3}$。

12 - 2　$F_\text{Pcr}=\dfrac{5ka}{6}$。

12 - 3　$q_\text{cr}=\dfrac{k}{2}$。

12 - 4　$\tan\alpha l=\dfrac{1}{\alpha l}$，$F_\text{Pcr}=\dfrac{0.74EI}{l^2}$。

12 - 5 $F_{\text{Pcr}} = \dfrac{\pi^2 EI}{l^2}$。

12 - 6 $\tan\alpha l = \dfrac{6}{\alpha l}$。

12 - 7 $F_{\text{Pcr}} = \dfrac{7.91EI}{l^2}$。

12 - 8   略。